黄金选矿技术

印万忠　主编　　马英强　副主编

化学工业出版社

·北京·

本书结合应用实践全面介绍了黄金选矿涉及的知识和技术，主要包括金矿物及矿床、金矿资源、含金矿石重选、含金矿石浮选、含金矿石的特殊选矿方法、含金矿石浸出、难浸金矿石预处理、金矿石氰化工艺、金的冶炼和黄金矿山尾矿的处理与综合利用等。书中兼顾新技术和生产应用，可为业内技术人员提供切实的指导。

本书可供从事黄金选矿的技术人员、工人、高等院校学生以及初学者使用，也适于从事黄金选矿教学和管理的教师和企业管理人员参考。

图书在版编目（CIP）数据

黄金选矿技术/印万忠主编．—北京：化学工业出版社，2016.3（2023.7重印）

ISBN 978-7-122-26038-3

Ⅰ.①黄…　Ⅱ.①印…　Ⅲ.①金矿物-选矿　Ⅳ.①TD953

中国版本图书馆 CIP 数据核字（2016）第 007288 号

责任编辑：刘丽宏　　　　　　　　　文字编辑：颜克俭
责任校对：陈　静　　　　　　　　　装帧设计：刘丽华

出版发行：化学工业出版社（北京市东城区青年湖南街 13 号　邮政编码 100011）
印　　装：天津盛通数码科技有限公司
710mm×1000mm　1/16　印张 15½　字数 350 千字　　2023 年 7 月北京第 1 版第 6 次印刷

购书咨询：010-64518888　　　　　　　售后服务：010-64518899
网　　址：http://www.cip.com.cn
凡购买本书，如有缺损质量问题，本社销售中心负责调换。

定　　价：78.00 元

　　黄金具有商品和货币双重职能，是唯一突破地域及语言限制的国际货币，由于其具有化学稳定性、耐腐蚀、不氧化、导电性和对太阳光的热反射性等，可用于首饰、医疗、电子、信息、航空、军事、化学、纺织、陶瓷、建筑和日用品等工业中。

　　我国的黄金资源储量截至 2012 年底已达 8196 吨，跃居世界第二位，但金矿类型复杂、富矿少、贫矿多。另外，近年来黄金价格波动较大，特别是 2014 年以来，黄金价格急剧下跌、品位下降、成本上升、投产时间拉长等，给黄金生产企业带来了前所未有的困难。因此，如何通过科技创新手段提高复杂含金矿石和低品位含金矿石的选矿技术水平，从而降低黄金生产的成本，成为广大黄金生产企业规避风险的主要方法之一。

　　基于此，为了普及黄金选矿的基本知识，并使读者了解最新的黄金选矿技术和典型的黄金选矿生产实践，本书从金矿物及矿床和金矿资源出发，详细介绍了含金矿石重选、含金矿石浮选、含金矿石的特殊选矿方法、含金矿石浸出、难浸金矿石预处理、金矿石氰化工艺、金的冶炼和黄金矿山尾矿的处理与综合利用等方面的基本理论、新技术、新设备和生产实践，基本上涵盖了从事黄金选矿的技术人员所要了解的所有知识点。

　　本书特别适用于初学者和掌握一定黄金相关知识的工程技术人员，也可供从事黄金选矿技术的高等院校学生及从事教学和管理的教师和企业管理人员参考。

　　本书由印万忠教授主编，马英强副主编。书中第 1、8 章由马英强编写，第 2、6 章由库建刚编写，第 3～5 章由印万忠编写，第 7 章由刘金艳编写，第 9、10 章由晏全香编写，由印万忠负责全书统稿工作。

　　由于作者水平有限，书中难免有不足之处，敬请广大读者批评指正。

印万忠

CONTENTS

目 录

第1章
金矿物及矿床

1.1 黄金的主要用途和性质

1.1.1 黄金的主要用途

黄金具有商品和货币双重职能。黄金的主要用途如下。

(1) 黄金用作货币 早在远古时代，黄金就作为交换手段进入了流通领域。黄金具有特殊和良好的物理化学性质，且产量稀少。到目前为止，人类总共开采的黄金大约只有 17 万吨。黄金具有价值大，价格昂贵；体积小，便于携带和储藏；耐腐蚀，不变质；易于分割与合并；经久耐磨，不易耗损，重量和外形不易变化等优点。以上特性赋予了黄金很多的社会自然属性，使它成为表现商品价值量、充当一般等价物的最好材料，成为公认的"货币金属"，成为唯一突破地域及语言限制的国际货币。

(2) 黄金的工业用途 黄金的工业用途是从 20 世纪 50 年代初随着高科技的发展才形成的，主要用于电子工业、信息产业、航空和宇航等工业中。黄金被现代工业应用的原因是其具有许多优良的特性，如化学稳定性、耐腐蚀、不氧化、导电性和对太阳光的热反射性等。

① 在电子和信息工业中的应用 黄金被广泛应用于电子、电器和通信工业的设备和耗材中，如在电话机、程控交换机、电视机和无线通信器材等的继电器、固体电路微型集成块、插接件、高频开关等，使用纯金或镀金材料，可保证其接点可靠以及反复连通或切断的转换性能。

② 在航空航天工业中的应用 黄金可使安装在喷气式飞机、宇航飞行器、导弹上的电子系统与地面接收系统之间发出的指令和信号在通过联结器传送到接收器的过程中，不会发生千分之一秒的中断；在宇航站的外壳上加装镀金铝塑隔热反射屏后，可使站内温度由 43℃ 降到 24℃；在宇航服上镀一层厚 $0.2\mu m$ 的金，可使宇航员在太空行走时免遭红外线的热辐射等。

③ 在军事工业中的应用 可使用黄金制造各种用途的红外线探测器和反弹道导弹装备；在航海望远镜上镀金，可使望远镜无需擦洗，长期保持清晰。

④ 在化学工业中的应用 在化学工业中，黄金主要作为催化剂使用，精细制备

的黄金载体催化剂具有高活性和选择性，而且比任何催化剂的工作温度都低；纳米级金载体催化剂催化活性强，可降低一些化学反应的反应温度；以黄金为原料生产的金盐是电镀工业的主要原料；黄金常被用作化工设备的安全膜。

⑤ 在纺织工业中的应用　黄金合金是制造化学纤维生产设备喷丝头的首选材料；扁平的镀金丝在棉线或丝线上，常被用于高贵纺织品的花边或镶边；黄金可作丝绸上印金敷彩技术的原料。

⑥ 在陶瓷和玻璃工业中的应用　黄金可作陶瓷和玻璃工业中的着色剂。将金、铋、铑合金溶解于芳香油中制成"金水"，作为染料，在高档瓷器、搪瓷和工艺瓷器釉面上绘制花纹图案，经煅烧即成金边或金色花纹图案；氯化金用于装饰瓷器的红、紫釉底色；在弱酸性氯化金的稀溶液中加入氯化锡溶液制成的紫红色胶体，是红色玻璃的着色剂等。

⑦ 在建筑装饰中的应用　黄金可用于建筑装饰，以显示建筑物的豪华；另常用于建筑玻璃的防护材料，可反射太阳光的热辐射。

⑧ 在日用品工业中的应用　黄金是制造加热和干燥设备红外线辐射器的良好材料；还常用于金笔、表壳、表带、眼睛架等日用品的生产中。

（3）黄金用于制造首饰　黄金具有高化学稳定性、美丽的颜色等优良的特性和观赏收藏价值，故常将黄金用于制作首饰、饰品和各种器物等。目前，全世界每年都要用大量黄金制作首饰，约占制造业总用金量的80%。

（4）黄金用于医疗　黄金可用于治病和延寿的药物，金可用于治疗肺结核和关节炎。另外，金广泛用于牙科材料、针灸材料和人体植入材料等。如金可用于镶牙，制造针灸中的14K金针，用作埋入式心脏起搏器的材料，用作视觉、听觉、疼觉等多种神经修复刺激装置的材料等。

1.1.2　黄金的性质

1.1.2.1　黄金的物理性质

黄金，又称金，化学符号Au，原子序数79，相对原子质量197，质量数183～204。金为化学元素周期表第6周期ⅠB族元素，原子序数为79，相对原子质量为196.967。

纯金为金黄色，其颜色随其中杂质的种类和数量而改变，如银和铂可使金的颜色变浅，铜能使金的颜色变深。金被碎成粉末或碾成金箔时，其颜色可呈青紫色、红色、紫色乃至深褐色及黑色。

所有金属中，金的延展性最好，1g纯金可拉成长达3500m以上的细丝，可碾成厚度为$0.23×10^{-3}$mm的金箔。但当金中含有铅、铋、碲、铬、锑、砷、锡等杂质时，其力学性能明显下降，如金中含0.01%的铅时，性变脆；金中含铋达0.05%时，甚至可用手搓碎。

金的密度随温度略有变化，常温时金的密度为19.29～19.37g/cm³。金锭中由于含有一定量的气体，其密度略有降低，经压延后金的密度增大。

金的挥发性极小，在熔炼金的温度下（1100～1300℃）金的挥发损失小，一般为0.01%～0.025%。金的挥发损失与炉料中挥发性杂质的含量及周围的气氛有关，如熔炼锑或汞含量达5%的合金时，金的挥发损失可达0.2%；在煤气中蒸发金的损失量为空气中的 6 倍；在一氧化碳中蒸发金的损失量为空气中的 2 倍。金在熔炼时的挥发损失是由于金有很强的吸气性引起的。金在熔融状态时可吸收相当于自身体积 37～46 倍的氢或 33～48 倍的氧。当改变冶金炉气氛时，熔融金属所吸收的大量气体（如氧、氢或一氧化碳）会随气氛的改变或金属的冷凝而析出，出现类似沸腾现象，其中较小的金属珠（尤其是直径小于 0.001mm 的金属珠）会随气体的喷出而被强烈的气流带走，从而造成金的飞溅损失。

金具有良好的导电和导热性能。金的导电性能仅次于银和铜，在金属中居第三位。金的电导率为银的 76.7%，金的热导率为银的 74%。

金的主要物理常数为：

质量磁化率（CGS 单位制）	-0.15×10^{-6}
初始电离电位/V	9.22
热离子功函数/eV	4.25
热中子俘获截面/bar	98.8
密度/（g/cm³）（18℃）	19.31
（20℃）	19.32
[1036℃（熔化时）]	17.3
[1063℃（凝固时）]	18.2
熔点/℃ （1968 年国际实用温标）	1064.43
沸点/℃	2808
强度极限/（kg/mm²）	12.2
伸长率/%	40～50
横断面收缩率/%	90～94
布氏硬度/MPa	181.42
矿物学硬度	3.7
比热容/[J/（g·℃）][cal/（g·℃）]	1.322（0.316）
电阻温度系数（25～100℃）	0.0035
线性膨胀系数（0～100℃）	14.16×10^{-6}
热导率（0～100℃）[W/（cm·K）]	317
电阻率/（mΩ/cm）	2.06

1.1.2.2　黄金的化学性质

金的化学性质非常稳定，在自然界仅与碲生成天然化合物——碲化金，在低温或高温时均不被氧直接氧化，而以自然金的形态存在。

常温下，金与单独的无机酸（如硝酸、盐酸或硫酸）均不起作用，但溶于王水（一份硝酸和三份盐酸的混酸）、液氯及碱金属或碱土金属的氰化物溶液中。此外，金还溶于硝酸与硫酸的混合酸、碱金属硫化物、酸性硫脲液、硫代硫酸盐溶液、多硫化铵溶液、碱金属氯化物或溴化物存在下的铬酸、硒酸、碲酸与硫酸的混合酸及任何能产生新生氯的混合溶液中。金在各种介质中的行为如表 1-1 所示。

碱对金无明显的腐蚀作用。

金在化合物中常呈一价或三价状态存在，与提取金有关的主要化合物为金的氯化物、氰化物及硫脲化合物等。

金的氯化物有氯化亚金 $AuCl$ 和三氯化金 $AuCl_3$。它们可呈固态存在，在水溶液中不稳定，分解生成配合物。金粉与氯气作用生成三氯化金。三氯化金溶于水时转变为金氯酸：

$$2Au + 3Cl_2 = 2AuCl_3 \tag{1-1}$$

$$AuCl_3 + H_2O = H_2AuCl_3O \tag{1-2}$$

$$H_2AuCl_3O + HCl = HAuCl_4 + H_2O \tag{1-3}$$

表 1-1　金在各种介质中的行为

介质	温度/℃	腐蚀程度
硫酸	室温	几乎没有影响
硫酸	100	几乎没有影响
发烟硫酸	室温	几乎没有影响
过二硫酸	室温	几乎没有影响
硒酸	室温	几乎没有影响
硒酸	100	几乎没有影响
70%硝酸	室温	几乎没有影响
70%硝酸	100	几乎没有影响
发烟硝酸	室温	轻微腐蚀
王水	室温	很快腐蚀
40%氢氟酸	室温	几乎没有影响
36%盐酸	室温	几乎没有影响
36%盐酸	100	几乎没有影响
碘氢酸(密度 1.75g/cm³)	室温	几乎没有影响
氯酸	室温	几乎没有影响
氯酸	100	几乎没有影响
氢氰酸溶液(有氧时)		严重腐蚀
磷酸	100	几乎没有影响
氟	室温	几乎没有影响
氟	100	几乎没有影响
干氯	室温	微量腐蚀
湿氯	室温	很快腐蚀
氯水	室温	很快腐蚀
干溴	室温	很快腐蚀
溴水	室温	很快腐蚀
碘	室温	微量腐蚀
碘化钾中的碘溶液	室温	很快腐蚀
醇中的碘溶液	室温	严重腐蚀
氯化铁溶液	室温	微量腐蚀
硫	100	几乎没有影响
硒	100	几乎没有影响
湿硫化氢		几乎没有影响
硫化钠(有氧时)	室温	严重腐蚀
氰化钾	室温	很快腐蚀
醋酸		几乎没有影响
柠檬酸		几乎没有影响
酒石酸		几乎没有影响

金粉与三氯化铁或氯化铜作用时也能生成三氯化金。

金易溶于王水中，其反应可以用下式表示：

$$HNO_3 + 3HCl =\!=\!= Cl_2 + NOCl + 2H_2O \tag{1-4}$$

$$Au + 3Cl_2 + 2HCl =\!=\!= 2HAuCl_4 \tag{1-5}$$

金氯酸可呈黄色的针状结晶（$HAuCl_4 \cdot 3H_2O$）形态产出，将其加热至 120℃ 时转变为三氯化金。在 140～150℃ 下将氯气通入金粉中可获得吸水性强的黄棕色二氯化金，它易溶于水和酒精中，将其加热至 150～180℃ 时分解为氯化亚金和氯气，加热至 200℃ 以上时分解为金和氯气。

氯化亚金为非晶体柠檬黄色粉末，不溶于水，易溶于氨液或盐酸液中，常温下能缓慢分解析出金，加温时分解速度加快：

$$3AuCl \longrightarrow 2Au\!\downarrow + AuCl_3 \tag{1-6}$$

溶于氨液中的氯化亚金，用盐酸酸化时可析出 $AuNH_3Cl$ 沉淀。氯化亚金与盐酸作用则生成亚氯氢金酸：

$$AuCl + HCl =\!=\!= HAuCl_2 \tag{1-7}$$

存在于溶液中的金离子可用二氧化硫、亚铁盐、草酸、甲酸、对苯二酚、联氨、乙炔、木炭及金属镁、锌、铁和铝等作还原剂将其还原而呈海绵金粉形态析出，加热溶液可加速还原反应的进行。

金的氰化物有氰化亚金和三氰化金。三氰化金不稳定，无实际意义。有氧存在时，金可溶于氰化物溶液中，金呈络阴离子形态存在于氰化液中：

$$4Au + 8NaCN + O_2 + 2H_2O =\!=\!= 4NaAu(CN)_4 + 4NaOH \tag{1-8}$$

将金氰络盐溶于盐酸并加热时，金氰络盐分解并析出氰化亚金沉淀：

$$NaAu(CN)_2 + HCl =\!=\!= HAu(CN)_2 + NaCl \tag{1-9}$$

$$HAu(CN)_2 \xrightarrow{\text{加热至}50℃} AuCN\!\downarrow + HCN \tag{1-10}$$

金化合物在氯化物溶液或氰化物溶液中，金几乎均呈络阴离子形态存在，如 $[AuClO]^{2-}$、$[AuCl_2]^-$、$[AuCl_4]^-$、$Au(CN)^-$ 等。氰化液中的金常用锌（锌丝或锌粉）、铝等作还原剂将其还原析出，也可采用电解还原法将金还原析出。

有氧存在时，金易溶于酸性硫脲液中，其反应可表示为：

$$4Au + 8SCN_2H_4 + O_2 + 4H^+ =\!=\!= 4Au(SCN_2H_4)_2^+ + 2H_2O \tag{1-11}$$

金在酸性硫脲液中呈络阳离子形态存在。

金虽然是化学性质极稳定的元素，但在一定条件下仍可制得许多金的无机化合物和有机化合物，如金的硫化物、氧化物、氰化物、卤化物、硫氰化物、硫酸盐、硝酸盐、氨合物、烷基金和芳基金等化合物。浓氨水与氧化金或氯金酸溶液作用可得具有爆炸性的雷酸金。

金与银或铜可以任何比例形成合金。金银合金中的银含量接近或大于 70% 时，硫酸或硝酸可溶解其中的全部银，金呈海绵金产出。用王水溶解金银合金时生成的氯化银将覆盖于金银合金表面而使其无法进一步溶解。金铜合金的弹性强，但延展性差。往金铜合金中加入银可制得金银铜合金。

金与汞可以任何比例形成合金，金汞合金称为金汞齐。金汞齐因含金量不同可呈固体或液体状态存在。

1.1.2.3 黄金的其他属性

黄金不同于一般商品，从被人类发现开始就具备了货币、金融和商品属性，并始终贯穿人类社会发展的整个历史，只是其金融与商品属性在不同的历史阶段表现出不同的作用和影响力。

黄金是人类较早发现和利用的金属，由于它稀少、特殊和珍贵，自古以来被视为五金之首，有"金属之王"的称号，享有其他金属无法比拟的盛誉。正因为黄金具有这样的地位，一度是财富和华贵的象征，用于金融储备、货币、首饰等。随着社会的发展，黄金的经济地位和商品应用在不断地发生变化，它的金融储备、货币职能在调整，商品职能在回归。随着现代工业和高科技快速发展，黄金在这些领域的应用逐渐扩大，到目前为止，黄金在国际储备、货币、首饰等领域中的应用仍然占主要地位。

1.2 金矿物类型及特征

1.2.1 金的工业矿物及特征

目前在自然界中发现的金矿物不多，约 20 余种。最常见的为自然金、银金矿和金银矿，其次是碲金矿和碲金银矿等，虽种类较多，分布较广，但数量不多；至于金的铋化物、硒化物、锑化物和硫化物更为少见。

自然金极少是纯金，常含有不等量的银或其他元素。自然金一般呈不规则的粒状、片状、乳滴状、浑圆状、团块状、网状、纤维状、树枝状、海绵状集合体。按粒度大小分为巨粒金（＞0.295mm）、粗粒金（0.295～0.074mm）、中粒金（0.074～0.037mm）、细粒金（0.037～0.01mm）、微粒金（＜0.01mm），一般砂金颗粒较粗大，脉金（岩金）粒度较小。自然金有金属光泽，多呈金黄色，含银较高时呈淡黄色或乳黄色，硬度 2～3，相对密度是 15.6～18.2，纯金为 19.3。野外鉴定自然金，主要根据金的颜色、金属光泽、硬度小而用牙咬有痕印等特征来识别。

银金矿是自然金的一种，矿物中含银 20%～50%、含金 80%～50%，颜色为淡黄色或乳黄色，硬度 2～3，相对密度 12.5～15.6。

金银矿是自然银的亚种，矿物中含银 50%～80%、含金 50%～20%，颜色常呈浅黄或亮黄色，金属光泽，硬度 2～3，相对密度 10.5～12.5。

碲金矿（$AuTe_2$）：理论成分 Au 43.5%，Fe 56.41%。多呈粒状集合体，颜色为黄铜色至银白色，金属光泽，次贝壳状至不平坦断口，硬度 2.5～3，相对密度 9.1～9.4。

对于金矿物的分类，目前尚无统一的方案。从晶体化学角度考虑，将我国的金矿物划分为自然元素、合金及金属互化物；碲、硫硒化物；氧化物；亚碲酸盐和碲酸盐四个大类。由于某些矿物的晶体结构不明，因此进一步按阴离子的性质和阳离子组合划分为金-银系列矿物、金（银）-铂族元素系列矿物、金-铜（铂族元素）系列矿物、金（银）-汞系列矿物、金-锡互化物、金-铅互化物、金-铋系列矿物、金-锑系列矿物、金-铬系列矿物、碲化物、硫化物、硒化物、氧化物、亚碲酸盐、碲酸盐共 15 种类型，见表 1-2。

主要岩金矿物有自然金、银金矿、黑铋金矿、斜方铜金矿、围山矿、硫金银矿、碲金矿、斜方碲金矿、亮碲金矿、碲金银矿、板碲金银矿、针碲金银矿、针碲金铜矿、叶碲金矿、碲铜金矿、碲铁铜金矿、碲铅铜金矿、方锑金矿及硒金银矿 19 种。

表 1-2　我国金矿物种类及分类

大类	类型	矿物名称	矿物分子式	元素含量/% Au	Ag	其他
1. 自然元素,合金及金属互化物	(1) 金-银系列矿物	自然金	Au	80~100	0~20	
		银金矿	(Au, Ag)	50~80	20~50	
		金银矿	(Ag, Au)	20~50	50~80	
		自然银	Ag	0~20	80~100	
	(2) 金(银)-铂族元素系列矿物	铂质自然金①	(Au, Pt)	80.1	9.0	Pt 8.7
		钯质自然金①	(Au, Pd)	87.6		Pd 10.2
		铂质金银矿①	(Ag, Au, Pt)	13.8~29.7	54.4~68.4	Pt 3.1~6.1
		未定名②	(Pd, Au)或 (Pd, Pt)₃Au	32.4~35.6		Pd 43.65~46.1 Pt 13.2~19.9
		铜质自然金①	(Ag, Au, Cu)			Cu>3
		四方铜金矿②	CuAu	75.18		Cu 32.74
		铜金矿②	Cu(Au, Ag)	74.63	0.3	Cu 25.3
	(3) 金-铜(铂族元素)系列矿物	未定名②(铂铜金矿")	(Au, Cu, Pt)或 (Cu, Pt, Pd, Rh)Au	62.3		Cu 7.15 Pt 17.6 Pd 6.4 Rh 5.35
		未定名②(锇铜金矿")	(Cu, Os)Au₂	83.9	Cu 11.6 Os 5.2	
	(4) 金(银)-汞系列矿物	汞质自然金①	(Au, Hg)	73.38~88.23	0~13.56	Hg 8.83~10.07
		汞质银金矿①	(Au, Ag, Hg)	56.06~67.33	8.29~31.06	Hg 10~14.82
		汞质金银矿①	(Au, Ag, Hg)	28.73	61.00	Hg 10.27
		益阳矿②	Au₃Hg	73.21~75.86		Hg 23.82~26.81
		α-汞金银矿②	(Au, Ag)₃Hg	18.08~27.37	36.07~47.05	Hg 32.12~38.02

续表

大类	类型	矿物名称	矿物分子式	元素含量/% Au	元素含量/% Ag	元素含量/% 其他
1. 自然元素、合金及金属互化物	（4）金（银）-汞系列矿物	金汞齐	$(Au, Ag)_2Hg$	58.76~67.52	0.09~6.54	Hg 32.38~36.48
		围山矿②	$(Au, Ag)_3Hg_2$	56.91	3.17	Hg 39.92
		γ-汞金矿②	$(Au, Ag)Hg$	36.64~45.55	1.55~9.16	Hg 51.79~53.17
	（5）金-锡互化物	未定名②	$AuSn$	61.23~65.21		Sn 29.97~33.27
		辉碲金②	Au_2Pb	64.0~66.0	1.0	Pb 33.0~35.0
	（6）金-铅互化物	未定名②	Au_4Pb_3	53.01~55.04	<0.7	Pb 38.29~43.96
		阿纽依矿	$AuPb_2$	35.62	0.3	Pb 62.5 Sb 1.88
	（7）金-铋系列矿物	铋质自然金②	(Au, Bi)	83.84~92.08		Bi 5.69~13.00
		黑铋金矿②	Au_2Bi	63.55~66.85		Bi 32.34~35.73
	（8）金-锑系列矿物	方锑金矿②	$AuSb_2$	41.80~47.86	0~7.55	Sb 50.0~57.04
		未定名②（锑金矿'）	$(Pt, Au)_4Sb$	6.7~10.4		Pt 64.4~79.8 Pd 1.7~3.3 Sb 11.0~14.85
	（9）金-铬系列矿物	铬质自然金（铬金矿）②	(Au, Cr, Ag)	90.78~91.96	4.56~5.85	Cr 2.69~4.05
2. 硒、硫、碲化物	（10）碲化物	板硫金矿②	$(Au, Ag)Te$	40.1	13.0	Te 46.9
		亮碲金矿②	Au_2Te_3	48.6~54.18		Te 45.82~50.65
		碲金矿②	$AuTe_2$	37.32~45.84		Te 54.16~58.32
		铜质碲金矿①	$(Au, Cu, Ag)Te_2$	27.30~27.61	3.0~3.31	Cu 3.69~4.01
		斜方碲金矿	$AuTe_2$ 或 $(Au, Ag)Te_2$	28.04~36.47	4.05~9.77	Te 53.46~64.7
		针碲金银矿	$AuAgTe_4$	23.96~27.80	9.78~11.9	Te 61.3~63.6

续表

大类	类型	矿物名称	矿物分子式	元素含量/%		其他
				Au	Ag	
2. 碲、硫、硒化物	(10) 碲化物	杂碲金银矿	$AuAgTe_3$	22.51～35.27	0～7.49	Te 64.45～72.16
		未定名②	$AuAgTe_3$	39.0	23.39	Te 37.61
		未定名②	$AuTe_5$	22.718		Te 76.845; Sb 0.347
		碲金银矿	Ag_3AuTe_2	20.94～33.93	33.2～44.94	Te 31.63～37.51
		未定名②	$(Au, Ag)BiTe_4$	37.6	3.0	Bi 16.8; Te 42.1
		未定名②	$Pb_2AuBiTe_2$	17.28～19.6		Pb 38.55～40.68; Bi 15.88～18.31; Te 23.58～26.36
		金质碲金银矿①	$(Au, Ag)_2Te$	3.9～10.50	50.3～60.61	Te 35.10～36.25
	(11) 硫化物	硫质碲金银矿②	Ag_3AuS_2	18.6～35.9	41.0～67.7	S 10.7～11.7
	(12) 硒化物	硒质碲金银矿②	Ag_3AuSe_2	28.02	48.0	Se 23.98
3. 氧化物	(13) 氧化物	未定名②	$(Au, Pb)_3 \cdot TeO_2$ 或 Au_3PbTeO_3	57.37～59.86		Pb 15.09～17.26; Te 14.32～15.98; CaO 0.53～0.63
4. 亚碲酸盐和碲酸盐	(14) 亚碲酸盐	未定名②	$AuTeO_3$	51.52～52.86		O 13.65～13.75
	(15) 碲酸盐	未定名②（碲酸铅金矿）	$Au_4(PbO)_3 \cdot (TeO_4)_2$	38.57～40.75		Pb 33.4～33.91; Te 10.72～11.44

① 为变种。

② 系我国首次发现的矿物。

注：矿物名称中（　）内为拟定名。

1.2.2　金矿床中的矿物及特征

金矿床中出现的矿物种类繁多，大约在110种以上，常见金属矿物有黄铁矿、毒砂、磁黄铁矿、方铅矿、闪锌矿、黄铜矿、黝铜矿、辉铜矿等。脉石矿物主要为石英、玉髓、碳酸盐矿物、重晶石等。主要金矿物为自然金、银金矿、碲金矿等。这些矿物大致可划分为贱金属矿物、贵金属矿物、非金属矿物及表生矿物四种类型，详见表1-3。

表1-3　金矿床中的矿物

贱金属矿物	贵金属矿物	非金属矿物	表生矿物
黄铁矿、白铁矿、胶状黄铁矿、磁黄铁矿、方铅矿、闪锌矿、黄铜矿、辉铜矿、硫铁铜矿、黝铜矿、砷黝铜矿、砷铜矿、硫砷铜矿、辉铋矿、辉钼矿、辉锑矿、硫铋铅铅矿、斜方辉铅铋矿、辉钴矿、辉砷钴矿、硫钴矿、方钴矿、镍黄铁矿、辉砷镍矿、针镍矿、红砷镍矿、四方硫铁矿、斜方砷铁矿、砷铂矿、脆硫锑铅矿、车轮矿、碲铋矿、辉碲铋矿、碲铋矿、磁铁矿、铬铁矿、金红石、菱铁矿、锡石、赤铁矿、软锰矿、硬锰矿、晶质铀矿、铀钍矿、钛铀矿、沥青铀矿、锆石、独居石、自然铜、自然铋	自然金、银金矿、金银矿、碲金矿、碲金银矿、针碲金矿、自然银、碲银矿、辉银矿、淡红银矿、深红银矿、硫锑铜银矿、砷硫银矿、辉锑银矿、螺状硫银矿、铂族元素矿物	石英、玉髓、方解石、白云石、铁白云石、重晶石、蔷薇辉石、透辉石、透闪石、绿泥石、绿帘石、石榴石、磷灰石、电气石、萤石、黄玉、微斜长石、钠长石、冰长石、明矾石、白云母、黑云母	褐铁矿、针铁矿、铜蓝、蓝铜矿、斑铜矿、孔雀石、菱锌矿、白铅矿、铅矾、铜绿矿、水绿矾、黄钾铁矾、臭葱石、砷铅铁矾、水锑铅矿、钴华、铋华、锑华、赤铜矿、锰土、水云母、绢云母、高岭石、伊利石、埃洛石

在实际生产中还常按金的存在形式、含金量的多少，以及矿物与金的关系而在金矿床中划分为金矿物、含金矿物及载金矿物三种矿物类型。

金矿物是指金在矿物的晶格结构中占有一定的位置，在化学成分上金的含量较高（通常大于5%），并由一定的地质作用形成的单质或化合物。如自然金，为立方面心的铜型结构，常见为立方体、八面体的晶形，含金量大于80%。

在同样的情况下如在矿物的化学成分中，金的含量少于5%时称为含金矿物，如含金自然银等。

在自然界中，金常以独立矿物的形式存在。到目前为止，世界上已发现近100种金矿物和含金矿物，但常见的仅有47种，而作为工业矿物的仅有10多种。其中以自然金及其变种（银金矿、金银矿）分布最广，而且也是主要的工业矿物。金银碲化物类矿物如碲金矿、针碲金矿、碲金银矿等在一些火山热液型和石英脉型金矿中也较为常见。

载金矿物是指金矿床中携带金的矿物或含金的某一矿石矿物或脉石矿物。硫化物、砷化物、硫砷化物、锑化物、铋化物类矿物是金矿床中常见的载金矿物，如黄铁矿、黄铜矿、磁黄铁矿、镍黄铁矿、辉铜矿、黝铜矿、辉锑矿、辉铋矿、辉银矿、毒砂、砷铂矿、砷铜矿、硫砷铜矿等矿物，其中都常有较高的金含量，且金通常呈自然金形式出现；在表生作用中，金趋向于富集在某些砷酸盐、硫酸盐、锑酸盐及胶体矿物中，表明一些表生矿物也常是重要的载金矿物，如铜矾、砷铅铁矾、水锑铅矿、黄钾铁矾、褐铁矿、高岭石、伊利石、臭葱石等，其中金的含量也较高，如某些臭葱石中含金可达10g/t，伊利石含金可达24.67g/t，褐铁矿含金可高达206.25g/t，且金通常呈细分散的自然金出现；此外，碳酸盐类、磷酸盐类矿物也是载金矿物，但其含量较低，常小于0.01g/t。

在载金矿物中，金的赋存状态比较复杂，当金矿物和含金矿物常呈显微金及超显微金被包裹于某些载金矿物之中或沿其晶面生长时，称为包体金；产于载金矿物的裂隙中称为裂隙金；产于载金矿物的颗粒之间称为晶隙金；被胶体载金矿物吸附时称为吸附金；也有部分金呈类质同象置换形式进入某些载金矿物的晶格中称为晶格金。

1.3　矿石类型

金的矿石类型划分尚没有统一的方法和标准，现根据矿石组成的复杂性及选矿难易程度，大致分为以下几类。

（1）贫硫化物矿石　这类矿石物质组成较为简单，多为石英脉型或热液蚀变型。黄铁矿为主要硫化物但含量较少，间或伴生有铜、铅、锌、钨、钼等矿物。金矿物主要是自然金，其他矿物无回收价值。可用简单的选矿流程处理，粗粒金可用重选法和混汞法回收，细粒金一般采用浮选法回收，浮选精矿再氰化方法处理，极细粒贫矿石一般采用全泥氰化法回收。

（2）高硫化物金矿石　这类矿石黄铁矿及毒砂含量多，金品位偏低，自然金颗粒相对较小，并多被包裹在黄铁矿及毒砂中。从这种类型矿石中分选出金和硫化物一般较易实现，而金与黄铁矿及毒砂的分离需采用较复杂的选冶流程。

（3）多金属硫化物含金矿石　这类矿石的特点是硫化物含量高，矿石中除金以外还含有铜、铅、锌、银、钨、锑等多种金属矿物，后者常具有单独开采价值。自然金除与黄铁矿关系密切外，也与铜铅等矿物紧密共生。金粒度变化区间大，在矿石中的分布极不均匀，需综合回收的金属矿物各种类多，因此对这类矿石的处理需采取较复杂的选矿工艺流程。该类型矿石一般随采矿深度的延伸，矿石性质也随之发生变化，选矿工艺流程也必须随之进行调整。

（4）含金铜矿石　此类型矿石与第三类矿石的区别在于金的品位低，但它是主要综合回收元素。金矿物粒度中等，与铜矿物共生关系复杂，在选矿过程中金大部分随铜精矿产出，冶炼时再分离出金。

（5）含碲化金矿石　含金矿物仍然以自然金为主，但有相当一部分金赋存在金的碲化物中。这类矿石成因上多为低温热液矿床，脉石矿物主要是石英、玉髓质石英和碳酸盐矿物等。由于碲化金矿物很脆，在磨矿过程中容易泥化，而给碲化金矿物的浮选困难。因此，处理含碲化金矿石时，需选择阶段磨矿阶段浮选工艺流程。

（6）含金氧化矿石　主要金属矿物为褐铁矿，不含或少含硫化物，但含有含金的氢氧化铁或铁的含水氧化物等稳定的次生矿物和部分石英，这是该类矿石矿物组成的主要特点。金大部分赋存于主要脉石及风化的金属氧化物裂隙中，金粒度变化较大，矿物组成相对简单，选别方法以重选法和氰化法为主。

1.4　金矿床

以含金岩系及赋矿主岩为主要依据，可按成因将独立金矿床分为绿岩带型、浅变质碎屑岩型、沉积岩-硅质岩型、陆相火山岩型、矽卡岩型、侵入岩体接触带型、风化壳型和砂金 8 个类型。

中国主要岩金矿床类型的地质特征如表 1-4 所示。

表1-4　中国主要岩金矿床类型的地质特征

矿床类型	含矿岩系或赋矿围岩	成矿环境	控矿地质条件	简要矿化特征	围岩蚀变	成矿作用	矿床实例
绿岩带型金矿床	太古宇-下元古界绿岩带。由镁铁质火山岩和超镁铁质火山岩、钙碱性火山岩及浅海水沉积岩组成。变质岩为斜长片岩、角闪斜长片麻岩、斜长角闪岩、磁铁石英	华北地块边缘、古陆核边缘、深大断裂	(1)地层：鞍山群、夹皮沟群、建平群、迁西群、红旗营子群、乌拉山群、太华群、胶东群、五台群 (2)构造：韧脆性剪切带(早期)韧性变形)、断裂及叠加岩体接触带，岩体接触带 (3)岩浆岩：燕山期花岗岩，花岗闪长斑岩、石英正长斑岩，辉绿岩，煌斑岩	矿化主要为Au，可伴生Cu，Pb，Zn，S，Ag，W等，可分为含金石英脉型、含金硫化物蚀变岩型；矿体呈脉状、复脉状、网脉状、似层状、透镜状，有脉缩、分支复合或呈雁行排列	黄铁绢英岩化、绢英岩化、硅化，黄铁矿化，绿泥石化、绿帘石化，碳酸盐化，钾长石化	晚太古代-早元古代同构造喷火山喷气沉积成矿、晚古代中生代构造蚀成矿、成矿期后变质热液构造成矿、成矿液＋岩浆热液叠加改造成矿	夹皮沟、小营盘、金厂峪、金家沟梁、玲珑、三山岛、新城、文峪、东闯
浅变质碎屑岩型金矿床	元古宇-古生界含碳质类型有板岩、千枚岩、片岩、变质砂岩、石英岩、结晶灰岩、大理岩、中基性或中酸性火山岩	元古宙裂陷槽、槽台边缘活动带、古隆起的边缘、元古宙古生代晚期裂陷山带、区域性断裂两侧	(1)地层：辽河群、冷家溪群、板溪群、双桥山群、双溪坞群、信阳群、红安群、碧口群、熊耳群、老王寨组产(C_1)、托瓦尔雷组(D_2) (2)构造：区域性剪切带或脆性断裂旁侧的次级韧性剪切带或脆性断裂、褶皱构造、层间断裂，压扭性或张扭性断裂，密集裂隙带或密集裂隙带 (3)岩浆岩：少或无岩浆岩，部分地区有加里东期-燕山期岩浆踪迹	矿化主要为Au，有Au-Sb、W、Au-Sb、Au-Fe矿化，可伴生Cu，Pb，Zn，Ag；可分为含金石英脉型、含金细脉网脉带型及金破碎带蚀变岩型；矿体呈脉状、似层状、层状、透镜状产出，常与层理一致，有脉缩、分支复合，尖灭再现	蚀变不发育，主要有硅化、黄铁矿化、绢云母化、碳酸盐化(铁白云石化、方解石化)、次有绿泥石化、菱铁矿石化、毒砂化、辉锑矿石化、华岩石化	含金建造形成时的海底(火山)喷气热水沉积成矿作用，以后有变质热液成矿、脆韧性剪切成矿作用，加里东期-燕山期岩浆热液叠加改造成矿	滴岭、四道沟、东风山、上营、银硐坡、沃溪、黄金洞、河台、抱板、龙水、古硐、老王寨
沉积岩型金矿床	古生界-中生界的含碳细碎屑岩(粉砂岩、细泥质或钙质细砂岩、粒杂砂岩)、黏土岩(泥质岩、碳质泥岩、钙质泥岩)、不纯碳酸盐岩、硅质岩、钠质岩等	大地构造过渡带或大陆裂谷带，扬子地块的边缘及周边的大陆边缘，裂陷槽、谷带裂隙槽、区域性同沉积断裂	(1)地层：除志留系以外从震旦系至三叠系所有层位，主要为泥盆系和三叠系，次为寒武系、下石炭统及二叠系 (2)构造：次级断裂，区域性同沉积断裂控制金矿带，古隆起边缘控制矿田，矿床，短褶构造斜、穹隆及大的隆起边缘，生长断裂，层间断裂及层同断裂控制矿床及密集裂隙带 (3)岩浆岩：部分矿区有岩脉或印支期-燕山期岩浆侵入岩	矿化有Au，Au-U、Au-Ag、Au-As等；金矿化与围岩界线不清，矿呈一般呈层状、似层状、透镜状、少量脉状，有分支复合，尖灭再现状；金矿物呈自然金为主；金的粒度很细，以显微粒金为主，成色很高	蚀变不强，分带明显，主要有硅化、黏土化、次有碳酸盐化有碳酸盐化、绢云母化、钠长石化、重晶石化、毒砂化、辉锑矿化、绿泥石化	渗流热(固)水沉积改造成矿、热水沉积成矿	东北寨、马脑壳、烂泥沟、紫木、凼、戈塘、金牙、高龙、八卦、双王、坑、庙、李坝、长坑

续表

矿床类型	含矿岩系或赋矿围岩	成矿环境	控矿地质条件	简要矿化特征	围岩蚀变	成矿作用	矿床实例
陆相火山岩型金矿床	玄武安山岩建造,安山岩-英安岩建造,纹岩建造,酸性火山岩建造,碱性火山岩建造	板块构造带上而的大陆边缘带和岛弧带,中国大陆东部火山岩带及台湾岛弧火山岩带;西南属地中海-喜马拉雅带火山山带	(1)地层:基底地层多为前寒武纪变质岩,东部为中生代火山岩,西北为古生代火山岩,西南及台湾及新生代火山岩 (2)构造:火山断陷盆地边部,火山机构及其环状、放射状断裂,断裂构造,熔爆角砾岩带,次火山岩体接触带 (3)岩浆岩:安山岩、英安岩花岗斑岩,流纹斑岩、石英斑岩,石英二长斑岩、安山玢岩、霏细斑岩,石英二长斑岩;正长斑岩、石英闪长玢岩、钠长石斑岩,正长岩,粗面斑岩	矿化主要为Au,次有Au-Cu、Au-Ag、Au-Fe;按矿化蚀变组合分为冰长石-绢云母型、酸性硫酸盐型,碱性蚀化物型;矿体呈脉状、网脉状、复脉状,透镜状、囊状,似层状产出,有分支复合、尖灭再现,雁行排列特征;金的赋存状态以自然金为主,银金、金银矿物为次;金的成色不高,变化不大	硅化、黄铁矿化,重晶石化、冰长石化、高岭石化,绢云母化,伊利石化、蒙脱石化,明矾石化,地开石化,镜铁矿化、电气石化,金红石化、菱铁矿(锰)化	火山-次火山热液有关的浅成或超浅成中低温热液成矿作用,矿体早期以岩浆气液为主,晚期以大气降水为主	阿希,团结沟,冶岭头,紫金山,金瓜石,七宝石、金银山,姚安,镜铁山,铜井,龙头山
砂卡岩型金矿床	中酸性侵入岩,钙镁质碳酸盐岩,接触交代砂卡岩	地块的活化区及边缘的回陷和隆起坡带,地块内的深大断裂带附近	(1)地层:从下古生界二叠系和三叠系,主要为石炭系、二叠系和三叠系 (2)构造:基底断裂与主干断裂汇处,裂隙交汇处,次级断裂+断裂及裂隙,接触带间间的放射状、环状断裂 (3)岩浆岩:闪长岩、石英闪长岩,次有二长闪长岩及花岗岩,石英二长花岗岩,以花岗闪长岩(斑)岩为主	矿化有Au、Au-Cu、Au-Cu-Fe、Au-S、Au-Ag-Pb、Zn、Au-Mo-S、Au-Ag;矿体主要呈不规则脉状、扁豆状、透镜状,沿走向倾向有分支;矿石有含金砂卡岩型矿石,以前者为主,状硫化物矿石,金矿物主要为自然金和银金,矿石的成色不高,变化大	强烈的(的)砂卡岩化(钙)长石化、黄铁矿碳酸盐化、硅化,镜铁矿化、黄铁绢英岩化、黄铁矿、金,绿泥石化	金矿体产于砂卡岩带,赋矿围岩接触砂卡岩为砂卡岩,成矿作用经历了砂卡期到热液期的长过程,金矿化位于砂卡岩阶段,富集石英硫化物阶段碳酸盐阶段	鸡笼山,鸡冠嘴、马朝山,银家洞、兰家、华铜,沂南、花牛山、黑虎山
风化壳型金矿床 铁帽型金矿床	硫化矿矿床氧化铁帽风化壳上而由铁铜硫化物淋滤的面,氧化矿亚带,原生硫化物带	新构造运动控制,第四纪以来下降为主,准平原、山前平原的剥蚀期,潮湿炎热及过渡气候条件	(1)地层:泥盆系-第四系 (2)地貌:平原、低山丘陵、中低山区,山间盆地,多级夷平面 (3)金属源体:各类含金的硫化物矿体	矿化主要为Au,另有Au-Ag、Au-Cu亚带;金矿体主要赋存于次生金富集带;矿体形态多样,似层状、透镜状、扁豆状、囊状、似层状,沿走向倾向有分支;金矿物以自然金和银金为主,金帽中的成色较高,原生金		在表生条件下,由氧化淋滤作用使金淋滤出来,迁移,并在潜水面附近沉淀成矿,现铁帽或石英细脉代之上	黄狮涝,新桥山、藏家,昊家
风化壳型金矿床 红土型金矿床	红土风化矿床氧化矿风化壳面而上至下为:表生红土-硬(铝土带)壳下,氧化淋滤亚带-次生氧化金富集点带,硫化物-硫化亚带-原生硫化物带	相对稳定或缓慢上升的构造环境、扬子古地块周边,新构造运动的控制、地貌、热带亚热带干湿交替气候条件	(1)地层:第四系更新统 (2)地貌:准平原,低丘陵,高原上的剥夷面,溶洞,溶沟、溶蚀洼地、岩溶漏斗,溶隙 (3)岩浆岩:岩浆活动控制矿(金)源活动的类型	矿化为Au;矿石主要产在杂色黏土带中,岩溶洼地堆积残积型有含金;矿体呈层状、似层状、透镜状及不规则状;金矿物以自然金为主,金的成色高	红土化作用为主,在红土化作用中,金源体的金红土带,附近潜水面处至杂色黏土带金沉淀富集成矿	红土化作用在中成矿作用中,在红土上化,金矿源体的金红土化、正表生,现氧化潜水面至杂色黏土带沉淀富集成矿	蛇屋山,老万场、龙形,坪,下甲

　　金矿床分为脉金矿床和砂金矿床。砂金矿床较为简单，而脉金矿床较为复杂，具有工业意义的脉金矿床如表1-5所示。

表1-5　脉金矿床工业类型

矿床类型	矿床特点	矿山实例
含金石英脉型	这类矿床最为广泛，储量居第一位，石英脉常成群带分布。按石英形态分为单脉型金矿、复脉型金矿、网脉型金矿。矿床类型大小不等，以中、小型矿床居多。矿体形态多呈脉状、网脉状、复脉状产出。一般金品位较高，常伴生银可以综合回收。金属矿物有自然金、银金矿、黄铁矿、黄铜矿、磁黄铁矿、毒砂、方铅矿、闪锌矿等，脉石矿物主要是石英，还有长石、方解石、绢云母、绿泥石等	吉林夹皮沟金矿、招远玲珑、辽宁五龙金矿、河北金厂峪金矿、张家口金矿、山东招远、河南秦岭、文裕、广西古袍、内蒙古红花沟
破碎带蚀变岩型（侵入体接触带型）	侵入体围岩接触带常常发育有断裂带，形成聚矿物，围岩蚀变以硅化为主，以黄铁绢英岩为特征。具有规模大、矿体形态稳定、矿化均匀、品位较高、易采易选的特点。主要集中在山东，大、中、小型矿床均有，是我国最为重要的金矿基地之一，储量居第二位。金属矿物主要是自然金、银金矿、黄铁矿、方铅矿、闪锌矿、磁黄铁矿、褐铁矿等，脉石矿物为石英、绢云母、长石、方解石、绿泥石等	如山东焦家、新城、三山岛、河东等金矿
火山岩型金-银矿床	矿石中富含银，矿床埋藏较浅，延伸小，多呈矿囊产出。以中、小型为主。矿石中金品位变化大，矿化极不均匀，银含量高，最高时达金品位的20倍。主要金属矿物为自然金、银金矿、碲金矿、辉银矿、辉锑矿等，脉石矿物主要是玉髓状石英、长石、蛋白石、方解石、重晶石等	新疆阿希、福建紫金山、吉林五凤、江苏铜井、台湾金瓜石
斑岩型	规模一般为大型和特大型，矿物除自然金外，主要有黄铁矿、黄铜矿、方铅矿、辉锑矿和辉银矿，脉石矿物为石英、方解石和白云石等	黑龙江团结沟、吉林小西南岔
矽卡岩型	主要成矽卡岩型铜铁矿床中的伴生金，独立矿床较小，其伴生金储量可达中型金矿规模，金矿物主要是自然金、银金矿、金银矿和含金自然银等，共生矿物为黄铁矿、黄铜矿、斑铜矿、磁黄铁矿、白铁矿和磁铁矿等。金矿物主要呈包体和细脉状分布于金属矿物中和脉石中，或充填于间隙中	山东沂南金矿
前寒武纪沉积变质层状型	具有沉积变质特点，严格受地质层位控制，矿石中含金和铁，还富含钴	黑龙江东风山、江西金山、美国霍姆斯塔克
碳酸盐型	中、小型规模，矿石中金品位较低，常与汞、锑、砷共生，自然金铁粒度极细，且呈不规则浸染分布在矿石中	河南石峡、四川金山、陕西李家沟、吉林金厂
砾岩层状型	又称变质含金铀砾岩型金矿床，产于前寒武纪变质岩中，主要含矿层由石英砾岩组成，自然金成微粒状散布于胶结物中，是世界上最重要的金矿床	南非维特瓦特斯兰德、加拿大盲河、巴西雅柯宾娜等，我国未发现
伴生金矿床	是我国目前产金量的重要来源之一，比较重要的有斑岩型铜钼矿床、矽卡岩型铜铁矿床、岩浆型铜镍矿床、黄铁矿型铜矿床、热液裂隙充填交代铅锌矿床等	甘肃金川铜镍矿、青海锡铁山、山西中条山铜矿

第2章
金矿资源

2.1 国外金矿资源及储量

截至目前，世界已开采出的黄金大约有 15 万吨，每年大约以 2% 的速度增加。2008 年世界查明的黄金储量为 4.2 万吨，基础储量为 9 万吨，如表 2-1 所示。黄金储量和基础储量的静态保证年限分别为 17 年和 36 年。

表 2-1　2008 年世界黄金储量和基础储量　　　　　　单位：t

国家和地区	黄金储量	基础储量
南非	6000	36000
美国	2700	3700
澳大利亚	5000	6000
俄罗斯	3000	3500
印度尼西亚	1800	2800
加拿大	1300	3500
中国	1200	4100
秘鲁	3500	4100
其他	17000	26000
世界总计	42000	90000

注：来自《Mineral Commodity Summaries》。

2008 年已经查明的世界地质资源总量约 90000t，其中南非占世界地质储量的 40.0%，澳大利亚占 6.7%，中国占 4.6%，美国占 4.0%，其他国家和地区占 44.7%。

近十年来，随着国际金价的飙升和回落，国际黄金矿山企业经历了一个高速发展的时期，由于矿山采选规模的逐渐扩大和地质找矿力度的增加，使全球范围内的金矿资源及储量发生了巨大的变化。

根据世界黄金协会的报道，截至 2010 年，全球已查明的黄金资源储量约为 10 万吨。其中，南非是全球最大的黄金资源拥有国，已探明资源储量为 3.1 万吨。全球目前还有 580 个存有 28.3t 以上黄金的矿藏，地下总共存有黄金 11.57 万吨。在当前的技术水平下，估计最终有 5.66 万吨黄金可被开采出来并进入流通。

目前，主要黄金公司面临的巨大挑战不是没有找矿的潜力，而是容易找的金矿基本都已被发现。根据统计，目前处于开发阶段的金矿储量和资源量基本上与正在生产的矿山相当。但是，由于许多资源丰富国家的政治、制度和税收风险，以及品位下降、成本上升和投产时间拉长等因素，近期能够投入生产的金矿远远少于已发现的金矿。

2.2　国内金矿资源及储量

我国金矿资源比较丰富。总保有储量金4265t，居世界第7位，已探明的金矿储量按其赋存状态可分为脉金、砂金和伴生金三种类型，分别占储量的59％、13％和28％。我国金矿分布广泛，除上海市、香港特别行政区外，在全国各个省（区、市）都有金矿产出。已探明储量的矿区约有1265处。就省区论，山东省的独立金矿床最多，金矿储量占总储量14.37％；江西伴生金矿最多，占总储量12.6％；黑龙江、河南、湖北、陕西、四川等省金矿资源也较丰富。

表2-2为中国大陆金矿主要成矿区域及矿床类型。

表2-2　中国大陆金矿主要成矿区域及矿床类型

成矿域	成矿带或分布地区	矿床类型	占有储量/%
华北成矿域	辽吉-白云鄂博 胶东-辽东 临潼-嵩县	脉型、蚀变岩型、斑岩型、浸染型、砾岩型、砂金	28
杨子成矿域	江南-滇东 大别山-武当	石英脉型、蚀变岩型、浸染型、砾岩型、砂金	30
华南成矿域	华南地区	岩浆热液型、变质热液型、微细浸染型	5
天山-兴安成矿域	黑龙江 北天山-准噶尔	砂金	18
昆仑-秦岭成矿域	秦岭-祁连 若羌-塔什	浸染型、脉型、砂金	17
滇藏成矿域	略阳-小金-木里 甘孜-红河 雅鲁藏布江	石英脉型、石英-重晶石脉型、浸染型、砂金	2

我国已发现金矿床（点）11000多处，矿藏遍及全国800多个县（市），探明的保有黄金储量4000t左右。但中国金矿中小型矿床多；大型-超大型矿床少；金矿品位偏低；微细浸染型金矿比例较大；伴生多；金银密切共生。金矿床（点）主要分布在华北地台、扬子地台和特提斯三大构造成矿域中。中国难处理金矿资源比较丰富，现已探明的黄金地质储量中，这类资源分布广泛，约有1000t属于难处理金矿资源，约占探明储量的1/4，在各个产金省份均有分布。

我国黄金资源在地区分布上是不平衡的，东部地区金矿分布广、类型多。砂金较为集中的地区是东北地区的北东部边缘地带，中国大陆三个巨型深断裂体系控制着岩金矿的总体分布格局，长江中下游有色金属集中区是伴（共）生金的主要产地。中国大陆金矿分布见表2-3。

表 2-3　中国大陆金矿分布

编号	矿山名称	保有储量/t[①]	品位(岩金 g/t,砂金 g/m³)	类型	开采利用情况
1	北京市京都黄金冶炼厂崎峰茶金矿	2.51	6.15	岩金	开采矿区
2	河北省金厂峪金矿	13.78	6.51	岩金	开采矿区
3	河北省峪耳崖金矿	12.35	11.17	岩金	开采矿区
4	河北省张家口金矿	22.78	8.0	岩金	开采矿区
5	河北省东坪金矿	16.06	7.33	岩金	开采矿区
6	河北省后沟金矿	5.14	3.78	岩金	开采矿区
7	河北省石湖金矿	21.94	11.28	岩金	开采矿区
8	山西省义兴寨金矿	7.32	9.36	岩金	开采矿区
9	山西省大同黄金矿业公司	8.59	5.44	岩金	开采矿区
10	内蒙古金厂沟梁金矿	17.67	13.09	岩金	开采矿区
11	内蒙古红花沟金矿	2.67	15.22	岩金	开采矿区
12	内蒙古哈德门金矿	20.86	5.21	岩金	开采矿区
13	辽宁省五龙金矿	9.02	6.70	岩金	开采矿区
14	辽宁省二道沟金矿	5.20	16.15	岩金	开采矿区
15	辽宁省柏杖子金矿	13.39	11.36	岩金	开采矿区
16	辽宁省排山楼金矿	25.88	4.00	岩金	开采矿区
17	辽宁省水泉金矿	1.31	4.02	岩金	开采矿区
18	吉林省夹皮沟金矿	17.92	12.43	岩金	开采矿区
19	吉林省海沟金矿	17.20	6.15	岩金	开采矿区
20	吉林省珲春金铜矿	26.87	1.84	共生金	开采矿区
21	黑龙江省乌拉嘎金矿	52.33	3.87	岩金	开采矿区
22	黑龙江省大安河金矿	4.02	11.84	岩金	开采矿区
23	黑龙江省老柞山金矿	18.40	6.85	岩金	开采矿区
24	黑龙江省黑河金矿	3.96	0.27	岩金	开采矿区
25	浙江省遂昌金矿	4.08	9.55	共生金	开采矿区
26	安徽省黄狮涝金矿	12.15	5.76	共生金	开采矿区
27	江西省金山金矿	55.88	6.17	共生金	开采矿区
28	福建省紫金山金矿	17.28	0.13	共生金	开采矿区
29	福建省双旗山金矿	5.53	7.98	岩金	开采矿区
30	山东省玲珑矿业公司	11.64	8.89	岩金	开采矿区
31	山东省焦家金矿	37.83	5.28	岩金	开采矿区
32	山东省新城金矿	38.36	6.61	岩金	开采矿区
33	山东省三山岛金矿	60.42	3.89	岩金	开采矿区
34	山东省招远股份公司	128.60	5.52	岩金	开采矿区
35	山东省仓上金矿	27.45	3.47	岩金	开采矿区
36	山东省黑岚沟金矿	10.51	9.95	岩金	开采矿区
37	山东省金城金矿	16.81	5.85	岩金	开采矿区
38	山东省河西金矿	24.26	5.13	岩金	开采矿区
39	山东省河东金矿	12.33	4.94	岩金	开采矿区
40	山东省大柳行金矿	11.76	7.48	岩金	开采矿区
41	山东省尹格庄金矿	71.22	2.90	岩金	开采矿区
42	山东省蚕庄金矿	6.34	5.73	岩金	开采矿区
43	山东省望儿山金矿	32.66	8.16	岩金	开采矿区
44	山东省金星矿业集团	5.53	14.03	岩金	开采矿区
45	山东省界河金矿	8.75	4.77	岩金	开采矿区

续表

编号	矿山名称	保有储量/t①	品位(岩金 g/t,砂金 g/m³)	类型	开采利用情况
46	山东省牟平区金矿	12.2	7.74	岩金	开采矿区
47	山东省金岭金矿	2.89	7.07	岩金	开采矿区
48	山东省乳山金矿	15.37	16.96	岩金	开采矿区
49	山东省归来庄金矿	18.69	6.99	岩金	开采矿区
50	山东省五莲县金矿	6.33	1.77	共生金	开采矿区
51	河南省文峪金矿	12.38	6.87	岩金	开采矿区
52	河南省桐沟金矿	1.97	8.12	岩金	开采矿区
53	河南省金渠金矿	2.26	6.90	岩金	开采矿区
54	河南省秦岭金矿	4.89	8.47	岩金	开采矿区
55	河南省抢马金矿	3.87	5.88	岩金	开采矿区
56	河南省安底金矿	3.12	6.22	岩金	开采矿区
57	河南省大湖金矿	26.13	6.05	岩金	开采矿区
58	河南省藏珠金矿	9.09	11.27	岩金	开采矿区
59	河南省樊岔金矿	1.08	11.84	岩金	开采矿区
60	河南省灵湖金矿	5.79	5.00	岩金	开采矿区
61	河南省老鸦岔金矿	1.32	8.51	岩金	开采矿区
62	河南省潭头金矿	19.32	9.40	岩金	开采矿区
63	河南省上宫金矿	20.69	6.18	岩金	开采矿区
64	湖南省店房金矿	3.96	5.67	岩金	开采矿区
65	河南省前河金矿	14.75	12.03	岩金	开采矿区
66	河南省祁雨沟金矿	8.78	6.24	岩金	开采矿区
67	河南省银洞坡金矿	43.40	7.33	岩金	开采矿区
68	湖南省湘西金矿	16.27	8.77	岩金	开采矿区
69	广东省河台金矿	38.06	8.45	岩金	开采矿区
70	海南省二甲金矿	2.92	6.77	岩金	开采矿区
71	广西高龙黄金矿业公司	8.02	3.78	岩金	开采矿区
72	广西金牙金矿	18.05	5.03	岩金	未大规模开采
73	湖北省黄石金铜矿业公司	26.59	3.94	共生金	未大规模开采
74	湖北省鸡笼山金矿	32.93	3.82	共生金	开采矿区
75	四川省东北寨金矿	52.82	5.54	岩金	未大规模开采
76	四川省广元金矿	7.21	0.27	岩金	开采矿区
77	四川省白水金矿	11.51	0.27	岩金	开采矿区
78	西藏崩纳藏布金矿	10.20		岩金	开采矿区
79	贵州省紫木凼金矿	29.32	5.95	岩金	开采矿区
80	贵州省烂泥沟金矿	59.72	6.96	岩金	未大规模开采
81	贵州省戈塘金矿	22.48	6.15	岩金	开采矿区
82	云南省墨江金矿	23.67	2.69	岩金	开采矿区
83	云南省镇沅金矿	61.98	5.14	岩金	未大规模开采
84	陕西省太白金矿	21.45	3.10	岩金	开采矿区
85	陕西省李家金矿	0.76	8.98	岩金	开采矿区
86	陕西省镇安金矿	2.95	3.54	岩金	开采矿区
87	陕西省安康金矿	1.33	0.14	岩金	开采矿区
88	陕西省东桐峪金矿	4.85	11.82	岩金	开采矿区
89	陕西省陈耳金矿	2.56	5.68	岩金	开采矿区
90	陕西省小口金矿	1.65	7.35	岩金	开采矿区

编号	矿山名称	保有储量/t①	品位(岩金 g/t, 砂金 g/m³)	类型	开采利用情况
91	陕西省寺耳金矿	1.39	3.60	岩金	开采矿区
92	甘肃省白龙江金矿	5.77	0.34	岩金	开采矿区
93	甘肃省花牛山金矿	2.12	12.88	岩金	开采矿区
94	甘肃省格尔柯金矿	42.00	10.00	岩金	开采矿区
95	青海省班玛金矿	3.76	0.50	岩金	开采矿区
96	新疆阿希金矿	41.19	5.80	岩金	开采矿区
97	新疆哈密市金矿	10.04	8.10	岩金	开采矿区
98	新疆哈图金矿	0.93	7.93	岩金	开采矿区
99	新疆鄯善金矿	1.46	7.98	岩金	开采矿区
100	新疆哈巴河金矿	0.81	2.12	岩金	开采矿区

① 保有储量以矿山现实际保有数为准与全国储量平衡表稍有不一致。

2006 年中国在滇黔桂、陕甘川等地区探明黄金储量超过 650t，2007 年至今，中国境内陆续发现 5 座大型、特大型金矿，分别是：储量大于 120t 的冈底斯雄村铜金矿；储量大于 115t 的东昆仑青海大场金矿；储量大于 308t 的秦岭甘肃省甘南地区阳山金矿；储量大于 51.83t 的山东省莱州市寺庄金矿；储量大于 158.26t 的海南抱伦金矿。

中国黄金产量一直呈上升趋势，近年来我国黄金产量、地质储量与资源服务年限如表 2-4 所示。

表 2-4　我国黄金产量、地质储量与资源服务年限

年度	黄金产量/t	比上一年增长/%	地质储量/t	资源服务年限/a
2001	181.87	2.8	4467.9	14.5
2002	189.80	4.4	4539.0	14.1
2003	200.60	5.7	4412.0	12.9
2004	212.33	5.9	4613.0	12.8
2005	224.79	5.9	4752.0	12.4
2006	240.49	7.7	4979.0	12.2
2007	270.49	12.7	5541.3	12.1
2008	282.00	4.3	5951.8	12.3
2009	313.98	11.3	6701.0	12.6
2010	340.88	8.57	6864.8	11.9
2011	360.96	5.89	7608.4	12.4

截至 2012 年年底，中国已探明的黄金资源储量约为 8196.23t，跃居全球第二位，为实现黄金行业的持续发展提供了基本资源保障。随着经济快速发展科学技术进步以及黄金价格攀升，中国黄金矿产资源十一五以来得到了快速开发，黄金产量从 2007 年始已连续 6 年位居世界第一，中国黄金资源储量见表 2-5。

表 2-5　近 6 年已探明资源储量结构变化　　　　　　　单位：t

年份	岩金	伴生金	砂金	合金
2007	3662.24	1362.48	516.62	5541.34
2008	4027.50	1401.50	552.80	5951.79
2009	4399.32	1413.70	520.80	6327.90

续表

年份	岩金	伴生金	砂金	合金
2010	4898.09	1468.03	512.86	6864.79
2011	5490.36	1453.57	475.52	7419.43
2012	6161.97	1558.71	475.55	8196.23

从 2014 年 3 月 18 日召开的国家地质调查工作会议公布的数据显示，2013 年中国地质找矿工作取得较大进展，一批重要发现经后续勘探取得了新突破。其中，老矿山找矿新增金资源储量 231t，西藏多龙发现 2 处大型、超大型铜金矿床；辽宁白云、甘肃早子沟、河南老湾和广西金牙金矿等均新增资源储量达到大型规模。

虽然中国黄金资源储量基础较大，但 2012 年黄金资源基础储量中，可利用工业资源储量仅为 1866.74t，世界排名第十，仅为中国黄金资源基础储量的 22.78%。从理论上推算，可利用工业资源储量仅能保证目前 2.9 年的生产需要，反映了中国黄金地质资源储量控制程度较低，控制程度高的黄金资源供给保有量紧张，资源危机矿山比例逐年增加，中国以世界第十位的可利用资源支撑着世界第一的黄金产量。因此，需增加探矿投入，促进资源储量稳定增长，才能确保中国黄金产量的持续稳定增长。2007～2012 年中国矿产金和有色副产金的产量和比例见表 2-6。

表 2-6　2007～2012 年中国矿产金和有色副产金产量统计结果

年份	矿产金		有色副产金		金产量/t
	产量/t	比例/%	产量/t	比例/%	
2007	227.060	83.94	43.430	16.06	270.490
2008	233.418	82.77	48.589	17.23	282.007
2009	261.051	83.14	52.929	16.86	313.980
2010	280.032	82.15	60.844	17.85	340.876
2011	301.996	83.67	58.961	16.23	360.957
2012	330.00	81.88	72.05	17.92	402.050

第3章
含金矿石重选

3.1　重选原理

重力选矿简称重选，是按矿粒在密度和粒度上的差异，在单体解离的条件下，进行分选的方法。进行重选时除了要有各种重选设备之外，还必须有介质（空气、水/重液或重悬浮液）。重选过程中矿粒要受到重力（如果在离心力场中则主要是离心力）、设备施加的机械力和介质的作用力，这些力的巧妙组合就使密度不同的矿粒产生不同的运动速度和运动轨迹，最终可使它们彼此分离。重选法主要选别矿石中有用矿物的密度大、粒度较大能够单体解离（一般大于 0.04mm）的矿石。

重选的实质概括起来就是"松散-分层"和"搬运-分离"过程。置于分选设备内的散体物料，在运动介质中，受到流体浮力、动力或其他机械力的推动而松散，被松散的矿粒群，由于沉降时运动状态的差异，不同密度（或粒度）颗粒发生分层转移。也就是说，重选就是要达到按密度分层，通过运动介质的作用达到分离。其基本规律可概括为："松散-分层-分离"。重选理论研究的问题，简单地说就是探讨松散与分层的关系。松散和搬运分离几乎都是同时发生的，但松散是分层的条件，分层是目的，而分离则是结果。

重选效果的好坏，不仅取决于矿粒的密度和粒度，还与介质的密度有关。下式可近似地评定按密度分选的难易程度：

$$e=\frac{\delta_2-\Delta}{\delta_1-\Delta}$$

式中　δ_2——有用矿物的密度；

　　　δ_1——脉石矿物的密度；

　　　Δ——介质的密度。

按上式的比值，可把矿粒按密度分选的难易程度分成五个等级，$e>2.5$ 为极容易选，e 在 $2.5\sim1.75$ 为容易选，e 在 $1.75\sim1.5$ 为中等可选，e 在 $1.5\sim1.25$ 为难选，$e<1.25$ 为极难选。

由于自然金的密度较大，远高于常见的脉石矿物和普通金属矿物，故用重选法回收游离金很有效。

在重选过程中，矿粒是在流动的介质（如水）中进行运动的。介质的流动方式有：连续上升流、间断上升流、上下交变流、近于倾斜的水平流。每种重力选矿法都不是一种介质流起作用，而是几种介质流和某种机械作用互相配合完成分选过程的。例如，在跳汰选矿过程中，上下交变介质流起矿粒分选作用、水平介质流起尾矿排出作用；在摇床和溜槽选矿过程中，主要的介质流为水平流和倾斜流，但在挡板间形成的上升水流却起着重要的矿粒分选作用。

重选过程除在重力场中进行外，某些分选过程中亦可在离心力场中进行。离心力的利用可以大大强化分选过程，离心选矿机已在上业上用来回收微粒物料。此外，利用离心力作用原理改善水力分级设备（如水力旋流器）和重介质选矿设备在生产实践中也已付诸使用。

3.2　黄金的重选方法和设备

3.2.1　黄金的重选方法

（1）跳汰选矿　跳汰选矿是矿粒在垂直变速介质流（即水流）中按密度进行分选的过程。垂直介质流的基本形式有三种：间断上升介质流、间断下降介质流及上升和下降交变介质流。现代跳汰机主要是采用上升和下降交变的介质流。

（2）摇床选矿　摇床是在水平介质流中进行选矿的设备。分选过程发生在一个具有宽阔表面的倾斜床面上。通过床面上水流的分层作用和床面摇动时的析离分层作用，使矿粒分层并发生横向和纵向运动，使密度不同的矿粒在水流及床面的摇动作用下，分别从床面不同区间排出，达到分选的目的。

（3）溜槽选矿　溜槽选矿是利用矿粒在倾斜介质流中运动状态的差异来进行分选的一种方法。

（4）螺旋选矿　螺旋选矿机是利用重力、摩擦力、离心力和水流的综合作用，使矿粒按密度、粒度、形状分离的一种斜槽选矿设备，其特点是整个斜槽在垂直方向弯曲成螺旋状。

（5）离心选矿　尼尔森选矿机是一种新一代的离心选矿机，它在增加转筒离心机离心力的同时又解决了富集层的流态化问题，从而拓宽了操作性能，并能捕集特别细粒的金。金的富集比比常规重选设备的 $20\sim100$ 倍提高到 $1000\sim5000$ 倍。

3.2.2　黄金重选的特点

重选主要用于处理金矿物与脉石密度差较大的矿石，它是砂金提取金和脉矿中提取粗粒金银的传统选矿方法。重选具有不消耗药剂，环境污染小，设备结构简单，处理粗、中粒矿石处理能力大，能耗低等优点；其缺点是对微细粒矿石的处理能力小，分选效率低。所以重选常常配合浮选方法使用。砂金矿直接利用重选来回收，而在脉金矿山主要采用重选法来预先回收中粗粒金，以保证回收指标的稳定性。

3.2.3　含金矿石重选设备

国内外利用重选法回收含金矿石的主要设备有跳汰机、溜槽、离心选矿机、摇床等，这些重选设备的应用特点及分选粒度如表 3-1 所示。

表 3-1　黄金矿山主要重选设备的应用特点及分选粒度范围

设备类型		分选粒度/mm			应用特征
		一般	最大	最小	
粗粒重选设备	罗斯溜槽	<100	150	3	处理量大，入选粒度粗，金属回收率低
中粒重选设备	跳汰机 旁动隔膜跳汰机	0.1～12	18	0.074	处理量大，富集比高，可用于粗选及精选作业
	侧动隔膜跳汰机	0.1～12	18	0.074	
	圆形跳汰机	0.1～12	18	0.074	
	下动圆锥跳汰机	0.1～6	20	0.074	
	梯形跳汰机	0.074～5	10	0.037	
砂矿重选设备	摇床 矿砂摇床	0.074～2	3	0.02	处理量小，富集比高，多用于精选
	矿泥摇床	<0.074	1	0.03	
	螺旋选矿机	0.1～2	3	0.074	处理量较摇床大，省水省电，结构简单，富集比低，用于粗选作业
	螺旋溜槽	0.05～0.6	1.5	0.037	
	扇形溜槽	0.074～1.5	2	0.037	
矿泥重选设备	离心选矿机	0.01～0.074			处理量大，富集比低，用于矿泥粗选作业
	各种皮带溜槽	0.01～0.074			处理量小，富集比高，用于矿泥精选作业

3.2.3.1　跳汰机

跳汰机是借助于周期性变化的垂直运动介质（水或空气）流的作用，将不同密度的矿粒群按密度分层并实现分离的一种重选方法。跳汰机处理中、粗粒矿石较有效，操作简便、处理量大，在生产中使用广泛。

跳汰机的设备类型较多，目前在黄金矿山应用的主要有双室隔膜跳汰机、梯形跳汰机和圆形跳汰机。

300mm×450mm 双室隔膜跳汰机由 Denver 型跳汰机改制而成，俗称典瓦尔跳汰机，该机利用旋转式分水阀间断地补加筛下水。此种跳汰机在采金船上常用作精选作业，在脉金选矿厂中用此设备处理球磨机排矿，以预先回收单体中、粗粒金。此跳汰机的给矿粒度上限为 12～18mm，处理能力为 1～5t/h。

梯形跳汰机的筛面自给矿端向排矿端呈梯形扩展，其处理能力较大，一般为 15～30t/h，最大给矿粒度可达 10mm。

圆形跳汰机主要用在采金船上进行粗选，经一次选别即可抛弃 80%～90% 的脉石，金回收率可达 95% 以上。

圆形跳汰机的上表面为圆形，可认为是由多个梯形跳汰机合并而成的。带旋转耙的液压圆形跳汰机（I. H. C-Cleaveland jig）的外形如图 3-1 所示。这种跳汰机的分选槽是个圆形整体或是放射状地分成若干个跳汰室，每个跳汰室均独立设有隔膜，由液压缸中的活塞推动运动。跳汰室的数目根据设备规格而定，最少为 1 个，最多为 12 个，设备的直径为 1.5～7.5m。待选物料由中心给入，向周边运动，高密度产物由筛下排出，低密度产物从周边的溢流堰上方排出。

圆形跳汰机的突出特点是：水流的运动速度曲线呈快速上升，缓慢下降的方形波，而水流的位移曲线则呈锯齿波（图 3-2）。这种跳汰周期曲线能很好地满足处理

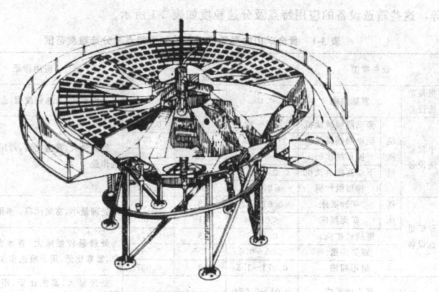

图 3-1　液压圆形跳汰机的示意

宽级别物料的要求，且能有效地回收细颗粒，甚至在处理-25mm 的砂矿时可以不分级入选，只需脱除细泥。对 0.1~0.15mm 粒级的回收率可比一般跳汰机提高 15% 左右。

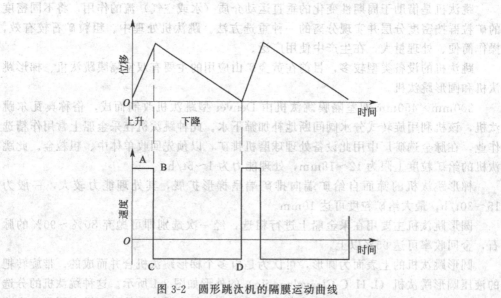

图 3-2　圆形跳汰机的隔膜运动曲线

　　圆形跳汰机的生产能力大，耗水少，能耗低。φ7.5m 的圆形跳汰机，每台每小时可处理 175~350 m³ 的砂矿，处理每吨物料的耗水量仅为一般跳汰机的 1/3~1/2，驱动电动机的功率仅为 7.5 kW。

3.2.3.2　溜槽

　　借助于斜槽中流动的水流进行选矿的方法称为溜槽选矿。根据处理物料粒度的大小，溜槽可分为粗粒溜槽和矿泥溜槽；根据溜槽的机械化情况，可分为固定溜槽和机械溜槽。

（1）固定粗粒溜槽　固定粗粒溜槽在砂金选矿厂广为应用。这种溜槽按作业制度分为浅填溜槽和深填溜槽。浅填溜槽一般用于选别经过洗矿筛分的物料，给矿粒度小于 16～24mm。深填溜槽一般用于没有经过洗矿筛分或虽然经过了粗分级，但入选物料粒度较大并且还需进一步洗矿碎散的物料，其给矿粒度可达 100mm 以上。深填溜槽主要用于砂金矿的陆地洗选。与浅填溜槽相比，深填溜槽的槽断面深度较大而宽度较窄，通常槽深为 0.3～1m，宽度不小于槽深的 1.2 倍，但其长度较长，一般为 20～100m，因此清洗深填溜槽精矿的劳动强度较大。该种溜槽现在已很少使用。

选金用粗粒溜槽作为低品位砂金矿的粗选设备，具有给矿粒度范围大、结构简单、投资少、生产费用低、无药剂污染、富集比大等优点。但床层容易板结，劳动强度较大，占用工作时间长，回收率较低，约为 50%～60%。

粗粒溜槽的结构如图 3-3 所示，槽体为钢板或木板制成的长槽，长度在 4m 以上，宽为 0.4～0.6m，高为 0.3～0.5m。在槽底有钢制或木制横向或网格状挡板，槽底每隔 0.4m 设有角钢（50mm×50mm）制作的横向挡板。有的还在挡板下面铺置一层粗糙铺面，如苇席、毛毯、毛毡、长毛绒布等。槽的安装坡度一般为 5°～8°。

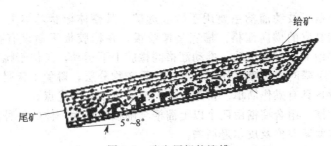

图 3-3　选金用粗粒溜槽

矿浆自高端给入，在槽内作快速紊流流动，旋涡的回转运动不断地将密度大的金粒及其他重矿物转送到底层，形成重矿物层并被挡板挡住留在槽内；上层轻矿物则被水流推动，排出槽外。经过一个时期槽底精矿较多时，停止给矿，加水清洗，再去掉挡板进行冲洗，最后，冲出槽底精矿。有铺面的要对铺面进行清洗，洗出物并入精矿。

（2）铺面溜槽　铺面（布）溜槽的结构如图 3-4 所示，可用木板或铁板制作。槽宽 1～1.5m、长 2～3m。头部有分配矿浆用的匀分板，槽底面不设挡板，而采用表面粗糙的棉绒布、毛毯、棉毯、尼龙毯等做铺面。工作时槽面坡度为 7°～8°，匀分板角度为 20°～25°。选金时的入选粒度小于 1mm。可用于处理混汞或浮选的尾矿。给矿浓度为 8%～15%。

铺面溜槽的工作方式为间歇式。矿浆自匀分板上部给入进入槽底后形成均匀流层，重矿物沉积在槽面上，轻矿物随矿浆流排出。当沉积物积累到一定数量后（比如经过一个班或几个班时间），停止给矿，将铺布取出，在容器中清洗回收重矿物。然后将铺布铺好，进行下一周期的工作。

（3）机械可动式橡胶覆面溜槽　可动式橡胶覆面溜槽一般简称为胶带溜槽，其结

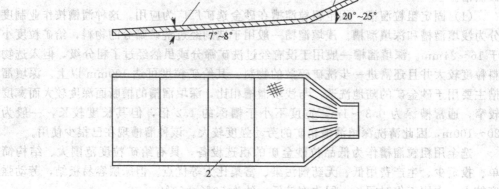

图 3-4　铺面（布）溜槽

1—匀分板；2—铺布；3—槽体

构类似于胶带运输机，但胶带为特制的带有波状挡边和横向挡条等。胶带溜槽可以连续作业，从而免除了清溜工作，且克服了固定溜槽中床层严重板结的缺点，提高了金回收率。

（4）鼓动溜槽　鼓动溜槽主要用于砂金选矿，其槽体形状基本上与固定溜槽相似，具有用角钢制成的横向溜格。槽底是橡胶板，在橡胶板下面设有托架和传动机构。工作时托架做上下交变运动，推动溜格间橡胶上下运动，类似于跳汰机隔膜，上升时床层松散，下降时产生吸入作用，使轻、重矿物分层，避免了床层板结，提高了金回收率。该设备具有操作简单、富集比高、金回收率高等优点。

（5）组合溜槽　组合溜槽由两个以上溜槽和筛板组合为一体的一种洗选设备，典型的组合溜槽有罗斯溜槽及皮尔逊溜槽。

罗斯溜槽由给矿箱、筛板、配水管、水枪及三条平行配置的溜槽组成。其特点是原矿在同一设备上实现筛分、洗矿作业。原矿经过筛板筛分后，筛上粗粒产物和筛下细粒产物分别有不同的溜槽选别。罗斯溜槽具有结构简单、处理能力大、移动方便等优点。在处理含泥多的砂矿时，因洗矿效果不好，会明显降低金的回收率。

（6）矿泥溜槽　矿泥溜槽的种类较多，固定式的有软覆面溜槽上、匀分槽、圆槽等；机械传动式的有皮带溜槽、多层自动溜槽、摇动翻床、横流皮带溜槽等。在中国黄金选矿中应用的矿泥溜槽主要有固定式软覆面溜槽。

固定式软覆面溜槽是预处理经过磨矿的或粒度较细的物料，给矿粒度通常小于1mm。此种溜槽不设置溜格，而在溜槽底板上铺设软覆面，如麻布、毛毡、尼龙毡、棉绒布、有纹橡胶板等，铺面起留重矿物的作用。铺面根据给矿粒度而定。处理较粗物料，水层厚度为 10～5mm，采用较粗糙的长绒织物或带纹格橡胶板；处理细粒物料，水层厚度小于 5mm 时，采用细纹的缎绒织物。一般软覆面溜槽的长度为 2～3m，宽度为 1～1.5m，安装倾角 5°～20°，给矿浓度 15%～30%。

软覆面溜槽的结构简单，容易制作，操作简单，但生产效率低，间断作业，铺面需定期清理，体力劳动强度大。因此此溜槽的应用较少。

3.2.3.3　螺旋溜槽和螺旋选矿机

螺旋溜槽和螺旋选矿机都是螺旋状斜槽选矿设备，螺旋选矿机的结构如图 3-5 所示。它是把一个溜槽绕垂直轴线弯曲成螺旋状而做成的，螺旋有 3～5 圈，固定在垂直的支架上，螺旋槽的断面为抛物线或椭圆的一部分，槽底在纵向（沿矿流流动方向）和横向（径向）均有一定的倾斜度。由第二圈开始，大约在槽底中间部位设有重产物排料管（共 4～6 个），排料管上部装有截料器，它能拦截重矿物流使之进入排矿管排出，截料器的两个刮板压紧在槽面上，且其中的可动刮板可以旋转用来调节两刮板间张口角度大小，从而调节重矿物的排出量，如图 3-6 所示。为提高重产物的质量，在槽内缘设有若干个加水点，称为洗涤水，它由中央水管经过阀门给入槽内缘。

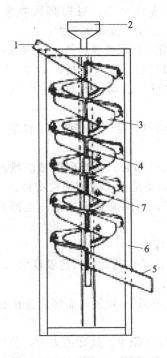

图 3-5　螺旋选矿机
1—给矿槽；2—冲洗水导槽；
3—螺旋槽；4—螺旋槽连接法兰；
5—尾矿排出溜槽；6—机架；
7—重矿物排出管口

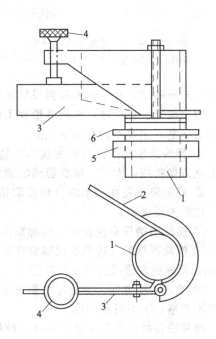

图 3-6　截料器
1—排料管；2—固定刮板；
3—可动刮板；4—压紧螺钉；
5—螺母；6—垫圈

　　分选时，矿浆自槽上部匀矿器沿槽宽均匀给入，矿浆在沿槽流动过程中发生分层，重矿物进入底层，并在各种力的综合作用下向槽的内缘运动；轻矿物则在快速的回转运动中被甩向外缘。于是，密度不同的矿粒即在槽的横向展开了分带，如图 3-7 所示。沿槽内缘流动的重矿物被截料器拦截，通过排料管排出，由上方第一至第二个排料管得到的重产物质量最高，以下重产物质量降低。槽内缘所加洗涤水把重产物夹杂的部分轻矿物冲向外缘，有利于提高精矿的质量。尾矿则由最下部槽的末端排出。

　　螺旋选矿机操作时要注意以下几点。

　　① 给矿粒度最大为 6mm。有过大矿块进入时，会扰动矿流和阻塞精矿排出管。片状大块脉石也对选别不利。因此入选前要用筛子算出大块。另外入选物料含泥多时会使分选效果变坏，因此含泥多时要预先脱泥。

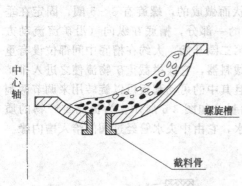

中心轴

螺旋槽

截料骨

图 3-7 矿粒在螺旋槽内的分带
（黑色颗粒表示重矿物，白色为轻矿物）

② 控制好给矿量。当含泥多精矿又较细时，给矿量可小些；精矿粒度粗含泥少时，给矿量可大些。对给矿浓度要求不严格，浓度在 10%～30%范围内变化对选别指标影响不大。

③ 洗涤应从内缘分散供给，以免冲乱矿流，洗涤水量大，精矿品位高，但回收率降低；洗涤水小，对提高回收率有利，洗涤水由上往下应逐次加大。

④ 精矿产率是通过转动截取器的活动刮板来调整的，截取的精矿太多时，精矿品位会降低。活动刮板的适宜位置应通过取样考查来确定，有了经验后再灵活掌握。

螺旋溜槽和螺旋选矿机的外形和工作原理基本相同，但两者在结构、性能和使用方面有区别，主要不同有如下几点。

① 螺旋选矿机的槽底断面线为抛物线或椭圆的一部分，而螺旋溜槽的槽底断面线为立方抛物线，因此，螺旋溜槽的槽底宽而平缓，更适合于处理细粒物料。

② 螺旋溜槽是在槽末端分别接取精、中、尾矿，而螺旋选矿机是在上部截取精矿，在槽末接尾矿。

③ 螺旋溜槽没有洗涤水，而螺旋选矿机加有洗涤水。

④ 螺旋溜槽的入选粒度比螺旋选矿机小，螺旋选矿机的适宜入选粒度为 0.074～2mm，而螺旋溜槽适宜的处理粒度为 0.04～0.3mm。

⑤ 给矿浓度方面，螺旋溜槽要求浓度高，一般不低于 30%，而螺旋选矿机浓度要求不严格，下限可到 10%。

两种设备的优点是无运动部件，结构简单，占地面积小，处理能力大，分选过程直观，易于操作。缺点是设备外形尺寸较高，精矿产率较大，对圆球形金回收效果差。在黄金矿山，这两种设备主要用于从浮选尾矿中回收单体或连生金。

3.2.3.4 摇床

摇床是一种应用广泛的选矿设备。它的基本结构分为床面、床头和机架三个主要部分。典型的摇床结构如图 3-8 所示。

（1）床面　床面可用木材、玻璃钢、金属（如铝、铸铁）等材料制成。其形状常见的有矩形、梯形和菱形。沿纵向在床面上钉有许多平行的床条（又称来复条）或刻有沟槽，床条自传动端向对边降低，并在一条斜线上尖灭。床面由机架支承或由框架吊起。摇床的床面是倾斜的，在横向呈 1.5°～5°由给矿端向对边倾斜，这样由给矿槽及冲洗槽给入的水流就在床面上形成一个薄层斜面水流。床面右上方有给矿槽，长度大约为床面总长度的 1/4～1/3；在给矿槽一侧开有许多小孔，使矿浆均匀地分布在床面上。与给矿槽相连的是冲水槽，占床面总长度的 2/3～3/4，给水槽侧也开许多小孔，使冲水也能沿床面纵向均匀给入。在槽内还装有许多活瓣，用以调节水量沿床面长度的分配。

（2）床头（传动机构）　由电机带动，通过拉杆连接床面，使床面沿纵向作不对

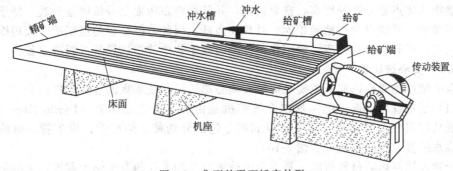

图 3-8　典型的平面摇床外形

称的往复运动。床面前进时，速度由慢到快而后迅速停止；在往后退时，速度由零迅速增至最大，此后缓慢减小到零。床面产生纵向差动运动，使床面上矿粒能单向运搬。向精矿端运搬叫正向运搬，反之叫反向运搬。

（3）机架或悬挂机构　床面的支承方式为坐落式和悬挂式。坐落式是床面直接与支架联结，并在支架上设有调坡装置，用来调节床面的横向坡度。悬挂式是用钢丝绳把床面吊在一架子上，床面悬在空中。调整坡度通过调整钢丝绳的松紧来调整。

摇床分选时，由给水槽给入的冲洗水，铺满横向倾斜的床面，并形成均匀的斜面薄层水流。当物料（一般为水力分级产品，浓度为 25%～30% 的矿浆）由给矿槽自流到床面上，矿粒在床条沟槽内受水流冲洗和床面振动作用而松散、分层。上层轻矿物颗粒受到较大的冲力，大多沿床面横向倾斜向下运动，排出称作尾矿。相应床面这一侧称为尾矿侧。而位于床层底部的重矿物颗粒受床面的差动运动沿纵向运动，由传动端对面排出称作精矿，相应床面位置称为精矿端。不同密度和粒度的矿粒在床面上受到的横向和纵向作用是不同的，最后的运动方向不同，而在床面呈扇形展开，可接出多种质量不同的产品，如图 3-9 所示。

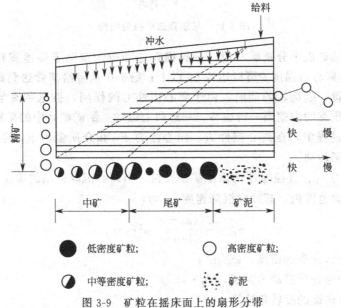

图 3-9　矿粒在摇床面上的扇形分带

摇床的优点是分选精度高，富集比大，并且物料在床面上分带明显直观，便于及时调节参数。其缺点为占地面积大，处理能力低。因此，砂金矿的粗精矿一般用摇床进行精选。对脉金矿石摇床一般用作单体金回收工艺中的精选设备或粗选设备。

3.2.3.5　离心选矿机

金矿使用的离心选矿机主要是尼尔森离心选矿机和法尔肯离心选矿机。

(1) 尼尔森离心选矿机　尼尔森选矿机是由加拿大人尼尔森（Byron Knelson）研制成功的离心选矿设备，其主要组成部分包括分选锥、给矿管、排矿管、驱动装置、供水装置、控制系统等（图 3-10）。

分选锥用高耐磨材料铸成，是 1 个内壁带有反冲水孔的双壁倒置截锥，也就是由两个可同步旋转的同心截锥构成，外锥与内锥之间构成 1 个密封水腔；内锥称为富集锥，其内侧有数圈沟槽，沟槽的底部有按设计要求排列的进水孔，称为流态化水孔。

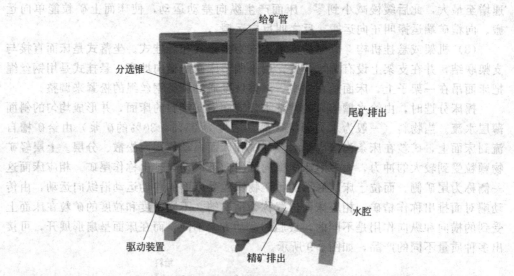

图 3-10　尼尔森选矿机的结构

用尼尔森选矿机中分选矿石时，分选锥在电动机的带动下高速旋转（$n=400$r/min 以上），其离心力强度 i 可以达到 60 以上；给矿矿浆经给矿管送到矿浆分配盘以后，在与分配盘一起旋转的同时，由于离心惯性力的作用，被甩到富集锥内壁的下部，然后沿富集锥的内壁面一边旋转，一边向上运动。给矿矿浆中的矿物颗粒在随矿浆一起运动的过程中，在离心惯性力、向心浮力 F_r 和介质阻力 R_r 的共同作用下，沿径向发生沉降运动。

对于密度为 ρ_1、直径为 d 的微细矿物颗粒，当离心沉降运动的雷诺数 $R_e < 1$ 时，在斯托克斯阻力范围内，其径向沉降速度 v_{rs} 为：

$$v_{rs} = \frac{d^2(\rho_1 - \rho)}{18\mu}\omega^2 r - v_t \qquad (3-1)$$

式中　ρ——分选介质的密度，kg/m^3；

μ——分选介质的动力黏度，$Pa \cdot s$；

ω——分选锥的旋转角速度，s^{-1}；

r——矿物颗粒的回转半径，m；

v_t——流态化反冲水的径向流速，m/s。

矿浆中的矿物颗粒沿径向沉降的结果，是在富集锥内壁的沟槽内形成高浓度床层，由于沟槽的底部有反冲水（流态化水）连续流入，使床层处于稳定的松散悬浮状态，使矿物颗粒在径向上发生干涉沉降分层。式（3-1）表明，当分选锥的旋转速度一定时，矿物颗粒的密度越大，其径向沉降速度也越大。因此，矿物颗粒发生分层后，高密度矿物颗粒总是紧贴沟槽底部，在这里形成高密度矿物层；低密度矿物颗粒不能到达沟槽的底部，在离心惯性力沿轴向分力和轴向水流推动力的共同作用下，随矿浆流一起从分选锥的顶部溢流出去，形成尾矿。

尼尔森选矿机于 1978 年开始在选矿工业生产应用，现已形成间断排矿型和连续可变排矿型（CVD）两大类、二十几个规格型号的产品系列，包括实验室小型试验设备、半工业试验设备和工业生产设备，单机处理能力最大可达 650t/h。30 多年来，尼尔森选矿机已在 70 多个国家的金矿石分选厂得到应用。

间断排矿型尼尔森选矿机主要用于回收岩（脉）金矿石、伴生金（铂、钯）的有色金属矿石、砂金矿等矿石中的贵金属，给矿粒度通常为－6mm。连续可变排矿型尼尔森选矿机主要用来分选高密度矿物的含量较大（一般大于 0.5%）的矿石，常常用于回收含金银的硫化物矿物、黑（白）钨矿、锡石、钽铁矿、铬铁矿、钛铁矿、金红石、铁矿物等，给矿粒度一般为－3.2mm。尼尔森选矿机的粒度回收下限可达 0.010mm。

尼尔森选矿机的突出优点是选矿比非常高，可达 10000～30000；用于选别金矿石时，精矿的富集比可以达到 1000～5000 倍；而且设备的占地面积小，单位占地面积的处理能力大，截锥最大直径为 $\phi762mm$ 的尼尔森选矿机，单台处理能力为 50～100t/h，$\phi1778mm$ 的尼尔森选矿机的单台处理能力可达 650t/h，因而生产成本比较低。

如坎贝尔金矿选矿厂矿石处理量为 1360t/d。入选原矿品位相对较高。最初采用由普通跳汰机和摇床组成的回路进行重选，跳汰精矿通过摇床精选生产出金精矿直接冶炼。重选回收率平均在 30%～35% 之间。此后，购置了 2 台 76cm 的中心排式尼尔森选矿机代替原有跳汰机，结果使金重选回收率提高了 16%。由于安装了尼尔森选矿机，不仅重选回收率增加到 50% 左右，还节省了劳动力，降低了生产成本。澳大利亚斯特尔夫（Stlves）金矿采用尼尔森选矿机后，也取得了较好的指标。又如，南非 President Steyn 金矿引进尼尔森选矿机，投产后选矿回收率达 51%～53%；西班牙的 RiO Narcea 含铜金矿采用尼尔森选矿机取代跳汰机，金的重选回收率由 2% 提高到 20%～25%，并增加了处理能力 30%；澳大利亚的 Paddington 金矿采用炭浸工艺，原设计在磨矿回路中的旋流器底流用摇床回收粗粒金，投产后重选金的回收率仅 3.22%，后改用 CD30 尼尔森选矿机代替摇床，重选回收率提高到 32.8%，并使选厂总回收率提高了 2%。

（2）法尔肯离心选矿机　法尔肯离心选矿机是美国南伊利诺斯大学与加拿大法尔肯（Falcon）公司共同研制的离心选矿设备，于 1996 年开始工业应用。该设备处理量大、富集比高、水电耗量小、运行成本低、自动化程度高、能够有效处理微细粒级颗粒、操作简单，从而在各个领域得到越来越广泛的应用，主要用于预选和扫选。迄今已有 Falcon SB、Falcon C 和 Falcon UF 3 个系列的设备成功应用于选矿生产实践中。SB 系列法尔肯选矿机主要用于选别金矿石，采用间歇式排出精矿；C 系列和 UF 系列法尔肯选矿机主要用于选别钨矿石、锡矿石和钽矿石，精矿和尾矿都连续排出。法尔康选矿机的机械结构和工作原理与尼尔森选矿机的相似，但工作时分选锥的离心力强度 i 通常在 150～300 之间，是尼尔森选矿机的 2～5 倍。

SB 系列法尔肯选矿机的结构如图 3-11 所示，其核心部件是 1 个立式塑料转筒（高度约为其直径的 2 倍），转筒的下部是 1 个内壁光滑的倒置截锥（筒壁角有 10°、14°、18°等几种），是分选过程的分层区；转筒的上部由两个来复圈槽构成，槽底均匀地分布 1 圈小水孔，以便使反冲水进入来复圈槽内，松散或流态化高密度产物床层。分选时，矿浆从进矿管进入高速旋转的转鼓底部之后，在挡板作用和 50～200g 的强离心力作用下，矿浆被甩至转鼓内壁形成薄流膜，并在光滑的壁面上分层，在强离心力场作用下重矿粒克服反冲水力沉降在转鼓沟槽内，轻矿粒受到的离心力小且难于克服反冲水力，密度大的目的矿物逐渐代替密度小的脉石矿物而沉降在格槽中，则密度小的脉石矿物与水流一起被排出转鼓外形成尾矿，分选结束后停机用高压水将精矿冲洗出来，从而实现分选。

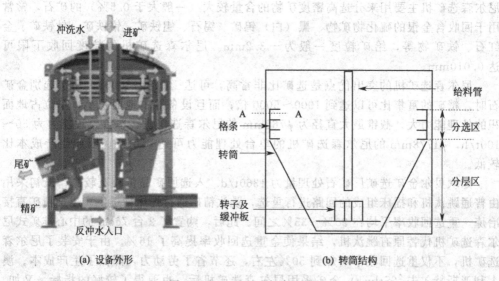

图 3-11 SB 系列法尔肯选矿机

（3）水套式离心选矿机　由长春黄金研究院研制，该离心机是在消化吸收尼尔森选矿机技术特点的基础上研制的，其结构如图 3-12 所示。目前，STL 型水套式离心选矿机具有 4 种型号：STL19、STL25、STL30、STL60。其分选锥的内外两层构成全封闭式的水套，内层由不锈钢制作，自底部而上设来复槽沟，槽底设有流态化水孔，外层由普通钢板制作。与国内其他选矿机相比，它的特点在于其操作方便，在排出精矿之前能连续工作 8～10h，可在换班期间停机将精矿冲洗出来，冲洗时间约 15min，同时由于其运行时间长，富集比可达 1000 倍以上。

该机对入选粒度小于 4mm 的砂金选别，可获得金的回收率为 93％；在入选粒度小于 2.5mm 时，金的回收率可达 99％，其用于岩金矿山回收单体金的效果更佳，可

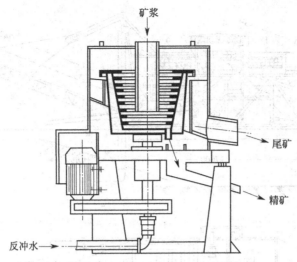

矿浆

尾矿

精矿

反冲水

图 3-12 STL 型水套式离心选矿机的结构

以取代混汞作业。广西龙头山和山东莱黑岚沟等金矿采用了 STL 型水套式离心机重选回收金，它们的金回收率都能提高 4%～5%，而且设备性能稳定，操作简单易维修。

3.2.3.6 采金船

采金船开采法是我国砂金开采的主要方法，其产金量约占砂金总量的 60% 以上。我国采金船上的选金设备主要有转筒筛、矿浆分配器、溜槽、跳汰机、混汞筒、捕金溜槽、摇床等，选金设备的选择取决于采金船生产规模和所处理矿砂的性质。

典型的采金船结构如图 3-13 所示。采金船可漂浮在天然水面上，亦可置于人工挖掘的水池中。生产时一边扩大前面的挖掘场，一边将选出的尾矿填在船尾的采空区。根据挖掘机构造的不同，采金船可分为链斗式、绞吸式、机械铲斗式和抓斗式 4 种，以链斗式应用最多。链斗由装配在链条上的一系列挖斗构成，借链条的回转将水面下的矿砂挖出，并给到船上的筛分设备中。链斗式采金船的规格以一个挖斗的容积表示，在 50～600L 之间。小于 100L 的为小型采金船，100～250L 的为中型采金船，大于 250L 的为大型采金船。

3.3 重选工艺

3.3.1 砂金矿重选工艺

砂金矿的选别原则是先用重选最大限度地从原矿中回收金及其伴生的各种重矿物，继而用重选、浮选、混汞、磁选、电选等联合作用，将金和重矿物彼此分离达到综合回收的目的。砂金矿的选别工艺流程通常分为三个作业。

(1) 洗矿作业 用水浸泡、冲洗并辅以机械搅动将被胶结的矿砂解离出来，并使砾石、砂和黏土相分离，且洗净砾石上所黏附的黏土和金粒。洗矿作业包括碎散、筛分和脱泥三项工序。

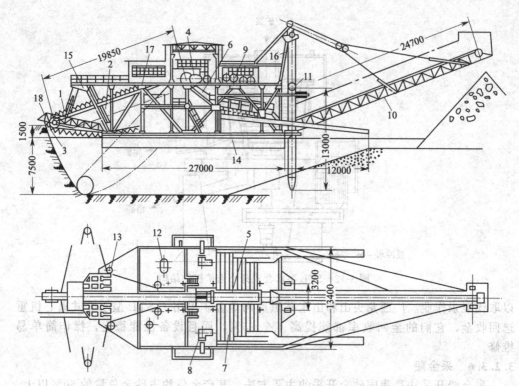

图 3-13　采金船的结构示意

1—挖斗链；2—斗架；3—下滚筒；4—主传动装置；5—圆筒筛；6—受矿漏斗；

7—溜槽；8—水泵；9—卷扬机；10—皮带运输机；11—锚柱；12—变压器；13—甲板滑轮；

14—平底船；15—前桅杆；16—后桅杆；17—主桁架；18—人行桥

（2）粗选作业　根据工艺流程和所用的主要设备可分为固定溜槽-摇床流程、固定或胶带可动溜槽-跳汰机-摇床流程、多段跳汰-摇床流程、离心盘选机-摇床流程等。

（3）精选作业　粗选阶段得出的含金精矿，金品位在 100g/t 左右，重矿物多在 1～2kg/t。目前处理含金粗精矿主要采用以下方法：用淘金盘人工淘出金粒后重砂丢弃；用混汞筒进行内混汞，获得汞膏后重砂抛弃；用人工淘洗或混汞提金后，重砂集中送精选厂处理，用磁电选等方法分别回收各种重砂矿物。

3.3.2　含金冲积砂矿的重选工艺

砂金选矿以重选为主，其中冲积砂金矿以采金船为主要分选设备；陆地砂金以溜槽和洗选机组为主要分选设备。在砂矿床中，金多呈粒状、鳞片状，以游离状态存在。粒径通常为 0.5～2mm，极少数情况也可遇到质量达数十克的大颗粒金，也有极微细的肉眼难以辨认的金粒。

砂金矿中金的含量一般为 0.2～0.3g/m³，密度大于 4000kg/m³ 的高密度矿物含量通常只有 1～3kg/m³。砂金矿中脉石的最大粒度与金粒的相差极大，甚至达到千余倍，但在筛除不含矿的砾石后，仍可不分级入选。

中国的砂金选矿历史悠久。目前的采选方法以采金船为主，占到砂金总开采量的

70％以上，其次还有水枪开采和挖掘机露天开采，个别情况采用井下开采。采金船均为平底船，上面装备有挖掘机构，分选设备和尾矿输送装置。

选矿流程的选择与采金船的生产能力和砂矿性质有关，主要有图 3-14 所示的 3 种。我国采用的典型流程是图 3-14 中的（a）和（b），其中（b）流程中速度跳汰分选采用的是圆形跳汰机。

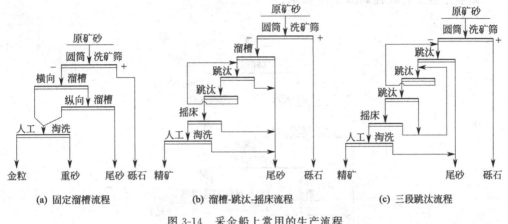

图 3-14　采金船上常用的生产流程

固定粗粒溜槽流程是在沿船身配置的圆筒筛两侧对称地安装横向溜槽和纵向溜槽。由链斗挖出的矿砂直接卸到圆筒筛内，筛上砾石卸到尾矿皮带上，输送到船尾。这种流程简单、造价低，在小型采金船上应用较多，金的回收率不高，在 58％～75％之间。

溜槽-跳汰-摇床流程多用在小型及部分中型采金船上。溜槽为固定的带格胶带溜槽，跳汰机可采用梯形跳汰机、旁动型隔膜跳汰机、圆形和矩形跳汰机等。摇床可用工业尺寸的或中型设备。金的最终选别回收率可达 79％～85％。

三段跳汰流程采用的设备均为跳汰机，是大、中型采金船较常应用的流程。在大型采金船上第 1 段可以安装两台九室圆形跳汰机，第 2 段安装 1 台三室圆形跳汰机，第 3 段为二室矩形跳汰机。在中型采金船上第 1 段安装 1 台九室圆形跳汰机，第 2、3 段依次为矩形跳汰机和旁动型隔膜跳汰机。金的回收率可达 90％以上。

离心盘选机流程的主体分选设备是离心盘选机或离心选金锥，设备的工作效率高，占地点面积小，回收率可到 85％～90％，是中、小型采金船的一种有前途的流程组合。

为增加采金船生产效率，采金船产出的重砂（重选粗精矿）可集中输送到岸上固定精选厂进行精选，使金与其他高密度矿物分离。

陆地砂金矿可采用推土机表土剥离露天开采，选矿设备以洗矿机和溜槽为主。黑龙江富克山金矿位于冻土发育的漠河县境内，该矿引进了俄罗斯生产的ПКБⅢ-100型洗选机组，其最大生产能力为 $100m^3/h$ ，最大耗水量为 220L/s，金的选矿回收率为 75％，安装电动机总功率为 319kW。ПКБⅢ-100 型洗选机组的工作过程为：推土机或汽车将矿砂运至槽式给矿机，再均匀地通过皮带机输送到圆筒筛洗矿机中进行碎散、洗矿、筛分，筛上产品（＋60mm）由皮带机排至尾矿堆，筛下产品经双层筛筛分后，20~60mm 粒级用粗粒溜槽选别，－20mm 粒级的物料用细粒溜槽选别，溜槽的分选尾矿送至尾矿堆，精矿送精选厂精选。

我国某砂金矿 25L 间断斗式采金船处理第四纪河谷砂矿。含金砂砾层多在冲积层下部，混合矿砂含金 0.265g/t，含矿泥 5%～10%。砂金粒度以中细粒为主，砂金多呈粒状和块状。伴生矿物主要有锆英石、独居石、磁铁矿、金红石等。

该船选金工艺流程如图 3-15 所示。

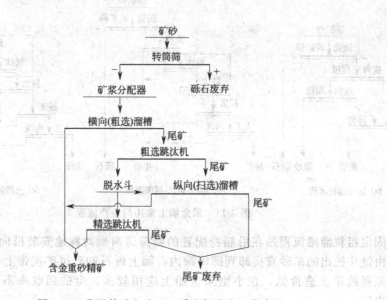

图 3-15　我国某砂金矿 25L 采金船选金工艺流程

粗选跳汰机的精矿用喷射泵输送到脱水斗进行脱水，以使其矿浆浓度适于精选跳汰机的操作要求。该船选金流程的特点是：横向（粗选）溜槽未能回收的微细粒金可用粗选跳汰机进行捕集。该船选金总回收率为 70%～75%。

3.3.3　溜槽选矿工艺

紫金山金矿原矿的金品位仅有 0.8g/t，选矿厂采用堆浸-溜槽重选-氰化炭浸工艺回收矿石中的金，获得了较为满意的技术经济指标，金的回收率超过 80%，选矿厂的经济效益和社会效益都十分显著。选矿厂的生产工艺流程如图 3-16 所示。

加拿大 Les Mines Camchib 金铜矿选矿厂分级机回路的循环负荷高达 500%～700%，用尖缩溜槽粗选处理球磨机排矿，粗精矿金回收率为 10%～20%，金富集比 2，尖缩溜槽尾矿进入分级机。粗精矿用尼尔森离心选金机两段精选，获得含金 5%～10% 的精矿，再用摇床精选至品位达 65% 左右去冶炼，重选流程如图 3-17 所示。

3.3.4　螺旋选矿工艺

瑞典 Boliden 选矿厂在二段磨矿前设置重选回路回收粗粒金，防止金的过磨，使金的回收率提高了 5%。重选的主要作用是浮选前回收单体金。重选流程由 DSS、DS 排列圆锥选矿机、两台三头 LGT 赖克特圆锥选矿机、一台螺旋选矿机和一台 Sala

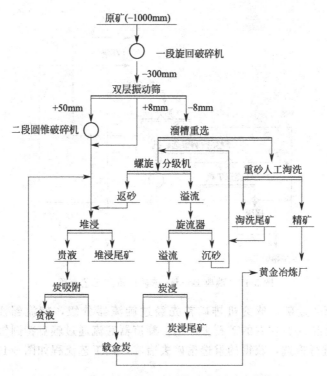

图 3-16　紫金山金矿选矿厂的生产原则工艺流程

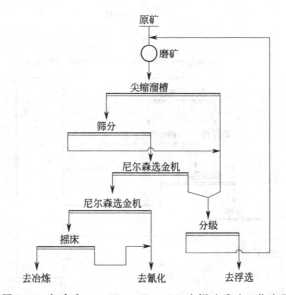

图 3-17　加拿大 Les Mines Camchib 金铜矿重选工艺流程

Deister 摇床组成。磨细的矿石在给入赖克特圆锥选矿机之前用筛子分离出 3mm 以上的物料，返回再磨，以避免过粗物料造成矿浆紊流干扰圆锥选矿机的分选效果。重选流程如图 3-18 所示。

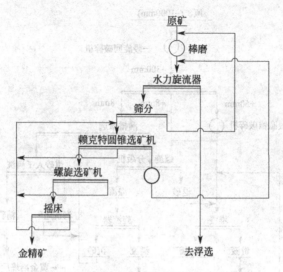

图 3-18 瑞典 Boliden 选矿厂重选工艺流程

　　瑞典 Borkdal 金矿，球磨机排矿首先经过旋流器分级，旋流器溢流－0.18mm（－80 目）含量占 80％左右的矿石去浮选；旋流器底流通过赖克特圆锥选矿机、螺旋选矿机、摇床进行重选，获得的重选精矿去冶炼，其工艺流程如图 3-19。

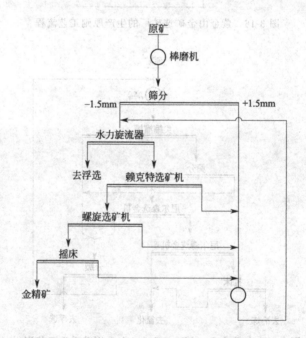

图 3-19 瑞典 Borkdal 金矿选矿厂重选工艺流程

3.3.5 离心选矿工艺

　　河南金源黄金矿业有限责任公司选矿厂处理的金矿石中，51％以上的金以粒度大于 0.06 mm 的自然金状态存在。为了经济、合理、高效地回收这部分金，选矿厂在磨矿回路中设置了一段重选作业，采用 2 台 KC-XD40 尼尔森选矿机对粗粒金进行回收，其生产工艺流程如图 3-20 所示。在磨矿产物粒度为 -0.075 mm 含量占 55%、给矿浓度（固体质量分数）为 36% 的情况下，尼尔森选矿机的金精矿产率为 0.03%，精矿的金品位为 2800～3500g/t，精矿中金的回收率为 38%。

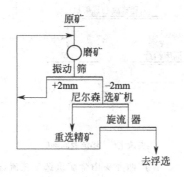

图 3-20　金源选矿厂的粗粒金重选流程

法尔肯离心选矿机在砂金选矿回路中的工艺流程如图 3-21 所示。

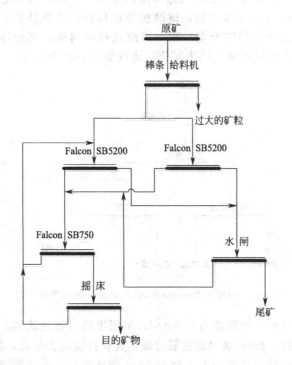

图 3-21　Falcon 离心选矿机在传统的砂金选矿回路工艺流程

中国广西龙头山金矿，在磨矿分级回路中采用水套式离心选矿机回收中细粒金取得了较好的技术指标，其选矿工艺流程如图 3-22 所示。

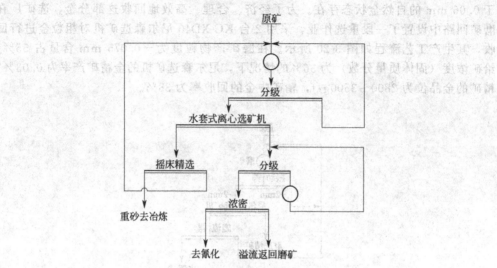

图 3-22　广西龙头山金矿重选工艺流程

3.3.6　跳汰选矿工艺

　　加拿大 Pamour Porcupine 金矿预选采用两段跳汰，精矿分别进行浮选和氰化处理。第一段用 1.5m×4.9m 球磨机，球磨机排矿口接泛美跳汰机，粗精矿给入一台丹佛双室跳汰机，跳汰金精矿冶炼。第一段跳汰尾矿再磨，通过浮选实现铜、硫分离。精选跳汰尾矿和硫精矿再磨后去氰化，流程如图 3-23 所示。

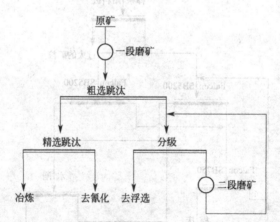

图 3-23　加拿大 Pamour Porcupine 金矿跳汰重选工艺

　　加拿大 Dome 金矿，处理能力 3000t/d，采用重选—氰化流程，第一段磨矿采用 3.2m×6.1m 棒磨机，ϕ500 水力旋流器分级，旋流器溢流去氰化，旋流器底流进入 4 台丹佛双室跳汰机；跳汰精矿给入 1 台 Deistes 摇床精选，最终重选精矿去冶炼，重选尾矿经旋流器分级，底流给入二段磨矿，与第一段旋流器构成闭路，如图 3-24 所示。Dome 金矿重选流程与南非的重选流程相比，应用第一段旋流器预先分级不仅减轻了跳汰机的负荷，也节省了重选设备。

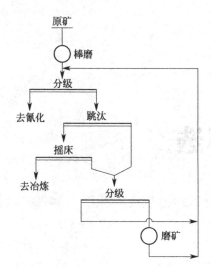

图 3-24　加拿大 Dome 金矿跳汰重选工艺

山东省某金矿采用跳汰机粗选的重选工艺，其工艺流程如图 3-25 所示。

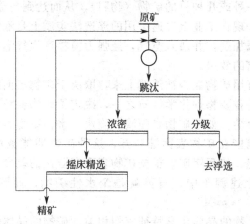

图 3-25　山东省某金矿的跳汰粗选的重选工艺流程

第4章
含金矿石浮选

4.1 浮选原理

浮选是利用矿物表面物理化学性质差异（尤其是表面润湿性），在固-液-气三相界面，有选择性富集一种或几种目的矿物（物料），从而达到与脉石矿物（废弃物料）分离的一种选别技术。现在工业上普遍应用的浮选法实质上是泡沫浮选法。它的特点是在矿浆中添加化学添加剂，并通入空气，经强力搅拌产生气泡后将相关矿物附着在气泡上，从而达到分离的效果。

在浮选过程中，有用矿物能否被浮选上来，取决于矿物表面的润湿性。矿物表面的润湿性是矿物表面的重要物理化学性质之一，决定了矿物颗粒与气泡发生碰撞时能否附着于其上，并被浮游。如果矿物表面滴一滴水，水在矿物表面发生铺展的现象称为润湿现象。如果水滴能在矿物表面铺展开，这种矿物即能被水润湿，如石英；反之，矿物不能被水润湿，如辉钼矿。根据矿物表面润湿性的差异可将矿物分为疏水性矿物和亲水性矿物，上述例子中，石英就是亲水性矿物，而辉钼矿就属于疏水性矿物。

矿物的润湿性与矿物的晶体化学特征密切相关，矿物的晶体化学特性是指矿物的化学组成、化学键、晶体结构及其性质之间的关系，是矿物最本质的特征。矿物晶体在外部所表现的现象和性质大都是以其内在的晶体化学特性为依据的，即矿物晶体的物理和化学性质都与矿物内部结晶构造有关。矿物的润湿性是决定矿物向气泡附着难易程度的主要因素，而影响矿物表面性质的主要因素是矿物的化学组成和晶体结构。所有的矿物都是由离子、原子、分子等质点以一定的键力联系起来的。这些质点在矿物内既可呈规则排列，也可呈不规则排列；规则排列时称为晶体，不规则排列时称为非晶体；由于矿物不同的晶体化学特征，从而使矿物具有不同的润湿性和可浮性。

矿物要实现浮游，其表面必须是疏水的，矿物表面的疏水性可以由矿物表面本身特性决定，也可以通过人为改变矿物表面的特性来产生疏水性，如添加浮选药剂等。

矿物表面的疏水性由润湿接触角来衡量和评价。所谓接触角是指固-水与水-气二个界面张力所包的角，用 θ 来表示。如图 4-1 所示。

不同矿物表面接触角大小是不同的，接触角可以表征矿物表面的润湿性：如果矿

物表面形成的 θ 角很小，则称其为亲水性表面；反之，当 θ 角较大，则称其为疏水性表面。亲水性与疏水性的明确界限是不存在的，是相对的。θ 角越大说明矿物表面疏水性越强；θ 角越小，则说明矿物表面亲水性越强。

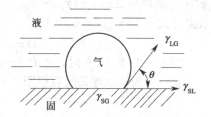

图 4-1　气泡在水中与矿物表面相接触的平衡关系

　　矿物表面接触角大小是三相界面性质的一个综合效应。当达到平衡时（润湿周边不动），作用于润湿周边上的三个表面张力在水平方向的分力必为零。于是其平衡状态（杨氏 Young）方程为：

$$\gamma_{SG} = \gamma_{SL} + \gamma_{LG}\cos\theta$$

或

$$\cos\theta = (\gamma_{SG} - \gamma_{SL})/\gamma_{LG} \tag{4-1}$$

　　式中，γ_{SG}，γ_{SL} 和 γ_{LG} 分别为固-气、固-液和液-气界面自由能。

　　式（4-1）表明了平衡接触角与三个相界面之间表面张力的关系，平衡接触角是三个相界面张力的函数。接触角的大小不仅与矿物表面性质有关，而且与液相、气相的界面性质有关。凡能引起任何两相界面张力改变的因素都可能影响矿物表面的润湿性。

　　杨氏方程表明，固体表面的润湿性取决于固-液-气三相界面自由能并可用接触角 θ 来判断。改变三相界面自由能就可改变固体表面润湿性，因此在工业中具有重要的实际意义。

　　矿物或某些物料的浮选分离就是利用矿物间或物料间润湿性的差别，并用调节自由能的方法扩大差别来实现分离的。常用添加特定浮选药剂的方法来扩大物料间润湿性的差别。

　　如前所述，$1 - \cos\theta$ 表示某物体的可浮性的大小。根据杨氏方程，应设法增大 γ_{SL} 或 γ_{LG}，以及降低 γ_{SG}，以增大 θ 来提高其可浮性。

　　浮选药剂（包括捕收剂、起泡剂及调整剂，调整剂又分介质调整剂、活化剂及抑制剂）对 γ_{SL}、γ_{LG} 或 γ_{SG} 有影响，从而改变矿物的可浮性。如有些矿物的可浮性本来不大，可用捕收剂（或加活化剂）来增大可浮性；有些矿物本来可浮性较好，但为强化分离过程而需要用抑制剂来减小其可浮性。各种药剂主要作用如下。

　　捕收剂：其分子结构为一端是亲矿基团，另一端是烃链疏水基团（石油烃、石蜡等）具有大的 θ 和天然强疏水性。主要作用是使目的矿物表面疏水、增加可浮性，使其易于向气泡附着。

　　起泡剂：主要作用是促使泡沫形成，增加分选界面，与捕收剂也有联合作用。

　　调整剂：主要用于调整捕收剂的作用及介质条件，其中促进目的矿物与捕收剂作用的，为活化剂；抑制非目的矿物可浮性的，为抑制剂；调整介质 pH 值的，为 pH 值调整剂。

　　浮选法主要有泡沫浮选，此外还有离子浮选、表层浮选和全油浮选等。这些方法都与润湿性有关。

　　泡沫浮选的主要过程是矿粒（或附有捕收剂的矿粒）附着气泡的过程，又叫气泡矿化过程。若将附有捕收剂的矿粒视作一般固体，则气泡矿化过程正是铺展润湿的逆过程，如图 4-2 所示，为一消失固液界面及液气界面，生成固气界面的过程。若气泡

矿化的条件为 $\Delta\gamma_{矿化}=\gamma_{SG}-\gamma_{SL}-\gamma_{LG}\leqslant 0$，将杨氏（Young）方程 $\gamma_{SG}=\gamma_{SL}+\gamma_{LG}\cos\theta$ ［式（4-1）］代入，得：

$$\Delta\gamma_{矿化}=-\gamma_{LG}(1-\cos\theta)\leqslant 0 \tag{4-2}$$

可见，只有 $\theta>0$ 时，才有 $1-\cos\theta>0$，才能发生气泡矿化作用使矿粒上浮。

图 4-3 为泡沫浮选过程框图。矿物的浮选过程要在浮选机中进行。

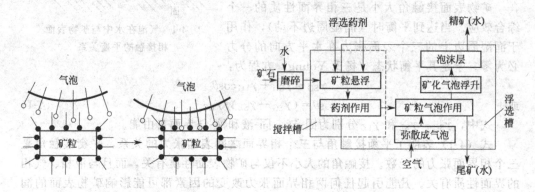

图 4-2　气泡矿化过程　　　　　　　图 4-3　泡沫浮选过程框图

浮选是处理含金矿石的重要方法之一，一般用于处理含金黄铁矿（采用混合浮选）以及含金的铜、砷、铅、锌等硫化矿。

含金矿石的浮选过程一般包括下列内容。

① 物料的准备。以磨矿分级为主，目的是使金矿物单体分离，控制粒度和矿浆浓度，使适合浮选的要求。

② 调整矿浆 pH 值并加入浮选剂，满足分选所需要的药剂条件。

③ 搅拌充气，造成大量的矿化泡沫，以使金矿物和泡沫充分接触和附着。

④ 稳定的矿化泡沫层的形成和刮出，实现金矿物和脉石矿物的有效分离。

正常情况下，浮选的泡沫产物作为精矿产出，这种方法称为正浮选。但有时也可以将脉石矿物浮入泡沫产物中，而将有用矿物留在矿浆中作为精矿排出。这种与正常浮选相反的浮选过程称为反浮选。

4.2　金的浮选特性和浮选分离方法

金的浮选包括自然金的浮选和含金矿石的浮选。在下列情况下，含金矿石有可能采用浮选法处理：

① 金主要与硫化物结合；

② 金虽然不是大部分与硫化物结合在一起，但后者能保证形成稳定的泡沫层；

③ 矿石不含有硫化物，但含有大量的氧化铁（如铁帽），这时赭石泥可起稳定泡沫的作用；

④ 矿石不含有硫化物或氧化铁，但含有能进入泡沫且能使泡沫稳定的矿物（如绢云母）；

⑤ 纯的石英质金矿按一定比例预先与硫化物矿石混合，或选择适当的药剂以便

能形成稳定的泡沫；

⑥ 用浮选法回收矿石中的主金属（铜、铅、锌等）后，尾矿进行氰化处理；

⑦ 砂金的浮选只适于从洗矿所得的产品中或其他较富的产物中浮出砂金。

大多数情况下，用浮选法处理含硫化矿物高的含金矿石可以把金最大限度地富集到硫化矿精矿中，并抛弃大量尾矿，从而降低冶炼成本；用浮选处理含多金属的金矿石时，能够有效地分离出金和各种有色金属的精矿，有利于实现对有价矿物资源的综合利用；对于不能直接使用混汞和氰化浸出的含金难处理矿石，需要采用包括浮选在内的联合流程进行处理。

4.2.1　自然金的浮游特性和浮选分离方法

金是一种易浮矿物，在原生的金矿床中，自然金常与黄铁矿、黄铜矿、方铅矿、闪锌矿、毒砂等硫化矿物共生。这些矿物同是易浮矿物，并能形成稳定的矿化泡沫，是金矿物最理想的载体矿物。通过浮选可以最大限度地使金富集到硫化物精矿中。自然金表面具有较好的疏水性，用黄药等硫化矿捕收剂均能浮选，载体浮选、离子浮选等微细粒浮选方法均可以回收微细粒级的自然金。

自然金的浮选具有以下特点：

① 多数矿石中的自然金是以细粒浸染状存在，要使金粒达到单体解离必须细磨；

② 金常与硫化矿物，特别是黄铁矿致密共生，因此回收金时需同时回收黄铁矿；

③ 金的相对密度很大，在浮选的过程中，金粒与气泡接触后易从气泡表面脱落；

④ 在氧化矿石中，金粒表面常被铁的氧化物所污染或覆盖；

⑤ 金具有柔性与延性，在磨矿时常呈片状，表面往往嵌进一层矿粒，使金粒表面粗糙。此外，钢球对金粒的研磨，金粒表面也会被金属铁颗粒所涂覆，例如用电磁铁从磨细的含金矿石中吸出金属铁颗粒（钢球研磨的产物）证明含有金。

金的粒度大小直接影响到它的可浮性，按粒度可分为四类：$+0.8mm$ 的金粒，不可浮；$-0.8mm+0.4mm$ 的金粒，难浮（只能浮出 $5\% \sim 6\%$）；$-0.4mm+0.25mm$ 的金粒，可浮（浮出量约 25%）；$-0.25mm$ 的金粒，易浮（回收率可达 96%）。可见，浮选的金粒不应大于 $0.4mm$，故在浮选前需用重选、混汞或其他方法把粗粒金预先选出。

一般而言，金粒较细、可浮性好的硫化物含金石英脉矿石，含有多种有价金属（铜、铅和锌）的含金硫化矿和含石墨矿石，都适宜采用浮选法回收。浮选法可以使金和其他金属硫化物富集到精矿中，并得到废弃尾矿。

由于金的密度很大，它虽然有很好的可浮性，由于数量少，不能形成稳定的矿化泡沫，仍然不能很好地浮游，金粒大于 $0.25mm$ 及不含金属硫化物的石英岩含金矿石很难用浮选法回收。此时，可采用其他方法回收。

4.2.2　含金硫化矿的浮游特性和浮选分离方法

根据含金多金属硫化矿物的共生关系，含金矿石主要类型及伴生金属见表 4-1。

表 4-1　含金多金属硫化矿主要类型及伴生矿物

矿石类型	主要伴生矿物	
	金属矿物	脉石矿物
含金铜硫矿石	黄铜矿、黄铁矿、磁黄铁矿、辉铜矿、磁铁矿等	石英、绢云母、斜长石、方解石等
含金铜铅锌矿石	黄铜矿、黄铁矿、方铅矿、闪锌矿、毒砂等	石英、绢云母、方解石等
锑金（砷）矿石	辉锑矿、黄铁矿、毒砂、磁黄铁矿等	石英、长石、电气石等
锑钨金矿石	辉锑矿、黄铁矿、黑钨矿白钨矿等	石英、伊利石、方解石、绿泥石、绢云母、白云石等
与第三组火山岩有关的含金矿石	碲金矿、碲金银矿、针碲金矿、自然银、黄铜矿、黄铁矿、辉锑矿、方铅矿、闪锌矿等	玉髓状石英、玉髓、冰晶石、方解石、白云石、明矾石、重晶石等
伴生金　铜镍矿床中	黄铜矿、磁黄铁矿、镍黄铁矿、黄铁矿、铂族矿物等	长石、角闪石、辉石、黑云母、绿泥石、绿帘石、蛇纹石、方解石等
矽卡岩多金属矿床中	黄铜矿、黄铁矿、黝铜矿、磁铁矿、赤铁矿、磁黄铁矿、方铅矿、闪锌矿等	石榴石、透辉石、阳起石、绿泥石、绢云母、碳酸盐、石英等
斑岩铜矿中	黄铜矿、黄铁矿、辉铜矿、方铅矿、闪锌矿等	长石、石英、绢云母、绿帘石、绿泥石、伊利石等

　　从表 4-1 所示，各种矿石类型中，金的伴生金属硫化矿物主要是黄铜矿及黄铁矿。

　　含金多金属硫化矿主要分为：含金铜硫矿石、含金铜铅锌矿石、锑金（砷）矿石、锑钨金矿石等。在含金多金属硫化矿中，粗粒的自然金一般常用重选法回收。但大部分自然金是以细粒浸染状赋存于黄铜矿、黄铁矿、毒砂、辉锑矿、方铅矿等硫化矿物中，它们紧密共生，有的还呈包裹体，在选矿过程中，金随着这些金属硫化矿物富集而富集，只能得到含金的铜、铅、锑、硫等硫化矿物精矿。含金硫精矿，如焦家、招远、新城、五龙、金厂峪、灵山、乳山等金矿选厂均采用氰化浸出提金；而龙水金矿选厂则采用硫脲浸出提金。以上两种方法的浸出渣均为硫精矿，作为生产硫酸的原料。其他含金硫化矿物精矿，只有在冶炼过程中加以综合回收金。

4.2.2.1　含金黄铁矿和毒砂的浮选分离方法

　　黄铁矿与毒砂的分离，对于处理含金砷硫化矿石具有重要意义。其分选原理是根据一些药剂如石灰、硫酸铜、无机氧化剂、氯化铵、有机抑制剂、碳酸盐对这两种矿物的选择性作用。黄铁矿与毒砂的分离方法有下列几种：

　　① 用硫酸铜活化毒砂，在石灰介质中使之优先选为泡沫产物，而黄铁矿则留在槽内；

　　② 在石灰介质中加入足够多的氯化铵抑制毒砂，浮出黄铁矿；

　　③ 采用无机氧化剂，或往矿浆中吹入氧使毒砂受到抑制，浮出黄铁矿；

　　④ 采用有机抑制剂选择性抑制毒砂，浮选黄铁矿；

　　⑤ 采用碳酸盐选择性活化黄铁矿，从而实现毒砂分离。

　　试验表明，若预先用硫化钠处理，接着把硫化钠完全排除，然后吹入氨，再用高锰酸盐或软锰矿氧化毒砂，则效果较佳。

　　下面详细介绍无机氧化剂抑制法、有机抑制剂抑制法和碳酸盐法。

　　(1) 无机氧化剂抑制法　无机氧化剂种类很多，例如：氧气、高锰酸钾、双氧水、二氧化锰、漂白粉、过二硫酸钾、次氯酸钠、重铬酸钾等。一般认为，氧化剂加入浮选作业中，毒砂与黄铁矿的可浮性差异增大，毒砂的可浮性降低。氧化剂的作用是由于它们有助于在毒砂表面上形成臭葱石（$FeAsO_4 \cdot 2H_2O$），从而抑制了毒砂。也有人认为，在氧化剂和碱存在的条件下，毒砂比含金黄铁矿更容易氧化，而且氧化程度、氧化速度和氧化产物均不相同。含金黄铁矿表面的氧化产物主要是 SO_4^{2-}，而毒砂表面的氧化产物除了部分 SO_4^{2-} 以外，更重要的是 AsO_4^{3-}。SO_4^{2-} 容易溶解进入溶液，而 AsO_4^{3-} 则吸附于毒砂表面，形成亲水膜，从而阻碍了毒砂表面与捕收剂的作用。还有人认为氧化剂用量、氧化时间和介质条件等对金砷分离有重要的影响。黄铁矿氧化以后，表面生成了元素硫，从而增强了其可浮性。

① 高锰酸钾的氧化抑制方法 高锰酸钾比氧气更能降低毒砂的可浮性，而对黄铁矿的可浮性影响较小。适当浓度的高锰酸钾能够阻止黄铁矿表面氧化分解为硫化铁（FeS）和硫酸亚铁（$FeSO_4 \cdot 7H_2O$）即水绿矾的形成，但却能够强烈地促进在毒砂表面形成臭葱石。有人认为，此时需要控制矿浆的氧化还原电位在 $400\sim500\,mV$ 之间。采用二氧化锰 $5kg/t$，在 pH 值为 9 时，抑制毒砂，其回收率仅为 4.22%，说明毒砂被抑制的效果较好。

② 过二硫酸钾的氧化抑制方法 使用过二硫酸钾氧化抑制毒砂，比使用大量的石灰或者高锰酸钾，或者在石灰的碱性介质中处理毒砂效果要好得多。过二硫酸钾是一种强氧化剂，与高锰酸钾相比，不仅抑制毒砂，而且活化黄铁矿，具有更长的最佳氧化时间，显示出极好的选择性。它在优先浮选中的特效与其双重性质有关，即过二硫酸钾与水相互作用，生成过一硫酸钾和硫酸钾，生成的过一硫酸钾同样产生硫酸钾和活性双氧水，反应如下：

$$K_2S_2O_8 + H_2O \Longrightarrow K_2SO_5 + SO_4^{2-} + 2H^+ \tag{4-3}$$

$$K_2SO_5 + H_2O \Longrightarrow H_2O_2 + K_2SO_4 \tag{4-4}$$

因矿浆碱度为 8.5 左右，这一条件使双氧水分解并析出氧气，氧气与矿物（例如黄铜矿、黄铁矿、毒砂等）表面相互作用，产生适量的活性硫酸铜和元素硫，反应如下：

$$CuFeS_2 + 4O_2 \longrightarrow CuSO_4 + FeSO_4 \tag{4-5}$$

$$4FeS_2 + 11O_2 + 6H_2O \longrightarrow 2FeSO_4 + 4H_2SO_4 + 2Fe(OH)_2 + 2S \tag{4-6}$$

$$2FeAsS + 7O_2 + 6H_2O \longrightarrow 2(FeAsO_4 \cdot 2H_2O) + 2H_2SO_4 \tag{4-7}$$

所以过二硫酸钾的加入，不仅可以抑制毒砂，而且还可以借助所生成的硫酸铜与矿物作用以及所生成的元素硫，活化黄铜矿和黄铁矿等矿物，使铜矿物和黄铁矿与毒砂实现最佳分选，从而提高金的回收率。

③ 加温氧化抑制方法 使用氧化剂作为抑制剂存在的主要问题是：当矿石中还原性物质很多时，其耗量大，不经济，因此加温搅拌抑制方法应运而生。该法可不用氧化剂，矿浆温度为 $40\sim50\,℃$，碳酸钠调浆至 pH 值为 $7\sim9$，并加以搅拌。某高硫高砷含金黄铁矿，原矿金品位为 $10g/t$，砷以毒砂形式存在，品位为 4.79%，硫和铁含量分别为 33.73% 和 47.3%，经细磨的矿浆加温至 $45\,℃$，搅拌 0.5h，用丁黄药 $150g/t$ 和 2 号油 $25g/t$ 进行硫砷分选，经一粗三精，获得金硫混合精矿，其中砷为 0.45%，硫为 47.35%，金为 $23.05g/t$，砷脱除率为 97.22%。金硫混合精矿用石灰抑制黄铁矿浮金，浮选金硫后尾矿主要是磁黄铁矿和毒砂，弱磁选得合格磁硫铁矿精矿，磁选尾矿中的毒砂经硫酸铜活化，黄药捕收得金砷精矿。

需要指出的是：在采用上述三种氧化抑制方法的过程中，不仅要控制氧化剂的浓度，而且要控制好氧化时间、搅拌强度、搅拌时间以及矿浆温度等，否则不仅达不到理想的分选效果，而且还会恶化浮选过程。例如，搅拌时间的长短，不仅使矿物表面性质发生变化而影响其可浮性，而且还影响矿浆中的离子组成，而溶液中的离子组成对矿物的分选起着很大的作用，所以需要调整好搅拌时间，调节好矿浆中的离子组成，使之有利于下一步的分选作业。

（2）有机抑制剂抑制法　有机抑制剂价廉易得，而且无毒，例如糊精、苯胺染料、腐殖酸铵（钠）、丹宁、聚丙烯酰胺、木质素磺酸盐及其混合物，已经在金矿石浮选过程中得到应用，并且取得了满意的效果。

在分离毒砂和含金黄铁矿时，使用腐殖酸钠作抑制剂，能够消除重金属离子（例如 Cu^{2+}、Fe^{3+}、Fe^{2+} 等）对含金黄铁矿和毒砂分选产生的不利影响。应用小分子抑制剂，发现 HA23 与未经 Cu^{2+} 活化的毒砂表面发生化学反应，而与含金黄铁矿之间则没有这种反应。应用路易斯酸碱理论解释，认为 HA23 是属于硬碱类药剂，而毒砂是比含金黄铁矿稍硬的酸，硬酸对硬碱具有更强的亲和力，从而说明了 HA23 选择性地抑制毒砂的原因。HA24 也有这种选择性地抑制毒砂的作用。他们还应用含有大量磺酸基和羟基等极性基团的大分子有机化合物 S-711 和 L-339，发现在弱碱性介质中，均对毒砂有选择性地抑制作用，认为它们是以物理吸附的方式吸附于毒砂表面，因而产生抑制作用。此外，还利用烤胶以及烤胶与亚硫酸钠组合作抑制剂，它们对毒砂均有抑制效果，金精矿中砷含量分别为 0.68% 和 0.41%。

采用腐殖酸钠（铵）作抑制剂时，能够选择性地抑制毒砂，而对黄铁矿的抑制作用较弱。应用高分子有机化合物 YFA 在碱性介质中抑制毒砂时，它表现出显著的选择性。此外，有人应用木质素磺酸盐抑制毒砂，为砷与硫化矿的分离提供了新途径。

研究表明，利用古尔胶、白雀树皮汁、木质素磺酸盐与硫酸锌、硫化钠等混合使用，能够更加有效地抑制毒砂。某矿山处理含金硫化矿时，使用燃料油作捕收剂，MIBC（甲基异丁基甲醇）为起泡剂，用白雀树皮汁抑制金与含金硫化铁，浮选碳质精矿（或丢弃或堆存），金的回收率总共可以达到 86%。

（3）碳酸盐法　碳酸盐法包括碳酸钠和碳酸锌两种药剂。碳酸钠对黄铁矿表面的氧化产物有一定的清洗作用（溶解作用），从而活化黄铁矿，使黄铁矿和毒砂的可浮性差异增大，加强分选的效果。当联合使用碳酸钠和漂白粉时，可以强化对毒砂的抑制，而控制药剂的加药顺序，可以改善黄铁矿的浮选。使用碳酸钠作调整剂，要注意其用量，用量过高也会引起对金的抑制。氧化矿石的浮选，当需要在较高的 pH 值条件下浮选时，一般用碳酸钠的效果要优于石灰的效果，使介质 pH 值达到 9 左右，可溶性铁盐便产生沉淀。

在石灰介质中被抑制的黄铁矿，可以加碳酸钠或者硫酸加以活化。当矿石中存在黄铁矿和磁黄铁矿以及毒砂时，磁黄铁矿和毒砂的可浮性比黄铁矿的差，石灰对它们的抑制能力更强，加入适量的苏打，可以活化黄铁矿，实现与毒砂和磁黄铁矿的分离。

碳酸钠的活化作用，有人认为是由于它对矿浆 pH 值的缓冲作用和沉淀抑制 Ca^{2+} 的作用所致。也有人认为加入碳酸钠，不仅可以调节 pH 值，而且使黄铁矿等矿物的表面负电位的绝对值增大，静电斥力势能增大，从而有利于矿粒的分散。据报道，适量的碳酸钠加入磨矿回路，对毒砂的浮选也具有良好的作用，原因是碳酸钠是金属铁的阻化剂，能使已溶氧在磨矿回路中保持在较高的浓度，这是在硫化矿物浮选之前使硫化矿氧化所必需的。另外，碳酸根离子既可以从已氧化的毒砂表面除掉砷，又能使其表面与捕收剂的阴离子继续作用。据此可以认为，碳酸钠溶液对于砷黄铁矿的优先浮选，可以被认为是浮选之前准备原矿的最好介质。俄罗斯一选矿厂采用这一制备浮选矿浆的方法处理金-砷矿石，使毒砂的回收率提高 13.20%、金回收率提高 5.5%。

碳酸锌法实质上是胶体碳酸锌法。如果单独使用碳酸钠，其对毒砂的抑制作用较弱，单独使用碳酸锌对毒砂基本无抑制作用。但是，当硫酸锌与碳酸钠以一定比例混合配制成胶体碳酸锌作抑制剂时，却能够满意地抑制毒砂的浮选。同时发现：不论碳酸钠和硫酸锌的配比如何，使用胶体碳酸锌对含金黄铁矿的可浮性没有影响。碳酸钠和硫酸锌的合适配比应以硫酸锌含量在 30% 以下比较适宜，此时抑制毒砂的效果较好。

4.2.2.2　含金黄铁矿的矿浆电位控制浮选法

含金硫化矿的浮选实质上是浮选载金矿物例如黄铁矿、黄铜矿、毒砂、方铅矿等以及部分呈游离状态的自然金。在此过程中，研究发现矿浆电位 E_h 起着非常重要的作用。捕收剂诸如黄药、黑药或者这两种药剂的混合物在阳极形成硫化矿物的疏水膜，该阳极过程与阴极过程例如氧的还原相互陪伴，使得浮选回收率与矿浆电位紧密地联系在一起。

除了可以通过矿浆中的氧气控制电位外，还可以采用化学药剂控制电位。所用的药剂一般有硫化钠、连二亚硫酸钠、二氧化硫和过氧化氢等。化学药剂控制电位的不足之处是药剂耗量可能较高，会有化学副作用，使矿物表面发生不利于浮选过程的反应，或者使捕收剂发生分解。此外，由于矿浆中存在溶解氧，会消耗过量的还原剂。

（1）含金黄铁矿浮选过程中矿浆电位的作用　硫化矿选厂一般是将矿浆电位控制在 +100mV 到 -300mV 之间，并由空气设定。在充空气时，这个矿浆电位范围对于最佳的回收率而言通常是过氧化的。过氧化使矿物浮选选择性降低，这可能是由于容易氧化的矿物（例如毒砂和磁黄铁矿等）氧化生成的产物所致。这些反应产物的溶解和不加选择地吸附在矿浆中不同矿物的表面，从而造成浮选过程的无选择性。此外，氧化反应生成的元素硫、金属氢氧化物、硫代硫酸盐以及其他表面层的形成，也可能是浮选过程选择性降低的原因。所以为了防止过氧化现象的发生，还原剂的使用是必要的，以便将矿浆控制在合适的电位范围内。

矿浆的电位控制还与磨矿过程紧密相关。磨矿过程的电位较低，特别是在标准的钢磨机中，所以需要采用电位调整剂来控制，以便提高磨矿过程的电位，使硫化矿物或者含金硫化矿物达到较高的浮选回收率。

矿浆电位在浮选过程中起着非常重要的作用。对它的研究和应用极大地丰富了浮选理论和应用的内容，使其成为浮选研究的重要分支学科之一。

（2）含金黄铁矿的可浮性与矿浆电位的关系　黄铁矿的浮游需要以下条件：

① 有可供利用的黄铁矿氧化产物，黄铁矿的氧化产物可由粗粒上产生，并且具有可溶性，可以产生酸性氧化条件；

② 需要有其他硫化矿物（诸如黄铜矿和方铅矿）中的一种存在，以便产生诱导浮选现象；

③ 在含有 Fe^{2+} 的溶液中，可以通过添加配合剂或者提高矿浆的 pH 值，或者通过这两种方法来形成还原阶段；

④ 添加配合剂，可以使金属氢氧化物的沉淀减至最少程度，使硫化矿物表面的亲水性物质除去而获得纯疏水特性；

⑤ 在浮选阶段建立起足以发生氧化作用的矿浆电位。

此外，无铜离子存在时，黄铁矿的回收率较低。如果这5个条件得到满足的话，则铜离子可以大幅度地提高黄铁矿的回收率；如果这5个条件中的任何一个都不满足的话，则黄铁矿不具有可浮性。对于复合矿石或者实际矿石而言，除螯合剂、配合剂外，其他几个条件都是满足的。

由以上5个条件可知，含金黄铁矿的可浮性与矿浆电位紧密相关。研究发现，当矿浆电位 E_h 为 $-250\mathrm{mV}$ 时，辉铜矿开始上浮，而当 E_h 为 $-50\mathrm{mV}$ 时，其浮选回收率可达 100%；辉铜矿的浮选回收率和黄药的吸附密度之间有较好的对应关系。而黄铁矿在矿浆电位为 $50\mathrm{mV}$ 时开始上浮，在 E_h 为 $320\mathrm{mV}$ 时，其回收率可达 100%；同辉铜矿一样，黄铁矿的黄药吸附密度与其回收率之间也有一个很好的对应关系，不同之处在于，黄药吸附密度下降，这可能是因为形成了一种称为过黄药的新物质，此外，浮选矿浆电位增大，与双黄药的形成有关。

但当黄铁矿和辉铜矿混合存在时，黄铁矿的上浮矿浆电位 E_h 范围为 $-150\sim150\mathrm{mV}$，混合矿中辉铜矿的上浮与单一的辉铜矿相比，发生在相似的矿浆电位范围内，但是有不同程度的抑制。

(3) 含金黄铁矿抑制的电化学机理　通过对硫化矿物的电化学浮选研究，OH^- 抑制黄铁矿浮选的电化学机理如下。

① 由于黄药氧化为双黄药的过程中没有 OH^- 或者 H^+ 参加反应，所以矿浆 pH 值对黄药在黄铁矿表面上的氧化动力学几乎没有影响。

② 随着矿浆 pH 值的增大，黄铁矿自身的氧化速度加快。在较小的阳极电位和较高的 pH 值条件下，黄铁矿就出现了氧化电流。当 pH 值为 11.4 时，黄铁矿开始氧化的电位比黄药在黄铁矿表面氧化为双黄药的电位小。

③ 当 pH 值小于 11.4 时，黄铁矿的氧化电位大于黄药在黄铁矿表面的氧化电位，即黄药氧化为双黄药的反应优先发生，氧气将在阴极被还原，OH^- 不起抑制作用，黄铁矿可浮。当 pH 值大于 11.4 时，将优先发生黄铁矿的自身氧化，这样在黄铁矿表面不仅不会形成疏水膜，而且亲水性更大，从而阻碍了黄原酸根离子氧化为双黄药以及黄铁矿的浮选，有关反应如下：

$$FeS_2 + 11H_2O \longrightarrow Fe(OH)_3 + 2SO_4^{2-} + 19H^+ + 15e \qquad (4-8)$$

(4) 含金黄铁矿的无捕收剂浮选　含金硫化矿的无捕收剂浮选是在含金硫化物电化学调控下捕收剂浮选的基础上发展起来的新的研究领域，它是充分利用硫化矿物自身的结构特征，依据电化学原理，通过调整矿浆电位，来控制浮选体系的氧化还原性质，使矿物表面形成非捕收剂的疏水化，从而实现矿物的彼此分离。

世界上许多金矿石的选矿，一般来说以浮选以及浮选与氰化浸金的联合流程为主。我国现有的黄金企业中，据统计，采用单一浮选作业或者与其他选冶相结合的流程大概有 70% 以上，其浮选所得金精矿仍需进一步湿法或者火法冶金技术处理。综观国内外的选矿实践，不论是对于以金为主的单一金矿石的浮选，还是对于以硫化矿为主的伴生金矿石的浮选，都不可避免地使用浮选捕收剂、抑制剂、起泡剂甚至活化剂等，同时，这些药剂特别是捕收剂（诸如黄药、黑药等试剂）的用量大，成本高，作业加药点多，管理复杂，金精矿的脱药效率低，残余的黄药和二号油或者 MIBC 等仍然较多，从而影响下一步的氰化浸金作业效果。这也是目前国内外金矿石浮选-氰化浸金工艺普遍存在的问题。

因此，开展含金硫化矿特别是与金关系密切的黄铁矿、黄铜矿等硫化矿物的无捕收剂浮选研究，对于降低生产成本、避免金精矿浸金前的脱药工序、便于生产管理、提高后续氰化浸金作业金的回收率等，具有十分重要的理论价值和实际意义。

近年来，国内外许多科技工作者应用现代电化学原理和测试技术、手段，从硫化矿浮选体系的氧化还原性质出发，将硫化矿物的浮游行为与矿浆的电位联系起来，使浮选过程更加便于控制和自动化，这也为含金硫化矿无捕收剂浮选的研究和应用的成功提供了可能性和现实性。国内外的研究结果表明：硫化矿物的无捕收剂浮选不仅可以实现，而且与常规而又传统的黄药类捕收剂泡沫浮选技术相比，具有更好的选择性、更加简单的浮选药剂制度以及更高的精矿质量。

常见的硫化矿物，诸如黄铜矿、方铅矿和黄铁矿等都具有良好的电子导电性，这些硫化矿由于其表面结构特征、表面电子状态以及电子传导能力等的不同，使得它们实现无捕收剂浮选的途径也不相同。

硫化矿物的无捕收剂浮选可以大致地分为两类：一类是以方铅矿、黄铜矿为代表的硫化矿物在电化学调控下，自身的氧化就可以导致矿物表面的无捕收剂疏水化和浮选，它们可以借助于电化学调控技术，使其表面硫上的电子转移给电负性较大的分子氧，而被氧化成元素硫（S^0）或者富硫层（$M_{1-z}S$），这二者疏水性好，可以使黄铜矿和方铅矿表面疏水化，所以它们表面硫的自身氧化生成的元素硫或者富硫层是其无捕收剂浮选的主要疏水体，故黄铜矿等具有良好的无捕收剂无硫化钠浮选行为。黄铜矿等硫化矿物在酸性和碱性条件下都可以在其表面生成元素硫（S^0），反应式如下：

$$CuFeS_2 + 3H_2O \longrightarrow CuS + Fe(OH)_3 + S^0 + 3H^+ + 3e \qquad (4-9)$$

$$CuFeS_2 \longrightarrow CuS + Fe^{2+} + S^0 + 2e \qquad (4-10)$$

富硫层是硫化矿物初期氧化、金属离子部分离开其表面而形成的一层金属少、硫多的非化学计量层，富硫层形成的可能化学反应如下：

$$MS + zH_2O \longrightarrow M_{1-z}S + zMO + 2zH^+ + 2ze \qquad (4-11)$$

硫化矿物无捕收剂浮选的另一类是以与黄铜矿等表面电子状态不同的黄铁矿为典型代表，黄铁矿不具备自身氧化而生成元素硫或者富硫层的能力，不能无其他化学试剂疏水化和浮选，需要外加硫离子（S^{2-}），确切地说是外加硫化钠，通过硫化钠在矿物表面上的氧化，导致硫化矿物的无捕收剂疏水化和浮选。

当硫化钠加入矿浆以后，会解离出 HS^- 和 S^{2-}，S^{2-} 和 HS^- 上的电子可以通过黄铁矿表面上的硫质点传递给分子氧，这样的电子转移将导致溶液中的 S^{2-} 和 HS^- 氧化为元素硫或者富硫层，并覆盖在黄铁矿表面，促使其疏水化而浮选。在该过程中，阳极的氧化反应和相应阴极的还原反应分别如下所示。

阴极：
$$\frac{1}{2}O_2 + H_2O + 2e \longrightarrow 2OH^- \qquad (4-12)$$

阳极：
$$HS^- \longrightarrow S^0 + H^+ + 2e \ (E_0 = -0.065V) \qquad (4-13)$$

$$S^{2-} \longrightarrow S^0 + 2e \qquad (E_0 = -0.48V) \qquad (4-14)$$

由于阳极失去电子和阴极得到电子是通过黄铁矿表面传导电子实现的，所以可以形象地表示如下：

$$\frac{1}{2}O_2 + H_2O + 2e \longrightarrow 2OH^- \tag{4-15}$$

黄铁矿表面：

$$H^+ + S^0 + 2e \longleftarrow HS^- \tag{4-16}$$

国外对于黄铜矿、黄铁矿、方铅矿和闪锌矿的单一矿物中等碱性条件下，无捕收剂无硫化钠的自感应性浮选试验研究表明，黄铜矿和方铅矿的较好可浮性以及黄铁矿和闪锌矿无捕收剂时的很差可浮性试验结果，与上述的分类结果一致。对于黄铁矿和石英的混合物，研究表明：在pH值为8或9时，黄铁矿不具有无捕收剂浮选的条件。此时不论是铜盐、铅盐还是过量的乙二胺四乙酸盐，均不能促进黄铁矿的浮选。所以乙二胺四乙酸盐这一配合剂不能从黄铁矿-石英的混合物中从黄铁矿表面上剥离金属离子或者金属氢氧化物，使其表面成为富含硫的疏水层。

在硫化钠存在的条件下，在pH值为8或9时，硫化后的黄铁矿可以实现无捕收剂浮选，回收率可达90%以上。

研究还发现，在黄铁矿与方铅矿和闪锌矿的混合物以及与黄铜矿和石英的混合物中，黄铁矿可以与黄铜矿和方铅矿在中等碱性条件下，一同实现无捕收剂上浮。但是，当黄铁矿与闪锌矿和石英一起时，则黄铁矿并不可浮。导致黄铁矿在中等碱性条件下浮游的疏水性本体是以硫为基础的物质，它来自另一种硫化矿物（例如黄铜矿或者方铅矿）。造成硫由其他硫化矿物向黄铁矿表面转移的中介物可能是某种可溶性硫化物，并且这个过程矿浆的pH值和电位（E_h）紧密相关。

4.2.2.3　含金铜硫硫化矿石的浮选方法

含金铜硫硫化矿石较多，自然金大部分呈细粒赋存于黄铜矿、黄铁矿中，常采用优先或混合浮选工艺流程，在分离时，加入石灰来抑制黄铁矿，浮选硫化铜矿物，得到合格的含金铜、硫精矿。

4.2.2.4　含金铜铅锌硫化矿石的浮选方法

含金铜铅锌硫化矿石，一般采用铜铅部分混合浮选工艺，再将铜沿混合精矿进行分离，得到铜、铅精矿，金常富集在铜精矿中。有的铜铅混合精矿，由于铜、铅硫化矿物可浮性相近，共生关系比较复杂，难以浮选分离，得不到合格的含金铜、铅精矿。可将含金铜铅混合精矿，采用碳酸化转化-浮选法提金，使铜铅得到分离，综合回收金、银等贵重金属。

4.2.2.5　含金铜铁矿石的浮选方法

含金铜铁矿石，主要矿物是黄铜矿及磁铁矿，而自然金呈微细粒赋存于黄铜矿中，可用浮选-磁选联合工艺流程来进行处理，分别得到含金铜精矿和铁精矿等两种产品。

4.2.2.6　含有硫化矿的含金石英脉矿石的浮选方法

浮选含有硫化矿的含金石英脉矿石时，可采用乙基或丁基黄药作捕收剂进行混合浮选，而对于稍受氧化的矿石则宜采用戊基黄药进行浮选，也可采用某种烃基二硫代磷酸盐作为辅助捕收剂。

4.2.2.7　含金黄铁矿和磁黄铁矿的浮选分离方法

含金黄铁矿与磁黄铁矿的分离可往矿浆中强烈吹入空气，用石灰抑制这两种矿物，然后用苏打选择性地活化黄铁矿，磁黄铁矿氧化时，表面迅速形成一层牢固的亲水氧化膜，而黄铁矿表面形成的亲水氧化膜在苏打介质中则被清洗，因其所生成的碳酸盐易从表面脱落下来。

4.2.2.8　含砷金矿石的浮选方法

含砷金矿石的处理，基本上可以归纳为两种方法：①含砷量低而且毒砂中含金较少的矿石，用浮选方法脱砷，得到合格的含金黄铁矿精矿，再进一步提金；②含砷较高而且毒砂中含金较高的矿石，通过浮选得到含砷金精矿和含硫金精矿，再按相应的工艺流程脱砷提金。

4.2.3　含金氧化矿的浮游特性和浮选分离方法

含金氧化矿石明显地与硫化矿不同，氧化矿一般距离地表 10～30m 的范围，储量不大，矿体比较分散。由于矿物和金粒表面蚀变、氧化和污染，使其失去原来的可浮性。另外，由于微细粒矿泥（原生矿泥和次生矿泥）含量大，微细粒矿物质量小，比表面大，表面能亦大，使得水介质对这些微细粒矿物和矿泥的动阻力、各种界面力、双电层斥力等的影响越益显著，布朗运动扩散行为的影响远远超过重力的作用，使得它们与气泡碰撞黏附的几率降低，泡沫发黏，比浮选速度小；有时大量矿泥进入精矿，造成金精矿品位过低。此外，矿泥和微细矿粒还吸附浮选药剂和显微、次显微金。这些都导致浮选过程的复杂化，增加生产成本，降低选矿回收率。所以，直接采用浮选法处理含金氧化矿，金的浮选回收率一般只有 60% 左右，精矿品位也不高，甚至达不到金精矿标准。如果采用混汞-重选工艺流程处理，金的回收率也只能达到 60%～70%，同时，重选尾矿再进行氰化，回收率虽然能够大幅度提高，但工艺流程复杂，环保问题也难以解决，对于中小型黄金企业来说，经济上也不合算。

4.2.4　含锑金矿石的浮游特性和浮选分离方法

在锑金（砷）硫化矿石中，主要目的矿物有辉锑矿、自然金、黄铁矿、毒砂等，而黄铁矿、毒砂是主要载金矿物，有的辉锑矿也含金。毒砂含砷，有时黄铁矿也含砷。因此，这类型矿石含砷较高。

该类型矿石中的锑金（砷）分离，除了粗粒自然金用重选回收外，但大部分是辉锑矿与黄铁矿、毒砂等矿物的分离。浮选分离锑金（砷）矿物的工艺流程在实践中有优先浮选及混合-优先浮选。浮选分离的方法有下列几种：氢氧化钠法；硫化钠-氢氧化钠或碳酸钠法；氧化剂法；丁铵黑药法；氰化物法。因氰化物有毒，影响环保，并溶解金、银，该法在国内目前应用较少。

（1）氢氧化钠法　采用优先浮选工艺流程，在球磨机中加入氢氧化钠，在强碱性矿浆中磨矿来抑制辉锑矿，用硫酸铜来活化黄铁矿及毒砂，再将矿浆 pH 值调到 8～9，加入捕收剂及起泡剂，浮选出黄铁矿及毒砂，得金（砷）精矿，其尾矿加入铅盐或铜盐活化辉锑矿，再加入捕收剂及起泡剂进行浮选，得锑精矿。

（2）硫化钠-氢氧化钠或碳酸钠法　在磨矿过程中加氢氧化钠及碳酸钠，然后加醋酸铅、硫酸铜、丁基黄原酸钠（丁基黄药）及硫酸进行混合浮选得锑金混合精矿与废弃尾矿。混合精矿经再磨，磨矿时加氢氧化钠、丁基黄药、硫酸铜并充气几分钟，然后进行浮选分离，得金粗精矿，槽中产物就是锑精矿。再将金粗精矿采用硫化钠-氢氧化钠法来抑制辉锑矿进行精选，得到金精矿及低品位锑精矿。

（3）氧化剂法　在混合精矿浮选分离前，加入氧化剂漂白粉（CaOCl$_2$）或高锰酸钾（KMnO$_4$），矿浆固：液＝1：3，搅拌时间为1min，然后加入醋酸铅100g/t，用黄药为捕收剂来浮选辉锑矿。其尾矿为含金黄铁矿精矿。

（4）丁铵黑药法　利用丁铵黑药对辉锑矿捕收能力较强、具有较好的选择性，而对毒砂及黄铁矿捕收能力弱的特点进行锑金（砷）浮选分离的一种方法。先在磨矿-分级回路中用捕金器或重选即时选出粗粒单体自然金。然后采用优先浮选流程，用铅盐作辉锑矿的活化剂，以硫酸来调节矿浆的pH值，丁铵黑药为捕收剂，松醇油为起泡剂，在自然pH或弱酸性矿浆中浮选出辉锑矿得锑精矿。浮选尾矿就是含金毒砂（黄铁矿）粗矿（因丁铵黑药对毒砂捕收能力弱）。将其尾矿加入丁基黄药，必要时加硫酸铜活化，再加起泡剂浮选出含金毒砂精矿，并从中提取金。锑精矿中的金，在冶炼锑的过程中进行综合回收。

（5）锑金多金属硫化矿物的浮选分离方法　锑金多金属硫化矿石产于中低温热液裂隙充填锑金共生矿床，主要矿物为辉锑矿，其次为自然金、硫锑铅矿、锑的氧化物、黄铜矿、黄铁矿、毒砂等。脉石矿物主要有石英，其次为绢云母、硅酸盐等。辉锑矿多为致密块状。自然金呈不规则微粒状，金与毒砂紧密共生。

一般采用混合-优先浮选流程，如图4-4所示。将矿石磨到-0.074mm为60%～80%。先混合浮选锑金（砷），得混合精矿，然后进行锑金（砷）浮选分离，采用硫化钠-碳酸钠法来抑制辉锑矿，浮选金（砷），经两次精选得金（砷）精矿，槽内产物为锑精矿；混合浮选的尾矿经扫选，扫选的泡沫产物给入锑金（砷）浮选分离系统，槽内产物再经过一次锑粗选、一次精选、一次扫选，得成品锑精矿和废弃尾矿，中矿返回锑金（砷）混合浮选的扫选作业。

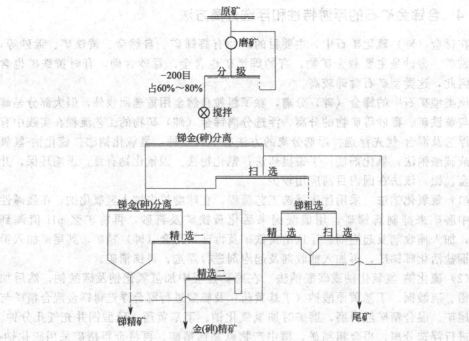

图4-4　锑金多金属硫化矿物的浮选分离工艺

浮选药剂：在锑金（砷）混合浮选时，矿浆 pH 值调整为 6.5，以黄药和黑药为混合捕收剂，硝酸铅和硫酸铜为混合活化剂；在锑金（砷）浮选分离时，矿浆 pH 值调整为 11～12，加入硫化钠和碳酸钠调整剂。

青海某金矿石属少硫化物石英斑岩型微细浸染状含锑金矿山，金粒度小于 0.005mm，主要包裹在硅酸盐、碳酸盐及硫化物中，有害元素砷含量较高。采用直接氰化、焙烧-氰化试验浸出率均较低。针对该矿石性质，孙晓华等采用细磨-锑金优先浮选-金精矿抑砷浮选处理工艺。锑、金分别经过两次粗选、两次扫选、两次精选，可获得锑品位 57%，回收率 62.7% 的锑精矿；金品位 32.35g/t，回收率 73.28% 的金精矿。

4.2.5　含石墨或炭质页岩金矿石浮游特性和浮选分离方法

金矿中含石墨或炭质页岩，会使浮选和金的提取过程复杂化。据估计，此类矿石约占全世界金矿的 4%，属难选金矿。石墨进入金精矿后，在氰化过程中，它就会像贵金属的沉淀剂那样，从氰化溶液中将金沉积出来，并损失于氰化尾矿中。如果石墨在矿石中是以单独颗粒存在，不含有价的金，则可加起泡剂除去，若石墨呈极细粒存在于整个矿石中，这将会给分选和氰化带来相当大的困难。

4.3　浮选工艺

4.3.1　含金矿石选矿工艺流程的确定方法

含金矿石选别工艺流程取决于矿石中的金和其他有价组分的赋存状态和嵌布特性，以及矿床的储量规模和建厂条件。

任何一种含金矿石都各有其特性，即使同一矿床，深部和浅部的矿石性质也有差异，因此选别方法也会不同，合理的工艺流程必须经过小型试验或扩大试验才能确定。

确定选别工艺流程时，应注意以下几点。

（1）提前回收大粒金　对含有大粒金（＞0.1mm）的含金矿石，应设重选或混汞作业尽早回收，以免这部分金在选别过程中流失和分散积存在设备及管路中。

（2）泥砂分选　当矿石中含有含金矿泥或几乎不含金的矿泥时，为了有效地回收金，可根据矿泥和矿砂不同的含金特点分别进行浮选、重选和氰化，可以提高金的回收率，并增大处理量。

（3）阶段磨矿阶段选别　矿石中的金呈粗细不均匀嵌布时，可采用阶段磨矿阶段选别工艺提高金的回收率。

（4）采用选冶（水冶）联合流程　由于金在矿石中的赋存状态和嵌布粒度不同，与金共生的金属矿物含量各异，采用单独一种选矿方法往往回收率较低，有价元素也得不到合理的利用，除少数矿石仅采用一种选矿方法即可获得较高的金回收率外，绝大多数矿石必须用选冶联合流程，才能获得较高的金回收率。

4.3.2　含金矿石的浮选工艺流程

浮选法是各种岩金矿石的主要选矿方法，用于处理贫硫化物金矿、高硫化物金矿和伴生多金属含金矿石，能有效地分别选出各种含金硫化物精矿。一般采用优先浮选工艺流程，即直接浮选目的含金硫化矿，通过一次粗选和若干次精选和扫选工艺，获得合格的浮选金精矿后，去进行后续的回收处理流程。

浮选有利于实现矿产资源的综合回收。对于难直接混汞和氰化的难处理含金银矿石，需采用选冶联合流程处理，浮选是必不可少的方法。

浮选工艺流程的选择通常是根据金银矿石的性质以及产品的规格来确定，常见的原则工艺流程有以下几种。

（1）浮选＋浮选精矿氰化　将含金银矿石英脉的硫化矿经过浮选得到少量精矿，再进行氰化处理。浮选精矿氰化与全泥氰化流程相比，具有不需将全部矿石细磨、节省动力消耗、厂房面积小、基建投资省等优点。

（2）浮选＋浮选精矿硫脲浸取　对于含砷含硫高或含碳泥质高的脉金矿石，可用浮选法获得含金硫化物精矿，然后将浮选精矿用硫脲浸取回收金的方法，用硫脲浸取不但具有溶浸速度快、毒性小、工艺简单、操作方便等优点，而且在处理含砷、硫高或含炭质、泥质高的金精矿时，还具有浸出率高，药剂、材料消耗低等特点。某矿对炭质、泥质和碱性矿物含量较高的浮选精矿进硫脲提金工业试验时，金的浸出率达 95%～96%；处理 1t 浮选精矿的主要药剂、材料消耗为 40～50 元，而氰化法的浸出率只有 93% 左右，处理 1t 精矿的药剂、材料消耗为 65 元以上。

（3）浮选＋精矿焙烧＋焙砂氰化　该流程常用来处理难溶的金-砷矿石、金-锑矿石和硫化物含量特高的金-黄铁矿等矿石，焙烧的目的是除去对氰化过程有害的砷、锑等元素。

（4）混汞＋浮选　此法适用于粗细不均匀嵌布的脉金矿，在磨矿回路中先用混汞法回收粗粒金，然后用浮选法回收细粒金。隆回金矿所处理的矿石属贫硫化物毒砂型含金石英脉矿石，自然金在矿石中呈不均匀嵌布，大部分存在于其他矿物边界和裂隙中，少量在毒砂和硫化物中。选金方法由原来的摇床＋氰化（渗滤）改为混汞＋浮选以后，金的回收率提高了 20%～25%（实际达 80%～85%），选矿成本由 22.7 元/t下降到 19.49 元/t。

近年有一种处理低品位金矿石的方法——混汞浮选法，即是将矿石中金的混汞和浮选在同一作业中进行。采用混汞浮选法比直接浮选法金的回收率可提高 5%～8%。

游离金的混汞浮选过程如图 4-5 所示。

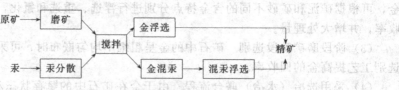

图 4-5　混汞浮选原则流程

低品位金矿石磨矿分级后，矿浆与用电化学方法分散的汞一起搅拌。在搅拌过程中游离的金粒子与分散在矿浆中的汞粒子混汞，搅拌以后分浆浮选，没有混汞的金进入一个回路；已混汞的金进入另一回路，捕收剂用戊基黄药和乙基黄药（1：1），两个回路的精矿合并在一起为最终精矿。这是回收低品位金的一种方法，从 300t/d 规模的工业试验情况来看，此法在经济上是合算的。汞的用量不高，一般为 2.5～4g/t；金的回收率与原矿品位有关，原矿品位从 1.29g/t 上升到 1.8g/t 时，回收率由

80.07％增加到 87.81％。

（5）原矿浮选＋尾矿氰化 某地含金氧化铁帽矿石，风化程度较深，绝大部分矿物被侵蚀，铁污染严重，次生矿物繁多。主要金属矿物有褐铁矿、锰矿物、次生钒铜铅矿、赤铜矿、铜蓝、辰砂、自然铜等。金矿物为自然金、金银矿，脉石为黏土矿物和石英等。矿石中自然金粒度细至－0.02mm，多嵌布于黏土矿物中，褐铁矿含金10g/t 以上，原矿金品位为 10～14g/t。该矿采用负载串流浮选，浮选尾矿再用氰化浸出及炭吸附的方法回收金，负载串流浮选流程如图 4-6 所示。

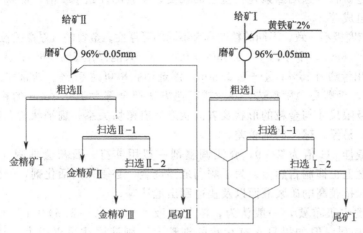

图 4-6 负载串流浮选流程

该矿采用负载串流浮选工艺处理含金氧化矿石，比常规浮选能提高金回收率20％以上，操作稳定，易于控制。同负载浮选相比，负载串流浮选具有如下优点：精矿品位、回收率高；载体矿物用量减少一半，降低了药剂用量；降低了可溶性次生铜矿的含量，使浮选尾矿的氰化过程得到以改善。

辽宁某金矿石因载金硫化矿物浸染粒度细并与脉石矿物共生密切以及矿石中易泥化矿物含量高而较为难选。代淑娟等对该矿石进行浮选试验，结果表明，在－0.074mm 占 95.3％的磨矿细度下，以碳酸钠为调整剂、丁基黄药＋丁铵黑药为捕收剂、2 号油为起泡剂，获得的浮选精矿金品位为 77.1g/t，金回收率 79.58％。进一步对浮选尾矿进行氰化浸出，可获得 82.20％的作业金浸出率，从而使金的总回收率达到 96.37％。对原矿直接氰化浸金进行探索，结果表明，金的浸出率仅为 80.41％。

（6）浮选＋浮选精矿火法处理 绝大多数含金银的多金属硫化矿石用此方法处理。浮选时，金银进入与其共生密切的铜、铅等金矿中，然后送冶炼厂回收金银。

（7）浮选＋浮选尾矿或中矿氰化＋浮选精矿就地焙烧氰化 此方案用来处理含有碲化矿、磁黄铁矿、黄铜矿及其他硫化矿的石英硫化矿，矿石中能浮出硫化矿做精矿，然后为暴露硫化矿中的金银，经过焙烧再氰化处理。因浮选后的中、尾矿一般含金银尚高，要再氰化回收。

（8）原矿氰化＋氰化尾矿浮选 当用氰化法不能完全回收矿石中与硫化物共生的金银时，氰化后的渣再浮选，可提高金银的回收率。

周东琴对某金属矿物以黄铁矿为主氰化尾渣进行了浮选回收试验研究，该矿有极少量闪锌矿、方铅矿和黄铜矿，脉石矿物以石英为主。该尾渣中主要可回收元素为金，金主要赋存于黄铁矿等硫化物中，因其与硫化物关系密切，采用浮选法对其进行富集。经浮选条件试验及开、闭路试验研究，获得了不磨浮选金精矿品位 25.01 g/t，金回收率 46.35%；再磨浮选金精矿品位 47.50g/t，金回收率 57.65% 的较好指标。

4.3.3　影响金矿石浮选的因素

影响含金矿石浮选的因素包括金粒的粒度、矿浆的浮选 pH 值、矿浆浓度、矿泥含量、矿物组成等。

金粒的粒度极不一致，不同的粒度具有不同的可浮性。金粒的可浮性按粒度大小可分为四类：① +0.8mm，不浮；② -0.8mm+0.4mm，只能浮出 5%～6%；③ -0.4mm+0.25mm，浮出量约为 25%；④ -0.25mm，浮选回收率可达 96%。通常浮选金粒不应大于 0.2mm，否则必须用重选、混汞或其他方法把全部大于 0.2mm 的粗粒金选出。被浮粒子的极限尺寸与金粒的形状及表面状态亦有密切关系。扁平状的金粒（片状的与结核状的）易浮，球形的则较差。

浮选的最佳 pH 值为 7～9，介质调整剂一般用苏打。石灰会抑制含金黄铁矿，且在一定程度上也抑制自然金。为了顺利地浮选金，必须采用活化剂，强烈搅拌，并在浮选机中保持较高的矿浆液面以及快速刮出泡沫等。

矿浆浓度也很重要，一般认为，浓浆［液：固＝（2～2.5）：1］对提高粗粒金的回收率有利，但如果只含有片状的细粒金，则液固比可以很大（例如可稀释至 10:1）。

原生矿泥含量较多时，常使浮选发生困难，矿石中所含的滑石、云母、含碳物质及其他鳞片状矿物易于浮出，使精矿贫化。黏土质矿泥易覆盖在金粒表面，使之难于浮选，回收率降低。由铁、锰氧化物组成的矿泥还会使药剂消耗增大。抑制含碳物质以及滑石、云母等可用淀粉。抑制和分散黏土质矿泥时必须注意控制介质的 pH 值以达到最大程度的胶溶作用，为此，常采用苏打以及少量的硅酸钠来调节介质的 pH 值及分散矿泥，有时也用硫化钠，这些药剂一般多加在磨矿回路中，以免或减少矿泥对金粒的黏附。如果矿石中有可溶性氧化物存在，则加入苏打还可使铁离子沉淀，以避免硅酸盐脉石受到铁离子活化而浮起。大量过剩的石灰会使金，特别是黄铁矿受到抑制，不利于含金矿物的浮选。

矿物组成对含金矿石的浮选有很大影响。当有游离金存在时，一般要用较强的捕收剂并增加起泡剂用量，在浮选终了时尤其要加强起泡作用。矿石中游离金的数量通常比较少，且比重较大，比硫化物难浮，采用浓浆可得较好结果。若金粒表面存在有氧化膜，则应增加与药剂的接触时间。为了活化黄铁矿，可在磨矿回路中加硫酸铜和苏打。有时在尾矿扫选回路中采用阳离子捕收剂选出石英，后者经再磨以解离出分散的细粒金。

4.3.4　浮选工艺流程的改造实践

新疆阿希金矿位于伊宁县城北偏东 30km 处，始建于 1993 年 6 月，于 1995 年 6 月投料试生产，1996 年 9 月通过国家竣工验收正式生产，是国内第一家采用树脂提金工艺的大型矿山。目前的实际生产能力为采、选 1000t/d，年处理矿量 32 万吨，年产黄金 4.2 万两，黄金产量占自治区的 25％ 以上。由于浮选工艺设计上的不足和地下矿石的难选性，2005 年 9 月至 2008 年 10 月，年累计浮选回收率一直不足 83％，制约了整个选矿回收率的提高。原设计浮选回收率为 75％，浮选后的尾矿需进入氰化浸出工序进一步处理。选矿车间工艺改造后（浮选甩尾），并未对浮选流程做相应地改动，致使原有的浮选流程很难达到一个较高的回收率，造成了资源的浪费。因此，提高浮选回收率对整个企业来说至关重要。矿石中的金银矿物以银金矿为主，自然金次之，它们多为不规则粒状、浑圆粒状或椭圆状产出，金矿物中的可见金主要分布于黄铁矿与石英中，也可被这两种矿物包裹，粒间金约占 77％，包裹金约占 20％，裂隙金约占 3％。矿部选矿技术人员进行了大量的现场调研工作，找到了自身工艺存在的不足，根据入选矿量，计算得出现有设备的粗选时间和精矿体积不足，造成尾矿跑高，浮选回收率较低。经计算后，利用现有厂房的空间位置，增加 4 台 XJF-10 充气式浮选机用于粗选，将原有的精选一的两台 BF2.8 浮选机，改为两台 XJF-6 型浮选机，延长了精选时间，从原来的一粗、二精、二扫改为现在的二粗、二精、二扫，实际浮选体积从 99.2m³ 增加到 145.6m³，实际浮选时间从 56.06min 增加到 79.35min，浮选回收率自 2008 年 10 月浮选工艺改造完毕后有了较为明显的改善，改造后当月累计浮选回收率达到 87.42％。阿希金矿选矿技术人员通过增加了粗选和精选作业，进行合理的工艺改造，在产率变化不大的基础上，提高了精矿品位和浮选回收率，降低了尾矿品位，避免了资源浪费，为企业增加了效益。

吉林四平昊融银业有限公司选矿厂规模 520t/d，工艺和设备运行良好，但仍存在精矿品位和回收率不理想等问题。矿石属低硫化物石英脉型金银矿石。主要金属矿物有黄铁矿、闪锌矿、方铅矿、黄铜矿、硫砷铜矿、硫镉矿，少量磁黄铁矿、褐铁矿、菱锌铁矿、白铅矿等。主要脉石矿物有石英、方解石（包括少量白云石）、绢云母、高岭石等。主要银矿物有银黝铜矿、硫锑铜银矿、辉铜银矿、辉银矿、砷硫铜银矿和自然银等，金的主要矿物有银金矿、金银矿。分析了该选矿厂原流程存在的主要问题为以下几点：

① 流程长，粗选和扫选一作业丁基黄药用量太少，2 号油用量大，由于捕收能力弱，致使金属矿物进入扫选二作业。

② 再磨后由于药剂量大，致使精选三、精选四、精选五和精扫选作业有跑槽现象，刮板很难操作，经常用水消泡，起不到浮选作用。

③ 精扫选底流返回扫选一，精扫选底流银品位比扫选一给矿银品位高 45g/t。

由于扫选作业的诸多弊病，产生恶性循环，致使尾矿品位跑高。并针对问题进行了顺序返回流程、浮选-中矿再磨流程试验研究。根据试验结果进行了工艺流程改造，由原分步混合浮选流程改为顺序返回流程，并对药剂制度进行了调整，使银、金回收率和精矿品位都得到了一定幅度的提高，银、金回收率分别提高 1.1％、0.9％；取消了 2 台浮选机（11kW），降低了能耗。浮选药剂用量减少，取消了 9538 药剂的添加，丁基黄药减少了 15g/t，2 号油减少了 20g/t，降低了选矿成本。

蔡创开、赖伟强对西北某金矿的浮选工艺进行调整，采用"一粗四扫"流程替换原来的"一粗、三精、两扫"流程，降低了金精矿的硫品位，金的浮选回收率得到一定程度的提高，再对低硫精矿进行热压预氧化-氰化试验，可以使石灰用量降低到正常范围内，获得的金氰化浸出率超过 98％，该工艺为高硫金精矿的热压预氧化处理提供了良好的解决思路。原浮选工艺为"一粗、三精、两扫"流程,闭路试验指标为金精矿产率7.38%,金回收率83%。根据研究结果,将西北某浮选金精矿的硫品位配至2%时,可以使热压预氧化-氰化工艺得以顺利进行,且金回收率高,获得预期的试验结果。为使产生的金精矿硫品位控制在12%左右,进行延长浮选时间试验。通过"一粗四扫"浮选工艺,最终精矿产品硫品位降至12.77%,金品位为8.50g/t,金回收率86.43%,有效降低了精矿产品中的硫品位,且将浮选金回收率提高了约3%。通过调整浮选工艺,将金精矿硫品位控制在合适的范围之内,一方面可以避免配矿的麻烦,另一方面可以解决氧化渣的氰化问题,金的综合回收率还有一定程度提高,不失为一种较合理的浮选-热压联合工艺,可作为处理难选冶金精矿的有效方法。

4.4　浮选设备

浮选机是完成浮选过程的主要设备。浮选机应具备工作连续、可靠、电耗少、耐磨、构造简单等良好力学性能,并具有充气作用、搅拌作用和调节作用的专门功能。

浮选机根据充气方式不同,基本上分两大类:机械搅拌式和压气式。机械搅拌式浮选机通过叶轮(或棒轮)快速回转搅拌矿浆,利用负压从槽底部吸入外部空气对矿浆进行充气。压气式浮选机无机械搅拌装置,由安装在槽下部的充气器引入压力空气对矿浆充气并进行搅拌。

贵金属矿物浮选时常用的浮选机有以下几种。

4.4.1　叶轮搅拌式浮选机

这是一种带有辐射式叶片的叶轮进行搅拌充气的浮选机。我国广泛应用的是国产XJK型浮选机,其充气量大,生产能力大,检修方便。叶轮搅拌式浮选机与浮选柱比较,具有搅拌力强、药剂消耗少、可以处理粗颗粒密度大的矿粒、能适应复杂流程、应用范围广、指标较稳定等优点。缺点是构造复杂、功率消耗大、液面不稳定、充气量小等。

4.4.2　棒型浮选机

这是近年来研制成功的一种新型机械搅拌式浮选机。棒型浮选机与XJK型浮选机比较,具有浮选速度快、效率高,用于混合浮选时单位容积处理能力大;适应性强,选别指标高;对于粗细粒级都能有效回收,特别是用于密度大、粒度粗的矿物选别时,能克服使用其他浮选机时的沉淀现象,能获得较高回收率指标;槽身浅、搅拌力强、充气量大、电力消耗省等优点。主要缺点是吸入槽结构复杂,维修不方便;分离浮选效果不如混合浮选好;由于有两个槽子,现场更改流程复杂。

4.4.3　圆形离心浮选机

目前,我国黄金选矿厂普遍使用20m以下的浮选设备,由于设备形式陈旧、规格小、效率低及能耗高,致使资源利用率低。圆形浮选机因具有结构简单、操作简便、占地面积小、维护量小和高效节能等优点,近年来已逐步取代了常规充气搅拌浮选机。圆形离心浮选机是在浮选旋流器的基础上开发的一种新型旋流离心浮选机,采用深槽设计,槽体为圆柱形,平底。叶轮采用槽缝式椭圆形和上直下弧形2种叶片。

低阻尼直悬式定子由支脚固定在槽底。泡沫槽采用双推沫槽体结构，周边溢流。2008年 7～9 月，某金矿选矿厂对 SDF30 圆形浮选机进行了工业试验，采用 1 台 SDF30 圆形浮选机与 1 台 KYF16 浮选机并联作对比。试验结果表明：SDF30 圆形浮选机与 KYF16 浮选机相比，处理量近似提高 1 倍，单位容积处理能力要提高 3.4%，精矿品位从 62.88g/t 提高至 74.11g/t，尾矿品位从 0.64g/t 降至 0.59g/t，精矿产率从 3.6% 降至 3.1%，回收率从 78.34% 提高至 79.93%。在单位容积处理能力和浮选时间相近的情况下，SDF30 圆形浮选机虽然精矿产率有所下降，但由于精矿品位的提高，回收率提高了近 1.6 百分点。SDF30 圆形浮选机要比 KYF16 浮选机功耗降低约 9.5%。工业试验后，该矿建了新选矿厂。新选厂在采用原选厂工艺流程的基础上，用 SDF30 圆形浮选机代替了 BSK-16 浮选机。新选厂正式投产 5 个月来，圆形浮选机运行良好，通过新旧选厂生产指标比较可知，新选厂精矿生产率下降 0.14%，精矿品位提高 3.58g/t，回收率提高了 0.6 百分点，半年可多回收黄金约 12243g，创造了巨大的经济效益。与常规浮选机相比，圆形浮选机具有十分明显的优势，其单机处理能力大，工艺结构紧凑，占地面积小，相应的维修量和操作人员数量也减少。随着圆形浮选机的进一步完善，逐渐会在黄金行业得到广泛应用。

4.4.4 浮选柱

浮选柱是一种深槽型压气式浮选机，其结构简单，主要由柱体和充气装置构成。浮选柱已广泛用于选别有色金属硫化物矿、含金硫化物矿、铁矿以及煤、磷、萤石等非金属矿。浮选柱与机械搅拌式浮选机相比，其优点是：构造简单、制作容易、占地面积少、基建费用低；选矿富集比大、处理量较高、简化了工艺流程；维修、操作方便，易于自动控制；易损件少、耗电少。缺点是：工作不稳定，压缩空气耗量大，药剂用量较多，精矿品位较低，检修时造成金属流失。

最近研究证明，采用浮选柱有可能提高金的回收率是因为它的比较平静的矿浆液相能使选择性捕收剂达到更有效的应用，它们也有可能使调整气体（如氮气和二氧化硫）达到更有效应用。

孟凡久等详细介绍了旋流静态-微泡浮选柱的分选原理及分选优势，并采用旋流静态-微泡浮选柱代替常规浮选机对三山岛金矿进行选别试验。旋流静态-微泡浮选柱的主体为柱式结构，包括柱浮选、旋流分离和管流矿化 3 个部分。旋流静态-微泡浮选柱分离方法的主要创新点有：三相旋流分选及与柱浮选结合；柱浮选的静态化与混合充填；射流成泡及管流矿化实施；梯级优化分选的形成。对三山岛金矿浮选的实验室试验结果表明：浮选柱适应三山岛金矿较粗磨矿粒度下的选别，并在试验过程中运行稳定，使用浮选柱进行一次粗选，金回收率可达 90% 以上，粗选尾矿品位可降到 0.20g/t 以下；同时粗精矿品位可达到 15g/t，浮选柱在精选作业也表现出了较好的富集效果。半工业试验结果表明：使用浮选柱进行一次粗选，粗选尾矿可控制在 0.15g/t 以下，与现场指标接近，而精矿指标明显优于现场（高出 12.69g/t）。旋流静态-微泡浮选柱在处理三山岛金矿石方面表现出良好的性能。何琦等将旋流-静态微泡浮选柱应用于河南金渠矿金矿石原矿和尾矿的浮选试验研究。结果表明，与常规浮选在试验条件基本相同的情况下进行对比，应用该设备可以获得较好的选矿指标，采用"一粗一精一扫"流程即可达到浮选目标，简化了流程，效益提高显著。

L. 瓦尔德拉马等研究了富集比高的改进型 3PC 浮选柱（或三产品浮选柱）在高强度调浆（HIC）条件下处理含金矿。3PC 浮选柱可以选择性的分选泡沫，分离出品位低的矿粒（从泡沫上脱落的产品或第三个产品），因此在各种情况下，3PC 浮选柱都可以获得高品位精矿。3PC 浮选柱有两个冲洗水系统。浮选已解离的金尾矿时，金的回收率为 15%，品位大于 160g/t，富集比高达 120。3PC 浮选柱浮选回收低品位（金品位 0.15～0.4g/t）、解离度差的尾矿中的金时，可以生产出金回收率为 12%、金品位为 13g/t 的粗精矿。在操作条件相同条件下常规浮选柱不能获得这样好的结果。HIC 作为给矿的预处理，可以进一步提高浮选柱浮选过程中的选择性和回收率，改善浮选过程的动力学特性。对浮选柱和 HIC 可以用浮选柱的质量传递和界面现象（金-金颗粒、金-载体颗粒的相互作用）来解释获得的结果。讨论了 3PC 浮选柱处理贵金属浮选尾矿潜在的商业应用前景。

4.4.5　泡沫浮选机

该类浮选机给矿是从上部引入到泡沫床，而不给入矿浆区。其特点是：浮游比较大的矿粒；在同样速度下处理量非常高，因此成本较低，尤其是功率消耗很低；由于可处理粗粒矿粒，因而磨矿和脱水费用大大降低；改变了回收率与浮选时间的关系，当停留时间增加时，回收率降低而品位增高，这与矿浆充气式浮选机的情况相反。

4.4.6　闪速浮选机

这是一种新型的 Skim-Air 充气刮泡式浮选槽，对金的浮选来说有重要意义，尤其是在尾矿未经氰化浸出（如铜-金矿石）的浮选厂应用中非常重要。由于金和某些金矿物的密度很大，这就意味着它们在磨矿分级回路中不断循环，磨到足够细度后才能排出旋流分级机外。与其他矿物一样，粒度很小，将影响浮选效果。在浮选回路中安装闪速浮选机使得单体金的回收得到改善，加药量较少，浮选速度加快。泡沫层的控制很重要，因为泡沫的负载量很高和精矿粒度较粗，会使泡沫的稳定性降低。

1986 年，在芬兰首次安装了 Skim-Air 浮选机。由于浮选槽能处理高浓度矿浆的粗粒物料而不会沉砂，分级只使可浮粒子进入浮选区。现此法已在世界各国磨矿流程中获得了广泛应用，特别是处理重而易脆的铅银矿物，其回收率能提高 2%～3%。

湖南兴民科技公司对平江氰化金尾矿应用闪速浮选技术进行试验，获得金回收率 80%、金精矿 102g/t、加工成本 40 元/t 的技术经济指标。于是，投资 1500 万元，在平江投建了世界首条 200t/d 氰化金尾矿闪速浮选生产线。该生产线于 2010 年 4 月 17 日进入试产，处理含金 2.7g/t 氰化金尾矿。试产结果表明，金回收率 80%、金精矿 139g/t，加工成本 40 元/t。

4.5　浮选药剂

4.5.1　捕收剂

选金厂常用的捕收剂有黄药、黑药、丁铵黑药、中性油（例如柴油）、羟肟酸及其盐、巯基苯并噻唑（MBT）、Z-200、氨醇黄药等，有时用非极性油类捕收剂作辅助捕收剂浮选自然金。最新研究的捕收剂有丁基黄原酸甲酸乙酯、Y-89、硫代氨基甲酸盐类、硫羰氨基甲酸酯、乙硫氨酯、烷氧基或苯氧基烷基硫羰氨基甲酸酯、硫脲、胺类、二烃基或者二芳基一硫代磷酸酯、一硫代膦酸酯、咪唑、氨基噻吩、一硫代亚磷酸、硫代氨基甲酸盐类等。

金的浮选可用黄药、硫醇、噻唑、苯胺黑药及丁基铵黑药等作捕收剂，其中以黄药应用较广，起泡剂可用松醇油等。高级黄药与低级黄药按一定比例混合使用，比单独采用其中一种为好，它可提高回收率和浮选速度，减少高级黄药用量，降低药剂费用，并可降低微细矿粒的絮凝程度，改善过程的选择性。混合用药对矿石中含有难选硫化物时显得特别重要。

二硫代碳酸盐（黄药）是在硫化矿的浮选中使用最为广泛的捕收剂。A.T. 马康扎等研究了三硫代碳酸盐（TTC）捕收剂的应用。本研究主要集中在十二烷基三硫代碳酸盐（C12-TTC）与异丁基黄原酸钠（SIBX）的混合物对从氰化尾矿中浮选含金黄铁矿、伴生金和铀浮选的影响。试验结果表明，使用混合捕收剂比单一捕收剂 SIBX 浮选捕收金和铀的效果要好，而硫的回收率差别不大。浮选精矿的矿物学分析结果表明，金和铀与油母岩关系密切。因此，金和铀回收率的提高很可能是由于油母岩回收率的提高，而不是由于黄铁矿浮选引起的。通常在金的浮选回路中铀的回收率较低，而这种浮选机理提供了铀最大浮选回收的可能性。

4.5.2　起泡剂

选金厂常用的起泡剂有 2 号油、樟油、重吡啶、甲酚酸等。其中以 2 号油应用最广泛。

4.5.3　抑制剂

选金厂常用的金属矿物抑制剂有：石灰、氰化物、硫化钠、重铬酸盐。脉石矿物抑制剂有水玻璃、淀粉、糊精等。

石灰是一种常用的介质调整剂，又是矿泥的团聚剂和黄铁矿的有效抑制剂，并且对金也有一定的抑制作用。在浮选过程中，石灰可以起到 pH 值调整剂、抑制剂、凝聚剂和絮凝剂等的作用。在含金矿石的浮选过程中，石灰同样起着非常重要的作用，主要是用来作为 pH 值调整剂和抑制剂，改善金矿石的浮选。

（1）石灰改善金矿石的浮选过程　在含金硫化铁石英脉型矿石的浮选过程中，加少量石灰，可以改善混合浮选，原因有三。第一，不加石灰，矿浆呈弱酸性，这种弱酸性与硫化物反应生成酸性盐，同时，大量的石英质脉石也可以使矿浆呈弱酸性。加入适量石灰中和弱酸性的矿浆，使之呈弱碱性，从而对黄药的捕收作用有利。对于含硫高、氧化程度高的矿石，改善浮选过程所需的石灰用量也更多。第二，2 号油在弱酸性介质中起泡性不好，在弱碱性矿浆中起泡性较好，其有效成分是萜烯醇，属于醇类起泡剂，所以一些有经验的技术人员和操作工都有这样的感觉，加入少量的石灰可以生成较为浑厚的泡沫层，而石灰用量过多，浮选泡沫将太黏。第三，少量石灰还可以使矿泥产生凝聚，从而有利于较为稳定泡沫层的形成。

（2）石灰的抑制方法和抑制机理　石灰的抑制作用，例如对黄铁矿的抑制，主要有三个方面的原因。

① OH^- 在黄铁矿表面生成难溶的亲水的氢氧化铁薄膜，在高 pH 值条件下，还可以使捕收黄铁矿的有效成分双黄药不稳定；

② 解离出来的 Ca^{2+} 在 pH 值超过 6.8 的黄铁矿表面受电性吸引而吸附，一部分不易洗脱而生成的含钙难溶性薄膜，不利于矿物与捕收剂的作用，因而采用石灰调节 pH 值时比用苛性钠或碳酸钠实现抑制的 pH 值大约低一个单位；

③ 石灰可以解吸开始阶段吸附在黄铁矿表面上的捕收剂。

除单独采用石灰作抑制剂外，还往往将石灰与硝酸铵、氯化铵、亚硫酸钠、硫酸铜等药剂中的一种或者二种一起加入，有如下三种方法。

① 石灰-铵盐法　将石灰与铵盐（硝酸铵、氯化铵）一起加入矿浆中，黄铁矿可以受到铵盐的保护，不被抑制，而毒砂则受到石灰的抑制，失去可浮性。

② 石灰-亚硫酸钠法　该法是将石灰与亚硫酸钠混合使用，使毒砂在溶有石灰的碱性介质中被亚硫酸钠抑制，而黄铁矿仍然保持可浮状态。

③ 石灰-硫酸铜法　一般认为，被 Cu^{2+} 活化的毒砂在石灰调浆的矿浆中能够保持浮游能力，而黄铁矿则因石灰的作用处于抑制状态；或者在石灰调整的矿浆中加入硫酸铜，可以使被抑制的毒砂恢复可浮性，而黄铁矿仍然处于抑制状态。这是由于 Cu^{2+} 选择性地吸附在砷区域，形成稳定的砷化物 Cu_3As 和 Cu_3As_2 的缘故。有人在研究云南澜沧铅锌矿浮选之后的黄铁矿与毒砂分离时发现，硫酸铜对黄铁矿有抑制作用，对毒砂有活化作用，Pb^{2+}、Zn^{2+}、Fe^{3+} 等对它们的浮游能力影响不大。

硅酸钠、淀粉、糊精是含金石英脉矿石常用的脉石抑制剂。用于精选作业，可提高金精矿质量。氰化物是黄铁矿、硫化锌及各种硫化铜矿物常用的抑制剂。使用时，常与石灰或硫酸锌一起添加，效果很好。但氰化物不仅对金有强烈抑制作用，还能溶解金银等贵金属，所以在浮选含金的多金属矿，最好不用氰化物做抑制剂。

4.5.4　活化剂

选金厂常用的活化剂有硫化钠、硝酸铅、醋酸铅、硫酸铜等。国外广泛应用二氧化硫气体作黄铁矿浮选的活化剂。有的活化剂兼有抑制性能，比如硫化钠既是含金氧化矿的活化剂，同时对自然金和各种硫化物矿物有抑制作用。因此，使用时要掌握好用量，不宜过大，最好分批添加。

陈代雄等依据山东省某含金高铅锌硫化矿床的矿石性质和金的赋存特征，在自然 pH 值状态下，应用 NHL-1 诱导活化金，采用 25 号黑药和乙基黄药浮选铅和金，得到含金高的铅精矿。闭路试验获得铅精矿含铅 45.2%、含金 108.4g/t，铅的回收率为 82.57%、金的回收率达到 91.7%。试验表明 NHL-1 具有良好的活化效果，添加 NHL-1 240g/t 时金的回收率比没有添加活化剂提高 22.0%。最终工业试验获得铅精矿含金 106g/t、金回收率 90.4% 的生产指标。

苗龙金矿采用原设计选矿工艺流程生产，金浮选回收率低，并且不稳定。根据试验研究结果，采取在磨矿阶段加药（碳酸钠、硫酸铜）闪速活化主要载金矿物措施，对选矿工艺流程进行技术改造，有效地提高了金浮选回收率，选矿生产指标也较为稳定。

云南某含砷、锑及有机碳难处理金矿石砷、锑矿物表面较易氧化和有机碳含量较高，该矿添加 SP 活化剂，采用丁基黄药与 DNJ 组合，增加药剂的协同效应。增加一次扫选作业，延长浮选时间。精选Ⅱ增加 1 台 1.1m³ 浮选机，避免精选Ⅱ冒槽现象。

使金回收率提高了 8.82%。

4.5.5 pH 值调整剂

矿浆 pH 值往往直接或间接地影响矿物的可浮性。在一定条件下（药剂浓度、矿浆温度），矿物可浮与不可浮的 pH 值界线叫做临界 pH 值。矿物的临界 pH 值随浮选条件的改变而改变。常用的碱性矿浆调整剂是石灰、碳酸钠、氢氧化钠。酸性矿浆调整剂是硫酸。金的浮选多在碱性矿浆中进行，因为在碱性矿浆中黄药不易分解；硫化物矿氧化速度慢；矿浆中可溶性盐的不利作用可以降低；对设备腐蚀性小。但是，有时也需要在酸性矿浆中浮选。比如，对于某些黄铁矿和磁黄铁矿矿石，在弱酸性矿浆中浮游能力比在碱性矿浆中要好；氰化尾矿的浮选多在 pH 值为 6 的弱酸性矿浆中进行。

4.5.6 分散剂

矿物细泥对浮选过程干扰尤为显著，一方面，不同矿物彼此之间黏结，凝聚成团，破坏了整个浮选过程的选择性，使精矿质量降低；另一方面微细矿泥会大量吸附于有用矿物表面，形成矿泥薄膜，阻止药剂与矿粒表面接触，降低矿物的可浮性，影响回收率。此外，矿泥比表面积大，消耗大量药剂。对以上情况除可以用机械分级办法将矿泥脱除外，还可添加分散剂消除矿泥的有害影响。如水玻璃、碳酸钠、硫化钠等能增强矿泥表面亲水性，加大微细颗粒彼此团聚的能力，从而减轻其絮凝和罩盖作用。这是改善浮选条件，提高细粒级选别回收率的有效途径。

4.5.7 浮选药剂制度

（1）自然金浮选时的主要药剂制度 自然金浮选过程中采用的捕收剂一般为黄药和黑药，如果在中性和弱碱性条件下进行，pH 调整剂可选用 Na_2CO_3，如果采用强碱条件，可采用石灰作抑制剂，浮选过程中硫化矿的抑制剂可选用氰化物和硫化钠，伴生硅酸盐矿物的抑制剂可采用水玻璃，起泡剂可采用松醇油和甲酚。

（2）含金黄铁矿浮选时的主要药剂制度 含金黄铁矿浮选时，可采用丁黄药（中性油辅助）和其他巯氢基捕收剂捕收，用硫酸铜、碳酸钠或硅氟酸钠作黄铁矿的活化剂，在中性和弱碱性条件下分选时可采用 Na_2CO_3 和硫酸作 pH 值调整剂，在强碱性条件下分选时，可用石灰作 pH 值调整剂，氰化物和硫酸锌作抑制剂，采用松醇油和甲酚作起泡剂。如矿石受氧化作用严重时，可采用硫化钠作含金黄铁矿的活化剂。

（3）含金铜、铅硫化矿浮选时的主要药剂制度 含金铜、铅硫化矿浮选时，可采用黄药和黑药作捕收剂，被氰化物抑制过的硫化矿可采用硫酸铜和硝酸铅作活化剂，采用石灰、氰化物抑金铜矿物，铬酸盐抑制铅矿物，采用硫酸锌和氰化物代用品抑制伴生的锌铁硫化物，起泡剂采用松油、甲酚和合成起泡剂。

（4）含金辉锑矿浮选时的主要药剂制度 含金辉锑矿浮选时，捕收剂可采用黄药和黑药，采用硝酸铅、氟硅酸钠、硫酸铜作活化剂，根据矿石特性可在中性和强碱性条件下进行分选，用松油作浮选时的起泡剂。

（5）组合药剂的研制和应用进展 金多与硫化矿共生，很多硫化矿成为金的载体，它们所用捕收剂多与硫化矿相似。在生产中常用捕收剂有乙基、异丙基、丁基、戊基黄药及这些黄药的组合使用。还使用黑药及 Z-200 等。

不同的药剂在浮选过程中作用不同，药剂作用除了有捕收、起泡和调整等作用的区别以外，即使是同一类型的药剂，往往也使用两种以上。例如捕收剂，很多资料表明，混合用药比单一用药要好。这种现象为"协同效应"。如有关研究成果和生产实践表明，将丁基黄药和丁基铵黑药两种药剂混合使用，比单独添加其中任何一种药剂都好，金的回收率都有明显的提高。如浙江某金选厂，在采用丁基铵黑药和丁基黄药混合比例为 2∶1 (1.6g/t∶59g/t) 时，金、银回收率分别达到 97.37% 和 91.86%，比原来提高了 7.11% 和 10.52%，同时精矿中金、银品位也有很大幅度的提高。

低级黄药与高级黄药组合，使刚开始氧化的含金硫化矿的浮选有所改善。在浮选自然金时，特别是有难浮硫化矿时，采用两种捕收剂组合比任何一种单用的效果都好。

英国和加拿大约有 60%～70% 的浮选厂采用乙基、异丙基和戊基黄药等两种或多种捕收剂组合添加。日本有的金选厂用 208 号黑药与仲丁基钠黄药（301 号黄药）作为组合捕收剂。浮选含金矿石的效果很好。

俄罗斯研制了太阳油作为浮金的辅助捕收剂与黄药组合使用。据报道，用黄药浮选（铜和铅的）硫化矿过程中，添加非极性油，如锭子油、变压器油、工业润滑油等，能强化浮选过程，并明显提高工艺指标和降低极性捕收剂的用量。俄罗斯的研究表明，用撒哈林岛原油或变压器油取代部分丁基黄药后，可提高金的浮游活性。试验得出：如果两种捕收剂溶液分别进行准备，而在加入矿浆前一起搅拌，则精矿质量还可得到更大改善，如果将油先加入矿浆中，它对丁黄药的吸附会产生不利影响。无论是添加变压器油还是原油都会在黄药浮金时产生附加疏水效应，而与巯基捕收剂在金上的吸附量是否增加无关，这显然是因为非极性捕收剂改善了矿粒向气泡附着，也改善了巯基捕收剂在金粒上固着的条件。

采用 20% 的巯基捕收剂和 85%～95% 脂肪酸捕收剂，在 pH 值为 5～8 的条件下，可从氰化处理后的尾矿中或低品位金矿中浮选残留金或自然金。最佳的捕收剂用量为 227～1360g/t。采用这种浮选工艺的优点是：即使原矿（氰化法处理后的残渣）的含金量变化较大，也能维持高水平的效率。曾对仅含金 0.6～1g/t 的尾矿进行处理，表明采用此法可使金富集到每吨精矿含金量为 4.8～7.2g，且回收率高达 89%。

法国介绍了钾基黄药与巯基苯并噻唑组合浮选萨尔西涅矿床的含金毒砂矿石，砷和金的试验回收率分别达到 93% 和 90.5% 时，可获得含砷 25.5% 和含金 19.28g/t 的精矿。常规组合捕收剂也能得到相近的回收率，但最终精矿品位较低，含砷为 23%，含金 17.5g/t。

日本报道，选别含银硫化矿时，使用美氰胺公司的 31 号黑药和 242 号黑药组合，以及黄药与氨基酸或氨基乙磺酸 [NH_2-$(CH_2)_2$-SO_3] 组合。

我国含金矿石的浮选试验或生产，大多采用了组合捕收剂。如招远河东金矿，原浮选流程采用丁基黄药作捕收剂，浮选回收率为 93.19%，当改用异戊基黄药与丁基铵黑药组合时，回收率提高至 94.44%，增加了 1.25%；铜锡山金矿的氧化矿，单独使用丁基黄药时，其用量为 200g/t，当它与丁基铵黑药组合使用时 (1∶3)，其用量降为 140～150g/t，且精矿含金由 107.5g/t 提高至 114.08g/t，回收率由 71.8% 提高至 75.43%，提高了 3.75%；龙水金矿提高回收率的措施之一是将丁基黄药与丁基铵黑药的组合比，由原来的 3∶1 改为 6∶1；灵宝县金矿选厂，由于原矿含金由 5g/t 降至 3g/t，采用混汞-浮选流程，金的总回收率只有 80％。当采用组合捕收剂（丁基黄药与丁基铵黑药）取代原单一捕收剂的措施后，使金的总回收率达到 85.86％，提高了 7.95％；河南某含金硫化矿石英脉矿石选厂，粗选时以丁基黄药与丁基铵黑药进行浮选，然后再增加中性油进行第二步粗选以回收难选金，从而使金的总回收率达 89.29％；山东某石英脉金矿的浮选证明，无论是硫化矿还是氧化矿矿石，添加烃油作辅助捕收剂很有好处，当黄药与黑药的用量为 80g/t 和 100g/t 时，添加与不添加烃油相比，金的回收率提高 3.91％以上；对氧化率为 43％的含金石英脉矿石，在使用丁基黄药与丁基铵黑药的基础上，再添加 35 号捕收剂（为含羟肟酸和黑药的药剂），在药剂用量相近的情况下，金的回收率由 75.20％提高到 82.60％。

第5章
含金矿石的特殊选矿方法

5.1 拣选法

5.1.1 拣选方法和原理

拣选是利用矿石的光学性质、导电性、磁性、放射性及不同射线（如γ射线、中子、β射线、X射线、紫外线、红外线、无线电波等）辐射下的反射和吸收特性等差异，通过对呈单层（行）排队的颗粒逐一检测所获得信号的放大处理和分析，采用手工、电磁挡板或高压气等执行机构将有用矿物（矿石）与脉石矿物（废石）分开的一种选矿方法。

拣选用于块状和粒状物料的分选。其分选粒度上限可达 250～300mm，下限可小至 0.5～1mm。常用于矿石的预富集，也可以用于矿石的粗选和精选。

拣选发展初期是利用矿石和废石的外貌差别进行分选，但不少矿石在外貌、颜色、形状上基本没有什么差别，因此如何利用矿石中有用元素的物理特性，以便从中分出废石，成为拣选研究的重要课题，这些研究取得了某些成果和工业应用。有些拣选方法，如利用γ射线选铀矿石、X射线选金刚石等，在工业生产上已经取得了很好的经济效果，但当时缺乏系统的理论研究。

20 世纪 70 年代末，苏联科学工作者研究发现，在电磁波谱范围内的各种电磁波都可以为拣选所利用。从电磁波谱图（图 5-1）可以看到，从波长 10^{-10} m 的 γ 射线到波长为 10^4 m 的无线电波，这些不同的电磁波有不同的特性。如 γ 射线是元素的原子核受激发后产生的；X 射线是由原子内层电子受激发后产生的；可见光、红外线、

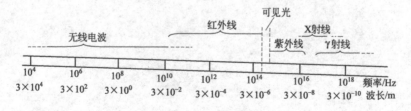

图 5-1 电磁波谱图

紫外线是原子的外层电子受激发后产生的；无线电波是由振荡电路中自由电子的周期运动产生的。但是，它们都符合电磁波的共同规律。选矿工作者就是利用矿块中有用元素受不同射线照射后，与废石产生的不同反应而研究出不同的拣选方法，如 γ 吸收法、γ 射线荧光法、X 射线荧光法等。

拣选法的选矿，首先是根据矿块受射线照射后的不同反应，借助仪器鉴别出每一矿块是矿石还是废石，品位是多少，然后进行分选。拣选法分离矿石和废石不是靠本身的物理特性，而需要借助外力，如借助机械挡板的动作，或借助定时定量的喷射压缩空气等。这是与其他选矿方法，如重选、浮选、磁选等有所不同。拣选的发展是和物理学、电子学等方面的发展有着密切的联系。

拣选法作为矿石预选作业，其优点可归纳如下。

① 经拣选预选后，可丢弃部分废石，提高了进入选矿厂的原矿品位，这对生产中的老选厂，可扩大选矿厂生产能力、降低选矿成本，对新建选矿厂，则可降低破碎、磨矿的基建费用，符合"能抛早抛、节能降耗"的理念。

② 拣选法的采用可使表外矿石部分入选，边界品位下降，增大了资源储量，延长矿山寿命，不必采用成本较高的选择性开采方法，从而提高采矿效率。

③ 拣选机易于安装，对厂房要求不严格。有些拣选机甚至不需要厂房，仅电子部件等需安装在可移动式集装箱内，拣选机也可安装在露天采场或矿井旁。它也适用于小矿山及边远矿山。

④ 拣选作业所废弃的块状废石，可以用作充填材料，或筑路及建筑材料，既综合利用矿产资源，又减少了对环境的污染，符合矿山循环经济发展策略。

⑤ 拣选工艺的深入发展，使地质勘探工作效率和质量有所提高，在稀有、锡、镍等一系列矿床，拣选所得结果对储量的评价、采矿方法的设计等都能提供基础技术资料。对某些用传统选矿方法难以分选的矿石，辐射拣选却可发挥积极作用。

目前拣选所用的主要辐射方法有 X 射线辐射法、X 射线荧光法、光电法、光电吸收法、激光-荧光法、辐射共振法、中子吸收法及天然辐射法等。各分选方法及其原理简述如下。

(1) X 射线辐射分选法　利用矿石受 X 射线照射后所激发出的特征 X 射线（二次 X 射线）来分选矿石的方法称 X 辐射分选法。研究发现，X 射线辐射法比其他射线分选方法的分选效果好，用途广泛，几乎适用于各种矿石分选，是目前最具有应用前景的一种辐射预选方法。

(2) 天然放射性辐射分选法　天然放射性辐射法的分选对象是铀（钍）矿石，该分选法是利用铀（钍）矿石的天然放射性将铀（钍）矿石和废石分开的一种分选方法。铀矿石不受外界干扰自然地发射 α、β、γ 三种射线，其中 α 射线在空气中射程为 2～9cm，β 射线在空气中射程为 4～130cm，γ 射线在空气中射程为 100～200m。γ 射线的穿透能力最强，可以穿透几十厘米厚的矿石。γ 射线可由 NaI 晶体和光电倍增管组成的探测器所探测，当矿石中铀-镭平衡时，根据 γ 射线强度就可确定矿石中铀的含量，以此来分选矿石和废石。天然放射分选法不仅广泛用于分选铀矿石，也可用分选与铀紧密共生的其他矿石，如南非几个金铀矿床（建立了放射性分选厂，用铀做示踪元素，在选铀的同时，金也得到了富集）。

(3) γ 射线吸收法　γ 吸收法是利用矿块和废石块对 γ 射线吸收程度的不同而将

其分开的一种分选方法。γ射线穿透物质时，由于光电效应、康普顿-吴有训散射效应和电子对的生成等的作用而被吸收。

由于黑色、有色和稀有金属矿石中有用组分的原子序数（$Z>25$）比围岩组分的原子序数（$Z\approx1\sim15$）大，其质量吸收系数有明显的差别，因此可以用γ吸收法将矿石与围岩分开。用γ吸收法分选菱铁矿效果较好，已在工业上应用。

（4）γ射线散射法　γ射线散射法是利用γ射线与矿块作用后产生的散射线的差别而将矿石与废石分开的一种分选方法。在γ射线的能量较低（小于1MeV）时，其与物质作用后主要产生光电效应和康普顿-吴有训效应。光电效应与样品中元素的原子序数的4.1～4.5次方成正比，即光电效应与样品的成分有很大关系。而康普顿-吴有训散射效应只与原子序数的一次方成正比，且大多数矿石中有用元素的原子序数与原子质量数之比基本上是一个常数（$Z/A\approx0.5$），故散射效应实际与原子序数无关，而与物质的密度（矿块重量）有关。选择两个不同能量的γ源，使一个源与矿块作用后主要产生康普顿-吴有训散射效应，另一个源主要产生光电效应，测量这两个γ源散射后的强度比值，则可以除去矿块重量的影响，定量地测出矿块中有用元素的含量。用γ散射法可以分选含铬、铁、镍、铜、锌、铂、锡、铅等金属元素的矿石。

（5）无线电谐振法　利用无线电波所产生的电磁场进行矿石和废石的分选即为无线电谐振分选法。将矿石块置于电磁场后，电磁场与矿块相互作用。如矿块为导体，则在电磁场内的矿块中产生感应电流；如矿块为电介质，则矿块中产生极化作用。矿块的电性和磁性都使电磁场损失一定的能量，使电磁振荡电路的参数（如电压、频率）发生变化，其变化的大小与矿块的特性间有数量关系。所以，测量振荡电路某一参数的变化量就可测出矿块中金属的含量，从而达到分选矿石和废石的目的。矿石和脉石的导电性差别较大时，采用电感式自激振荡器作为无线电波发生器，如介电特性差别较大时，则采用电容式自激振荡器。电感式和电容式两种无线电波发生器的形式可以有不同形状。无线电谐振法（电导-磁性法）的分选机中产生交变电磁场的部件（线圈或电容器）就是可以同时探测电磁场变化的部件，一个用于产生电磁场，另一个用于探测电磁场的变化。无线电谐振法适用于多种有色金属、黑色金属、稀有金属及煤的分选。在分选铜、镍、铅-锌等重金属氧化矿石及硫化矿石时，得到了较好的结果。

（6）光电分选法　光电分选法基于利用可见光的窄频带进行分选的方法，在国外，这种方法最广泛应用处理非金属矿产。利用这种方法选非金属矿产的效率很高，这是由于占有矿块面积很大比例的矿物和围岩的颜色特性所决定的；一般说来，对有色金属矿石采用光电分选乃是基于矿石矿物与某些有特征颜色的围岩及矿物（石英、长石）的共生特性。对于脉状和网脉状矿石采用此法选矿可以取得很高的效率。某些类型黑色冶金原料的试验结果更进一步证实了光电分选作为新的选矿方法的通用性。

（7）荧光分选法　荧光分选法是以某些矿物分子受到X射线或紫外线光激发时发射光子的能力为基础发展起来的。此法在非金属矿产预选矿中也得到应用。众所周知，在工业上利用X射线-荧光分选法选金刚石的经验是非常成熟的。许多非金属矿产具有在可见光谱范围内发射荧光的能力。被激发光的波长取决于进入矿物晶格中微量杂质的组成，因此，不同矿床的一种矿物所发荧光可能光谱不同、强度也不同。方解石发出荧光的颜色为红色的可能性最大，而石英及其变种呈黄绿色，荧光则从绿到紫色，磷灰石从紫色到黄色。因此可利用不同矿物在 X 光或紫外线照射下发出颜色不同的荧光而分离有用矿物和脉石。

（8）中子吸收法　该方法是前苏联为了选别最重要的非金属矿产之一——硼矿石研制成功的，并在地质普查和工业生产中应用。这一方法基于利用 B^{10} 原子核选择性地吸收热中子的特性。对粒度为 $-200mm+25mm$ 的贫矿石和中等品位矿石进行了选矿，辐射选矿实验结果颇有成效。目前研究证明，中子吸收法是目前处理低品位硼矿石最有效的方法。

5.1.2　含金矿石拣选技术研究和实践

含金矿石的拣选，一般采用光电拣选和 X 辐射拣选法最为有效。

俄罗斯 RODOS（РАДОС）公司为研究和试验用 X 射线辐射分选矿石的公司。其研究的 PPC 型 X 射线辐射分选机，可广泛应用于金属、非金属矿和其他稀有矿石的预选中，矿石的处理粒度为 $20\sim300mm$，特别是对日趋贫化的原矿经一段粗碎后，通过 X 射线分选机的选别，可提前丢弃 $30\%\sim40\%$ 的尾矿，从而提高原矿品位，减少入磨废石，降低选矿成本，可大幅度地提高选矿厂综合经济效益，是实现选厂节能减排的关键设备。该公司对不同类型金矿石的 X 射线辐射分选进行了大量的试验研究工作，试验结果如表 5-1 所示。

表 5-1　不同类型金矿石的 X 射线辐射分选试验结果

矿床名称	矿石粒度/mm	产品名称	产率/%	品位/%	回收率/%
纳塔尔金克斯	$-100+25$	精矿	57.6	3.79	96.4
		尾矿	42.4	0.36	6.6
		原矿	100.0	2.34	100.0
托库尔思克	$-60+25$	精矿	20.5	4.80	84.9
		尾矿	79.5	0.22	15.1
		原矿	100.0	1.16	100.0
科克帕塔斯克	$-60+20$	精矿	63.1	4.93	97.5
		尾矿	36.9	0.21	2.5
		原矿	100.0	3.19	100.0
科穆那拉尔斯克	$-150+40$	精矿	32.0	3.53	71.0
		尾矿	68.0	0.69	29.0
		原矿	100.0	1.60	100.0
巴隆-霍尔宾斯克	$-150+20$	精矿	26.3	55.10	91.6
		尾矿	73.7	1.80	8.4
		原矿	100.0	15.80	100.0
扎帕德罗伊	$-100+30$	精矿	30.0	4.50	77.6
		尾矿	70.0	0.60	22.4
		原矿	100.0	1.70	100.0
东北矿山	$-100+30$	精矿	26.3	44.90	97.6
		尾矿	73.7	0.4	2.4
		原矿	100.0	12.1	100.0
卡拉尔维木	$-120+30$	精矿	51.8	37.80	99.8
		尾矿	48.2	0.4	0.2
		原矿	100.0	19.8	100.0

续表

矿床名称	矿石粒度/mm	产品名称	产率/%	品位/%	回收率/%
埃里多拉多	−150+40	精矿	30.0	5.2	73.6
		尾矿	70.0	0.8	26.4
		原矿	100.0	2.1	100.0
萨雷拉赫	−150+25	精矿	7.7	21.15	88.0
		尾矿	92.3	0.23	12.0
		原矿	100.0	1.85	100.0

结果可知，矿石经 X 射线辐射分选后金矿石的抛尾率大部分在 40%～80% 之间，最高可达 92.3%，富集比可达 11.43。

X 辐射分选机拣选 Бурятия 金矿山的表外废矿石、低品位矿石和商品矿石，粒度为 150（130）mm～40（30）mm 的含金矿石所得的结果列于表 5-2。

表 5-2　Бурятия 金矿石 X 辐射分选结果

矿石类型	产品名称	产率/%	品位/(g/t)	回收率/%
表外废矿石	粗精矿	20.0	4.2	77.7
	尾矿	80.0	0.3	22.3
	原矿	100.0	1.2	100.0
低品位矿石	粗精矿	38.3	14.4	92.0
	尾矿	61.7	0.8	8.0
	原矿	100.0	6.0	100.0
商品矿石	粗精矿	25.0	34.4	93.4
	尾矿	75.0	0.8	6.6
	原矿	100.0	9.2	100.0

从表 5-2 可以看出，对该金矿的表外废矿，经拣选后，可以得到品位为 4.2g/t 的低品位矿石。对低品位及商品矿拣选后，可以丢弃入选的 61%～75% 的废石，粗精矿的回收率>92%。

澳大利亚的 UltraSort 公司利用其生产的光电拣选机分选某金品位为 0.7g/t 的低品位金矿石，结果表明，该分选设备可丢弃 20% 的废石，粗精矿的金品位可提高到 30g/t。

5.2　混汞法

5.2.1　基本原理

在矿浆中，金粒被汞选择性地润湿，从而形成汞齐（或称汞膏），汞齐中含有 $AuHg_2$、Au_2Hg、Au_3Hg。使其与其他金属矿物和脉石相分离，这种选金方法称为混汞法。

混汞提金是基于矿浆中的单体金粒表面和其他矿粒表面被汞润湿性的差异，金粒表面亲汞疏水，其他矿粒表面疏汞亲水，金粒表面被汞润湿后，汞继续向金粒内部扩散生成金汞合金，从而汞能捕捉金粒，使金粒与其他矿物及脉石分离。混汞后刮取工业汞膏，经洗涤、压滤和蒸汞等作业，使汞挥发而获得海绵金，海绵金经熔铸得金锭。蒸汞时挥发的汞蒸气经冷凝回收后，可返回混汞作业使用。

混汞法是一种古老而又普遍应用的方法，至今在黄金生产工业中仍占有很重要的地位。由于金在矿石中多呈游离状态出现，因此在各类含金矿石中都有一部分金粒可用混汞法回收。在通常情况下，经混汞处理适于混汞的脉金矿石，金的回收率约为60%～80%，尾矿中含金仍很高。为此，除砂矿床外，混汞法很少成为单独作业，它往往与其他方法组成联合流程，以提高金的回收率。实践证明，用混汞法在选金流程中提前拿出一部分金，可显著降低尾矿中金的损失。

混汞法提金工艺过程简单，操作容易，成本低廉。但由于汞的毒性，对操作人员和环境带来危害，从而影响了混汞法的应用。因此，该法的应用目前已受到严格限制。

混汞过程中，汞表面与矿浆中金粒表面的接触是在水介质中进行的。当金与汞接触时，它们之间形成的新接触面代替了原来金与水和汞与水的接触面，从而使相系的表面能降低，并破坏了妨碍汞表面与金粒表面接触的水化层。此时汞沿着金粒表面迅速扩散，并促使相界面上的表面能降低，随着汞向金粒内部的扩散，即形成汞金化合物——汞齐，并同时放出热量，这种放热反应是由于原子间力的作用结果。汞之所以能选择性的润湿金并向金粒内部扩散，在于金粒表面具有的氧化膜最薄。一般金属的表面，凡和空气接触都能被氧化，并生成氧化膜。金与其他贱金属相比，氧化的速度最慢，生成的氧化膜最薄，这就是金能被汞齐化的根本原因。其他贱金属由于氧化的速度快，生成的氧化膜厚，所以不能直接被汞润湿。混汞提金过程的实质是单体解离的金粒与汞接触后，金属汞排除金粒表面的水化层迅速润湿金粒表面，然后金属汞向金粒内部扩散形成金汞齐——汞膏。金属汞排除金粒表面水化层的趋势越大，进行速度越快，则金粒越易被汞润湿和被汞捕捉，混汞作业金的回收率越高。因此，金粒汞齐化的首要条件是金粒与汞接触时，汞能润湿金粒表面，进而捕捉金粒。

混汞可分为内混汞和外混汞两种类型，内混汞是指在磨矿设备内边磨边混汞提金，用于处理品位较高的矿石或重选精矿，常用的混汞设备有碾盘机、捣矿机、混汞筒等；外混汞是指在磨矿设备之外进行混汞提金，可用于脉金选厂提前回收部分游离金。

内混汞是我国砂金矿山应用较为普遍的提金方法，主要用于从重砂精矿中提取金，使金与其他重矿物分离。通常使用的混汞设备是混汞筒。少数岩金矿山，为回收粗粒单体金采用捣矿机进行内混汞作业。多数岩金选矿厂则是采用外混汞作为辅助工艺，在球磨机排矿口和分级机溢流处安设混汞板，用来回收单体解离金。内混汞法的主要缺点是汞的"粉末化"。当进行磨矿时，汞被分割成微粒，这种微粒被贱金属的氧化物膜、润滑油膜及矿泥微粒等包裹和覆盖，失去了彼此结合的能力而造成汞的粉末化。粉末很难从所处理的矿石中分开，大部分粉汞都被损失掉，而且这部分粉汞还能带走金，尤其是当细磨硅化矿石和含砷、锑的矿石时，粉汞现象最为严重，汞的损失也就最大。内混汞作业，每吨矿石汞的损失量波动于2～15g，损失的粉汞中常含金3%～15%，使金的回收率降低。

汞膏与矿浆分离后，从液态汞膏中榨出剩余的汞，固态汞膏蒸馏，即获得黑色海绵状金。

5.2.2　影响混汞的因素

任何能提高金-水界面表面能和汞-水界面表面能及能降低金-汞界面表面能的因素，均可提高金粒的可混汞指标及汞对金粒的捕捉功能。因此，影响混汞提金的主要因素为金粒大小与单体解离度、金粒成色、金属汞的组成、矿浆浓度、温度、矿浆介质酸碱度、矿物成分、混汞工艺配置、设备及操作制度等。

其中主要影响因素有以下几点。

（1）金的粒度和单体解离程度　金粒大小、形状、结构、连生体对混汞效果的影响，主要决定于金粒从包裹它的矿物中的解离程度，即磨矿粒度。混汞法作业的显著特点之一，是采用较高的矿浆浓度和较大的磨矿排矿粒度。一般来说，适于混汞的金粒在 −1mm＋0.1mm 之间，最大粒度不超过 0.15mm。当金粒细小而又为 0.03mm 以下的微细金粒易随矿浆流失，而不易与汞板上的汞形成汞齐，使回收率下降。

因此，选择合理的磨矿作业具有重要意义，在保证不过分粉碎的前提下，适当提高磨矿细度将有助于混汞回收率的提高，如表 5-3 所示。

表 5-3　不同磨矿细度下各种金矿石的混汞回收率　　　　　单位：%

矿石类型	不同磨矿细度时金的提取率		
	0.6mm	0.4mm	0.2mm
含有大粒金的纯石英矿	65	75	85
含有少量硫化物的石英矿	50	65	75
石英硫化矿	40	50	60
硫化矿	20	30	40

（2）金粒的成分及表面状态　在所有金矿床中，砂金成色高于脉金成色。而脉金中，氧化带矿石中金的成色又高于原生带矿石中金的成色。纯金表面亲汞疏水，最易被汞润湿。但自然金往往含银以及铜、铁、镍、铅、锌等杂质，杂质含量越高，自然金粒的疏水性越差，越难被汞润湿，如当金中含银 10% 时，被汞润湿的能力就会显著降低。由于新鲜金粒表面最易被汞润湿，所以内混汞的金回收率一般高于外混汞的金回收率。

（3）汞的成分及表面状态　纯汞对金的润湿效果并不好。汞中含少量金银及贱金属，能降低汞的表面张力，改善润湿效果。如果汞中含贱金属过量，则由于这些贱金属在汞的表面形成氧化膜，反而破坏了汞对金的润湿。当汞中含金量为 0.1%～0.2% 时，可以加速汞对金的汞膏化过程。汞中金银含量为 0.17% 时，润湿金的能力可以提高 0.7 倍；当金银含量达 5% 时便可以提高 2 倍。汞中含铅、铜和锌不超过 0.1% 时，能促进对金的润湿；超过这一数值，在碱性介质中，则起破坏作用。

（4）矿浆温度与浓度　矿浆温度过低，矿浆黏度大，表面张力增大，会降低汞对金粒表面的润湿性能。适当提高矿浆温度可提高混汞指标，但温度过高将使部分汞随矿浆而流失。一般混汞作业温度为 15℃ 以上。

混汞的前提是使金粒能与汞接触，外混汞时的矿浆浓度不宜过大，一般应小于 10%～25%。磨矿循环中的混汞矿浆浓度以 50% 左右为宜。内混汞的矿浆浓度因条件而异，一般应考虑磨矿效率，内混汞矿浆浓度一般高达 60%～80%。碾盘机及捣矿机中进行内混汞的矿浆浓度一般为 30%～50%。

（5）矿浆的酸碱度 实践表明，在酸性介质中或氰化物溶液（浓度为 0.05%）中的混汞指标最好，由于酸性介质或氰化物溶液可清洗金粒表面及汞表面，可溶解其上的表面氧化膜。但酸性介质无法使矿泥凝聚，无法消除矿泥、可溶盐、机油及其他有机物的有害影响。在碱性介质中可改善混汞作业的条件，如用石灰作调整剂可使可溶盐沉淀，可消除油质的不良影响，还可使矿泥凝聚，降低矿浆黏度。一般混汞宜在 pH 值为 8～8.5 的弱碱性矿浆中进行。

此外，将电流通入混汞作业，可以强化汞的捕金能力。电路的阴极连接于汞的表面上能降低汞的表面张力，活跃汞的性能，提高汞对金的润湿效果。

5.2.3 汞膏处理的主要作业

汞膏处理一般包括汞膏分离与洗涤、压滤和蒸馏三个主要作业。

（1）汞膏分离与洗涤 从混汞板、混汞溜槽、捣矿机和混汞筒获得的汞膏，尤其是从捕汞器和混汞筒得到的汞膏混杂有大量的重砂矿物、脉石及其他杂质，须经分离和洗涤后才能送去压滤。

（2）汞膏压滤 汞膏压滤作业是为了除去洗净后的汞膏中的多余汞，以获得浓缩的固体汞膏（硬汞膏），故将此作业称为压汞。压汞作业可用气压或液压压滤机进行。金矿山常用螺杆压滤机、风动和水力压滤机。

（3）汞膏蒸馏 由于汞的气化温度（356℃）远低于金的熔点（1063℃）和沸点（2860℃），常用蒸馏的方法使汞膏中的汞与金进行分离。

5.3 石蜡法

5.3.1 基本原理

石蜡法提金是基于在 70℃ 左右的矿浆中液态石蜡在金颗粒上选择性黏附，在随后冷却的矿浆中液态石蜡固化，金颗粒包含在固体石蜡相中而与其他矿物和脉石矿物分离。

石蜡是无毒、价格低廉和高度疏水性物质，其熔点 66.5℃，密度 0.8192～0.8243g/cm³。

该工艺在 25% 浓度的矿浆中进行，加热至 68℃，即稍高于石蜡熔点。在此温度下加入矿浆中的石蜡开始熔化，随后经搅拌使石蜡分散并使之与矿物接触。停止搅拌后金粒选择性附着在石蜡上。冷却至室温后，由于石蜡密度小，含金固体石蜡飘浮在矿浆表面被分离，最后从中回收金。

石蜡法提金的模型如图 5-2 所示。

图 5-2 石蜡法提金的模型

该工艺过程简单，操作方便，成本低；不污染环境，适宜于回收单体解离的各种粒度的金。作为一种无污染提金技术，有可能替代混汞工艺。

5.3.2　研究现状

巴西米拉吉林斯伊塔尔地区的重选精矿，含金 11g/t，粒度分布如表 5-4 所示。实验用石蜡为 Petrobras 的石蜡 150/155-2，其物理性质如表 5-5 所示。

表 5-4　重选金精矿粒度分布

颗粒粒度/μm	分布率/%	颗粒粒度/μm	分布率/%
−833+295	2.3	−74+43	25.7
−295+147	17.5	−43	26.9
−147+74	27.6	总计	100

表 5-5　石蜡 150/155-2 的物理性质

性　　质	数　　值	性　　质	数　　值
密度/(g/cm³)	0.8192～0.8243	视黏度/cps	31
熔点/℃	66.5	总计	100

金（板）-石蜡-水系统的接触角在石蜡相中测定，仪器为测角仪 69℃时 6 次测定平均值为 80°。批量试验时，将固体重量浓度 25% 的矿浆加热到高于石蜡熔化点（68℃）2℃。在此温度下将一定数量的石蜡加入系统中并使之熔化。熔化后搅拌以分散石蜡并与矿石接触。搅拌停止后选择性地附着到石蜡的金转移到石蜡相。冷却后在室温下石蜡作为可浮固体存在于系统中，它能被排出，于是其中的金得到回收。

石蜡/精矿比对金回收率的影响如表 5-6 所示，试验时，在自然 pH（6.6）和 pH=3.0 中进行试验。采用 pH3.0 是由于它位于二个物料零电点的 pH 值的中间（金为 2.0，石蜡为 4.5）。结果表明，自然 pH 值时金回收率随石蜡/精矿比的提高而提高。pH 为 3.0 时比值等于 0.25 时获得较好的回收率。因为金颗粒表面具负电性，而石蜡为正电性，由于静电吸引力提高了二种物料间的亲和力。然而，在 pH=3.0 时，回收率不随石蜡/精矿比提高而提高。

表 5-6　二个 pH 值时石蜡/精矿比对金回收率的影响

石蜡/精矿比	金回收率/%	
	pH=6.6	pH=3.0
0.25	10	36
0.50	42	29
0.75	43	28

在有戊基钾黄药（3.3×10^{-4} mol/L，即 200g/t）存在情况下，二个 pH 值下石蜡/精矿比对金回收率的影响如表 5-7 所示。结果表明，黄药的存在使二个 pH 值时回收率均有提高，即金浮选捕收剂（戊基黄酸钾）可增强金颗粒的疏水性，从而获得较好的回收率。但是，在捕收剂作用和静电力作用（pH=3.0）双重作用下没有取得预期的结果，其原因相信是由于 pH 值不是发生附着的最佳范围，或者可能是由于黄药吸附后金的零电点发生了改变。

表 5-7　存在 200g/t 戊基钾黄药时石蜡/精矿比对金回收率的影响

石蜡/精矿比	金回收率/%	
	pH=6.6	pH=3.0
0.25	46	38
0.50	45	42
0.75	39	36

5.4　煤金团聚法

5.4.1　基本原理和特点

煤金团聚法（CGA）提金的基础是用油将亲油性的煤浸润而形成煤-油聚团。在一定酸度和充分搅拌的条件下，亲油的金颗粒从矿浆中有选择性地被俘获到煤-油团聚物中。这些团聚物可循环吸附新鲜矿浆中的金粒直至很高的载金量，然后同矿浆分离。载金聚团再由湿法或火法处理提金。煤金团聚法原理如图 5-3 所示。

含金矿石在进行煤金团聚提金之前要通过磨矿，使金粒尽可能地单体解离，经过擦洗、磨剥以除去金粒表面钝化薄膜，并加入调整剂、抑制剂和表面活性剂，改善金粒的亲油性，降低聚团中的脉石矿物。煤金聚团可以反复循环，直到聚团上的载金量达到饱和，然后采用过筛或浮选的方法将聚团从矿浆中分离出来。

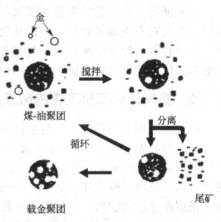

图 5-3　煤金团聚法回收金的原理

煤金团聚法回收金的动力学快，与矿浆接触时间只需 30～60min，回收金动力学不受聚团载金量的影响，影响最终载金量的主要因素是原矿品位、矿石类型、金回收率、矿石对煤团的比例。在实际工作中，对低品位矿石（低于 5g/t），聚团载金量可达 2000～5000g/t，焙灰可达到 10～25kg/t。

CGA 工艺中的中性油与疏水颗粒接触后发生展布，与其他颗粒碰撞后形成油环或油桥，油环的产生又提高了疏水聚团的强度，使聚团尺寸进一步增大。中性油在疏水化的金粒表面形成的接触角可达 140°～160°，因此中性油会在颗粒间形成毛细管现象（估计毛细力的大小可达 10^5～10^6 dyn/cm^2），金粒由于受到一个与毛细力平衡的内聚力，促使金粒黏附在聚团内。经试验发现，加入油溶性捕收剂并陈化的煤-油聚团具有很高的载金容量，聚团的饱和载金量可达 20kg/t 以上。在剧烈的混合搅拌过程中，金粒被黏附在表面，并随团聚过程进行被嵌在煤-油聚团里面。金粒具有天然疏水性，表面洁净的粒度合适的金只用起泡剂就能很好地上浮。不加捕收剂，只利用中性油的捕收活性，对某石英脉氧化矿、某石英脉原生金矿，能将 77%～85% 的金捕收到煤-油聚团中。在 CGA 工艺中，团聚前加入苏打、水玻璃等调整剂，有利于清洗金粒的表面，分散矿泥，降低聚团灰分，提高团聚金回收率和循环次数。

煤金团聚法具有如下特点。

① 对于细粒金（小于 $5\mu m$）和大粒金（$300\sim500\mu m$）均有较高的回收率，不仅能回收重选法不能回收的极细粒金，而且较粗的金也可回收。一起回收的氧化物和硅酸盐矿物很少。如果金与大量黄铁矿、砷黄铁矿或其他硫化物相伴生，则不宜使用 CGA 工艺，因硫化物与金一样是亲油的，容易吸附到煤-油聚团中，降低煤金聚团的金品位。

② 该工艺适宜处理的矿石类型较多，除适于处理含单体或易于单体解离的金矿石，如砂金、重选精矿、重选尾矿、混汞尾矿、易选岩金，还可用于处理某些难浸金矿，如炭质金矿、含铜和砷石英脉氧化矿以及金易单体解离的原生矿等。

③ 该工艺操作时间仅 $0.5\sim1h$，比炭浆法的 $10\sim30h$ 要短得多。

④ 载金聚团容量高，聚团可不断循环使用。

⑤ 固定投资费用和生产成本低，工艺流程短，简单，易操作，易于实现工业化。

⑥ 药剂消耗少，生产成本低。

⑦ 该法不用氰化物和汞，可大大减轻对环境的污染。

⑧ 该法对银（自然银、辉银矿）和铂族元素可综合回收。

实践证明，该工艺特别适应于回收单体解离金、连生金和微细粒金。工艺适应范围广，尤其对石英脉氧化矿、贫硫化物石英脉原生矿效果最佳，金回收率达 95% 以上。对金易解离的多金属低硫石英脉金矿适应性良好，并可代替混汞法回收明金。对一般低品位石英脉金矿和微细粒金的回收率达 80% 以上。

5.4.2　影响煤金团聚工艺的因素及其作用机理

影响煤金团聚工艺的因素包括以下几个方面。

(1) 金的解离状态　CGA 法既可以回收粗粒金，也可回收细粒金，有效回收的粒度范围是 $5\sim300\mu m$，但金的解离状态对回收率的提高有决定性的影响。如有文献报道某低品位海滨砂金矿（含 Au $2\sim0.5g/t$）金粒度细小，呈鳞片状，且解离不完全。采用重选法回收时，金精矿金品位只有 $7g/t$。通过对该砂金矿进行擦洗后分级，用 $-0.15mm$（-100 目）进行 CGA 工艺试验，用戊基黄药作为捕收剂，$0.074mm$ 左右煤粉，粗柴油（密度为 $0.84g/cm^3$）作团聚剂，附聚时间 $30min$，金回收率可达 95% 以上。

(2) 煤的特性　煤金团聚工艺中起附聚金作用的是煤-油聚团。煤的选择影响聚团性质，也影响金的回收率。一般而言，要求煤的灰粉小于 7%，有较高的挥发分，且硬度较大。经试验以长焰煤和气煤较好。

煤的疏水亲油性影响 CGA 法黏附金能力以及耗油量的大小。各种牌号煤的润湿接触角、固定碳含量、挥发分、黏结指数见表 5-8。

表 5-8　各种牌号煤的润湿接触角、固定碳含量、挥发分、黏结指数

煤　种	长焰煤	不黏煤	弱黏煤	气煤	瘦煤	贫煤	无烟煤
润湿接触角 $\theta/(°)$	$30\sim60$	$80\sim85$	$80\sim85$	$65\sim72$	$79\sim82$	$71\sim75$	73
固定碳含量/%	$72\sim76$	$87\sim90$	$87\sim90$	$80\sim87$	90	90	>93
挥发分/%	>37	$20\sim37$	$20\sim37$	$28\sim37>37$	$10\sim20$	$10\sim20$	<10
黏结指数/%	$0\sim5$ $5\sim35$	$0\sim5$	5	$35\sim65>65$	$20\sim50$ $50\sim65$	$0\sim5$ $5\sim20$	

中等碳化程度的煤接触角最大，年轻的和年老的煤接触角较小。中等碳化程度的可浮性最好，但此种煤属炼焦用煤或配煤，黏结指数大，灰分高，表面疏水性强，因此耗油量也大。所以，在 CGA 工艺中应选用碳化程度较小的、年轻的煤。故 CGA 工艺应选用挥发分大于 37%，黏结指数小（0~5%）、灰分低（小于 8%）的煤，如长焰煤、小黏煤、弱黏煤；用这种煤时，金回收率高，聚团强度高，耗油量低。如选用新疆托克逊县的长焰弱粉煤，耗油量 16%~20%，可得到满意的聚金回收率。

煤的表面是不平整的，其孔隙度较发达，有极微细的毛细管结构。具有的孔隙总表面积可达 150~170m²/g。煤的孔隙度大小对煤-油聚团吸附矿物的性质也有很大的影响，煤的孔径一般为 0.5~100nm。不同变质程度的煤孔隙度也不同，中等变质程度的煤，孔隙度最小；变质程度浅的和深的煤，孔隙度较大。其中烟煤主要集中在 8~10nm，孔隙大的煤粒总表面积比较大，决定了它具有较强的吸附能力。然而在矿浆中，煤粒要与水、油、药剂、矿粒等接触，会导致煤-油聚团的选择性下降，煤粉之间的团聚作用变差。因此，应选择孔隙度合适的煤，研究表明，孔隙度为 10% 左右的煤可获得良好的效果。

CGA 工艺中的煤应避免长期暴露在空气中和水中，避免煤粒表面发生氧化，致使其亲水性增强，黏附金的性能下降。

（3）油的特性　中性油在 CGA 工艺中的作用可归纳为用作煤-油颗粒之间的团聚剂桥液、用作离子型捕收剂的辅助捕收剂和非离子型（油溶性）捕收剂的溶剂、作为疏水颗粒的载体。

国内外 CGA 工艺研究中，常选用石油烃油，如煤油、柴油、润滑油等；其他较便宜的植物油，如粗橄榄油、豆油、棉籽油、杂酚油也有报道。所用的石油烃油主要含烷烃、环烷烃、芳香烃。其中环烷烃的含量大于 30%~40%，有的能达到 70% 以上；芳香烃的含量很少超过 30%~40%，一般比环烷烃少得多。据测定，相对分子质量相同（平均 300）的环烷烃类、异构烷烃类和芳香烃类中，浮选活性最大的是芳香族烃类。异构烷烃类比它差得多，环烷烃类又稍次于烷烃类。该顺序与烃类的黏度大小变化相一致：芳香烃类＞烷烃类＞环烷烃类。因此，易极化的芳香族化合物，具有较高的黏度，同时也是较有效的捕收剂。黏度对烃类的捕收活性有着重要的影响，它取决于分子热运动、分子的大小和形式、它们的相互排列位置以及分子力的作用。烃油固着在矿物表面上时，黏度值可定量表示矿物表面疏水能力，因为它集中了由烃类结构、分子长度和分子间褶互作用所决定的一切性质，即最终决定中性油浮选作用的性质。油的黏度增大，团聚体的强度也会提高，从而可以提高金的回收率。

研究表明，CGA 工艺中的油以零号柴油、润滑油、变压器油等中性油较好。对油的要求是芳烃含量较高，一般在 23% 以上，密度约 0.84g/cm³，沸点在 200℃左右。

有文献报道了煤油、柴油（0 号）、变压器油、润滑油 A、润滑油 B 拌和的 COA 聚团对硫化矿物的选择性和金回收率的影响。试验选用乌鲁木齐望峰石英脉黄铁矿型及蚀变岩型原生矿，矿石中金属矿物黄铁矿占金属矿物的 90% 以上，脉石矿物主要有石英、长石、绢云母、方解石、白云母等。试验时，丁基黄药 320g/t，丁基黑药 160g/t，pH=8.0~8.5。矿样细磨至 -0.074mm 左右。矿浆浓度 30%，单次实验室试验，1L 搅拌吸附槽，搅拌吸附 60min。不同油品拌和的聚团置于塑料瓶中密封放置 20d 以上，煤粉用托克逊长焰煤。结果如表 5-9 所示。

表 5-9　不同油品制作的煤-油聚团对金及铁回收率的影响　　单位：%

油品	柴油	煤油	变压器油	变压器油：柴油为 1：5	润滑油 A：柴油为 1：5	润滑油 B：柴油为 1：5	煤油：柴油为 1：5
含油量	16.4	16.4	17.4	16.6	16.6	16.6	16.4
灰分	8.0	15.6	13.0	28.0	10.6	14.8	10.3
金回收率	89.6	88.0	89.6	86.0	90.4	89.5	71.0
铁上浮率	8.3	10.8	12.3	13.9	12.1	9.6	8.3

结果发现，柴油、变压器油、煤油、润滑油 A 和柴油混合油（体积比 1：5）制备的煤聚团都可得到较高的回收率，但只有柴油的聚金回收率高，且对硫化矿物的选择性好、灰分低、铁上浮率最小。柴油与变压器油的黏度相近，CGA 聚金回收率也相近。煤油的黏度小于柴油，聚金回收率也小于柴油拌和聚团的金回收率。润滑油 A 的黏度较大，20% 的润滑油（溶于柴油）拌和的聚团，金回收率也较高。因此，CGA 工艺选择用油时应选择恰当黏度的油。

还有文献报道在细粒煤的油球团聚分选时，具有中等表面张力（3×10^{-4} N/cm）和中等黏度的油，球团聚效果最好。密度介于 $0.7 \sim 0.85 g/m^3$ 的非极性油效果最好，密度低于 $0.64 g/m^3$ 或高于 $0.97 g/m^3$ 效果均欠佳。密度太小，黏性力太小，不足以使颗粒结合牢固；反之，密度太大，油的黏度太大难以分散。实验中发现柴油有最佳的聚金效果。有人在煤金团聚前，将油乳化，发现经 5min 乳化、再进行 10min 团聚与不经任何预先乳化而进行 15min 团聚（搅拌速度均为 1000r/min），2 种情况下均可获得粒度、形状、捕金能力相似的团聚物。说明乳化成粒度很小的油滴固着在矿物的表面，可以提高矿物的浮选活性，减少团聚时间和提高聚金的效率。

巴西矿物技术中心用柴油、豆油、煤油、玉米油作团聚剂，发现柴油作团聚剂效果好，团聚物成团好，不黏结。对 980g/t 离心选矿得到的金精矿进行循环试验，聚团累积回收率 74%，聚团金品位约 5200g/t，灰分约 30%，灰中含金 18kg/t。还有研究发现预先乳化和未经任何处理的油在煤金团聚中的不同作用：经 5min 乳化后，进行 10min 团聚和不经任何预先乳化而进行 15min 团聚（搅拌速度均为 1000r/min），两种情况下均可获得粒度、形状、捕金能力相似的团聚物。说明乳化成粒度很小的油滴固着在矿物的表面，可以提高矿物的浮选活性，减少团聚时间和提高金的回收率。在煤-油团聚助浮选法中，先将油在搅拌器内乳化，再将煤粉加入到油的乳浊液中，形成煤-油团聚体。然后再加入到已经添加了浮选药剂并搅拌过的矿浆中，可以形成很好的煤-油-金聚团。而不用预先团聚段作业，煤、油直接用于矿浆，只能形成有限数量的团聚体，只有约 25% 的煤粒转移到聚团中。

（4）煤粉与油的比例　煤粉与油的合适比例是制团的关键，同时也影响金的回收率。煤和油比例不同，成团粒度不一样。用油量多则聚团粒度大，表面积小，载金的能力弱。较小的、均匀的聚团能得到更高的聚金率。试验证明，一般聚团粒度以 30～60 目、最大粒度不超过 2mm 较好。

（5）煤-油聚团的用量　煤-油聚团的用量关系到金的回收率和工艺的经济指标，而且与矿石性质有关。煤-油聚团用量增加，金的回收率也随之增高，但最终趋于平衡。考虑到经济指标与产品载金量，一般选择聚团用量为矿样的 20%～25%。

（6）脉石抑制剂的应用　工艺过程中一般使用硅酸钠作为脉石抑制剂，以抑制聚团中夹杂的脉石灰粉，提高总体聚金效率。

（7）聚团循环次数　CGA 工艺中，形成的团聚体的数量和被回收的金粒数量之间有正相关关系。供金粒渗透的煤-油聚团的表面积和聚团的数量对于颗粒碰撞至关重要。当有限的聚团个数相同时，随着矿浆中金粒数量的增加，金回收率会降低。有人研究表明，CGA 法中，矿浆中金粒的初始数量与金回收率无关，而聚团中的金品位随给矿金品位的提高而线性提高。疏水的金粒与其他矿粒存在竞争，如吸附到团聚体上的石英、叶蜡石、绿泥石和黄铁矿等，会使金回收率下降。还有人研究表明，在同样的搅拌条件下，金的回收动力学在多次循环情况下比较稳定，金的回收率保持不变。对某矿石经过 20 次的循环富集试验表明，尾渣金含量与单次试验的尾矿品位依然相近，且还可以继续循环。说明在饱和循环次数内，CGA 黏附金动力学与载金量无关。因此，研究 CGA 法团聚金的动力学，提高工艺的聚团循环次数，对提高聚团金品位、降低工艺运行成本有重要意义。

（8）搅拌强度和时间　CGA 提金过程是通过 COA、金粒间的接触碰撞、疏水的金粒黏附或进入到 COA 团聚体中来实现提金的。因此，搅拌在 CGA 工艺中起着极为重要的作用。强力搅拌有助于提高颗粒间的碰撞概率，提高聚团的生成，从而提高金的回收率。有研究表明，聚团金回收率随搅拌强度的增加而增大。另外，CGA 工艺不仅要求有一定的搅拌速率，而且需要足够的接触时间。足够的搅拌时间，有利于疏水颗粒间的充分碰撞，得到较高的金回收率。一般来说 40～60min 即可达到较高的回收率，再增加时间，金回收率增加缓慢。

5.4.3　煤金团聚工艺

煤金团聚法提金工艺流程如图 5-4 所示。

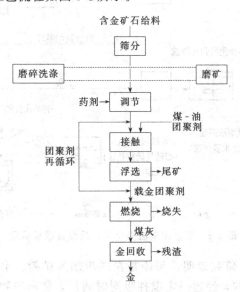

图 5-4　煤金团聚法提金流程示意

煤金团聚法的基本工艺如图 5-5 所示。

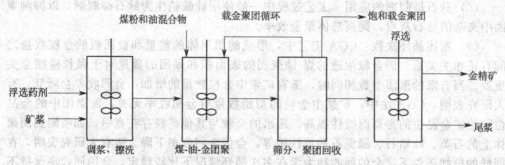

图 5-5　煤金团聚法提金的基本工艺

煤金团聚法提金工艺的设备联系示意如图 5-6 所示。CGA 团聚可分二段吸附，第一段得高品位载金聚团，第二段进行煤-油聚团强化浮选，将单体金、连生体金与硫化物包体金分别分离富集到二个产品中：高品位载金聚团和低品位含碳金精矿（图 5-3）。高品位的载金聚团用焙烧或直接湿法浸出提金，煤和油可回收循环利用。对于含硫高（含硫＞5％）主要以细粒嵌布和次显微包体金为主的矿石，细磨也难以单体解离，由于金与硫化物（如黄铁矿）紧密共生，只有硫化矿物的上浮，才有利于选金指标的提高。可添加少量的煤-油聚团，作为载体强化浮选，获得含碳的金精矿。

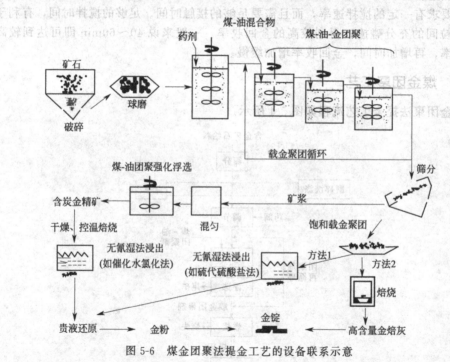

图 5-6　煤金团聚法提金工艺的设备联系示意

（1）聚团的制备　研究表明，聚团是在同步加入矿粉、水、疏水煤粉和团聚剂（柴油）的矿浆中形成的，经过一定搅拌吸附时间后，将所有物料过筛，筛上产物即为载金聚团，将其再次循环处理，使金银进一步富集。还有人提出，聚团在前一阶段准备，矿浆则在第二阶段加入。聚团分二段过程产生，前一段是在高速剪切条件下，加入部分亲油物料（30%～70%），以便形成微小聚团；后一段是在低剪切条件下加入其余物料，以便加大聚团的粒度，这种聚团保持在接触槽中。直到它们达到很高的金品位，尾矿通过接触槽上部的一台振动筛连续排出。将煤粉与中性油按一定比例混合拌匀，在密封条件下，将煤和油放置储存。试验发现，聚团储存时间的延长，有利于煤粉对油的吸附、渗透，可提高吸附载金能力。

聚团与矿浆的接触方式可分为两种。

① 顺流方法　聚团随矿浆流向一起走，用浮选法从贫矿浆中回收载金聚团。

② 逆流方法　使用矿浆筛防止聚团从接触槽矿浆出口流出，最后聚团周期性从第一接触槽中提出，给至振动筛。顺流方法一般用于粗粒给料，而逆流方法则适于细粒物料。

（2）载金聚团的后处理　载金聚团的后处理可分为多段控温焙烧和非焙烧法后处理提金。

① 多段控温焙烧　高品位载金聚团（2000～5000g/t Au）可以焙烧，使金进一步富集。燃烧炉一般应有两个燃烧室。聚团先给至初级燃烧室，空气通过多孔的炉床鼓入，空气流速很低，以便尽可能减少细粒金随烟气的逸失。在二级燃烧室内由一个烧嘴补充所需热量，维持团聚物的燃烧。燃烧室应加烟尘收集装置，以回收烟气中的金。炉灰可由浸出法处理，如硫脲法、硫代硫酸盐法或催化水氯化法浸出，以便获得高的浸出率（需 99% 以上）。浸出液中的金由置换沉淀或电积法回收。

② 非焙烧法后处理提金　即溶解金室法，是用有机溶剂解脱载金聚团（金室），炭和油均可回收循环使用，但油和有机溶剂的回收装置的一次性投资较大，且重液有毒性，价格较贵，不适用于中、小型提金厂，对大型 CGA 工艺提金厂可考虑应用该技术。有人研究出载金聚团的催化水氯化法和硫代硫酸盐浸出法。该法能将聚团中单体金及连生金定量解脱，但不能解脱聚团附载的硫化矿物包裹的金，残存的金仍需用焙烧法处理。该法的优点是可避免燃烧后处理载金聚团时微粒金易损失的问题，使总金回收率大为提高。催化浸出法特别适用于处理石英脉氧化型金矿和金易解离的简单石英脉原生矿获得的载金聚团。对新疆某石英脉长石型含金氧化矿聚团，此法浸出率为 95%。而其石英脉贫硫化物原生金矿制得的载金聚团则较难解脱，金的解脱率仅 60%～80%，可能聚团中硫化物包体金和夹杂铁铝氧化物所致。经添加络合强化剂 COPX 后，金的解吸率达 97% 以上，说明部分包体金在 COPX 下也可溶解。对于较复杂的石英脉原生矿和含泥较多的氧化矿，载金聚团应用焙烧法后处理提金较为有利。

5.4.4　煤金团聚装备

工艺吸附装置和煤金聚团干燥焙烧装置是煤-油聚团提金新工艺实现工业应用的最核心设备。我国设计采用的是固-固-液体系抽吸式串级型搅拌吸附装置和偏心提升管凹型倾斜筛吸附床。有文献报道用下流式吸附槽和气升式吸附塔在 CGA 工艺中的应用进行了公斤级分批试验及吨级连续扩大试验，获得了良好的效果。

煤金聚团处理流程有干燥焙烧法和溶剂洗脱法。干燥焙烧法有间断操作方式和连续操作方式。连续干燥焙烧装置由进料器、回转窑、焙灰收集器、驱动装置、温度控制装置等组成。焙灰金损失小于1%。溶剂洗脱工艺可将煤金聚团中的明金和连生体金洗脱下来，从而可减少煤金聚团中微细粒金的焙烧损失，但煤金聚团中的包体金仍需要用焙烧方法处理。最终获得的金灰进行非氰化浸出或直接熔炼。

5.4.5　煤金团聚研究现状

1983年澳大利亚BP（英国石油）矿物公司首次采用该法处理金矿石。1990年7月，BP公司和英国Davy Mckee公司对BP公司采用的煤-油团聚法回收金的新工艺发放了技术许可证。

广西龙水金矿对哈图低硫低砷混汞尾矿进行了类似的CGA提金试验，用-0.18mm 75%以上的普通杂木炭粉与油混合制成聚团，处理不经再磨的含7g/t Au的尾砂，其中金大部分解离为单体，粒度以-10μm为主，浮选得载金聚团，金提取率95%。

国内对新疆哈图低硫化物含砷的石英脉难处理矿（硫化物含量3%~5%，砷0.45%）以及其浮选精矿进行CGA法小型试验，回收率分别达95%及94.6%。CGA载金聚团砷的含量与原样相同，说明砷不在聚团中累积。对哈图炭质矿、四川某含砷碳微细粒金矿和甘肃某高砷铅锌金矿进行CGA聚金试验，聚金回收率均高于氰化法，分别为92.6%、59.8%和62.2%。说明某些氰化回收率不高的难浸金矿可应用CGA工艺。

新疆某铜金矿含铜5%，金品位约4g/t，其中黄铜矿多半已氧化，原工艺为混汞-浮选工艺，效果不佳。对含金22g/t的铜金矿进行6次CGA法循环富集试验，聚团载金403g/t，聚金回收率86%，贫矿浆中部分硫化物包体金用加煤-油聚团载体浮选法回收，金总回收率91%。

还有报道采用CGA方法处理某高铁难处理氧化矿。由于自然金粒度较细，及与褐铁矿连生关系密切，单体解离出来的金易被极细的矿泥和铁形成的亲水性膜覆盖，阻止了金与捕收剂的作用，且由于细泥易吸附到煤团上，降低了煤团的疏水性，金不能有效地被煤-油聚团富集。磨矿细度-0.074mm占99%时，聚团回收率只有65.7%。通过湿式浮选（加乙醇）脱泥处理，酸浸除铁，浸渣用CGA法处理，可明显提高金回收率，除铁77%时，金收率可达83%。与金泥氰化法和水氯化法金的回收率持平，但CGA工艺过程更为经济合理。

1987年BP矿物加工公司进行了CGA法1t/h矿石半工业试验，处理700t含0.56g/t Au的老尾矿和一部分石英脉矿石，磨矿细度-0.074mm占80%，戊基黄药作捕收剂，团聚剂为柴油，煤灰分8%，金最高回收率80%，一般在62%~75%波动。通过230h的连续团聚试验，聚团的载金速度为常数，聚团载金量达1000g/t，而对金回收率并无影响。

1992年，中科院新疆化学所和中科院化工冶金所使用下流式吸附槽进行了0.5t/d的连续性扩大试验，处理含3.8g/tAu的氰化尾渣。聚团经60次循环富集后，载金品位达638g/t，聚金回收率达70%。第60次循环，排渣品位仍保持在1g/t左右。

1994年9月，冯明昭等在辽宁省丹东某选矿厂进行20t/d半工业试验。处理的矿石属贫硫化物石英脉微细粒金矿，磨矿粒度-0.074mm占75%，金品位7~14g/t。将原浮选工艺配套设备改装成CGA半工业试验设备，矿浆与聚团接触采用顺流方式，末端吸附槽设一台振动筛分离载金聚团，用泥浆泵输送载金聚团进行循环操作。吸附槽搅拌速度 500r/min（线速度 7m/s）。连续运转 20d，处理矿石 350t，载金聚团品位 400g/t，聚金回收率 80% 以上。与原混汞—浮选工艺相比，金回收率提高 10%~15%。

有文献报道了无捕收剂 CGA 团聚金的工艺。由于自然金的天然疏水性，表面洁净适当粒度的金只用起泡剂就能很好地上浮。实验发现，不加捕收剂，利用中性油的捕收活性，能将 77%~85% 左右的金捕收到 COA 疏水聚团上，如表 5-10 所示，回收率依矿石种类不同而异。COA 聚团对乌鲁木齐望峰石英脉原生矿有较好的回收效果，可达 80%~85%。丹东某石英脉氧化矿和哈密某高硫多金属石英脉矿可以达到 77%~78%。说明 COA 聚团有很好的无捕收剂聚金性。团聚前加入苏打、水玻璃等调整剂，有利于金粒表面的清洗，分散矿泥，提高聚金回收率。

表 5-10　CGA 工艺无捕收剂团聚金

矿石产地	原矿品位/(g/t)	尾矿品位/(g/t)	聚团品位/(g/t)	焙灰品位/(g/t)	聚金回收率/%
新疆哈密高硫多金属石英脉金矿	8.8	0.78	17.1	99.5	78.0
辽宁丹东石英脉氧化矿	12.7	2.33	52.8	838	77.0
乌鲁木齐忘峰贫硫石英脉原生矿	14.8	1.06	61.9	546	79.7
乌鲁木齐忘峰贫硫石英脉原生矿	14.8	2.10	75.0	343	85.6
乌鲁木齐忘峰贫硫石英脉原生矿	19.2	4.48	80.9	863	81.3

还有人研究了硫化钠调整剂对乌鲁木齐望峰石英脉原生矿无捕收剂团聚金的影响。在 CGA 无捕收剂团聚中，发现加入适量的 Na_2S，对金粒有明显的活化作用，有助于金的上浮，金的回收率随着硫化钠用量的增加（40~240g/t）而显著上升，最高达 88%，如表 5-11 所示。该矿石的主要硫化物为黄铁矿，铁的回收率可以代表黄铁矿的上浮率。而试验中发现铁上浮率基本保持不变，这很可能与矿浆电位密切相关。当矿浆电位在 210~245mV 之间时，黄铁矿可浮性都很好，而高于或低于该范围，铁的上浮率大大下降。因此加入适量的硫化钠，控制合适的矿浆电位，就可以调节硫化矿物的可浮性，利用煤-油聚团实现对游离金和黄铁矿等硫化矿物的选择性分离。铁可由有捕收剂时的 8%~9% 下降到无捕收剂团聚时的 7.3%~7.5%。因此无捕收剂团聚，有助于降低药剂消耗，提高聚团的选择性。另外值得注意的是，硫化钠应控制合适的用量，硫化钠用量过大会对原生矿起到抑制作用，尤其对金的抑制作用会更为强烈，并使硫化物的上浮性大幅升高。对金抑制作用会更为强烈，并使硫化物的上浮性大幅升高。

表 5-11　硫化钠用量对无捕收团聚金回收率的影响

硫化钠/(g/t)	40	80	160	260
灰分/%	8.0	7.0	8.4	8.1
金回收率/%	77.8	80.0	87.9	88.3
铁上浮率/%	7.46	7.43	7.53	7.35

内蒙古国土资源勘查开发院针对内蒙古地区金矿石原矿和尾矿常规浮选和氰化存在的问题，进行了煤金团聚工艺研究。研究表明，煤金团聚工艺应用于金矿浮选生产中，可使金精矿的品位达到 500g/t 以上，尾矿品位控制在 0.3g/t 以下，回收率可达

到93%～96%，同时选矿时间缩短到7min左右，丁黄药的用量可减少50%，经济效益显著。

新疆理化技术研究所对用煤金团聚法从含硫化物原生金矿石中回收金进行了研究。试验探讨了捕收剂、pH调整剂、氧化还原抑制剂、矿浆电位等对金和金属硫化物回收率的影响。通过试验选择适用CGA工艺的两种高效捕收剂，即一种黑药类捕收剂和另一种含磷的脂肪类表面活性剂。对某高品位原生金矿石进行小型CGA闭路循环试验，聚团金回收率分别达94.2%和92.9%，聚团金品位分别达2400g/t和2800g/t以上，载金聚团焙灰金品位达20.8kg/t和25.9kg/t。表明，采用CGA工艺处理含硫化物原生金矿石，可以用高效捕收剂增加游离金与硫化物疏水性差异，将游离金选择性团聚，获得高品位载金聚团，尾矿浆用浮选或煤-油聚团强化浮选得含炭金精矿，可实现煤金团聚、强化浮选联合工艺的应用。

国内还有人研究了CGA法中金-聚团的黏附动力学，认为金粒向煤油聚团(COA)的黏附，可以表述为动力学一级模型，受团聚体的用量大小、搅拌强度、接触时间等影响。生成的小聚团增大了金粒的碰撞速度，提高了浮选速率常数，加速了金粒向气泡上的附着，较粗的聚团增大了附着概率。

第6章
含金矿石浸出

金矿石的浸出方法可以分为氰化浸出和非氰化法浸出两大类。常用的氰化提金方法有渗滤氰化法、搅拌氰化法、炭浆法提金、炭浸法提金和堆浸法，而非氰化浸出包括硫脲浸出、水氯化浸出、硫代硫酸盐浸出、多硫化物浸出、溴化物浸出、石硫合剂法浸出和生物浸出等。

6.1 氰化浸出

氰化浸出法也叫氰化法，是用含氧的氰化物溶液，浸出矿石或精矿中的金银，再从浸出液中回收金的方法。金是化学性质稳定的元素，在绝大多数的溶剂中不会溶解，但能溶解于氰化物溶液中，空气的存在也影响氰化浸出。影响氰化浸出的主要因素有金粒大小及形状、矿浆黏度、杂质离子等。

6.1.1 基本原理

在氰化过程中，金在稀薄的氰化溶液中，在有氧存在时可以生成一价的配合物而溶解，其基本反应分为一步反应和两步反应两种，一步反应的反应式为：

$$4Au+8NaCN+O_2+2H_2O \longrightarrow 4NaAu(CN)_2+4NaOH \tag{6-1}$$

两步反应的反应式为：

$$2Au+4NaCN+2H_2O+O_2 \longrightarrow 2NaAu(CN)_2+H_2O_2+2NaOH \tag{6-2}$$

$$2Au+4NaCN+H_2O_2 \longrightarrow 2NaAu(CN)_2+2NaOH \tag{6-3}$$

6.1.2 生产实践

6.1.2.1 河南某难处理金矿石选冶工艺改造

河南某金矿石为赋存于花岗斑岩、花岗片麻岩中的硫化矿石，由于金的嵌布粒度极细，而且部分载金黄铁矿受蚀变及局部风化的影响而被氧化成褐铁矿，因此属难处理金矿石。金矿石金属矿物主要有黄铁矿、磁铁矿、褐铁矿、赤铁矿等，脉石矿物主要是长石、石英、绿泥石、方解石等。原矿化学多元素分析结果见表 6-1。矿石中的金主要有 3 种存在形式：一是以自然金、银金矿形式存在的可见金，这部分金粒度普遍较细，并沿矿石缝洞充填或与其他碎屑矿物一起分布在蚀变硅酸盐中；二是以载体形式存在于黄铁矿、褐铁矿中；三是存在于脉石中，这部分金含量较少，主要以微细粒脉石包裹金和连生体形式存在。金的分布和平衡计算结果见表 6-2。

表 6-1　原矿化学多元素分析结果　　　　　　　　　　　单位：%

成 分	Au	Ag	Ca	Mg	Pb	Zn	Cu
含 量	0.90	4.3	3.03	0.97	0.10	0.11	0.01
成 分	Fe	Al$_2$O$_3$	SO$_2$	As	S	C	
含 量	4.20	11.26	66.18	<0.005	1.51	0.31	

注：Au，Ag 的含量单位为 g/t。

表 6-2　金的分布和平衡计算结果

矿　物	矿物含量/%	矿物含金量/(g/t)	金在矿石中含量/(g/t)	金在矿石中分布率/%
自然金、银金矿	0.68×10^{-4}	9.5×10^4	0.65	73.20
黄铁矿	3.00	3.77	0.12	12.60
褐铁矿	0.60	3.77	0.02	2.50
总脉石	96.00	0.11	0.11	11.70
合计	100.00		0.90	100.00

现场采用常规浮选工艺（见图 6-1），获得了精矿产率 3.54%、金品位 18.72g/t、回收率 72.55% 的技术指标。对精矿采用氰化浸出工艺。

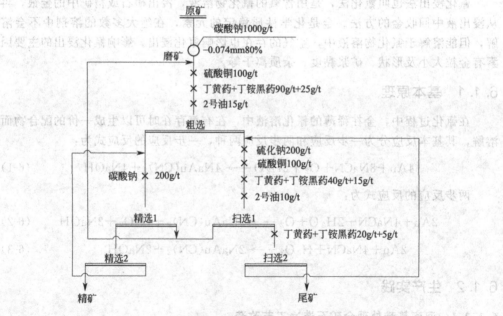

图 6-1　浮选工艺流程

氰化浸出工艺：磨矿细度 -0.074mm 90%，矿浆液固比为 2:1，用碱石灰调整矿浆 pH 值在 11.5 左右，NaCN 用量与浸出时间存在如下关系，见表 6-3。

表 6-3 浸出时间和 NaCN 用量与技术指标的关系

NaCN 添加量 /(kg/t)	NaCN 初始浓度 /%	浸出时间 /h	NaCN 消耗量 /(kg/t)	浸渣金品位 /(g/t)	金浸出率 /%
0.5	0.025	24	0.34	0.28	68.89
		36	0.38	0.26	71.11
		48	0.40	0.24	73.33
		72	0.44	0.22	75.56
1.0	0.050	24	0.48	0.19	78.89
		36	0.54	0.18	80.00
		48	0.58	0.17	81.11
		72	0.64	0.17	81.11
1.5	0.075	24	0.74	0.18	80.00
		36	0.80	0.17	81.11
		48	0.86	0.16	82.22
		72	0.92	0.16	82.22
2.0	0.100	24	1.08	0.17	81.11
		36	1.14	0.16	82.22
		48	1.20	0.15	83.33
		72	1.30	0.15	83.33

从难处理金矿石的显微嵌布特点，采用常规一粗二精二扫的工艺流程流程可以获得精矿产率 3.54%、金品位 18.72g/t、回收率 72.55% 的技术指标。在采用氰化浸出工艺中，氰化钠浓度和浸出时间对金浸出率影响很大。从目前的技术指标来看，采用氰化浸出工艺可得到较好的浸出效果。

6.1.2.2 山东某金矿氰化浸出工艺优化研究

某矿山选矿厂金精矿氰化系统经过搬迁改造后，精矿再磨系统由原来的 1 台 MQY2130 球磨机改为 2 台 MQY1530 球磨机，分级系统由一次预先检查分级改为二次预先检查分级。根据生产工艺需要，在一次浸出后新增了一台 MQY1522 球磨机，配套分级为一次预先检查分级（表 6-4）。但由于生产处理量的不断攀升，在未增加新设备的情况下，精矿再磨入磨金精矿量呈大幅上升趋势，较上一年同期增加了近 10%，且入磨细度逐年变粗，−0.038mm（400 目）粒级含量仅占 25%，这严重影响了进入氰化作业金精矿可溶性金的暴露程度，氰化回收率呈现下降趋势。为了保证最佳的氰化浸出指标，必须通过再磨的手段使矿石中的金粒单体解离，并将包裹在其他矿物中间的金颗粒充分地暴露出来，使其在氰化物溶液中能够与氰化物和氧接触，发生溶解反应，并从固体表面上扩散到溶液中去。简言之，挖掘现有生产系统潜力，

表 6-4 金精再磨、边浸边磨主要设备型号及装机容量

作业点	设备规格型号	参 数	装机容量/kW
金精矿再磨	2 台 MQY1530 球磨机	有效容积：2×5＝10m³	2×95＝190
一次分级旋流器	4FX-150		
一次分级供矿泵	2 台 2PN 胶泵	Q：40m³/h，H：50m	2×18.5＝37
二次分级旋流器	4FX-150		
二次分级供矿泵	2 台 2PN 胶泵	Q：40m³/h，H：50m	2×18.5＝37
边浸边磨	MQY1522 球磨机	有效容积 3.5m³	75
分级供矿泵	2PN 胶泵	Q：40m³/h，H：38m	11

提高金精矿磨矿细度是最为有效、快速提高氰化回收率的途径之一。为最大程度回收金精矿中的金，提高回收率，需对现有工艺设备进行调整，即优化调整金精矿再磨和一浸后再磨磨矿分级参数，以达到提高磨矿细度和回收率的工艺要求。

通过对当前生产流程进行全面考查与分析，并对金精矿量影响、磨机转速、磨矿介质、分级系统和边磨边浸等子系统进行深入研究，确定改造的方向与措施。

年累计金精矿再磨情况见表6-5。

表6-5　年累计金精矿再磨情况

日期及班次	4月21~30日				5月1~10日				5月11~20日			
	0点	8点	16点	平均	0点	8点	16点	平均	0点	8点	16点	平均
产品细度(−400目)/%	80	80.8	82	81.5	72	80	78.4	76.8	87.8	80.8	80	82.87
浓度/%	8.5	8.2	7.8	8.17	8.3	8.0	8.1	8.13	8.4	7.8	8.2	8.13
平均矿量/(t/d)	212.22				274.76				182.45			

可见，矿量波动较大时，磨矿产品浓度变化较小，而细度变化较大，如矿量波动范围为14.03%~22.76%时，细度波动1.72%~3.91%。当矿量波动幅度较大时，对生产不利，因此提高整个系统的适应能力显得至关重要。给矿粒度越粗，达到同样的产品粒度所需要的磨矿功耗越大且磨矿时间越长，台时效率也就越低，反之就越高。将边磨边浸作为氰化生产的中间环节，主要是将一浸的产品通过再磨，提高产品的细度，磨矿过程的同时也是浸出的过程，应用后，提高了二浸的氰化效果。通过在生产流程中随机取样，MQY1522球磨机给矿浓度43.6%，细度−0.038mm含量72%；旋流器溢流产品浓度35.6%，细度−0.038mm80%，可计算出新生成−0.038mm产品的速率0.143t/(m³·h)；金品位：给矿3.76g/t，球磨机排矿3.54g/t，在磨矿过程中降低了0.22g/t。边浸边磨作业条件偏差，磨矿效果和技术参数利用系数偏低，有很大的提升空间，边浸边磨作业对降低金浸渣品位有一定作用。球磨机转速影响由表6-6可见，当球磨机转速控制在26.5r/min时，磨矿效果较好且较稳定，因此，适当降低溢流型球磨机转速，将会增加磨机钢球金精矿的磨剥效果，可提高磨机细磨效果，球磨机转速率由84.34%降为76.55%，可提高排矿细度（−0.038mm）5%以上。随着球磨机转速率的降低，有用功率也逐渐降低，钢球运动状态转为泻落状态，可有效增加钢球对金精矿的磨剥作用，对溢流型球磨机而言，是最理想状态。

表6-6　再磨转速调整后排矿细度（目）情况

再磨球磨机转速/(r/min)		样品总质量/g	产率/%	+400目质量/g	+400目产率/%	−400目质量/g	−400目产率/%
1号：26.5；2号：29.2	1号球磨排矿	1232	100	1132	490	43.3	68
	2号球磨排矿	1420	100	1320	683	51.7	68
1号：26.5；2号：28	1号球磨排矿（第一批）	1226	100	1126	512	45.5	52
	2号球磨排矿（第一批）	1398	100	1298	606	46.7	51
	1号球磨排矿（第二批）	1229	100	1119	498	44.5	49
	2号球磨排矿（第二批）	1384	100	1284	556	43.3	50
1号：26.5；2号：26	1号球磨排矿（第一批）	1224	100	1124	585	52.0	53
	2号球磨排矿（第一批）	1442	100	1342	650	48.4	51
	1号球磨排矿（第二批）	1234	100	1124	580	51.6	52

续表

再磨球磨机转速/(r/min)		样品总质量/g	产率/%	+400目质量/g	+400目产率/%	-400目质量/g	-400目产率/%
1号:26.5;2号:26.7	2号球磨排矿（第二批）	1411	100	1311	654	49.4	53
	1号球磨排矿（第一批）	1312	100	1212	720	59.4	32
	2号球磨排矿（第一批）	1348	100	1248	800	64.1	36
	1号球磨排矿（第二批）	1303	100	1203	590	49.0	48
	2号球磨排矿（第二批）	1356	100	1256	620	49.4	51

浸渣及原矿筛析情况分析通过对系统调整前后的氰渣进行筛析化验，对比分析入浸细度对氰化作业的影响。氰渣1为调整后样品，氰渣2为调整前样品。由表6-7和表6-8可见，入磨金精矿细度偏粗，-0.038mm粒级含量仅达25.2%；氰渣筛析结果显示，当-0.038mm粒级含量达到89.79%时，氰渣品位降为0.72g/t；而当细度仅为0.038mm 80.5%时，氰渣品位高达0.95g/t，尾矿粗粒品位比细粒品位高2倍，由此可见氰渣品位较高的主要原因是细度偏粗，因而提高入浸金精矿细度对降低浸渣品位，提高回收率起到至关重要的作用。

表 6-7　原矿筛析情况分析

试 样 名 称	网　　目	重量/g	产率/%
入磨原矿	+200	461.2	50.30
	-200+400	300.3	34.50
	-400	256.5	25.20
	合计	1018	100.00

表 6-8　氰渣筛析情况分析

试 样 名 称	网　　目	重量/g	产率/%	品位/$\times 10^{-6}$
氰渣1	+200	11.3	2.32	1.11
	-200+400	38.4	7.89	1.11
	-400	437.3	89.79	0.67
	合计	487	100.00	0.72
氰渣2	+400	78	19.50	1.35
	-400	322	80.50	0.85
	合计	400	100.00	0.95

现场技术指标的调整如下。

（1）放矿系统调整及应用　放矿系统调整利用浓密机缓冲作用，放矿给矿泵加变频器，根据浓度、流量情况，均衡放矿。保持磨矿分级系统的稳定给矿是至关重要的，矿量给入越稳定，整套系统的运行状态就越稳定，即使矿量增大，入磨粒度变粗，稳定给矿可有效消除部分不利影响。

（2）再磨作业条件调整　稳定磨矿浓度，强化磨矿效果。稳定磨矿介质钢球充填率，增强钢球与物料接触次数，强化再磨磨剥效果；分级给矿液面控制，确保恒定给矿，严禁抽空现象，根据旋流器分离粒度与入口处压力呈反比的规律，适当调整供矿压力，降低旋流器入口压力，提高分级效率；旋流器沉砂嘴调整，调整一次和二次分级沉砂嘴直径，确保合格粒级尽早分出，控制循环负荷，减小磨机物料通过速率，以提高磨机排矿细度。

（3）边浸边磨给矿泵变速调整　确保旋流器恒定给矿，提高给矿浓度，考虑浓密机放矿，二次浸出浓度由55％调整为65％，磨矿介质充填率调整为38％，从而提高磨矿过程中的磨剥效果。

（4）MQY1530再磨磨机作业参数调整 通过变频器调整球磨机转速，由29.2r/min降为26.5r/min，以提高磨机细粒磨矿磨剥效果。

（5）磨机衬板调整 由橡胶衬板调整为锰钢衬板，增大了磨机有效容积，由原来的4.7m³提高到了5m³，同时，使用锰钢衬板有效消除了橡胶衬板对钢球的无效缓冲，增加了磨矿力度，提高了磨机处理能力。

（6）旋流器调整 旋流器组的架设，再磨作业旋流器由双系列同时分级作业调整为单系列分别给矿分级作业，消除了2台设备状态不同造成的相互影响，每台独立可控，做到均衡磨矿，确保磨矿效果的最大化。

改造后经济技术指标：经过大量研究与计算工作，在未新增任何设施的情况下，充分利用现有设备，挖掘设备与技术潜力，从系统给矿、浓度、磨机转速、钢球充填率、磨矿介质和衬板类型等方面综合考虑，分阶段、分步骤实施，现场调整由点及面，逐项打通瓶颈环节，在生产中边调试边应用，通过提高磨矿细度及氰化回收率的研究与应用，稳定了入浸金精矿细度及粒度组成，确保了进入氰化系统金精矿-0.038mm粒级含量在90％以上，降低了浸渣含金品位，氰渣品位与系统改造前相比降低了0.05g/t，从而提高了氰化回收率（较改造前提高了0.17％），降低了金在尾矿中的损失，产生了相当可观的经济效益。调整后，通过变频器降低磨机转速，变频器频率由原来的48Hz降到39Hz，磨机电耗下降幅度达10％以上，达到了节能减耗的目的，在同类型矿山中具有一定的借鉴意义。

6.1.2.3 贵州某金矿氰化浸出工艺改造

贵州省黔西南州有着"中国金州"之美名，其黄金资源储量丰富，但由于生产技术不够先进，生产吨矿综合成本相对较高，加上近年来国际黄金价格暴跌，成为制约着各黄金企业飞速发展的一大难题。贵州省黔西南州贞丰县某金矿金以超显微微细粒状包裹金存在于金属硫化物（如黄铁矿、毒砂等）和碳酸盐黏土矿物中，矿石含有砷、硫、碳等，属含砷、碳超显微微细浸染金，属于难处理矿石。目前公司采用低温常压预氧化-氰化炭浸工艺，取得了巨大的经济效益，但吨矿成本依然较高，是制约该金矿进一步发展的瓶颈，而其中的片碱价格昂贵、耗量大则是导致吨矿成本较高的最主要因素。因此在现有的设备基础上，以保证工艺技术指标为前提，通过加入更廉价的试剂代替或取代价格昂贵的片碱，以达到降低生产成本的目的。

目前，现场预氧化条件：球磨产品的细度为-0.044mm 90％，反应温度80～85℃，液固比3，反应时间24h，催化剂1kg/t，氰化浸出条件：氰化钠浓度1‰，氰化时间24h，氰化液固比3，碳密度50g/L。

现场工艺技术指标见表6-9～表6-11。

表6-9 碳酸钠和石灰不同配比的技术指标

碳酸钠加入量/(kg/t)	石灰用量/(kg/t)	尾渣Au品位/(g/t)	Au浸出率/%	碳酸钠实际耗量/(kg/t)
80	53	2.16	88.1	70.6
80	60	1.52	91.6	72.4
93	53	1.53	91.6	73.9
93	60	1.32	92.7	74.4

表 6-10　不同碳酸钠用量的技术指标

碳酸钠加入量/(kg/t)	生石灰用量/(kg/t)	尾渣 Au 品位/(g/t)	Au 浸出率/%	碳酸钠实际耗量/(kg/t)
60	60	4.0	78.02	
70	60	1.87	90.5	65.1
80	60	1.52	91.6	72.4
93	60	1.32	92.7	74.4
106	64	1.23	93.24	73.0

表 6-11　碳酸钠和生石灰配比的技术指标

碳酸钠加入量/(kg/t)	生石灰用量/(kg/t)	尾渣 Au 品位/(g/t)	Au 浸出率/%	碳酸钠加入量/(kg/t)	生石灰用量/(kg/t)	尾渣 Au 品位/(g/t)	Au 浸出率/%
60	60	4.0	78.02	80	68	1.30	92.86
60	60+30	2.12	88.35	80	76	1.38	92.42
80	45	2.03	88.8	93	60	1.32	92.7
80	53	1.87	89.7	93	60+8	1.18	93.52
80	60	1.52	91.6				

从目前现场实践来看,该工艺在技术上合理,经济上可行。能够实现在现有的设备基础上,以保证工艺技术指标为前提,通过加入更廉价的碳酸钠和石灰代替或取代价格昂贵的片碱,以达到降低生产成本的目的。当碳酸钠用量为 80kg/t,生石灰用量为 60kg/t 矿时,氰化浸出尾渣金品位可降为 1.52g/t,金浸出率能达到 91.6%,成功地取代了达到相同的技术指标耗量为 60~70kg/t 矿的昂贵片碱,在一定程度上节约了药剂的生产成本。

6.2　非氰化法浸出

6.2.1　硫脲浸出

硫脲法浸出金指的是采用硫脲浸出金的工艺。硫脲作为一种无毒的浸金试剂受到世界各国研究者们的普遍重视,对硫脲浸金的理论及工艺开展了一系列研究。一般认为硫脲在碱性介质中很不稳定,几乎难以浸金,因此硫脲溶金多采用酸性介质。

6.2.1.1　基本原理

硫脲又称硫化脲素 (H_2NCSNH_2),是一种有机化合物。相对分子质量 76.12,密度 1.405g/cm³,熔点 180~182℃。其晶体易溶于水,在 25℃时,在水中溶解度为 142g/L,水溶液呈中性、无腐蚀作用,溶解热 22.57kJ/mol,硫脲的重要特性是在水溶液中与过渡金属离子生成稳定的络阳离子,反应通式:

$$Me^n + x(Thio) \rightleftharpoons [Me(Thio)_x]^{n+} \tag{6-4}$$

式中　Thio——硫脲;

　　　n——化合价;

　　　x——配位数。

硫脲在碱性溶液中不稳定,易分解生成硫化物和氨基氰,氨基氰水解产出尿素。硫脲在酸性溶液中具有还原性能,易氧化生成二硫甲脒。二硫甲脒进一步氧化,分解为氨基氰和元素硫。

硫脲浸出具有无毒性、选择性高、速度快、后续工序简单等特点，但硫脲价格昂贵，消耗量大。

6.2.1.2　研究现状

自 1941 年首次报道硫脲法浸金以来，硫脲作为一种无毒的浸金试剂受到了世界各国研究者们的普遍重视，对硫脲浸金的理论及工艺开展了一系列研究。在已报道的硫脲溶金的研究中多采用酸性介质，一般认为，硫脲在碱性介质中很不稳定几乎难以浸金。然而 Chai 等对碱性硫脲溶金进行过系列详细的研究电化学研究发现 Na_2SO_3、Na_2SiO_3 能抑制碱性硫脲的不可逆分解，并可实现碱性硫脲溶液从含金废料中选择性溶金。但实际矿物的组成很复杂，其浸出情况与精矿或焙砂本身的理化性质，如物相结构、化学组成、金的赋存状态等密切相关。但未见此方面的报道。因此，对不同矿物在碱性硫脲体系中的浸出行为进行研究，得出碱性硫脲体系对不同类型金矿浸出的适应性，将具有十分重要的理论及实践指导意义。

郑粟等考察了碱性硫脲体系对不同类型金矿浸出的适应性，选用理化性质不同的6 种含金物料（如表 6-12 所示）进行了浸出行为的研究，结果表明：在采用稳定剂 Na_2SO_3 和 Na_2SiO_3 的条件下，大大降低了碱性硫脲的分解率，随稳定剂浓度的增大，硫脲分解率逐渐降低；Na_2SiO_3 对碱性硫脲的稳定效果明显优于 Na_2SO_3，当 Na_2SiO_3 浓度为 0.3mol/L 时，硫脲的分解率由 72.5% 降至 33.8%。铁氰化钾为适合碱性硫脲浸金的温和氧化剂。碱性硫脲体系中金矿物浸出前后物相基本无变化。所选择的金矿物中均含有大量耗碱物质，使溶液的 pH 值由 12.5 很快降至中性，但稳定剂 Na_2SiO_3 能维持体系的 pH 值在 12 左右有利于浸出过程的进行。碱性硫脲体系中伴生金属浸出率小于 0.1%，浸金具有显著的选择性。碱性硫脲体系适合浸出经预处理的物相主要为 SiO_2 的氧化矿，浸金率高达 82.68%，为碱性硫脲成功应用于黄金工业生产提供了一定的理论依据。

表 6-12　金精矿和焙砂的化学组成

1号		2号		3号		4号		5号		6号	
元素	含量	元素	含量	元素	含量	元素	含量	元素	含量	元素	含量
Au[①]	57.8	Au[①]	56.58	Au[①]	116	Au[①]	51.4	Au[①]	26.4	Au[①]	33.0
Ag[①]	1020	As	15.10	As	0.29	As	2~3	Ag[①]	97.3	Ag[①]	107.6
Cu	0.62	Fe	22.30	Fe	40	SiO_2	—	Cu	1.39	Cu	1.14
Pb	0.47	SiO_2	24.89	S	7.8	Fe	—	Pb	4.9	S	2.38
Zn	1.37	Al_2O_3	4.52	Sb	0.006	S	—	Zn	1.21	Fe	32.64
Fe	31.10	Mg	0.1	Cu	0.1	—	—	As	0.18	SiO_2	—
S	38.20	Pb	0.087	Zn	0.08	—	—	Fe	29.80		
—	—	Ni	0.05	Ti	0.75	—	—	S	27.87		
—	—	Ca	0.1	SiO_2	28.6	—	—	SiO_2	—		
—	—	S	17.21	Al_2O_3	5.48	—	—				
—	—			CaO	0.27						
—	—			Pb	0.019						

① 单位：g/t。

研究选择的酸性硫脲体系浸金的工艺条件为硫脲 10g/L，H_2SO_4 0.1mol/L，Fe^{3+} 3g/L，用稀硫酸调 pH 值为 1.5，浸出时间 4h，氰化物体系浸金的工艺条件为 NaCN 0.5g/L，H_2SO_4 0.1mol/L 用氧化钙调 pH 值为 10，浸出时间 12h。三种浸出体系的其他条件均为温度 28℃，液固比 10∶1，固相量 25 g，采用直径 5cm 的叶片式搅拌桨进行搅拌，转速 500r/min。

（1）稳定剂　由图 6-2 可以看出，当溶液中无稳定剂时，碱性介质中硫脲的分解率（r）达 72.5%。由加入稳定剂后硫脲分解率的变化可明显看出，Na_2SO_3 和 Na_2SiO_3 大大降低了碱性介质中硫脲的分解率，随着稳定剂浓度（c）的增大，硫脲的分解率逐渐降低。稳定剂的加入使碱性硫脲的稳定性显著提高，而且 Na_2SiO_3 对硫脲的稳定作用比 Na_2SO_3 更为显著。Na_2SiO_3 浓度为 0.15mol/L 时，硫脲的分解率为 51.3%，Na_2SiO_3 浓度为 0.3mol/L 时，硫脲的分解率降至 33.8%。

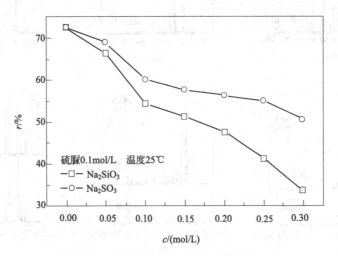

图 6-2　稳定剂对碱性硫脲分解率的影响

（2）氧化剂　在浸出过程中要使金氧化溶解而不氧化硫脲则需选用合适的氧化剂。如果体系中有很强的氧化剂，如臭氧、双氧水、高锰酸钾、次氯酸钠、铬酸钾等，则硫脲很不稳定，迅速被氧化而分解使硫脲消耗增加。最理想的氧化剂为空气中的氧，但氧在水中的溶解度很小（8.2mg/L），酸性溶液中较为合适且普遍采用的氧化剂是三价铁盐，由于 Fe^{3+} 在碱性溶液中会发生水解故不能用作碱性硫脲浸金的氧化剂。为此需寻找一种碱性硫脲浸金的温和高效的氧化剂。从电势角度出发经理论筛选及工艺研究优选得到了适合碱性硫脲浸金的温和氧化剂铁氰化钾。

（3）浸出前后物相　为考察所研究金精矿和焙砂的主要物相组成与碱性硫脲体系中金浸出率的关系对 6 种矿物及浸出后的渣进行了 XRD 分析，如图 6-3 所示。结果表明：浸出前 1 号主要物相组成为 FeS_2 和 FeS，另外还含有少量的 S 和 $FeSO_4 \cdot 7H_2O$，浸出后的金精矿仍以 FeS_2 为主，$FeSO_4 \cdot 7H_2O$ 相不再存在。浸出前 2 号主要组成为 SiO_2、FeAsS，其次为 FeS_2 及少量的 $CaMgSi_2O_8 \cdot 14H_2O$，浸出后的渣中出现了明显的 FeS_2 的峰，且 FeAsS 的峰显著加强。3 号的主要组成仍为 SiO_2，其次为带有磁性的铁氧化物 Fe_3O_4、Fe_2O_3 及未脱去的硫与铁形成的 Fe_7S_8，浸出后物相无变化，但在 2θ 为 27°时 SiO_2 的峰明显增强。4 号主要成分为 SiO_2，另含有少量的 FeS_2 和 S，浸出后物相基本无变化，但在 2θ 为 27°时 SiO_2 的峰明显增强。5 号主要组成为 α-SiO_2 和 PbS，还有少量的 FeS_2 和 $KAlSi_3O_8$，浸出后 SiO_2 的峰加强，PbS 的峰减弱，物相基本无变化。6 号的主要组成为 α-SiO_2 和 Fe_2O_3，浸出后物相无变化，SiO_2

的峰强减弱。由上述分析可知碱性硫脲体系中 1 号、2 号金矿物浸出前后物相有变化，而其余的金矿物在浸出前后物相基本无变化，只是某些角度的峰强稍有加强或减弱。

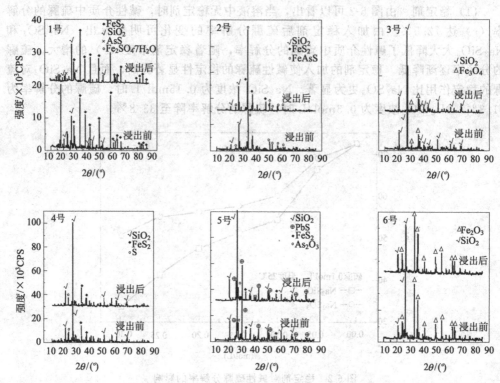

图 6-3　六种金精矿和焙砂浸出前后的 XRD 图谱

（4）过程 pH 值　不同矿物在碱性硫脲体系浸出过程中体系 pH 值的变化如表 6-13 所示。由表可明显看出浸出开始时体系 pH 值调至 12.5。反应过程中 pH 值不断降低，浸出 2h 后几乎达中性，此时加入 5g/L 稳定剂 Na₂SiO₃，6 种体系的 pH 值分别上升，继续反应 2h，体系的 pH 值变化已不是很明显，基本保持在 11～12 之间。若在配浸出液时即加入稳定剂 Na₂SiO₃，反应开始时的 pH 为 13 左右，而后将体系 pH 调至 12.5，经过 4h 的浸出后，pH 值仍然维持在 12～12.5 之间。由此可知所选择的金矿物中均含有大量消耗碱物质。稳定剂 Na₂SiO₃ 一方面可抑制硫脲的不可逆分解，提高体系的稳定性；另一方面，其在水溶液中表现出来的碱性可维持体系的 pH 值在一定范围内，有利于浸出过程的进行。

表 6-13　金精矿和焙砂在碱性硫脲浸出过程中 pH 值的变化

项　目	1 号	2 号	3 号	4 号	5 号	6 号
初始 pH	7.07	7.77	8.43	8.87	9.71	7.27
浸出 0.5h	7.44	7.87	7.56	7.68	7.67	7.64
浸出 1h	7.24	7.48	7.35	7.37	7.48	7.44
浸出 1.5h	7.13	7.24	7.18	7.15	7.36	7.29
浸出 2h	7.08	7.16	7.12	7.08	7.33	7.27
加 5g/L Na₂SiO₃	11.98	12.24	12.24	12.31	12.32	11.28
最终 pH 4h 后	10.57	11.73	11.67	11.74	11.91	10.92

注：用 NaOH 调 pH 为 12.5。

还有研究者考察了金及伴生金属在碱性硫脲溶液中的阳极极化行为。高稳定性碱性硫脲溶液溶解金及常见伴生元素的阳极极化行为如图6-4所示。由图可知，银在0.12V和0.75V分别有一个电流峰，峰电流密度分别为2.6mA/cm² 和 2.7mA/cm²，0.1～0.5V之间银基本处于维钝状态，阳极电流密度较小。由金的阳极极化曲线可以看出，0.2V以后，金溶解的阳极电流迅速升高，在0.6V处有一很大的电流峰，达到4.7mA/cm²。铜在0.2～0.3V之间有一较小的电流峰。镍和铁在0.5V之前电流密度很小，几乎为0。溶解金具有最佳选择性的电势为0.42V，此时，金、银、铜、镍和铁的溶解电流密度依次为3.83mA/cm²、1.13mA/cm²、0.73mA/cm²、0.14mA/cm² 和 0.09mA/cm²，金的溶解电流密度分别为银、铜、镍和铁的3.4倍，5.2倍，27.3倍和42.6倍。因此，高稳定性碱性硫脲溶液溶解金具有明显的选择性。

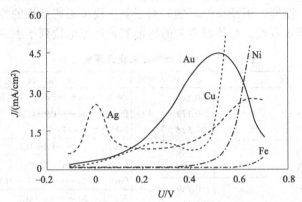

图6-4　Au、Ag、Cu、Ni和Fe在高稳定碱性硫脲溶液中的阳极极化行为

6.2.2　水氯化浸出

水氯化浸出又称为液氯化法或水溶液氯化法。此法初期采用氯水或硫酸加漂白粉的溶液从矿石中成功地浸出金，并用硫酸亚铁从浸出液中沉淀出金。一般来说，原料中凡是王水可溶的物质，液氯化法也可以溶解。采用液氯化法，金的浸出率比氰化法高，氯的价格比氰化物低。

6.2.2.1　基本原理

氯是一种强氧化剂，能与大多数元素起反应。对金来说，它既是氧化剂又是配合剂。金被氯化而发生氧化并与氯离子络合，故称水氯化浸出金，其化学反应为：

$$2Au + 3Cl_2 + 2HCl \longrightarrow 2HAuCl_4 \tag{6-5}$$

这一反应是在溶液中氯浓度明显增高的低pH值条件下快速进行的。

用于液氯化法的浸出剂主要是（湿）氯和氯盐。由于氯的活性很高，不存在金粒表面被钝化的问题。因此，在给定的条件下，金的浸出速度很快，一般只需浸出1～2h。这种方法更适合于处理碳质金矿、经酸洗过的含金矿石、锑渣、含砷精矿或矿石等。

6.2.2.2　研究现状

水氯化法为毒性较低的无氰浸金工艺，它历史悠久，浸金速度快，氯气和氯盐价廉易得，适用于高品位含金原料和某些复杂难处理矿石的提金。由于其固有的缺陷，若用于大规模处理低品位、易浸出的金矿石，经济效益不如氰化法，特别是在处理低品位金矿石时，贵液金氯络合离子浓度很低，不宜直接还原。目前，由于水氯化法存在一定的缺陷，其研究比较少见，在较早的文献中有关于酸性水氯化法浸金的电位控制方面的研究。

应用控制体系电位选择氯化法处理含贵金属的硫化铜渣，在电位 350～450mV，温度 85℃，酸度 150g/L 等条件，可以有效地分离贵贱金属。控制体系电位，同样可以用于铜阳极泥湿法冶金的贵金属提取过程经湿法除铜、提碲后的阳极泥，通常用固体氯酸钾（钠）作氧化剂。在硫酸介质中加热搅拌使金、铂、钯最大限度地溶出，而使银从氧化银状态转型为氯化银固定在渣中。实现银与金、铂、钯的分离。因而，针对物料的特性，考察氯化浸金过程中体系电位变化的规律，找出电位与贵金属浸出率的关系及其酸度、温度、固液比的影响，对于氯化浸金工艺条件的控制，提高浸出效果，稳定生产都非常有益。与体系有关的标准氧化还原电位列于表 6-14。

表 6-14　某些元素标准氧化还原电位 $E^{\ominus}$

元素	电 极 反 应	$E^{\ominus}/V$	元素	电 极 反 应	$E^{\ominus}/V$
Cu	$Cu^{2+}+2e{=\!=\!=}Cu$	0.340	Pt	$PtCl_6^{2-}+2e{=\!=\!=}PtCl_4^{2-}+2Cl^-$	0.680
	$CuCl+e{=\!=\!=}Cu+Cl^-$	0.173		$PtCl_4^{2-}+2e{=\!=\!=}Pt+4Cl^-$	0.730
	$Cu^{2+}+Cl{=\!=\!=}CuCl$	0.538		$Pt^{2+}+2e{=\!=\!=}Pt$	1.200
Te	$Te^{4+}+4e{=\!=\!=}Te$	0.930	Pd	$PdCl_4^{2-}+2e{=\!=\!=}Pd+4Cl^-$	0.620
	$Te^{6+}+2e{=\!=\!=}Te^{4+}$	1.020		$Pd^{2+}+2e{=\!=\!=}Pd$	0.987
Se	$Se^{8+}+4e{=\!=\!=}Se^{4+}$	0.740		$PdCl_6^{2-}+2e{=\!=\!=}PdCl_4^{2-}+2Cl^-$	1.288
	$Se^{4+}+4e{=\!=\!=}Se$	1.150	Au	$AuCl_4^-+3e{=\!=\!=}Au+4Cl^-$	1.000
Sb	$SbO^-+3e{=\!=\!=}Sb$	0.313		$AuCl+Cl{=\!=\!=}Au+Cl^-$	1.170
	$Sb^{3-}+3e{=\!=\!=}Sb$	0.470		$Au^{3+}+3e{=\!=\!=}Au$	1.500
Pb	$Pb^{2+}+2e{=\!=\!=}Pb$	−0.120	Cl	$\frac{1}{2}Cl_2+e{=\!=\!=}Cl^-$	1.359
Bi	$BiO+3e{=\!=\!=}Bi$	0.320		$HClO+H^++e{=\!=\!=}\frac{1}{2}Cl_2+H_2O$	1.630
Ag	$Ag^++e{=\!=\!=}Ag$	0.790			

（1）氯化过程电位变化的规律　氯化过程采用 2.0～2.5N 硫酸浓度，温度 85～95℃，固（质量）：液（体积）比为 1:（4～5），氯酸钾（钠）加入量 20kg，氯化钠加入量为 80kg，浆化 1h，浸出 3～4h。该体系的电位变化情况如图 6-5 所示；在该体系中，贱金属首先溶解。然而，以硫酸盐形态存在的铅一般不溶，只是在高温及很强的氯气介质中，极少部分铅以氯化物形成可溶性的五氯铅酸络离子。当液温降低，又重新转为硫酸盐存于渣中。因此，铅的存在对体系电位无多大影响。而锑铋的盐类则首先溶解，形成相应的氯化物，体系电位降至 300～400mV。然后，电位回升，当电位升至 700～900mV 时，电位曲线又出现较平缓段，此时由于氯气和次氯酸被硒、碲化物消耗，体系电位不至于很快上升；当硒、碲化物接近完全溶解，体系中的 Cl_2、HClO 浓度增高，电位曲线上升至 1150～1200mV，体系中金、铂、钯进入溶液增多到 1300mV 时，电位曲线出现新的转折点，即是氯化终点，体系中 Cl_2、HClO 浓度饱和，电位曲线陡升。

（2）电位与贵金属浸出率的关系　图 6-6 为体系中氧化还原电位的变化（非平衡电位）与贵金属浸出率的关系。从图可看出：电位在 1000～1300mV 之间，贵金属

（金、铂、钯）均能获得满意的浸出效果。值得注意的是：当物料成分改变，虽然条件一致，贵金属浸出情况及氧化还原电位有所改变。因而，物料成分不同时，达到有效浸出控制电位的范围也有所不同。

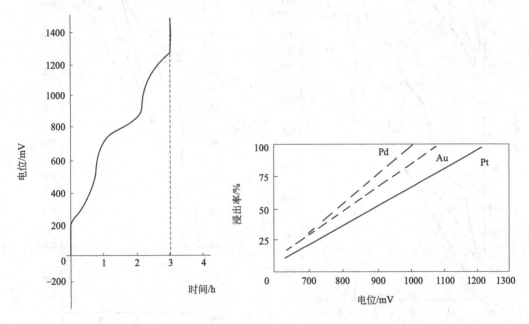

图 6-5　电位变化与浸出时间的关系　　图 6-6　氧化还原电位的变化（非平衡电
位）与贵金属浸出率的关系

（3）酸度的影响　在其他条件不变的情况下，考察了 0.5N、1.0N、1.5N、2.0N 和 2.5N 硫酸酸度的对比情况。尽管不同的酸度有不同的平衡电位，但加料后体系电位都下降到 200mV 左右。加氧酸钾（钠）后亦遵循相似的变化规律。图 6-7 为酸度为 0.5N 时所得出的电位-时间与浸出率关系的曲线。

从图 6-7 看出 0.5N 与较高酸度相比，电位升至 500mV 的时间延长了 0.5h 左右。此时铅首先氧化生成 Pb^{2+}，并以稍溶的 $PbCl$ 形态进入液中，而后，锑、铋亦相应生成氯化物或微溶的氯氧化物进入溶液。当电位升至 700～900mV 时，硒、碲化物破坏，贵金属转入溶液逐渐加快。图 6-8 是溶液酸度为 1.5N 时的电位-时间与贵金属浸出率关系曲线。从图中可见，到电位曲线转折点时，Au、Pt、Pd 的浸出率均在 98.5% 以上。超过 900mV，贵金属大量转入溶液。其余酸度（2.0N、2.5N、3.0N）的情况都与 1.5N 酸度（图 6-8）基本一致，只是随着酸度增高，氯化时间有所缩短，渣率减少，贱金属进入溶液增多而已。

（4）温度的影响　在酸度为 1.5N、其他条件不变的情况下，考察了 95℃、85℃ 和 75℃ 三种情况的浸出。温度为 85℃ 和 95℃ 时，金、铂、钯的浸出率均达 99% 以上，渣率为 97.5% 左右。而温度为 75% 时，金、铂、钯的浸出率分别为 98.48%、97.74% 和 97.93%，渣率也增至 99.0% 左右。温度高，贵金属氯化浸出终点时缩短，电位曲线在转折点后陡增幅度大，反之转折后陡增幅度较缓。可见，氯化分金过程需在 85℃ 以上进行为好。

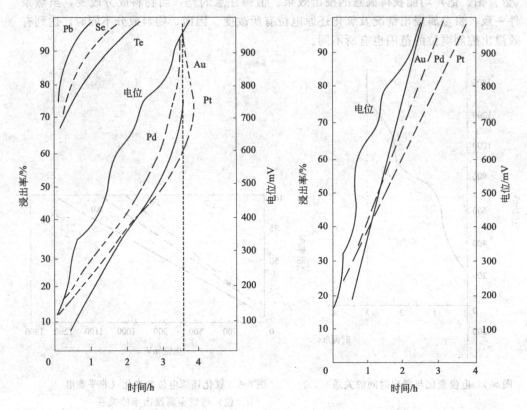

图 6-7 0.5N H_2SO_4 中电位、
时间与浸出率关系

图 6-8 1.5N H_2SO_4 中电位、
时间与浸出率关系

(5) 固液比的影响 固液比对体系电位变化影响不大，但对金、铂、钯的浸出有影响，在其他条件不变的情况下，固液比过小，贵金属浸出率偏小。如固液比从10∶1降到5∶1时，金的浸出率从99.5％降至98.4％，渣率也从97％增至98.4％。固液比是个综合工艺参数，其选择的主要依据是贵金属的浸出率和浸出渣的固液分离洗涤的难易，同时还得考虑设备的负荷能力。生产实践中，因设备能力所限，固液比太大难以实现。考察结果表明：固液比（重量∶体积）以1∶(6~8)为宜。

从以上的浸出机理可以得出，酸性水氯化法浸金，控制该体系电位在（1200±100）mV 左右，贵金属（金、铂、钯）均能获得满意的浸出效果，金，铂、钯的浸出率都在99.00％以上，此时氯化浸金的较优工艺控制条件为：酸度 1.5~2.0N，温度90℃~95℃，固液比1∶(6~8)，搅拌反应时间 3h。用该工艺条件控制浸金作业，生产周期短，技术经济指标好。

6.2.3 硫代硫酸盐浸出

硫代硫酸盐法浸金是一种无毒且更适合浸出复杂含金矿石的浸金方法。硫代硫酸盐在溶液中能与金生成稳定的配合物，且与氰化法相比，硫代硫酸盐浸金更加经济和环保，在难处理金矿石浸出中对金的浸出选择性更强。

6.2.3.1　基本原理

硫代硫酸盐是含有 $S_2O_3^{2-}$ 基团的化合物，它可看作是硫酸盐中一个氧原子被硫原子取代的产物。硫代硫酸盐与酸作用时形成的硫代硫酸立即分解为硫和亚硫酸，后者又立即分解为二氧化硫和水，因而浸出过程需要在碱性条件下进行。$S_2O_3^{2-}$ 中两个 S 原子的氧化值平均为 +2，它具有温和的还原性，因此，浸出过程适当的控制氧化条件是必须的。硫代硫酸盐另一重要性质是它能与许多金属（金、银、铜、铁、铂、钯、汞、镍、锡）离子形成配合物。如：

$$Au^+ + 2S_2O_3^{2-} \longrightarrow Au(S_2O_3)_2^{3-} \qquad (6-6)$$

$$Ag^+ + 2S_2O_3^{2-} \longrightarrow Ag(S_2O_3)_2^{3-} \qquad (6-7)$$

最重要的硫代硫酸盐是硫代硫酸钠和硫代硫酸铵，两者通常均为无色或白色粒状晶体。在有氧存在时，金在硫代硫酸盐溶液中可能发生如下的反应：

$$4Au + 8S_2O_3^{2-} + O_2 + 2H_2O \longrightarrow 4Au(S_2O_3)_2^{3-} + 4OH^- \qquad (6-8)$$

6.2.3.2　研究现状

早在 1900 年硫代硫酸钠浸金的方法就被人们所提出。之后范帕特拉（VanPatera）提出了一种回收金、银等贵金属的方法，此法是先将矿物氯化焙烧，然后再采用硫代硫酸盐浸出金、银。一些南美富银硫化矿石在第二次世界大战以前仍然使用此法。前苏联研究证明铜离子有助于金溶解，早期的研究主要趋向于将金矿进行高温高压浸出，防止在金粒上出现硫化铜和硫层，促进金的浸出。而后来别列佐夫斯基发明了一种常压浸出法，从硫化铜氧化的浸出渣中提取金、银。现在的学者主要集中在研究常压法浸出上。我国的中南大学、东北大学、昆明理工大学以及国外的一些大学都在此领域开展了大量的试验，并取得了一定的效果。

(1) 硫代硫酸盐浸金机理研究现状　目前，硫代硫酸盐浸金基本都采用 Cu^{2+}-NH_3-$S_2O_3^{2-}$ 体系，铜氨体系对于硫代硫酸钠浸金起到了良好的效果，已能达到浸出要求。关于浸金的机理，国外的一些学者认为：Cu^{2+} 为金溶解的氧化剂，并起到了一定催化作用；NH_3 的主要作用是与 Cu^{2+} 形成 $[Cu(NH_3)_4]^{2+}$ 以稳定 Cu^{2+}。胡显智等在研究中发现：当氨的挥发到一定程度以后，铜离子开始不稳定，溶液颜色也有明显的变化，逐渐由紫蓝色变为蓝色；NH_3 还能与 Au^+ 形成不太稳定的 $[Au(NH_3)_2]^+$，同时它还是浸金液的 pH 调节剂 $S_2O_3^{2-}$。最终与 Au^+ 形成稳定的 $Au(S_2O_3)_2^{3-}$，而提取矿石中的金。其可能的反应式为：

$$[Cu(NH_3)_4]^{2+} + Au + 3S_2O_3^{2-} \longrightarrow [Au(NH_3)_2]^+ + [Cu(S_2O_3)_3]^{5+} + 2NH_3 \qquad (6-9)$$

$$[Au(NH_3)_2]^+ + 2S_2O_3^{2-} \longrightarrow [Au(S_2O_3)_2]^{3-} + 2NH_3 \qquad (6-10)$$

$$4[Cu(S_2O_3)_3]^{5-} + O_2 + 16NH_3 + 2H_2O \longrightarrow 4[Cu(NH_3)_4]^{2+} + 12S_2O_3^{2-} + 4OH$$

$$\qquad (6-11)$$

$$4Au + 8S_2O_3^{2-} + O_2 + H_2O \longrightarrow 4[Au(S_2O_3)_2]^{3-} + 4OH^- \qquad (6-12)$$

在氨溶液中硫代硫酸盐可以分解产生如下许多产物。$S_2O_3^{2-}$ 被氧化至最终产物硫酸根，因此以上催化反应不断循环进行，导致浸金过程中伴随消耗大量的硫代硫酸盐。

以上反应是氨性硫代硫酸盐的浸金体系的基本原理，然而该反应仍然属于推测，并没有完全搞清，反应历程还未查清，特别是硫代硫酸盐自身的氧化还原使反应体系非常的复杂。M. G. Aylmore、H. Arima 等进行了浸出体系中相关物种的 E_h/pH 图研究，从他们的研究结果中也不能证明反应(6-9)、反应(6-10) 一定会顺序发生，也不能证明在金的溶出过程中一定有中间产物 $[Au(NH_3)_2]^+$ 产生。还研究了 $S_2O_3^{2-}$ 浸金过程中 Cu^{2+} 的催化作用，认为溶液中 $Cu(Ⅱ)/Cu(Ⅰ)$ 比是影响浸金速率、$S_2O_3^{2-}$ 氧化过程及其消耗的重要因素，而且溶液中的 O_2 含量会影响 $Cu(Ⅱ)/Cu(Ⅰ)$ 及 $Cu(Ⅱ)$ 的速率进而影响金的浸出速率和硫代硫酸盐消耗量，$Cu(Ⅱ)$ 离子的浓度越大，$S_2O_3^{2-}$ 的消耗也越大，控制 $Cu(Ⅱ)$ 和氧气的输入量可减少 $S_2O_3^{2-}$ 的消耗。

曹昌琳等用低浓度的硫代硫酸盐浸金，研究表明用不含硫代硫酸盐的铜氨体系浸金时金的浸出率只有 20%，浸出过程中取样分析表明，在 80K 温度下，硫化矿石生成的 $S_2O_3^{2-}$、SO_3^{2-} 几乎为零。可以使用 0.2mol/L 的低浓度硫代硫酸盐氨性溶液浸取硫化金精矿，金、浸取率达 95% 以上。陈德喜等研究用 10% 硫代硫酸铵浸出金精矿中的金银取得了较好的效果，金、银浸出率分别为 95%、45%。

研究发现，用乙二胺替换常用的氨水，浸出也取得了较好的效果。试验表明乙二胺-铜-硫代硫酸盐体系浸金时，乙二胺的用量比氨-铜-硫代硫酸盐体系浸金时氨水用量要小得多，并且乙二胺和铜比氨和铜要稳定得多，不会带来环境的污染。

对于硫代硫酸盐浸金的机理还在不断探索当中，体系中的各种反应还没得到详细论证，直接通过反应获取中间体再对其进行研究难度较大，制约了反应历程的研究。连多硫酸根的产生一直是一个难以解决的问题，它带来很多的副反应，并且这些反应会随着溶液环境的变化而变化，给研究带来了很多问题。课题组在不断研究过程当中，想到在浸金过程中监测硫氧化合物的浓度变化来分析铜氨体系反应历程中的变化，对其机理进行更深一层的研究。近年来，高效毛细管电泳技术（HPCE）、离子色谱（IC）、高效液相色谱（HPLC）等技术发展很快，可实现多组分的连续测定，对复杂体系相关组分的监测效果较好，这也为我们对其机理研究提供了很好的手段。实时检测对于试验有很大帮助，能彻底搞清硫代硫酸盐浸金体系下的溶液化学。

（2）硫代硫酸盐浸金现状与发展　硫代硫酸盐浸金液的溶液体系十分复杂，以至于其回收过程中遇到很多难题。氰化物大规模的应用是 CIP(CIL) 技术的发展，然而 $Au(S_2O_3^{2-})^{3-}$ 对炭亲和力小，尤其是硫代硫酸根浓度相对较大时，在活性炭上几乎不吸附，氨的存在导致这种吸附过程变得十分复杂，此法不适用与硫代硫酸盐浸金。之后提出离子交换法来吸附浸液中的金，取得相对较好效果，但也有一些根本性的问题导致树脂不能工业化应用，比如树脂颗粒太小、铜的共吸附、载金树脂洗脱困难等问题。在无铜氨存在的条件下采用加压浸出法虽然可以减少硫代硫酸盐的分解，降低浸金液的复杂程度，进而采用 RIP 法回收金，但该方法能耗高并且工艺复杂，大规模生产很难实现。所以硫代硫酸盐浸金液回收金到现在也是一项非常难以攻克的难关，有待研究工作者们的进一步研究。目前，对于硫代硫酸盐浸金，活性炭吸附是最具潜力的吸附剂，它更有可能在工业上应用并推广。但是现在还找不到一种合适方法来使活性炭达到很好的吸附效果，我们还在不断地研究当中。下面介绍几种常见的回收金的方法。

① 沉淀法　沉淀法的原理就在于置换反应，在澄清的硫代硫酸盐浸金液中，加入铜、锌、铁等金属，根据金属的活性利用置换反应沉淀金。由于锌的金属活性大于铜，所以当溶液中的有铜离子时，会增加锌的消耗，并且铜的置换也使得到金的品位

有所降低。古拉等详细研究了金的沉淀动力学。其研究表明，随温度升高（30～50℃）、pH 值增大、氨浓度的增大，金的沉淀率增加，溶液中的亚硫酸根、铜离子对金沉淀有消极作用。这个方法也可成为置换法，早在古代就被人们所用。至今也是非常可行，技术十分成熟。但是弊端就是成本高于目前使用最为广泛的炭浆法。

②　溶剂萃取法　该法一般常用于金银浓度相对较高的澄清液溶液，并且成本相对较高。由此寻找一种适宜的萃取剂是该法的关键。该技术具有选择性好、分离效果好、回收率高、产品纯度高等优点，进而越来越受人们的关注。研究表明，烷基亚磷酯、伯胺、仲胺、叔胺等萃取剂都具有较好的萃取效果。采用伯胺萃取硫代硫酸金的反应如下。

在氨性介质中：

$$Au(S_2O_3)_2^{3-} + NH_4^+ + 2RNH_3 \longrightarrow NH_4 + (RNH_3)_2Au(S_2O_3)_2 \quad\quad (6\text{-}13)$$

在酸性介质中：

$$Au(S_2O_3)_2^{3-} + 3H^+ + 2RNH_2 \longrightarrow (RNH_3)_3Au(S_2O_3)_2 \quad\quad (6\text{-}14)$$

一般情况下用伯胺分离金和其他离子比较困难，若加入少量的氨就能很好地分离这些离子。由于溶剂萃取法对水相的澄清度要求很高，少量悬浮物对萃取工艺影响很大，严重影响分相效果，导致萃取剂大量流失，因此需要对矿浆进行固液分离，固液分离带来的就是生产成本的直线上升，此外萃取剂价格比较昂贵，投资和运作成本较高。因而在这一方面还需做进一步研究。

③　活性炭吸附法　氰化法的应用普及以后，碳浆法回收金得到了广泛的应用。但是对于硫代硫酸盐浸金，活性炭法不能选择性地吸附氨性硫代硫酸盐溶液中的 $[Au(S_2O_3)_2]^{3-}$。据可查得的资料得知，可能是由于 $[Au(S_2O_3)_2]^{3-}$ 电荷高、亲和力低、分子结构空间效应、配位基团或碳质点之间的特殊反应、体积较大、金原子与炭的表面距离很远、吸附非常困难等。但目前此机理尚属推测，并没有得到验证。

为了克服活性炭对 $[Au(S_2O_3)_2]^{3-}$ 的负载能力低和亲和力低的缺点，研究者们通过大量的试验得到一种方法，就是加入少量的氰化物以产生一种稳定的金氰配合物，然后再使它们定量地吸附在活性炭上。这个创新想法最早是由 Lulham 和 Lindsay 提出来的。他们通过实验证实，要使浸出液中的金生成配合物，至少需要化学计算量 1～2 倍的氰化物。而活性炭对金氰配合物的选择性优于溶液中其他金属（如铜、银）的配合物。这样氰化物就被限制在很小体积的洗出液中，而不是在很大体积的矿浆中，对环境的污染也自然而然减轻了许多。这种方法就可以从硫代硫酸盐溶液选择性地回收金。但是由于试验研究不够充分，目前还没用实际应用于提金。一些学者也在研究利用一些改性的方法，使活性炭改性达到比一般活性炭更高的比表面积、更强的吸附性和更高的选择性。但是目前为止，改性活性炭并没有取得很好的效果，不论是化学改性还是物理改性，活性炭对硫代硫酸盐浸金液中金的吸附还是不能有好的效果。主要的原因还是对吸附机理研究不够充分，还没有真正找到影响活性炭吸附金的主要因素。希望以后能找到一种好的改性方法和适宜的活性炭，在回收硫代硫酸盐浸金液中的金，取得比较理想的效果。

④　树脂吸附法　树脂法用于提金相对于活性炭法起步较晚、工艺也不成熟，但是它具有吸附量大、吸附速度快、不易中毒、吸附和洗脱可以在常温常压下进行、易重复使用、可根据需要合成所需树脂等优点，具有很好的前景。树脂从功能上可分

为：强酸性阳离子交换树脂、弱酸性阳离子交换树脂、螯合树脂、强碱性阴离子交换树脂、弱碱性阴子离交换树脂等。虽然阳离子交换树脂对金的配合物有吸附作用，但是很弱。用强碱阴离子树脂吸附金，吸附速度快，吸附量大。研究表明，在硫代硫酸盐浓度较低的浸金液中，金能够较好地吸附在强碱性阴离子交换树脂上，而硫代硫盐浓度较高时能够很好地从树脂上解吸出来。

目前研究主要集中在阴离子交换树脂和螯合树脂上。强碱性树脂对$[Au(S_2O_3)_2]^{3-}$吸附能力强、选择性差、pH值范围广，而弱碱性树脂对$[Au(S_2O_3)_2]^{3-}$吸附弱、选择性强、pH值范围小。螯合树脂带有胍官能团能有效地吸附$[Au(S_2O_3)_2]^{3-}$。Kolarz报道了含胍基螯合树脂的共聚合成物，能有效地改变性状以及不同树脂结构组成对提金性能的影响。另外，一些人专注于使用强碱性树脂和弱碱性树脂的混合使用，这样就催生了合成双官能团，一个强碱性的，一个是弱碱性的，既保证了吸附量又保证了选择性。大部分专用提金树脂的合成都趋向于专一性和金吸附量大。用强碱性树脂能够较好地从硫代硫酸盐浸金液中回收金，但由于连多硫酸盐（主要是连三硫酸盐和连四硫酸盐）对强碱性树脂的吸附更强，所以会减弱强碱性树脂对金的吸附量，有关文献报道要消除多硫酸盐的影响可以通过调节pH值等方法来实现。表6-15为几种常见的硫代硫酸盐吸附树脂。

表 6-15　比较常用的硫代硫酸盐吸附树脂

树　脂	类　型	生产厂家
Gel-型树脂 21K		Dow 化学公司
DowexM-41	1 型	Dow 化学公司
DowexMSA-1	2 型	Dow 化学公司
Amberlite IRA-904	1 型	Romh & HaaS 公司
Amberlite IRA-901	2 型	Romh & HaaS 公司
LewatitM-600, MP500		Bayer 公司

强碱性树脂吸附金后金的洗脱比较困难，一般要使用硫脲、硫氰酸盐、组合试剂等。Parke研究发现一种新型的洗脱剂能有效地洗脱金和银。加拿大的研究所和美国Barrick公司的研究人员研究使用连三硫酸盐和连四硫酸盐作为洗脱剂，结果表明，其能够有效地洗脱金银又不引入杂质（这项技术已申请专利）。弱碱树脂吸附金后使用氢氧化钠很容易洗脱金，但由于溶液中含有硫化物很容易将其分解，导致金和银沉淀下来。Thomas等试验研究表明，首先用硫代硫酸铵选择性洗脱铜，之后再用浓的硫氰酸盐溶液洗脱金，最后采用硫离子沉淀回收金。总之，随着人们对树脂的吸附和洗脱$[Au(S_2O_3)_2]^{3-}$。机理不断认识以及树脂合成技术的提高，找到一种合适的树脂用于吸附和洗脱工艺是完全可能的。最终实现用RIP代替CIP。

（3）硫代硫酸盐浸金溶液中回收金的研究现状　硫代硫酸盐浸金过程需在碱性介质中进行，因此对设备无腐蚀。并在处理碳质金矿、含铜金矿和复杂的含硫矿物等氰化法难以处理的矿石方面有很大优势。虽然硫代硫酸盐浸金有许多优点，但是在工业的应用还不多见，主要是还有一些问题存在，有如下几个问题。

① 硫代硫酸盐的消耗问题　硫代硫酸盐浸金的一个主要问题是硫代硫酸盐有易氧化、消耗量大、费用高的缺点。并且硫代硫酸盐是一种亚稳态的化合物，会在消耗氧的同时分解成连多硫酸盐和硫酸盐，它在厌氧或还原性条件下会分解成硫离子，可

能会沉淀出 Au^+、Au^{3+}、Cu^+、Cu^{2+} 的硫化物。所以从经济方面考虑，必须使硫代硫酸盐的用量降到最低，并且尽可能的循环使用，但是很难做到。

② 氨的环境问题在浸金过程中，必须大量的使用氨水，而这也带来了一系列的问题。如浸渣后续处理成本增加；氨很难分解，并且最后会代谢成硝酸盐，以至于可能助长藻类的生长和污染地下水，因此，必须要严格控制浸出槽和浸出矿堆散发的氨气，以防它释放到空气中。

③ 金的回收问题。硫代硫酸盐浸金液中金的回收是一个难题，虽然有一些方法能达到回收效果，但是大多都有一定的弊端以至于不能达到工业化的应用要求。第一，最常用的活性炭对于 $[Au(S_2O_3)_2]^{3-}$ 亲和力很低，因此用于回收的效果很差。目前活性炭改性可能有一定的效果，但是还没有研究报道表明这种方法是否可行。第二，沉淀法也是用的相对较多，但是铜和金的共沉淀也使金品位降低，药耗增加。第三，树脂矿浆法回收金，这种方法被认为是比较有希望的，它的效果较好。但是它在吸附和洗脱方面还存在着一些问题。

究竟哪一种方法能适用于硫代硫酸盐浸金，到目前为止还没有确切的答案，所以对于寻找一种合理的回收方法也是硫代硫酸盐浸金工业化之前必须克服的障碍。目前，从已有一些树脂矿浆法应用的示例，虽然效果不是很理想，但是在不久的将来非氰法浸金必将成为主流。

6.2.4　多硫化物浸出

含砷难浸金矿中，金通常微细粒的形态被包裹在黄铁矿和毒砂中，故须于提金之前预处理以解离金。焙烧法是预处理工艺中常用的一种，而加石灰固硫焙烧又是焙烧预处理工艺的一种改进实施方案，其实质在于，让配入的石灰在受热条件下与矿石中的硫和砷反应生成钙硫化合物或钙砷化合物，而固定在焙砂中，从而在一定程度上消除三氧化二砷和二氧化硫对环境的污染。但是，固硫焙烧时生成的钙硫化合物中，可能会有具一定水溶性的硫化钙，这将对后续氰化过程产生不利影响。而采用多硫化物浸出法直接浸出含硫化钙的焙砂，可有效避免硫化钙的有害影响，达到较好的金浸出效果。

6.2.4.1　基本原理

研究表明，多硫化物只在碱性介质中是稳定的，且能稳定存在的多硫离子为 S_4^{2-} 和 S_5^{2-}，它们如同过氧离子（O_2^{2-}）一样具有氧化性。而且，在隔绝空气条件下进行多硫化物浸出时，多硫化物起氧化剂作用同样取得较好的浸出效果，其反应式可表示为：

$$6Au+2S^{2-}+S_4^{2-} \longrightarrow 6AuS^-+S_4^{2-} \tag{6-15}$$

$$8Au+3S^{2-}+S_5^{2-} \longrightarrow 8AuS^- \tag{6-16}$$

此外，溶液中有 HS^- 存在时，还可能有以下反应：

$$6Au+2HS^-+2OH^-+S_4^{2-} \longrightarrow 6AuS^-+2H_2O \tag{6-17}$$

$$8Au+3HS^-+3OH^-+S_5^{2-} \longrightarrow 8AuS^-+3H_2O \tag{6-18}$$

6.2.4.2　研究现状

元素硫易溶于硫化钠溶液，溶液中可生成多硫化物离子 S_nS^{2-}，其中 $n=1\sim4$，在溶硫达饱和的多硫化钠溶液中，主要离子为 S_4S^{2-}、S_5S^{2-}。随温度的升高，多硫化物离子会发生歧化反应生成硫代硫酸根和单硫化物（H_2S+HS^-）。歧化的速度和程度由溶液中氢氧化物的浓度决定，在碱性多硫化钠溶液中，多硫化物离子歧化使得溶液中含有大量的硫代硫酸根，而且溶液 pH 越高歧化反应程度越大。多硫化物体系在浸金和电池等方面都有应用。多硫化物体系中可能存在的物质有 S^{2-}、S_2^{2-}、S_3^{2-}、S_4S^{2-}、S_5S^{2-}、HS^-、H_2S、$S_2O_3^{2-}$、$HS_2O_3^-$、$H_2S_2O_3$、$S_4O_6^{2-}$、$S_5O_6^{2-}$、$S_2O_4^{2-}$、$HS_2O_4^-$、$S_3O_6^{2-}$。有研究者在金川公司镍电解液除铜渣用硫化钠浸出试验结果的基础上，研究试验所得多硫化物溶液体系中各物质的分配平衡。

通过查阅热力学数据手册，可计算出在 298K、323K、348K 下的 ΔG 和 K 值，经编程计算，298K、0.5 mol/L Na_2S 溶液中各离子的浓度分布见图6-9。

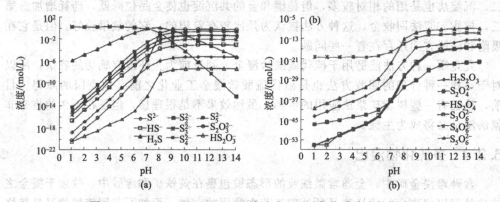

图6-9　298K、0.5mol/L Na_2S 溶液中 pH 对各物质浓度的影响

由图6-9可看出，在碱性溶液中（pH≥8），除了 HS^-、H_2S 的浓度变化较明显外，其他几种离子的浓度均没有明显变化，说明这几种离子在溶液中已处于相对平衡状态。在整个 pH 值范围内，$H_2S_2O_3$、$S_2O_4^{2-}$、$HS_2O_4^-$、$S_4O_6^{2-}$、$S_5O_6^{2-}$、$S_3O_6^{2-}$ 在溶液中的量均较少。因此，在后续计算中，只考虑 S^{2-}、HS^-、H_2S、S_2^{2-}、S_3^{2-}、S_4S^{2-}、S_5^{2-}、$S_2O_3^{2-}$、$HS_2O_3^-$ 在溶液中的分配。另外，随着溶液 pH 值的增大，H_2S 在溶液中的分配呈下降趋势，HS^- 的浓度先随 pH 值的增大而增大，到达最大值后呈减小趋势，S^{2-}、S_2^{2-}、S_3^{2-}、S_4S^{2-}、S_5^{2-} 在溶液中的浓度随 pH 值的增大呈增大趋势，且在 pH≥9 以后，浓度变化均较小。$S_5O_6^{2-}$、$H_2S_2O_3$、$S_3O_6^{2-}$ 等在酸性体系中浓度随 pH 值变化较大，但碱性体系中，浓度随 pH 值变化较小，但都随 pH 值增大而呈增大趋势。说明随着溶液碱性的增大，硫以多硫化物形式存在的趋势也增大，而且在较高碱度的溶液中，由于 S_4^{2-}、S_5^{2-} 的歧化，溶液中 $S_2O_3^{2-}$ 的浓度也相应较高。

323K 和 348K、0.5 mol/L Na_2S 溶液中各物质的浓度分布分别见图6-10和图6-11。

从图6-10、图6-11可以看出，在较高温度下，溶液中各物质随 pH 值的变化与图6-9的趋势基本相同。但随着温度的升高，溶液中各物质相互达到平衡的速度也随之加快。如在 323 K 时，在 pH≥9 以后，S^{2-}、S_2^{2-}、S_3^{2-}、S_4^{2-}、S_5^{2-} 的浓度变化开始减小；而在 348K，pH≥8 以后，这几种离子的浓度变化就开始减小了。在同一

pH 值（如 pH＝7）下比较，除 HS^-、H_2S 的浓度均随温度的升高而减小外，其余各物质在溶液中的浓度均随温度的升高而增大。同样也可看出，在此浓度下的多硫化物溶液中，当溶液碱性比较高时（pH≥12），S_4^{2-}、S_5^{2-} 在溶液中的浓度随温度变化不大。

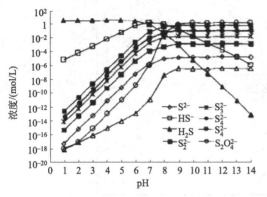

图 6-10　323K、0.5mol/L Na_2S 溶液中 pH 对各物质浓度的影响

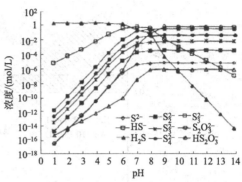

图 6-11　348K、0.5mol/L Na_2S 溶液中 pH 对各物质浓度的影响

6.2.5　溴化物浸出

溴化物在酸性水溶液中通过形成稳定的配合物使三价或一价金离子稳定，通常用于工艺过程的氧化剂是溴，它是一种具有很高蒸发压的腐蚀的液体，这正是溴不能作为金的工业氧化剂的主要原因。

6.2.5.1　基本原理

溴与氯都是卤族元素，它们有着比较相似的化学性质。溴化浸出法与氯化浸出法很相似，但它们之间也存在着一些重要的差别。元素形式的溴是一种稠密的发烟的红色液体，而元素氯则是一种气体，并且需要大量设备来运输、贮存和转换成液体。溴的一个很大优点可归结为，浸出速度快、无毒、对 pH 值变化的适应性强、环保设施费用低。

金在溴-溴化物溶液中溶解是电化学过程：

$$2Au＋3Br_2＋2Br^- \longrightarrow 2AuBr_4^- \tag{6-19}$$

在室温下，最佳溶金区域在 pH 值 4～6，电位 0.7～0.9V。

6.2.5.2　研究现状

从 20 世纪以来，溴对金来说是众所周知的强氧化剂。溴化物能使三价或一价金离子在酸性水溶液中通过形成稳定的络合而稳定存在。众所周知，在水溶液中 Au-Br 体系的 E_h 与 pH 图，如图 6-12 所示（Trirldade 等，1994）。

可是，使用溴的主要障碍就是它具有极强的腐蚀性。在室温条件下，溴是一种棕色的液体，具有较高的蒸发压而产生有害的蒸气，因此在金的提取冶金中，作为一种工业氧化剂不易被接受。试图使用溴或溴化物体系来溶解金在文献中报道不多，其中包括一个已申请专利的工艺，该工艺建议添加溴化物和氯化物离子以及在含有溴水溶液中与强的氧化剂联合使用阳离子源（如 NH_4^+）来提高金的溶解率。有研究者利用

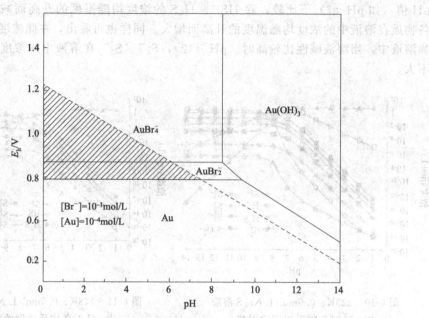

图 6-12　在 25℃时，Au-Br 水系的 E_h 与 pH 图

旋盘研究了溴/溴化物体系对金溶解的机理；另一个选择就是"Geobrom"（大西洋化学有限公司商标）产品，据说这种产品无腐蚀性，可作为金溶解的氧化剂和络合剂，最近又提出了使用一些氧化剂，它们不同于被使用的溴是与溴化物离子联合作用来溶解金，这些氧化剂的使用会作为一种可能的选择来克服由于使用溴而产生的实际问题。在起那种作用方面，三价铁离子、过氧化氢和次氯酸钠用旋盘单独地和联合地在溴化钠水溶液中都进行了试验，以评价对金的溶解作用，结果表明 NaBr 溶液与 Fe 和 H 组合，作为氧化剂能够形成金的配合物在速度上比常规氰化工艺大约快两倍；NaClO 也能代替 H_2O_2，和 $FeCl_3$ 一起氧化金属，但是速度要慢一些，但即使以很低的速度，次氯酸盐单独作氧化剂可有效地溶解金。过氧化氢本身是没有能力来提高足以允许形成金配合物的溴化物溶液的氧化还原电位，由于溴化物离子的存在，具有一种可能的催化分解作用的机理可以解释这种行为。用已选择的矿样研究表明，可用初步的试验结果来评价上述体系，早期在更理想的情况下，这项工作用旋盘系统已进行过试验。

6.2.6　石硫合剂法浸出

石硫合剂法浸金是 1991 年中国发明的新型浸金工艺。石硫合剂是一种无毒、廉价易得的化合物，目前，在矿石浸金、废弃线路回收金等方面有广泛的应用。

6.2.6.1　基本原理

石硫合剂由硫黄和石灰熬制而成，主要成分是多硫化钙和硫代硫酸钙。石硫合剂法浸金过程是其中多硫化物浸金和硫代硫酸盐浸金两者的联合作用，因而石硫合剂法具有优越的浸金性能。其主要熔金化学反应式为：

$$2Au + 2S^{2-} + H_2O + \frac{1}{2}O_2 \longrightarrow 2AuS^- + 2OH \qquad (6-20)$$

$$2Au+4S_2O_3^{2-}+H_2O+\frac{1}{2}O_2 \longrightarrow 2Au(S_2O_3)_2^{3-}+2OH \qquad (6\text{-}21)$$

该浸金体系属于亚平衡态体系，暴露在空气中时，O_2、CO_2 等气体会与石硫合剂发生一系列化学反应，并伴随有体系自身的歧化反应，因此需要现用现配。

在 $Cu(NH_3)_4^{2+}$ 存在时，进行的化学反应为：

$$Au+2S_2O_3^{2-}+Cu(NH_3)_4^{2+} \longrightarrow Au(S_2O_3)_2^{3-}+Cu(NH_3)_2^{+}+2NH_3 \qquad (6\text{-}22)$$

6.2.6.2 研究现状

石硫合剂（Lime-Sulpher-Synthetic-Solution，LSSS）是以石灰和硫黄合成的一种非氰浸金试剂，有效浸金成分为多硫化钙（CaS_x）和硫代硫酸钙（CaS_2O_3），属于复杂的硫代硫酸盐与多硫化物的混合体系。石硫合剂法在碱性介质中浸金，设备的腐蚀小；浸出过程选择性强，贵液中其他金属离子含量低，对后续金的提纯有利；金的浸出速度快（浸出时间约为氰化法的 1/4），且对金矿石的适应性广；不排放有毒化合物，对生态环境和人类无负面影响，是一种很有应用前景的非氰浸金工艺。相对于多硫化合物法和硫代硫酸盐法，石硫合剂法的药剂成本低、合成工艺简单。目前，对高硫、高铜、高砷和高铅等顽固金矿的浸金试验表明，石硫合剂法可获得较高的金浸出率。

（1）开放体系中 S_x^{2-} 和 $S_2O_3^{2-}$ 的氧化反应与歧化反应 石硫合剂法浸金过程往往需通入空气并搅拌浸出液，空气中的 O_2 和 CO_2 会大量溶解于浸出液中，强化 S_x^{2-} 和 $S_2O_3^{2-}$ 的氧化及歧化反应，使 S_x^{2-} 和 $S_2O_3^{2-}$ 的浓度处于动态变化之中。大量溶解 CO_2 会增加体系的酸性，加快 S_x^{2-} 和 $S_2O_3^{2-}$ 的歧化分解[式(6-23)和式(6-24)]，S_x^{2-} 分解会生成单质硫，使 LSSS 体系颜色从橙红色变成无色。因此，加入氨水（约 1mol/L）使 LSSS 浸金过程处于碱性环境中，可抑制 S_x^{2-} 和 $S_2O_3^{2-}$ 的歧化分解。增大溶解氧会加速 S_x^{2-} 的氧化，生成较稳定的 $S_2O_3^{2-}$[式(6-25)和式(6-26)]。导致浸金过程开始时 $S_2O_3^{2-}$ 浓度会有较大增长。但 $S_2O_3^{2-}$ 具有一定的还原性，溶解氧可氧化 $S_2O_3^{2-}$ 成为 SO_3^{2-}[式(6-27)]，通空气搅拌会慢慢消耗 S_x^{2-} 和 $S_2O_3^{2-}$；当体系中存在较强氧化性的 $[Cu(NH_3)_4]^{2+}$ 时，$S_2O_3^{2-}$ 的氧化损耗会大大加速，反应过程如式 (6-28) 和式(6-29) 所示。

$$S_x^{2-}+2H^+ \longrightarrow (x-1)S^0+H_2S \qquad (6\text{-}23)$$

$$4S_2O_3^{2-}+2H^+ \longrightarrow 6S_2+H_2S+S^0 \qquad (6\text{-}24)$$

$$S_x^{2-} \longrightarrow (x-1)S^0+S^{2-} \qquad (6\text{-}25)$$

$$S^{2-}+2O_2+H_2O \longrightarrow S_2O_3^{2-}+2OH^- \qquad (6\text{-}26)$$

$$S_2O_3^{2-}+2OH^-+2O_2 \longrightarrow 2SO_3^{2-}+2H_2O \qquad (6\text{-}27)$$

$$4[Cu(NH_3)_4]^{2+}+S_2O_3^{2-}+6OH^- \longrightarrow 4[Cu(NH_3)_2]^++2SO_3^{2-}+3H_2O+8NH_3 \qquad (6\text{-}28)$$

$$2[Cu(NH_3)_4]^{2+}+S_2O_3^{2-}+2OH^- \longrightarrow 2[Cu(NH_3)_2]^++S_2O_4^{2-}+H_2O+4NH_3 \qquad (6\text{-}29)$$

（2）Na_2SO_3 和 $NaCl$ 的溶金促进作用 石硫合剂法浸金过程中，Na_2SO_3 对 LSSS 浸金体系起着 3 个重要作用。首先，作为 LSSS 体系的稳定剂，加入 Na_2SO_3 可减缓 S_x^{2-} 和 $S_2O_3^{2-}$ 的氧化分解[式(6-26)～式(6-28)]，浸出液中保持较高浓度的

$S_2O_3^{2-}$。其次，LSSS 体系中 S_x^{2-} 分解成 S^{2-} 和 S^0 单质，SO_3^{2-} 可起到弱氧化剂的作用，氧化 S^{2-} 和 S^0 生成 $S_2O_3^{2-}$［式(6-30)、式(6-31)］。增加有效溶金成分 $S_2O_3^{2-}$ 浓度，同时减少矿物表面的硫沉淀对浸金传质过程的阻碍作用。第三，SO_3^{2-} 与矿物表面所沉积的 CuS 和 Cu_2S 膜反应［式(6-32)、式(6-33)］，促进 CuS 和 Cu_2S 沉淀的返溶，减轻 CuS 和 Cu_2S 沉淀物对浸金的阻隔效应，并生成有效浸金成分 $S_2O_3^{2-}$ 及催化成分 $[Cu(NH_3)_4]^{2+}$，保证 LSSS 浸金体系中 Cu^{2+} 的不断循环。

$$4SO_3^{2-}+2S^{2-}+3H_2O \longrightarrow 3S_2O_3^{2-}+6OH^- \tag{6-30}$$

$$S^0+SO_3^{2-} \longrightarrow S_2O_3^{2-} \tag{6-31}$$

$$CuS+SO_3^{2-}+4NH_3+H_2O+\frac{1}{2}O_2 \longrightarrow S_2O_3^{2-}+4[Cu(NH_3)_4]^{2+}+2OH^-$$

$$\tag{6-32}$$

$$Cu_2S+SO_3^{2-}+2H_2O+2O_2+8NH_3 \longrightarrow S_2O_3^{2-}+2[Cu(NH_3)_4]^{2+}+4OH^-$$

$$\tag{6-33}$$

陈安江等还发现在 NH_3 存在的 LSSS 溶液中，降低氨浓度（0.5～0.8mol/L）的情况下，添加 NaCl 可使金的浸出率从 65% 提高到 94%。李汝雄等用极谱法研究了金阳极的溶解行为，发现含 NH_3 的硫代硫酸钠溶液中添加 Cl^-，金阳极氧化的峰电流值明显增加，表明 Cl^- 可加快金阳极的溶解速率。李汝雄等认为，当溶液中 NH_3 和 Cl^- 的浓度比例适当时，扩散到金阳极表面的 NH_3 和 Cl^- 可与 Au^+ 反应，生成电中性的 $Au(NH_3)Cl$ 络合物，当其扩散回溶液体相后，$Au(NH_3)Cl$ 中的配体被 $S_2O_3^{2-}$ 取代，转化为更稳定的 $[Au(S_2O_3)_2]^{3-}$［式(6-34)、式(6-35)］。

$$Au^++NH_3+Cl^- \longrightarrow [Au(NH_3)Cl] \tag{6-34}$$

$$[Au(NH_3)Cl]+2S_2O_3^{2-} \longrightarrow [Au(S_2O_3)]^{3-}+NH_3+Cl^- \tag{6-35}$$

(3) Cu^{2+} 的催化作用及硫化铜沉淀的生成与返溶　硫代硫酸盐法和石硫合剂法浸金过程中，体系中需加入 Cu^{2+}，可催化溶金反应。LSSS 溶金体系中 Cu^{2+} 主要以铜铵配离子的形式存在［式(6-36)］，当 $[Cu(NH_3)_4]^{2+}$ 扩散到矿物表面时，加快金的氧化与络合反应，自身被还原成 $[Cu(NH_3)_4]^{2+}$，矿物表面吸附的 $[Cu(NH_3)_4]^{2+}$ 扩散到溶液体相时，又被溶解氧氧化成 $[Cu(NH_3)_4]^{2+}$［式(6-37)］。$[Cu(NH_3)_4]^{2+}$ 的循环转化，催化促进金的溶解。

在含 NH_3 的 LSSS 浸金体系中，Cu^{2+} 主要以铜铵配离子存在。少量则以 $Cu(S_2O_3)_3^{5-}$ 的形式出现，$Cu(S_2O_3)_3^{5-}$ 会氧化 S_x^{2-}。歧化分解所生成的 S^{2-}［式(6-38)］，生成棕色 Cu_2S 沉淀，经溶解氧氧化后，变成黑色 CuS 沉淀［式(6-39)］，当硫化铜沉淀物沉积于矿物表面时，严重影响浸金反应的传质过程，降低金的浸出速率。因 LSSS 浸金体系中存在 Na_2SO_3 和溶解氧。可与 Cu_2S 和 CuS 沉淀膜反应，生成 $[Cu(NH_3)_4]^{2+}$ 返溶回溶液体相［式(6-32)、式(6-33)、式(6-40)］。构成 Cu^{2+} 的沉淀-溶解动态平衡，还将 SO_3^{2-} 还原成有效浸金成分 $S_2O_3^{2-}$。

$$Cu^{2+}+4NH_3 \cdot H_2O \longrightarrow [Cu(NH_3)_4]^{2+}+H_2O \tag{6-36}$$

$$4[Cu(NH_3)_2]^++O_2+2H_2O+8NH_3 \longrightarrow 4[Cu(NH_3)_4]^{2+}+4OH^- \tag{6-37}$$

$$2Cu(S_2O_3)_3^{5-}+S^{2-} \longrightarrow Cu_2S+6S_2O_3^{2-} \tag{6-38}$$

$$Cu_2S+\frac{1}{2}O_2+H_2O+4NH_3 \longrightarrow CuS+[Cu(NH_3)_4]^{2+}+2OH^- \tag{6-39}$$

$$Cu_2S+O_2+2H_2O+16NH_3 \longrightarrow 4[Cu(NH_3)_4]^{2+}+4OH^-+2S^{2-} \tag{6-40}$$

（4）石硫合剂法浸金的应用研究 提金用的石硫合剂，其配比（质量比）为：石灰：水：硫黄：氧化剂：还原剂＝1：（10～50）：（2～3）：（0.1～0.75）：（0.1～0.2）。按配比将所用药剂混合后，加热搅拌 3～60min，过滤得红棕色清液即为 LSSS 提金溶剂。1990 年以来，张箭等采用石硫合剂法对高硫镍精矿氯化渣（含 S 为 61.5%）、高铅铜砷精矿（含 Pb 为 37.1%）、高铜多金属硫化矿（含 Cu 为 3.9%）和高砷硫化矿（含 As 为 5.89%）做了系统的浸金试验研究，金的浸出率均可达 95% 以上，认为石硫合剂法对高硫、高铅、高砷等顽固金矿的浸出优于常规氰化法。郁能文对某高铅顽固金矿用石硫合剂法浸出，金的浸出率达 79%，而氰化法的金浸出率只有 35%。陈安江等对河南省某金矿原矿用石硫合剂法浸出。常温常压下，浸出时间为 3 h 时金的浸出率即达 94%，而用常规氰化法金的浸出率约为 50%。李晶莹等用石硫合剂法浸出废弃印刷电路板中的金，金的浸出率可达 85% 以上。石硫合剂法与其他非氰工艺（硫代硫酸盐法、碘化法和硫脲法）相比，具有试剂成本低、合成工艺简单，碱性介质中浸出，对设备腐蚀小，浸金过程选择性高，无论是从经济还是从环境保护等方面考虑，均具有明显的优势。

6.2.7 生物浸出

生物浸出是指利用细菌对含有目的元素的矿物进行氧化，被氧化后的目的元素以离子状态进入溶液中，然后对浸出的溶液进一步进行处理，从中提取有用元素，浸渣被丢弃。如细菌对铜、锌、铀、镍、钴等硫化矿物的氧化，即属于生物浸出。因此，生物浸出准确的描述应为生物预氧化辅助浸出。

6.2.7.1 基本原理

细菌既作为催化剂又直接参与氧化反应，是活着的有机体。它们需要营养成分（如硫化物、氮、钾及微量元素），而硫化物在生物氧化过程中发生的生物化学反应可以按直接或间接机理进行。直接机理需要细菌与矿物表面的紧密接触，以便使细菌附着在矿物表面，而间接机理则包含细菌形成硫酸高铁的作用。

细菌对黄铁矿作用的主要氧化反应进行：

$$4FeS_2 + 2H_2O + 15O_2 \xrightarrow{\text{细菌}} 2Fe_2(SO_4)_3 + 2H_2SO_4 \qquad (6-41)$$

细菌对砷黄铁矿作用的主要氧化反应进行：

$$4FeAsS + 13O_2 + 6H_2O \xrightarrow{\text{细菌}} 4H_3AsO_4 + 4FeSO_4 \qquad (6-42)$$

微生物氧化及提金作业大致可分为 3 个阶段：①细菌培养基培养铁硫杆菌等，制备 pH 为 1.5～2.5 的硫酸细菌浸液；②细菌催化氧化脱除砷、硫；③预处理所得渣再进行氰化（或用其他方法），提金预处理溶液用细菌活化后再利用。

6.2.7.2 研究现状

微生物预氧化的研究相当活跃。早在 20 世纪 60 年代，前苏联在对砷金矿进行细菌浸出的工作中发现了新的可大大加速硫化物氧化和溶解的自养性氧化铁硫杆菌，利用这种耐砷的细菌分解砷黄铁矿及黄铁矿等，能使其包裹 Au 获得解离，作用机理和加压氧化过程完全一致，细菌起到催化氧化的作用，生物氧化在某种程度上还可以钝化有机碳。在细菌作用下，很多矿物的分解氧化过程可加速几十倍，甚至几百倍。

电位-pH 图是表示一定温度压力下系统的电极电势与 pH 值关系的一种电化学的

平衡图。电位-pH 图基于一般的热力学原理，有助于解决水溶液中的化学反应及平衡问题。在浸出、纯化、氧化还原等过程中，可采用电位-pH 图分析物理化学性质以及确定热力学条件。此外，电位-pH 图还可应用到分析化学、矿物学、生物学、核电技术及金属的腐蚀和防腐蚀等领域。硫化矿物的细菌浸出过程本质上都是电化学腐蚀过程，细菌的生长活性也与 pH 值及电位有着密切的关系。通过热力学分析，可以推断出物质发生化学反应的趋势及体系中发生的化学反应情况。电位-pH 图能够将浸出体系过程中的各种热力学平衡以图形的方式表达，较直观地反映细菌活动区域、矿物的腐蚀及稳定区，矿物浸出过程中可能形成的主要产物。热力学数据见表 6-16～表6-18。

表 6-16　298K 黄铁矿/砷黄铁矿-水系中主要物质的热力学数据

组分	$\Delta G^{\ominus}$ /(J/mol)	$S^{\ominus}$ /[J/(mol·K)]	$C_p^{\ominus}$ /[J/(mol·K)]	稳定态	组分	$\Delta G^{\ominus}$ /(J/mol)	$S^{\ominus}$ /[J/(mol·K)]	$C_p^{\ominus}$ /[J/(mol·K)]
H_2	0	130.680	28.84	g	$Fe(OH)_3$	−705	104.6	101.70
O_2	0	205.152	29.4	g	FeS_2	−166.9	52.92	62.12
H_2O	−237.14	69.95	75.35	lq	As	0	35.1	24.64
H^+	0	0	0	aq	H_3AsO_4	−766.1	184	—
e	0	65.285	0	aq	$H_2AsO_4^-$	−753.29	117	—
S	0	32.054	22.60	c	$HAsO_4^{2-}$	−714.70	1.7	—
HSO_4^-	−755.9	131.7	−84.0	aq	AsO_4^{3-}	−648.40	−162.8	—
SO_4^{2-}	−744.5	18.50	−293.0	aq	H_3AsO_3	−639.90	195.0	—
SO_3^{2-}	−486.5	−29.0	—	aq	$H_2AsO_3^-$	−587.22	110.5	—
H_2S	−26.9	126.0	—	aq	AsO_2^-	−350.0	40.6	—
HS^-	12.1	67.0	—	aq	AsH_3	68.91	222.8	38.07
S^{2-}	85.5	−14.6	—	aq	FeAsS	−103.55	121	—
Fe	0	27.32	25.09	c	$FeAsO_4$	−182.131	—	—
Fe^{2+}	−78.9	−137.7	—	aq	K^+	−67.46	24.5	—
Fe^{3+}	−4.7	−315.9	—	aq	$KFe_3(SO_4)_2(OH)_6$	−3322.26	418.4	—
FeO	−490.0	87.9	97.1	c				

表 6-17　黄铁矿-水系的平衡反应式、313K 温度下的电位-pH 计算式及标准电位

编号	反 应 式	E-pH 计算式	$E^{\ominus}$
a	$O_2 + 4H^+ + 4e \Longrightarrow 2H_2O$	$E = 1.211 - 0.0621pH$	1.211
b	$2H^+ + 2e \Longrightarrow H_2$	$E = -0.0621pH$	0
1	$SO_4^{2-} + H^+ \Longrightarrow HSO_4^-$	$pH = 1.664$	
2	$SO_4^{2-} + 8H^+ + 6e \Longrightarrow S + 4H_2O$	$E = 0.334 - 0.0828pH$	0.334
3	$HSO_4^- + 7H^+ + 6e \Longrightarrow S + 4H_2O$	$E = 0.317 - 0.0725pH$	0.317
4	$SO_4^{2-} + 9H^+ + 8e \Longrightarrow HS^- + 4H_2O$	$E = 0.233 - 0.0699pH$	0.233
5	$SO_4^{2-} + 8H^+ + 8e \Longrightarrow S_2^- + 4H_2O$	$E = 0.136 - 0.0621pH$	0.136
6	$S^{2-} + H^+ \Longrightarrow HS^-$	$pH = 12.511$	
7	$HS^- + H^+ \Longrightarrow H_2S$	$pH = 6.809$	
8	$S + 2H^+ + 2e \Longrightarrow H_2S$	$E = 0.142 - 0.0621pH$	0.142
9	$S + H^+ + 2e \Longrightarrow HS^-$	$E = -0.0698 - 0.0311pH$	−0.0698
10	$Fe^{2+} + 2S + 2e \Longrightarrow FeS_2$	$E = 0.454$	0.454
11	$Fe^{2+} + 2HSO_4^- + 14H^+ + 14e \Longrightarrow FeS_2 + 8H_2O$	$E = 0.336 - 0.0621pH$	0.336
12	$Fe^{2+} + 2SO_4^{2-} + 16H^+ + 14e \Longrightarrow FeS_2 + 8H_2O$	$E = 0.351 - 0.0709pH$	0.351

续表

编号	反　应　式	E-pH 计算式	$E^{\ominus}$
13	$FeS_2+4H^++2e\!=\!\!=\!\!Fe^{2+}+2H_2S$	$E=-0.173-0.124pH$	-0.173
14	$FeS_2+2H^++2e\!=\!\!=\!\!FeS+H_2S$	$E=-0.199-0.0621pH$	-0.0448
15	$FeS_2+H^++2e\!=\!\!=\!\!FeS+HS^-$	$E=-0.410-0.0621pH$	-0.410
16	$FeS_2+2e\!=\!\!=\!\!FeS+S^{2-}$	$E=-0.799$	-0.798
17	$FeS+2H^+\!=\!\!=\!\!Fe^{2+}+HS^-$	$pH=0.883$	—
18	$FeS+2H^++2e\!=\!\!=\!\!Fe+H_2S$	$E=-0.377-0.0621pH$	-0.377
19	$FeS+H^++2e\!=\!\!=\!\!Fe+HS^-$	$E=-0.588-0.0311pH$	-0.588
20	$FeS+2e\!=\!\!=\!\!Fe+S^{2-}$	$E=-0.977$	-0.977
21	$Fe^{2+}+2e\!=\!\!=\!\!Fe$	$E=-0.408$	-0.408
22	$Fe^{3+}+e\!=\!\!=\!\!Fe^{2+}$	$E=0.786$	0.786
23	$Fe(OH)_2+2H^+\!=\!\!=\!\!Fe^{2+}+2H_2O$	$pH=5.317$	—
24	$Fe(OH)_3+3H^+\!=\!\!=\!\!Fe^{3+}+3H_2O$	$pH=0.339$	—
25	$Fe(OH)_2+2H^++2e\!=\!\!=\!\!Fe+2H_2O$	$E=-0.0799-0.0621pH$	-0.078
26	$Fe(OH)_3+H^++e\!=\!\!=\!\!Fe(OH)_2+H_2O$	$E=0.189-0.0621pH$	0.189
27	$Fe(OH)_3+3H^++e\!=\!\!=\!\!Fe^{2+}+3H_2O$	$E=0.847-0.1861pH$	0.0850
28	$KFe_3(SO_4)_2(OH)_6+6H^++3e\!=\!\!=\!\!K^++3Fe^{2+}+2SO_4^{2-}+6H_2O$	$E=0.358-0.124pH$	0.358
29	$KFe_3(SO_4)_2(OH)_6+8H^++3e\!=\!\!=\!\!K^++3Fe^{2+}+2HSO_4^-+6H_2O$	$E=0.426-0.166pH$	0.426
30	$KFe_3(SO_4)_2(OH)_6+8H^+\!=\!\!=\!\!K^++3Fe^{3+}+2HSO_4^-+6H_2O$	$pH=-2.4$	—

表 6-18　砷黄铁矿-水系的平衡反应式、313K 温度下的电位-pH 计算式及标准电位

编号	反　应　式	E-pH 计算式	$E^{\ominus}$
a	$O_2+4H^++4e\!=\!\!=\!\!2H_2O$	$E=1.211-0.0621pH$	1.211
b	$2H^++2e\!=\!\!=\!\!H_2$	$E=-0.0621pH$	0
1	$H_2AsO_4^-+H^+\!=\!\!=\!\!H_3AsO_4$	$pH=2.305$	—
2	$HAsO_4^{2-}+H^+\!=\!\!=\!\!H_2AsO_4^-$	$pH=6.736$	—
3	$H_3AsO_4+2H^++2e\!=\!\!=\!\!H_3AsO_3+H_2O$	$E=0.565-0.0621pH$	0.565
4	$H_2AsO_4^-+3H^++2e\!=\!\!=\!\!H_3AsO_3+H_2O$	$E=0.637-0.0932pH$	0.637
5	$HAsO_4^{2-}+4H^++2e\!=\!\!=\!\!H_3AsO_3+H_2O$	$E=0.846-0.0124pH$	0.846
6	$H_3AsO_3+3H^++3e\!=\!\!=\!\!As+3H_2O$	$E=0.227-0.0621pH$	0.227
7	$SO_4^{2-}+H^+\!=\!\!=\!\!HSO_4^-$	$pH=1.664$	—
8	$SO_4^{2-}+8H^++6e\!=\!\!=\!\!S+4H_2O$	$E=0.334-0.0828pH$	0.334
9	$HSO_4^-+7H^++6e\!=\!\!=\!\!S+4H_2O$	$E=0.317-0.0725pH$	0.317
10	$SO_4^{2-}+9H^++8e\!=\!\!=\!\!HS^-+4H_2O$	$E=0.233-0.0699pH$	0.233
11	$SO_4^{2-}+8H^++8e\!=\!\!=\!\!S^{2-}+4H_2O$	$E=0.136-0.0621pH$	0.136
12	$S^{2-}+H^+\!=\!\!=\!\!HS^-$	$pH=12.511$	—
13	$HS^-+H^+\!=\!\!=\!\!H_2S$	$pH=6.809$	—
14	$S+2H^++2e\!=\!\!=\!\!H_2S$	$E=0.142-0.0621pH$	0.142
15	$S+2H^++2e\!=\!\!=\!\!HS^-$	$E=-0.0698-0.0311pH$	-0.0698
16	$Fe^{2+}+e\!=\!\!=\!\!Fe$	$E=-0.408$	-0.408
17	$Fe^{3+}+e\!=\!\!=\!\!Fe^{2+}$	$E=0.786$	0.786
18	$Fe(OH)_2+2H^+\!=\!\!=\!\!Fe^{2+}+2H_2O$	$pH=5.317$	—
19	$Fe(OH)_3+3H^+\!=\!\!=\!\!Fe^{3+}+3H_2O$	$pH=0.339$	—
20	$Fe(OH)_2+2H^++2e\!=\!\!=\!\!Fe+2H_2O$	$E=-0.0799-0.0621pH$	-0.0779
21	$Fe(OH)_3+H^++e\!=\!\!=\!\!Fe(OH)_2+H_2O$	$E=0.189-0.0621pH$	0.189
22	$Fe(OH)_3+3H^++e\!=\!\!=\!\!Fe^{2+}+3H_2O$	$E=0.847-0.186pH$	0.0850
23	$FeAsO_4+3H^+\!=\!\!=\!\!Fe^{3+}+H_3AsO_4$	$pH=0.339$	—

续表

编号	反 应 式	E-pH 计算式	$E^{\ominus}$
24	$FeAsO_4+3H^++e \Longrightarrow Fe^{2+}+H_3AsO_4$	$E=0.851-0.186pH$	0.851
25	$FeAsO_4+2H_2O+2H^++2e \Longrightarrow H_3AsO_3+Fe(OH)_3$	$E=0.566-0.0621pH$	0.566
26	$Fe(OH)_3+H_2AsO_4^-+H^+ \Longrightarrow FeAsO_4+3H_2O$	pH=2.86	—
27	$FeAsS+2H^+ \Longrightarrow Fe^{2+}+As+H_2S$	pH=0.113	—
28	$FeAsS+2H^++2e \Longrightarrow Fe+As+H_2S$	$E=-0.401-0.0621pH$	-0.401
29	$FeAsS+H^++2e \Longrightarrow Fe+As+HS^-$	$E=-0.0612-0.0311pH$	0.612
30	$Fe^{2+}+As+S+2e \Longrightarrow FeAsS$	$E=0.133$	0.133
31	$Fe^{2+}+H_3AsO_3+SO_4^{2-}+11H^++11e \Longrightarrow FeAsS+7H_2O$	$E=0.269-0.0621pH$	0.269
32	$Fe^{2+}+H_3AsO_3+S+3H^++5e \Longrightarrow FeAsS+3H_2O$	$E=0.190-0.0373pH$	0.190

目前，电位-pH 图在浸出体系中已有一定的研究基础与应用，但尚未有文献系统研究生物浸金体系中的电位-pH 图。李超等根据各反应的平衡电位和溶液 pH 值绘制了 313K 温度下适宜生物氧化的电位-pH 图，将为难处理金矿的生物氧化过程提供重要的热力学依据。

难处理金矿生物浸出体系中存在着由 Fe、S 及 As 元素结合形成的各种化合物，包括浸出到溶液体系的三价砷离子的毒性会影响细菌的活性，故用于生物浸出的菌种需经过长期的驯化过程培养其高耐砷性。正确应用电位-pH 图可以了解如下几个方面的内容，有助于研究生物浸出体系中的过程。首先，黄铁矿和毒砂的稳定性。根据电位-pH 图可知该矿物稳定存在的条件，促使其被溶解从而解离出金的工作环境条件。其次，黄铁矿、毒砂体系各元素的氧化物和氢氧化物的稳定性。根据电位-pH 图可知金属离子水解的条件，可明确生物氧化过程中一定条件下各离子的溶出状态。最后选择还原剂和氧化剂。根据电位-pH 图可以选择合理的还原剂和氧化剂，使得各物质由存在形态转换为所需的形态，判定影响生物氧化的沉淀及不溶物溶解或者无法形成的可控条件。由图 6-13 中 313 K 温度下 Fe-H_2O 体系电位-pH 图可以看出，图中虚线对应的电化学反应分别为 $O_2+4H^++4e \Longrightarrow 2H_2O$ 和 $2H^++2e \Longrightarrow H_2$，矿浆的氧化还原电位及酸度较高，金精矿在生物氧化时，矿物中的铁主要以 Fe^{2+} 的形式析出，并作为细菌生长繁殖的能源物质之一，浸出后期，高铁离子会水解形成铁的氢氧化物。

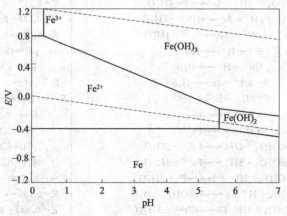

图 6-13　313K 温度下 Fe-H_2O 体系电位-pH 图

　　由图 6-14 中 313K 生物浸出温度下 S-H_2O 体系的电位-pH 图可以看出。在较低电位下，会以 H_2S 和 HS^- 形式稳定存在，电位较高时，以 HSO_4^- 和 SO_4^{2-} 等稳定化合物的形式存在。元素硫的稳定区较小且电位较低，故元素硫不稳定，当电位增大便会被氧化为硫的其他化合物。

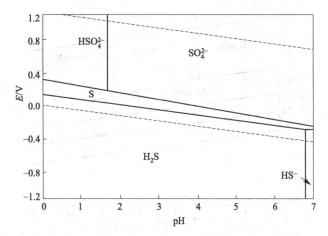

图 6-14　313K 温度下 S-H_2O 体系电位-pH 图

　　由图 6-15 中 313K 温度下 FeS_2-H_2O 体系的电位-pH 图可以看出，在一定的电位和 pH 值范围内，黄铁矿及其各组成元素的某一存在形式都有一个稳定存在的区域。黄铁矿的稳定区由图中粗线围成。图中细虚线所围成区域为细菌活动区，可见细菌活动区和氧线均处于黄铁矿氧化区，故黄铁矿在热力学上能被细菌浸出。

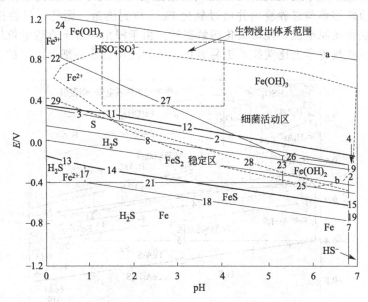

图 6-15　313K 温度下 FeS_2-H_2O 体系电位-pH 图

　　由图 6-16 中 313K 温度下 As-H_2O 体系的电位-pH 图可以看出，处于较低的氧化还原电位时，以三价的形式存在，即图中所示的 H_3AsO_3，且 H_3AsO_3 的稳定区域的 pH 值范围较广，但电位范围较窄。当处于较高的电位且酸度较高的情况下时，As 会以形式稳定存在，随着 H_3AsO_3 值的增大，As 则会以 $H_2AsO_4^-$ 和 $HAsO_4^-$ 形式存在，其中的 As 均为五价。本研究中电位较高，不在 As 元素稳定区，会被氧化形成 $HAsO_3$，甚至进一步氧化形成 H_3AsO_3 等。

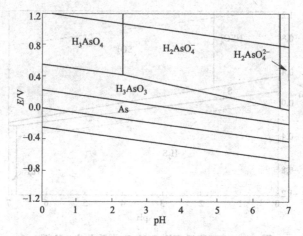

图 6-16 313K 温度下 As-H_2O 体系电位-pH 图

由图 6-17 中 313K 温度下 FeAsS-H_2O 体系的电位-pH 图可以看出，砷黄铁矿的稳定区为图中粗线所围成区域。由于细菌作用氧化矿物时，其最终电子受体均为氧，而从图中明显可以看出，氧线（图中下虚线）处于毒砂的氧化区内，说明细菌氧化毒砂存在的可能性。图中细菌的活动区和氧线正处于毒砂的 Fe^{2+} 氧化区，说明经耐砷驯化后的细菌能够参与毒砂浸出并通过氧化 Fe^{2+} 得到能量。因此，只要控制浸出体系中适当的氧化还原电位，便可氧化溶解毒砂。由于浸出条件下毒砂电位均低于黄铁矿，证明毒砂在热力学上比黄铁矿更易氧化。细菌浸出毒砂在细菌浸出过程中，随着

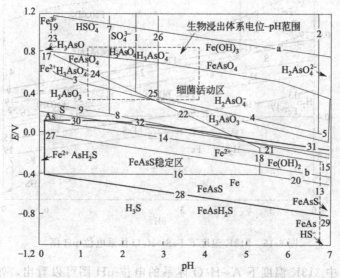

图 6-17 313K 温度下 FeAsS-H_2O 体系电位-pH 图

浸出体系氧化还原电位的不断升高，溶液中会产生 $FeAsO_4$ 沉淀，该沉淀可能会覆盖在矿物表面，阻碍矿物的进一步氧化浸出，浸出过程中保持较高的酸度可以减少或延缓 $FeAsO_4$ 的产生，从而有利于矿物的浸出。

6.2.8 金蝉药剂浸出

6.2.8.1 基本原理

金蝉药剂由广西森合矿业科技有限公司生产，"金蝉"采用尿素、烧碱、纯碱、硫化碱等普通化工原料和适宜的催化剂经粉碎、混合后置于反应釜中，经高温反应得到的三聚氰酸钠、碱性硫脲及稳定剂的混合物，在常温常压下，碱性介质中可与金、银形成稳定配离子。该试剂浸金速度快、浸出率高及浸出过程低毒环保，其碱性条件下有利于设备选用，是一种较好的替代氰化钠的提金试剂。此试剂可在不改变原有氰化提金工艺、设备的前提下，较好地满足工艺流程的要求。

6.2.8.2 研究现状

吕超飞等针对某难处理金精矿进行了"金蝉"浸金试验研究。该金精矿为含铜、含砷及微细粒包裹型的难处理金精矿。考察了"金蝉"用量、浸出时间、矿样粒度及类型等因素对金、银浸出效果的影响，以及"金蝉"浸金和常规氰化浸金的对比。其结果表明：在一定条件下，"金蝉"对金的浸出率优于常规氰化浸出，可达 96% 以上；但其试剂的消耗量略大，可采用置换后溶液调浆浸金降低"金蝉"消耗量，提高其同氰化法竞争的优势。

经济预算表明，处理 1t 金精矿（干矿）的直接经济效益为"金蝉"浸金 249.5元，氰化浸金 161.5 元。"金蝉"浸金的经济效益比常规氰化法高 88 元/t，可见环保型"金蝉"浸金比传统的氰化浸金具有明显优势。

另外，"金蝉"浸金后，由于采用锌粉还原金，所以置换后液循环到一定周期后，溶液中锌含量会增加，有可能以偏锌酸钠形式析出，同时还可能影响金的浸出效果。因此，可定量抽出部分溶液回收其中的锌，析出锌后溶液继续返回调浆过程。"金蝉"浸金尾液的处理比氰化法简单，无需进行复杂的脱氰过程，处理成本低，这也是其提金的优势。因此，从宏观角度分析，环保型"金蝉"浸金要优于氰化法。

吉林板庙子矿业有限公司将金蝉试剂与氰化钠进行了对比试验。该矿矿石工艺类型为贫硫化物微细粒全氧化含金矿石，矿石中矿物组成较简单，金属硫化物为毒砂、黄铁矿，偶尔可见有黄铜矿、方铅矿、闪锌矿、辉锑矿等，金属氧化物主要为褐铁矿、少见有磁铁矿、赤铁矿等；非金属矿物主要为石英，少量的长石、碳酸盐、绿泥石、绢云母等。研究表明，金蝉对原矿的平均试验浸出率为 75.17%，而相同药剂用量的氰化钠平均浸出率为 85.34%。用金蝉浸出较氰化钠的浸出效果相差 10.17%，虽然新型药剂金蝉的毒性较低，在安全环保方面有一定的优势，但是由于金蝉浸出效果较氰化钠相差太多，金蝉的效益不如使用氰化钠，故认为新型药剂金蝉不具取代传统药剂氰化钠的可能性。但发现金蝉在对含硫原矿的硫氧化率有所提高，即对高硫原生矿的氧化有一定的促进作用。另外，金蝉试剂给广大金矿企业提供了一定的参考，给其他金矿企业降低环保压力找到了一个可以借鉴的途径。

第7章

难浸金矿石预处理

随着易处理金矿的不断开采，可直接氰化提取的易浸金矿资源日趋枯竭，难浸金矿石已成为金矿的重要新资源。全世界至少有 1/3 以上的金产自难浸金矿床。在我国，现已探明的难处理金矿储量达 700t 以上，存在选冶联合金回收率低和氰化物耗量高等问题，提高难浸金矿的资源回收率是我国黄金工业迫切需要解决的技术难题之一。

难浸金矿石指用常规氰化工艺不能将矿石中大部分金顺利提取出来的金矿。金的氰化浸出率是金矿石难浸度的判别依据，根据氰化浸出率不同，将金矿石划分为以下四个等级，如表 7-1 所列。

表 7-1　金矿石可浸性分类

金氰化浸出率/%	<50	50~80	80~90	90~100
可浸性	极难浸金矿石	难浸金矿石	中等难浸金矿石	易浸矿石

金矿石难浸的原因包括以下几点。

(1) 物理性包裹　矿石中金呈细粒或次显微细粒状被包裹或浸染于硫化矿物（如黄铁矿、毒砂、磁黄铁矿）、硅酸盐矿物（如石英）中，或存在于硫化矿物的晶格结构中，即使用细磨办法也难以解离，导致金不能与氰化物接触。

(2) 耗氧耗氰矿物的副作用　矿石中存在的砷、铜、铁、锑、锰、铝、锌、镍、钴等金属硫化物和氧化物，它们在碱性氰化物溶液中具有较高的溶解度，大量消耗氰化物和溶解氧，形成各种氰化配合物和 SCN^- 配合物，影响金的氧化和浸出。

(3) 金颗粒表面被钝化　矿石氰化过程中，金粒表面可生成硫化物膜、过氧化物膜、氧化物膜、不溶性氰化物膜等，使金表面钝化，显著降低金粒表面的氧化和浸出速度。

(4) 碳质物等的"劫金"效应　矿石中存在的活性炭、腐殖酸、石墨和黏土等易抢先吸附被氰化浸出的金，使金损失在氰化尾矿中，严重影响金的回收。

(5) 呈难溶解的金化合物存在　某些矿石中金呈锑化物（如锑金矿、锑银金矿、锑铜金矿）、固溶体银金矿及其他合金形式存在，它们在氰化物溶液中作用缓慢，难以浸出。

为了提高金的回收率，需要在金矿氰化浸出之前进行预处理。不同的矿石类型有不同的预处理方案，如表 7-2 所列。

表 7-2　难浸金矿石类型及预处理方案

矿石类型	难浸原因	预处理方案
黄铁矿/毒砂/雄黄/雌黄/硫砷锑矿型	硫化物中的亚显微金	加压氧化、焙烧、硝酸氧化、生物预氧化
磁黄铁型	硫化物中的次显微金包裹体	加碱预充气氧化、生物预氧化
硫盐型	金与硫盐(如硫锑银矿)共生	氯化法、氧化法
碲化物型	金-碲矿物	氯化法、氧化法
炭质金矿型	炭质物的"劫金"效应	物理或化学钝化法除碳
难浸硅质矿型	金与石英、玉髓或非晶质石英的亚微粒级共生	无经济可行的方法

7.1　焙烧预处理

7.1.1　基本原理

焙烧法是最早应用于难浸金矿预处理的方法，通常在高温条件下，用空气或富氧焙烧，使矿石中的硫和砷分解为 SO_2 和 As_2O_3，使碳质物氧化失去活性，得到疏松多孔的焙砂，从而暴露出矿石中的金，为后续的氰化浸金创造有利条件，产生的 SO_2 和 As_2O_3 可通过烟气回收工艺综合利用。焙烧法特别适用于既有硫化物包裹金，又有碳质物"劫金"的难处理矿石。

根据焙烧的条件不同，可分为氧化焙烧、加钙焙烧、闪速焙烧、真空挥发脱砷焙烧、微波焙烧等方法。

(1) 氧化焙烧　反应温度一般为 450~750℃，其基本反应为：

$$4FeS_2 + 11O_2 \longrightarrow 2Fe_2O_3 + 8SO_2 \tag{7-1}$$

$$2FeAsS + 5O_2 \longrightarrow Fe_2O_3 + As_2O_3 + 2SO_2 \tag{7-2}$$

硫化矿的氧化焙烧是个十分复杂的过程，黄铁矿的变化一般为黄铁矿-磁黄铁矿-磁铁矿-赤铁矿，毒砂分解的中间产物包括 As_4S_4、As_2S_3、AsS、As_2O_3、As_4、As_3、As_2 等；矿石中的硫在 650℃ 以下可以被氧化，而碳质物的氧化温度接近 730℃。控制合理的焙烧温度，选择适宜的焙烧工艺，对金矿的氰化浸出尤为关键。

(2) 加钙焙烧　加钙焙烧固硫砷是在传统焙烧法的基础上发展起来的新工艺，既保留了氧化焙烧的优点，又能将硫和砷固定在焙砂中，从而避免了环境污染，减轻了烟气处理负担，具有良好的发展趋势。其基本原理是含金硫化矿精矿与石灰加水混合，制成球团后送入焙烧炉中以 500℃ 焙烧，发生的主要反应如下：

$$CaO + H_2O \longrightarrow Ca(OH)_2 \tag{7-3}$$

$$Ca(OH)_2 \longrightarrow CaO + H_2O \tag{7-4}$$

$$2CaO + 2SO_2 + O_2 \longrightarrow 2CaSO_4 \tag{7-5}$$

$$4CaO + 2As_2O_3 + 3O_2 \longrightarrow 4CaAsO_4 \tag{7-6}$$

加钙焙烧法与传统的氧化焙烧法比较，除焙烧前需添加石灰制球团外，其他的工艺流程均相同。用加钙焙烧法得到的焙砂和浸渣中，所含的有毒有害物质是环境保护法规允许的不溶解状态；炉气和矿渣均无污染，可直接排放。该工艺简单，石灰低廉易得，特别适用于处理同时含有碳、砷、硫的细粒浸染型难浸金矿。

（3）闪速焙烧　在闪速焙烧炉内，热空气通过一个喷嘴从炉底进入炉内，原料则从喷嘴上方直接进入热空气流中，小颗粒立即被气流夹带并反应，大颗粒向喷嘴方向下落，在喷嘴处遇到高速气流后再被气流夹带，随着向炉内方向的喷射床变稀薄，便达到了平衡。闪速焙烧炉具有悬浮系统，被处理的物料由气流承载，因此停留时间很短，减少了金包裹在中间产物如 Fe_2O_3 中的可能性。闪速焙烧炉单条生产线处理能力大，投资和成本低，在难浸金矿焙烧中是取代回转窑、沸腾炉的理想设备。

（4）真空挥发脱砷焙烧　真空挥发脱砷法是基于在真空条件下，毒砂热分解时形成的砷和砷硫化物具有较高的蒸气压而挥发的特点，在真空条件下对砷金矿脱砷的一种有效方法。在有黄铁矿存在时，加热时析出的硫、砷形成的砷硫化物或砷单质，可用冷凝器冷凝沉积，排除的气体不需要专门净化，节约了烟气处理成本。

（5）微波焙烧　微波焙烧法是根据在微波场中矿物的升温速率不同，选择性加热部分金属矿物，使不同矿物之间形成明显的局部温差，利用产生的热应力使矿石表面产生裂隙，促进金矿物的单体解离，增加金与氰化浸出液的接触面积，从而提高金的浸出率。

7.1.2　研究现状与生产实践

焙烧氧化法是最传统的预处理方法，在 20 世纪初期就已投入到工业化生产，一直作为处理高砷硫金矿等难处理金矿资源的主要手段，目前世界各主要产金区几乎都仍有为数不少的企业在使用这种预处理方法。焙烧氧化法是一种技术可靠、操作简单、适应性强的预处理方法，既可用于原矿处理，亦可用于精矿处理。

焙烧预处理工艺对温度的控制要求很高，若控制不好，会导致过烧或欠烧，影响金的氰化浸出率。过烧造成金损失的原因是金粒包裹在焙烧形成的不透性物相中，因为 As_2O_3 和 Fe_2O_3 反应生成缺乏渗透性的砷酸铁（$FeAsO_4$）覆盖在金的表面，阻碍金与氰化物的反应，同时生成的赤铁矿形成物理包裹，矿石内孔隙被烧结封闭，造成"二次难浸"。欠烧则是由于硫化物分解不充分，金未完全暴露出来。同时，随着国家对环境保护越来越重视，对废气、废水和废渣的排放控制越来越严格，近年来，出于对高效环保的需要，科研工作者们对焙烧工艺进行了一定改进，在传统的焙烧工艺基础上，发展了循环沸腾焙烧、两段焙烧、富氧焙烧、加钙焙烧、闪速焙烧和微波焙烧等新工艺，较好地减少了环境污染，提高了金的回收率，降低了投资和生产的成本，使焙烧法更广泛地应用于难浸金矿石的预处理过程中。

焙烧氧化法重新焕发活力是从 1989 年第一台工业规模的循环沸腾炉的金矿石焙烧厂在澳大利亚卡尔古利顺利投产开始的。该厂最大设计处理能力为 575t/d，处理含硫 3% 的金精矿。与传统沸腾焙烧相比，循环沸腾焙烧固体物循环更高，流态化更强，系统作业更稳定。循环沸腾焙烧炉用于难浸金矿的预处理有以下优点：给料粒度范围大，去碳彻底，硫完全氧化，金的回收率高，可以很好地实现余热回收、烟气处理乃至无污染焙烧，与加压氧化法相比投资和生产成本较低。

根据金矿石含砷的高低，焙烧氧化工艺可选用一段焙烧法或二段焙烧法，对于含砷低的金矿石（或精矿），选用一段焙烧法脱硫除碳；对于含砷高的矿物，一般采用两段焙烧工艺，根据砷和硫的升华温度不同，在一、二段控制不同的温度实现先脱砷再脱硫。第一段在较低温度下（450～550℃）控制弱氧化或中性气氛焙烧脱砷和部分硫，毒砂、黄铁矿转变成磁铁矿和磁黄铁矿，得到砷含量较低的焙砂；第二段在较高温度（650～750℃）的氧化性气氛中氧化彻底脱硫除碳，磁铁矿和磁黄铁矿转变成赤铁矿。两段焙烧又称为中性-氧化二步焙烧法，含砷难浸金矿石（或精矿）两段焙烧的原则流程示于图 7-1。

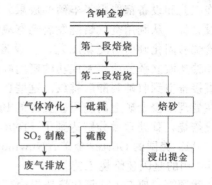

图 7-1　含砷难浸金矿石两段焙烧原则流程

富氧焙烧法则是将传统焙烧法中的空气换为氧气，这样就大大缩短了焙烧氧化反应时间，而且能为硫酸厂提供高纯度的二氧化硫，同时大大改善了传统焙烧法对环境的危害，生成的焙砂也极有利于后续的浸出。但是该方法需要配备相关的制氧设备，生产运转和设备的费用都比较高。

加钙焙烧应用于难浸金矿预处理过程中是 20 世纪 90 年代由 Nysbar Kafui 和 Tsylot P R 首次研究开发的，美国的 Cortes 金矿是世界上第一家应用加钙焙烧进行金矿预处理的工厂。该金矿含 Au 4.39g/t、As 0.12%、S 1.5%、C 1%，为含硫含碳的双重难浸金矿，该厂的磨矿和焙烧工序都处于闭路循环状态，保证了金的浸出效果，金的总回收率达80%。

用真空挥发脱砷焙烧处理高砷硫金矿研究较多的国家是前苏联。20 世纪 50～60 年代，前苏联就开展了大量砷金矿的真空冶金研究工作；20 世纪 70 年代初，Ncakoba P A 等作了进一步的研究。实验室及扩大试验研究表明：在真空下加热时，毒砂分解主要析出单质砷以及在残渣中生成磁黄铁矿。毒砂及黄铁矿混合物在真空中加热时，砷蒸气与元素硫作用形成砷的硫化物，它很易冷凝。他们做的实验结果为：含 20～280g/t Au、6%～33% S、2%～33% As 的精矿，在 650～700℃，炉子残压为 0.67～1.33kPa 下，As 的升华率＞95%，残渣含 0.2%～0.5% As，升华物中含 64%～99% As 和 0.32%～1.00% S，并不依原始精矿中的含砷量为转移。为了在实际中实现在真空下从散料中升华易挥发性组分这一工艺，前苏联哈萨克共和国科学院冶金与选矿研究所、国立稀有金属科学研究所、中亚有色金属研究所等一起研究并试验了在工厂条件下的连续生产设备，即一个生产率为 5 t/d 的密封加热的振动运输器。试验表明，在 660～700℃，残压 6.67～9.31kPa 下，As 升华率为 93%～95%，过程中 91.8%～92% Au 进入焙砂，7.8%～8% Au 进入烟尘，0.5% Au 进入冷凝物。苏联在 1983 年还报道了重选精矿在 700℃，1.33kPa，生产率 3 t/d 的连续振动装置中，As 挥发率为 97%，99.8% Au 留在渣中，0.2% Au 转入烟尘，冷凝物中有微量残留。我国也对应用真空技术处理高砷硫化金精矿开展了研究。吴国元等用真空炉处理了湖南黄金洞的高砷硫化金精矿，在 700～750℃、66.7～266.7kPa 真空度、40min 时，As、S 的脱除率分别达 95% 和 80% 以上。脱砷后，精矿中残留 0.2%～0.6%As，冷凝物中 As、S 含量分别为 60%～90% 和 1%～10%。X 衍射分析 As、S 主要形态为如 As_2S_3 和 As_4S_4。

随着科学技术的不断进步以及市场的需求，焙烧氧化法近年来得到了新的发展，焙烧工艺和设备都取得了丰硕的成果。在工艺方面，从一段焙烧发展到二段焙烧甚至多段焙烧，从利用空气焙烧发展到富氧焙烧和烟尘热交换预热空气，开发出了循环沸腾焙烧和固化砷硫焙烧新工艺；在设备方面，主要是德国鲁奇（Lurgi）式循环沸腾炉和瑞典波立登公司研制成功的密闭收尘系统在金矿中的成功应用；烟气处理方面，从直接排空到收砷制酸后排放。这些新工艺和新设备的应用，极大地推动了焙烧氧化法在处理难浸金矿上的应用。美国的 Big Springs 金矿和 Jerritt Canyon 金矿采用的是两段焙烧，日处理量分别达到了 1100t 和 4000t，印度尼西亚的 PTNMR、澳大利亚的 Gidji、美国的 Gortez 金矿、Newmont ROTP 等企业用的都是原矿循环沸腾焙烧，Fuller 用的是闪速焙烧工艺。

我国第一座 50t/d 氧化焙烧提金厂于 1986 年在山东国大黄金股份有限公司建成投产，一段焙烧可以处理铜或多金属的复杂金精矿，但不能处理含砷难浸金矿。2002 年 5 月，山东国大黄金冶炼厂采用国内研发的技术，在原一段焙烧工艺的基础上，改造建成了我国第一座二段沸腾焙烧工艺的黄金冶炼厂，用来处理含砷难处理金精矿。2004 年，山东烟台恒邦冶炼股份有限公司引进瑞典波立登公司两段焙烧处理含砷金精矿专利技术，潼关中金冶炼有限责任公司也从瑞典奥图泰引进了该技术。目前，我国已有 12 座以上的焙烧冶炼厂采用流态化床的沸腾焙烧方式处理复杂金精矿，这些冶炼厂的焙烧工艺既有一段焙烧，也有二段焙烧。其中，采用一段焙烧工艺的总生产能力达 4100t/d 以上；采用二段焙烧提金的生产能力达到 1000t/d 以上；正在规划建设一段或二段焙烧氧化的生产规模达 500t/d 以上。国内主要采用焙烧氧化预处理金精矿的冶炼企业见表 7-3。

表 7-3　我国主要采用焙烧氧化预处理金精矿的冶炼企业一览

企业名称	规模/(t/d)	技术来源	焙烧段数
山东国大黄金冶炼厂	800	国内科研单位与企业合作开发	一段焙烧主要处理含铜硫复杂金精矿
山东恒邦黄金冶炼公司	860	国内技术开发	
河南中原黄金冶炼厂	800	国内设计院与企业合作开发	
河南灵宝黄金冶炼厂	850	国内技术开发	
灵宝开源黄金冶炼厂	150	国内技术开发	
灵宝博源黄金冶炼厂	150	国内技术开发	
河南金源晨光黄金冶炼厂	150	国内技术开发	
潼关中金冶炼公司	150	国内技术开发	
山东国大黄金冶炼厂	150	国内研究院与企业合作开发	二段焙烧主要处理含砷高硫金精矿
山东恒邦黄金冶炼公司	380	瑞典波立等引进＋消化吸收	
潼关中金冶炼公司	200	瑞典奥图泰引进技术	
招金星塔黄金冶炼厂	100	国内研究院合作开发	
紫金矿业黄金冶炼厂	200	国内研究院合作开发	
青海大柴旦矿业公司	300	国内研究院合作开发	
中南黄金冶炼公司	200	引进消化技术	

另外，我国针对低硫化物、含砷、含碳、微细粒包裹型金矿石的原矿直接焙烧技术目前也取得了重大成果。长春黄金研究院研发出内循环式沸腾焙烧炉，并采用欠氧高温焙烧、砷硫固化自洁和焙砂固气交换余热利用技术，形成了具有完全自主知识产权的原矿干式磨矿、沸腾焙烧、氰化炭浆法提金的新工艺。利用此技术在贵州省龄西

南州紫木凼金矿建成了年处理 33 万吨含砷难处理金矿石的焙烧提金生产厂，该原矿经沸腾焙烧预处理后，金浸出率由直接氰化的低于 10％提高到 82％以上，原矿中砷的固化率达 98％以上，硫的固化率达 90％以上。

微波焙烧技术近年来有了很大的进展，加拿大艾玛（EMR）微波公司 1994 年研制开发了微波焙烧含砷难处理金矿石的工艺，并建成日处理 10t 的微波焙烧厂进行了半工业化试验，并取得了较好的效果。Kyuesi 和 Haque 等都对微波在含砷难处理金矿提金过程中的作用进行了研究，而且 Haque 对毒砂和黄铁矿包裹的金精矿利用微波进行处理，金的氰化浸出率达到了 98％。我国对微波焙烧技术的研究开展的较早，1997 年长春黄金研究院与吉林大学等单位合作，对乌拉嘎金矿金精矿进行了较系统的微波焙烧试验研究，同年河北沙坡峪金矿进行了 20t/d 的微波焙烧工业试验；四川某金矿对含 As 1.12％、C 2.87％的难浸金精矿进行了多条件微波焙烧试验，常规氰化金浸出率达到 86.5％；刘全军等采用微波预处理含 S 7.77％、C 2.96％的贵州戈塘金矿石后，金的氰化浸出率提高了 86.53％。魏明安、马少健等对微波预处理金精矿也进行了研究，取得了较好的效果；地矿部矿产综合利用研究所近年来对难处理金矿进行微波焙烧处理后氰化提金试验研究，金的浸出率都大于 90％。

传统的焙烧法目前具有一定的优势，但从长远来看，该技术受硫酸市场波动、砷回收后的处置与销售以及国家节能减排对烟气总排放量等因素的制约和限制越来越明显，同时有些金属如银的回收率较低，也使其在综合回收方面存在缺陷。

7.2　加压氧化预处理

7.2.1　基本原理

加压氧化又称热压氧化，是在一定的温度（170～225℃）和压力（总压 1～4MPa）下，加入酸或碱进行氧化分解难浸金矿中的砷化物和硫化物，使金颗粒暴露出来，便于后续氰化浸出的预处理方法。加压氧化方法除了对含有较高有机碳的原料处理效果不好之外，对各种矿石和精矿的适应性都很强，对物料组成敏感性低，无论硫、砷品位高低以及有害干扰杂质元素锑、铅的多少，该工艺都可以适应。该方法是一种湿法工艺流程，反应速度快，预氧化时间短，通过加压氧化作用，氧化黄铁矿和毒砂后的产物都是可溶的，反应较为彻底，金的回收率较高，氧化过程不产生烟气污染问题，产生的废渣以较为稳定的砷酸盐沉淀形式存在，环保风险小，属于环境友好型工艺。但是，该工艺目前尚无合适的方法综合回收利用砷、硫矿物，同时在预氧化过程中由于银总是损失在黄钾铁矾中造成银回收率较低，而且要注意控制温度和氧分压，避免元素硫生成，对设备材质要求高，投资大，生产成本高，因此加压氧化工艺更适合规模大或者品位高的大型金矿，处理能力应在 1200t/d 以上。

加压氧化过程所用的溶液介质，是根据物料的性质来选定的。当金矿的脉石矿物主要为酸性物质（如石英、硅酸盐等）时，多采用酸法加压氧化；当脉石矿物主要为碱性物质（如含钙、镁的碳酸盐）时，则采用碱法加压氧化。

在酸性介质中，加压氧化过程主要包括黄铁矿和毒砂等硫化矿物的氧化分解和铁、砷离子的水解沉淀两个步骤。硫化矿物氧化分解发生的主要反应如下：

$$FeS_2 + 14Fe^{3+} + 8H_2O \longrightarrow 2SO_4^{2-} + 15Fe^{2+} + 16H^+ \tag{7-7}$$

$$FeS_2 + 2Fe^{3+} \longrightarrow 2S^0 + 3Fe^{2+} \tag{7-8}$$

$$FeAsS + 7Fe^{3+} + 4H_2O \longrightarrow AsO_4^{3-} + 8Fe^{2+} + S^0 + 8H^+ \tag{7-9}$$

$$FeAsS + 13Fe^{3+} + 8H_2O \longrightarrow AsO_4^{3-} + 14Fe^{2+} + SO_4^{2-} + 16H^+ \tag{7-10}$$

$$4Fe^{2+} + O_2 + 4H^+ \longrightarrow 4Fe^{3+} + 2H_2O \tag{7-11}$$

其中，铁离子是硫化矿氧化反应的氧化剂或氧的传递剂，对硫化矿物的氧化分解有促进作用。

低酸度条件下，铁离子发生水解，形成水合氧化铁，或者发生成矾反应，形成碱式硫酸铁、水合氢黄钾铁矾沉淀，发生的化学反应如下：

$$2Fe^{3+} + (3+n)H_2O \longrightarrow Fe_2O_3 \cdot nH_2O + 6H^+ \tag{7-12}$$

$$Fe^{3+} + SO_4^{2-} + H_2O \longrightarrow Fe(OH)SO_4 + H^+ \tag{7-13}$$

$$3Fe^{3+} + 2SO_4^{2-} + 7H_2O \longrightarrow (H_3O)Fe_3(SO_4)_2(OH)_6 \downarrow + 5H^+ \tag{7-14}$$

砷化合物氧化生成的砷酸根生成砷酸铁或臭葱石沉淀，主要的化学反应包括：

$$Fe^{3+} + AsO_4^{3-} \longrightarrow FeAsO_4 \downarrow \tag{7-15}$$

$$Fe^{3+} + AsO_4^{3-} + H_2O \longrightarrow FeAsO_4 \cdot H_2O \downarrow \tag{7-16}$$

由上述反应可以看出，酸性介质中金矿加压氧化产生的浸渣主要由脉石成分、铁氧化物和砷酸铁等组成，金充分暴露，易于被氰化浸出。

在碱性介质中，黄铁矿和毒砂氧化生成铁氧化物和可溶性硫酸根、砷酸根，化学反应如下：

$$4FeS_2 + 16OH^- + 15O_2 \longrightarrow 2Fe_2O_3 + 8SO_4^{2-} + 8H_2O \tag{7-17}$$

$$2FeAsS + 10OH^- + 7O_2 \longrightarrow Fe_2O_3 + 2AsO_4^{3-} + 2SO_4^{2-} + 5H_2O \tag{7-18}$$

经碱性加压氧化处理后，浸渣主要由脉石成分和铁氧化物等组成，硫酸根和砷酸根一般都进入溶液。

从上述反应中可以看出，无论是酸性还是碱性加压氧化，生成的产物都较稳定，不会造成污染，反应生成的沉淀物组成及性质、砷和铁的沉淀率与原矿组成性质以及操作的温度、压力、矿浆液固比等参数有关。在反应中需要注意避免元素硫的产生。加压氧化在温度为 $100 \sim 160℃$ 时可能形成单质硫；而硫在温度为 $120 \sim 160℃$ 时，呈熔融状态捕集包裹未反应的硫化物，阻碍硫化物的进一步氧化，从而会影响金的浸出率；当温度超过 $160℃$ 时，硫会进一步氧化为硫酸，因此高温高氧分压有利于抑制单质硫的产生，温度最好控制在 $160℃$ 以上。

7.2.2 研究现状

加压氧化预处理难浸金矿的过程是：难处理金矿或金精矿再磨后调浆，泵入高压釜通氧进行加压氧化浸出。一般控制的技术条件为：温度 $170 \sim 225℃$，氧分压 $0.35 \sim 1.00MPa$，浸出时间 $45 \sim 200min$。加压氧化浸出后的矿浆经浓密机多段洗涤，一部分浓密机溢流返回继续加压氧化，其余部分中和处理后再利用；浓密机底流则进入氰化提金流程。由于氧化浸出后矿浆固体颗粒很细，一般采用炭浆吸附法或炭浸法，金的回收率达 95% 以上。由于硫化物氧化产生反应热，含硫 $4\% \sim 5\%$ 的矿石可实现自热。工艺的生产费用主要是氧气消耗（约占 60%）和中和费用（约占 25%）。

毒砂型金精矿加压氧化酸浸预处理的工艺流程如图 7-2 所示。

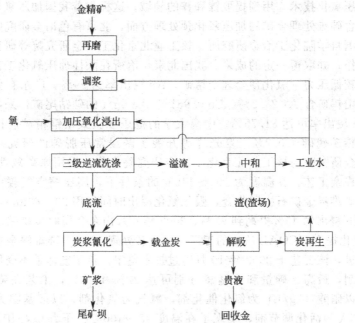

图 7-2　毒砂型金精矿加压氧化酸浸预处理工艺流程

　　加压氧化工艺成功用于难浸金矿工业生产只有 30 年的历史，1985 年美国加利福尼亚州 Homestake 矿业公司的麦克劳林（Mclaughlin）金矿建立了世界上第一家采用加压氧化预处理工艺的工厂，用于处理含砷硫难浸金矿石，日处理矿石 2700t。含 S 3%、Au 5.8g/t 的黄铁矿型金矿石细磨后，在进入高压釜前用洗涤氧化矿浆得到的酸性液处理，使物料中的大部分碳酸盐分解，然后进入 3 台直径 4.2m、高 16.2m 的高压釜中加压氧化，在温度 160～180℃、氧分压 140～280kPa、停留时间 90min 的条件下氧化，硫的氧化率达到 85% 以上，预处理后再去氰化，金回收率达 90% 以上。自此，美国、加拿大、巴西、希腊和巴布亚新几内亚等国家先后建立了至少 15 家以上的加压氧化厂投入运行，该方法也成为一种重要的难浸金矿预处理工艺。世界上主要的加压氧化法处理难选冶金矿的工厂如表 7-4 所示。

表 7-4　世界上主要的加压氧化法处理难选冶金矿的工厂一览

工厂	国家	介质	原料	设计能力/(t/d)	投产年份
Mclaughlin	美国	酸性	原矿	2700	1985
Sao Bento	巴西	酸性	精矿	240	1986
Mercur	美国	碱性	原矿	680	1988
Getchell	美国	酸性	原矿	2730(一期)	1988
Getchell	美国	酸性	原矿	1360(二期)	1990
Gold Strike	美国	酸性	原矿	1500(一期)	1991
Gold Strike	美国	酸性	原矿	10000(二期)	1993
Porgera Joint Venture	巴布亚新几内亚	酸性	精矿	2500	1991
Campbell Red Lake	加拿大	酸性	精矿	70	1991
Olympias	希腊	酸性	精矿	315	1990
Lihir	巴布亚新几内亚	酸性	原矿	9500	1997
Lone Tree	美国	酸性	原矿	2500	1994
Nerco Con	加拿大	酸性	精矿	100	1992

我国新疆阜康镍冶炼厂、金川有色金属公司、吉镍公司和云南澜沧铅锌矿都已经成功地将加压氧化技术应用到提取镍和锌的领域，这标志着我国加压氧化技术已经基本成熟。在含砷难处理金矿的加压氧化预处理方面，北京有色冶金研究院、长春黄金研究院、中国科学院化工冶金研究所、核工业北京化工冶金研究院等研究机构都对此做了大量工作，并取得一定的成果。我国北京化冶所在酸性加压氧化工艺方面做了大量工作，在较低压力下氧化预处理金精矿，Au 浸出率达 99％。广东有色金属研究院对广东莲花山钨矿含 As 20.2％、Co 0.96％、Au 6g/t 的砷钴尾矿，采用酸性加压氧化方法，Au 浸出率可达 81.75％。中南大学的范乐顺就武山铜精矿进行过碱性加压研究，可使精矿残砷<0.2％。夏光祥等开展了碱浸常压脱砷的研究。1997～1999年，长春黄金研究院与核工业北京化工冶金研究院合作，采用原矿碱性加压氧化-釜内强化氰化提金工艺，在温度为 100～140℃ 的条件下，用压缩空气替代纯氧，从吉林省浑江金矿难浸金矿石中回收金，强化氰化浸出时间仅用 20～60min，金浸出率由常规氰化 24h 浸出的 45％提高到 92％。2002 年 6 月山东金翅岭金矿采用压热催化氧化预处理-氰化提金（COAL 法）的工厂建成，日处理 100t 含砷难浸金银精矿，经过一年多的改进，该工艺于 2003 年 10 月通过技术鉴定。该工艺体系不受原料含砷量和含锰量的限制，最高含砷量和含锰量分别可达 22％和 16％，工艺在硫酸（50g/L）介质条件下以硝酸（7g/L）为氧化催化剂，氧气为氧化剂，以多基团大分子网络表面活化剂 SAA 为活化调节剂，实现了在温度 95～100℃、压力 0.4MPa 的工艺生产条件下催化氧化酸浸（国外的热压氧化酸浸工艺要求温度 180～220℃、压力2.2MPa），金回收率达到 95％以上。压热催化氧化预处理-氰化提金的工厂虽然已经在金翅岭金矿投产，尽管该工艺的核心设备高压釜和基建投资分别约为国外的 1/14和 1/10，但基建投资和生产成本还是比较高，目前在处理单一金矿方面还很难与其他工艺竞争，但是在处理高品位多金属精矿方面具有优越性。

7.2.3 生产实践

（1）巴西 Sao Bento 金矿 巴西 Sao Bento 金矿的 Gerais 厂，确定了酸性加压氧化的预处理方法，主要依据是与焙烧相比，金的回收率更高，砷的环境污染问题更容易解决。工艺流程包括自磨、重选、加压氧化、逆流洗涤、中和、炭浆氰化、炭解吸与再生、金熔炼和精炼、尾矿处理。尽管金精矿中砷含量达 10％，处理后金的炭浆氰化浸出率仍可达 92.2％，金的总回收率为 90％，获得良好的技术经济效益。由于Sao Bento 金矿中含有一定量的磁铁矿和少量菱铁矿，1991 年引入了细菌氧化预处理工艺，目前该矿把细菌氧化和加压氧化结合起来处理硫化矿物。难浸金矿先通过一段细菌氧化，工艺条件为在 40℃、pH 值为 2.0，用嗜酸性氧化亚铁硫杆菌氧化近 20天，硫氧化率为 30％，氧化渣再在高压釜中完全氧化。把细菌氧化加入到加压氧化系统后，不但提高了预处理厂的生产能力，而且由于氧化了磁黄铁矿，消除了磁黄铁矿在高压釜中生成有害元素硫的影响，同时细菌氧化分解了菱铁矿，消除了釜内二氧化碳的危害，改善了高压釜的生产指标。

（2）美国 Mercur 金矿 该矿采用碱性加压氧化法预处理难浸的碳质硫化矿和老尾矿，其中含有 2g/t Au、1.6％ S 和有机碳。工厂于 1988 年建成，日处理量为790t，投资 960 万美元，氧气为外购。Mercur 金矿因金被吸附在矿中油页岩和沥青烯上，常规炭浆氰化时金的浸出率只有 35%，同时矿石中含有大量方解石而不宜加压氧化，故在 220℃、3.2MPa、pH＝7～8 的条件下进行氧化，主要氧化黄铁矿以及雄黄、雌黄。因在较高温度下碱试剂的单位消耗量较低，故选用较高温度。由于操作温度高，相应的操作压力也高，所需的氧分压并不高，为了节省作加热用的蒸气，工艺采用三段式矿浆换热，方式为自蒸发-吸收。氧化后的矿浆经自蒸发冷却及水冷却后，进行炭浆氰化浸出，金的浸出率可达 85%。

（3）加拿大 Campbell Red Lake 金矿　该矿为火山岩侵入体和沉积岩的混合型，金与硫化矿共生，硫化矿以黄铁矿为主，也有少量闪锌矿和方铅矿。大部分金以亚微粒形式散布于黄铁矿中，直接氰化浸出率平均为 40%。为了使金微粒从黄铁矿中释放出来，必须完全氧化黄铁矿等硫化矿物。经过深入研究，确定采用浮选-加压氧化浸出预处理的流程，其中矿石的浮选回收率为 88%～98%，加压氧化处理后，金的氰化浸出率为 94%～98%。该厂于 1991 年建成投产，浮选得到的低品位黄铁矿型金精矿，在进入加压氧化处理前，先细磨，使 80% 精矿通过 37μm 筛孔的筛子，加压氧化预处理提金工艺流程如图 7-3 所示。

加压氧化过程如下：来自浓密机的底流泵入四个精矿贮槽中的一个，每个贮槽直径为 16m，

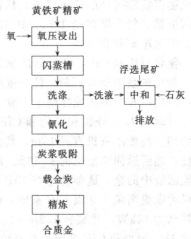

图 7-3　加压氧化预处理提金工艺流程

高为 16m，搅拌电机 75kW。贮槽由碳钢制成，以阴极保护提供抗腐蚀性。精矿在贮槽中混合均匀，以保障进入高压釜中物料的含硫量一致，且四个贮槽能提供 60h 的浸出所需矿量，以防浓密机出现机械故障时可能发生的供料波动。混合物料先泵入三个串联浸出槽，反应除去碳酸盐。每个浸出槽直径 8m、高 8m，搅拌电机 30kW。部分高压釜浸出后的热矿浆以适当比例返回碳酸盐浸出槽，以保持高压釜操作所要求的热平衡和反应条件。由于酸与碳酸盐反应，从这些浸出槽中逸出 CO_2 气体，从而可减少高压釜中惰性气体量，有利于提高氧气的利用率。从第三个碳酸盐浸出槽来的底流，泵入一个不锈钢高压釜供料贮槽，每个直径 8m、高 8m，搅拌机动力 30kW。一个高压釜供料贮槽供给两个高压釜，约可供每个高压釜处理 3h。三个高压釜用于氧化处理黄铁矿精矿。每个高压釜的内直径为 3.75m、长 27m，装有 7 个钛搅拌器，每个搅拌器的动力为 110kW。高压釜外壳为碳钢，内衬铅和耐酸砖，以抗黄铁矿氧化产出的酸的腐蚀和搅拌矿浆的磨损。高压釜内操作压力为 1.8MPa，操作温度 190℃。高压釜分成 5 个隔室，其中第 1 室的容积是其余 4 个室的 3 倍，以确保在第 1 室进料中有足够多的硫反应，使矿浆温度达到操作温度。每个高压釜的总有效工作容积是 160m³，矿浆平均停留时间为 3h。高压釜的进料采用高精度的高压隔膜泵，卸料则通过一个节流阀进入一个直径 3.5m、高 10.5m 的闪蒸槽，矿浆在闪蒸槽中形成蒸气，释放出热量，降温到 95℃。从闪蒸槽出来的矿浆进入一个直径 13m、高 13m 的不锈钢矿浆槽，槽搅拌器的动力为 30kW。部分矿浆返回作为高压釜的进料，剩余部分则进入洗涤系统。

洗涤和中和的操作过程如下：高压釜氧化矿浆溶液中含有酸和溶解的金属离子，需要洗涤除去，而洗涤分离出来的固体则用于氰化提金。矿浆的洗涤在三个逆流洗涤浓密机中完成，每个高效洗涤浓密机的直径为 35m，不锈钢结构。洗涤比为 15：1，使浸出液中 99% 以上的酸和溶出的金属离子进入 1 号洗涤溢流，而 3 号洗涤浓密机的底流则适于随后的氰化提金工序。洗涤浓密机的矿浆温度为 15～30℃。1 号洗涤浓密机的溢流与 CIP（炭浆）浓密机的底流一起进入一个管式反应器。该管式反应器由长 25m、直径 550mm 的不锈钢管构成。进入该管式反应器前，加入 Na_2S，以生成硫化物沉淀除去已溶的汞离子。从管式反应器出来的矿浆进入三个串联的中和槽和两个沉淀槽。每个槽直径 13m、高 13m，搅拌动力为 55kW。充当中和剂的有 CIP 尾矿、浮选尾矿和石灰浆。

氰化浸出和 CIP：洗涤后的氧化矿浆泵入氰化-CIP 体系，以回收固体浸渣中的金。氧化矿浆中加入石灰，使黏度增大，在浸出前将矿浆稀释至固含量 20%～25%。氰化浸出在 6 个串联搅拌槽中完成，每个槽直径 8.7m、高 6.8m，矿浆在每个槽的平均停留时间为 1.5h。在氰化和 CIP 之间设计了 2 个浓密机，获得溢流和底流分别进行处理。高效浓密机直径 15m，其含有高浓度金的溢流进入两套由 5 个炭柱组成的吸附柱，然后返回浓密机的去气槽。此点安装炭柱可快速除去载金炭，快速回收高品位分流溶液中的金，这部分金在 CIP 中回收较困难。炭柱回收了约 75% 的金和银。浓密机的底流则泵入 9 级 CIP 系统，由 9 个炭吸附槽组成，每个直径 7.4m、高 5.7m，搅拌动力 15kW，并装有 1.2m×2.4m 的淹没式级间振动筛。每级 CIP 槽中的停留时间约 1h，浸出和 CIP 系统的总停留时间为 18h。载金炭送炭解吸和电积精炼车间。

炭解吸和电积精炼过程如下：叶轮泵将载金炭从炭吸附柱和 CIP 系统转移到精炼厂。用带有 0.8mm 开孔的聚氨酯板（1.2m×2.4m）制作的振动筛除去载金炭中的水，然后将其送进 10t 贮仓中。载金炭以 10t 批量用改进的 Zadra 过程进行解吸。含 12g/L NaOH 的贫电解液作为解吸液，以每小时 1.5 床体积的流速流过解吸塔。先在 105℃ 下解吸脱去载金炭上的银，然后将温度提高至 140℃，进一步解吸脱除金。解吸银时，大约用 8 个床体积的解吸液，解吸金则用约 12 个床体积。解吸结束时，卸载活性炭上含有 30g/t Au 和 400g/t Ag。解吸产出的贵液泵入直径 9.5m、高 8m 的贵液贮罐。这个大容积贮罐可使进入电解槽的溶液进料成分一致。12 个电解槽分成 4 排，每 3 个串联。每个电解槽放 18 块阴极和 18 块阳极。每块板尺寸为 900mm×900mm，恰好落入一个 40mm 厚的聚氨酯板的箱子中。阴极篮中放有 4kg 不锈钢丝，在电积一定时间后取出代换。阳极由重负载的不锈钢布网构成。当阴极上析出 15kg 金和银后将其取出，放入软管，用高压水冲洗，将松散附在钢丝上的金和银冲进贮存槽中。沉积在电解槽底部的金泥同样转移到这个贮槽中。所有电积得到的金和银用 Perrin 压力过滤机过滤。每排第 1 个电解槽每 4 天彻底清理一次，第 2 个槽每 8 天清理一次，而第 3 个槽每 30 天清理一次。电解后的贫液泵入一个直径 9.5m、高 8m 的贮槽，其溶液用作载金炭的解吸液。电解槽数量和尺寸的选择依据是使贫电解液中仅有极低浓度的金和银，从而减少将载金炭解吸到允许空白值时所需的解吸液体积。来自电解槽的排污溶液，直接返回浸出系统，以免造成金的损失。电解槽还需要有足够大的容积，以能满足高品位矿石引起的波动。高品位矿石可影响活性炭上的载金量及贵液中的金银品位。由于大容积贮槽的缓冲作用，进入电解槽贵液中的金浓度波动范围为 100～300g/L，银浓度波动范围为 90~400g/L。将过滤出的金泥滤饼烘干，然后在一个 1t 容量、150kW 功率的蒸汞炉内加热到 1000℃，蒸出的汞冷凝后收集，作为产品出售。沉淀物与助熔剂混合，在两个 500kg 容量的电炉（功率 425kW）中熔融，并铸成锭。

7.3　硝酸氧化预处理

7.3.1　基本原理

为了显著降低加压氧化预处理的温度和压力，科研工作者研发了硝酸氧化催化系统，使硫化矿物能在较低的温度和压力下快速氧化分解。

硝酸是一种强氧化性酸，研究表明：在 75~85℃ 条件下，用 150~200g/L 硝酸分解含砷浮选金精矿，每吨矿消耗硝酸 100~300kg，如果将溶液中的硝酸盐在 350℃ 脱硝，硝酸耗量可降低 1/2~2/3。

在硝酸介质中通入氧气或使用硝酸盐做催化剂空气氧化，所需要的条件为温度 100℃，压力 400~800kPa，以硝酸做氧的载体氧化硫化矿物，硝酸还原为一氧化氮，经氧氧化后又变为硝酸，相当于硝酸作为催化剂，实现了硫化矿物的催化氧化酸浸。硝酸催化氧化用于含砷含硫浮选金精矿的预处理时，其工艺流程由氧化前酸处理、催化氧化酸浸、固液分离与洗涤、溶液处理及金氰化浸出五个单元操作组成。

硝酸氧化预处理方法的突出优点是浸出速度快（1~3h），空气作为氧化剂，浸出剂（硝酸）可再生，反应设备可采用普通的结构材料，如不锈钢、聚氯乙烯或玻璃钢等。

7.3.2　研究现状与生产实践

硝酸氧化法是一种以硝酸作催化剂，在低温、低压条件下氧化毒砂和黄铁矿的预处理方法，又可细分为 Arseno 法、Nitrox 法、Redox 法等。

Arseno 法是由加拿大阿辛诺（Arseno）矿冶公司研究成功的，是一种在低压低温条件下从难浸含砷金矿石和精矿中提取金的工艺。Arseno 法的操作条件是：温度 80~100℃，压力 400~800kPa，液固比为 6，溶液中还有 96g/L 硫酸和 189g/L 硝酸。反应后，溶液中的硝酸靠新的精矿脱硝成为气态氮氧化物，返回用于浸取，或者靠浸取时控制氧的供应量，使硝酸还原为气态氮氧化物，再返回浸矿，硝酸耗量为每吨矿 5kg 左右。

与焙烧工艺相比，Arseno 法除能提高金的回收率以外，还可省去处理 SO_2 和 As_2O_3 的工序，矿石或精矿中的硫被氧化为硫酸盐，并进一步沉淀为硫酸钙，砷被氧化为砷酸盐，并可加铁沉淀；Arseno 法不需要增加辅助工序即可顺利回收银，浸出过程未形成黄钾铁矾类沉淀，溶解的银容易从溶液中回收。

Nitrox 法的特点是常压操作，使用空气而非氧气，反应生成的氮氧化物均在浸取反应器之外进行氧化再生硝酸，氧化后先进行石灰中和沉淀，再将大部分氮氧化物转变为硝酸钙返回浸取系统循环使用。在常压和 90℃ 条件下，用硝酸处理含砷难浸金矿石 2~3h，就可以使物料中存在的铁、硫、砷和其他贱金属完全氧化，金的浸出率可达 90% 以上。

Redox 法 1994 年开始工业化应用，是 Arseno 法在高温下操作的别名。该方法是在 195～210℃高温下进行，所有氧气由釜底部往上喷入，石灰石注入反应器底部以便中和所生成的部分酸。生成砷酸铁的操作条件是：温度 195～210℃，压力 16～22MPa，物料粒度为 −37μm 占 77%，pH＜1.0，氧化时间 8min，氧化率 90%～99%，循环液中含有 70～110g/L 硫酸和 70～110g/L 硝酸。

与 Arseno 法相比，Redox 法的特点在于以下几点。①在 Arseno 操作条件下，有相当数量的元素硫生成，这严重影响了金的氰化效果，要脱除元素硫，会使工艺过程复杂化；而采用 Redox 法，在 185℃以上进行难浸金矿的预氧化，可消除元素硫的有害影响，但增加了高温高压设备的费用。②在高温操作条件下，硝酸氧化硫化矿物的速度是 Arseno 法的 10 倍。③应用 Redox 法，在高温下硫以硫酸钙形式、砷以水合砷酸铁形式稳定存在，在氧气作用下，硝酸能够很快再生。与无硝酸的加压氧化酸浸工艺相比，Redox 法由于氧化速度极快，可采用管式高压釜，对于含 S 14% 的金矿，鼓入氧气可使反应自然进行，无需矿浆间换热。与细菌氧化工艺相比，Redox 法对矿石成分变化的敏感性低。在经济方面，Redox 法的基建投资和生产成本都比较低，具有显著的优势。

加拿大 City 资源公司采用 Arseno 工艺开发在昆士兰夏洛特岛的圣纳勒金矿，于 1989 年 10 月建成投产。该矿每天开采矿石 6600t，金的入选品位为 2.5g/t，含黄铁矿和白铁矿，常规氧化法难以回收金，采用硝酸氧化法的生产成本约为 207 美元/盎司。1994 年 7 月，哈萨克斯坦的 Bakyrchik 金矿在世界上首次工业上采用 Redox 法处理金精矿，原矿为含砷及含有机碳的微细粒金矿，金品位为 8.49g/t，经浮选富集后得到的精矿用 Redox 法预处理后再氰化提取，生产能力为 0.5t/h，金总回收率为 88%。巴布亚新几内亚的怀特道格金矿采用 Arseno 法在 100℃和 500kPa 下将金精矿氧化后氰化，金浸出率大于 90%。前苏联研究用硝酸处理含砷金矿后浸渣氰化，金回收率可达 95% 以上。我国中南大学在化学常压催化氧化含砷难浸金矿方面做了大量的研究工作，研究采用各种添加剂可使几种含砷难浸金矿经过氧化预处理后金的浸出率达到了 98% 左右。针对甘肃舟曲微细浸染型高砷金矿石，长春黄金研究院采用在 HNO₃ 3mol/L、氧压 0.8kPa、温度 100℃条件下氧化后氰化浸出提金，金总回收率为 86.18%。陕西庞家河金矿的原矿和精矿在温度 80～90℃低压硝酸催化氧化后加压氰化，金浸出率均达 92%。张培根用稀硝酸处理含硫金精矿，添加 (NH₄)₂S 溶剂很好地解决了氧化过程中单质硫的产生，氰化金的浸出率由 66% 提高到 85.8%。

硝酸氧化法的缺点是酸消耗量较大，我国广东有色金属研究院用硝酸氧化法处理新疆哈图金矿的金精矿，硝酸耗量为每吨精矿 639kg，即使增加硝酸回收工艺，硝酸耗量也达每吨精矿 470kg。

7.4 碱浸预处理

7.4.1 基本原理

碱浸预处理的基本原理是在氰化浸出前向碱性矿浆中预先充气，使一些影响氰化浸出的矿物如硫化铁、毒砂、辉锑矿和可溶性硫化物等充分氧化，减少或者消除对后续氰化工艺的干扰，对于含金的毒砂矿物来说，碱浸预处理使其表面氧化形成砷酸盐化合物。碱浸预处理常用的药剂有 NaOH、KOH、Ca(OH)₂ 以及氨水等。

7.4.2　研究现状与生产实践

由于碱浸预处理在生产实践中便于操作和实施，国内外不少学者对其进行了大量的试验研究工作，取得了一定的成果。前苏联有人对难浸含金硫化精矿细磨至 −40μm 后，再用氢氧化钠或氧氧化钾碱法处理分解，取得了较好的效果，通过试验得出 NaOH 最佳用量为 200kg/t 精矿，采用 Na₂CO₃ 和 Ca(OH)₂ 的混合物的效果要比单一使用 NaOH 效果好，碱的消耗量取决于精矿中砷和硫的含量。针对菠尔盖拉精矿采用碱法预处理后，金的浸出率由常规氰化的 25%～30% 提高到 60%～70%，同时发现使用 NaOH 比使用 Na₂CO₃ 或 Ca(OH)₂ 的效果好。我国罗崇文等对含铜、碳、铅、砷等对氰化浸金有害元素的某难选氧化矿进行了研究，试验采用氨浸预处理后氰化浸出，使金浸出率提高了 68.37%。在氨浸体系中 As 以 As⁵⁺ 状态进入溶液并转变成 AsO₄³⁻，进而可以生成难溶于水的 NH₄CaAsO₄ 沉淀出来，溶液中产生的硫代硫酸盐（S₂O₃²⁻）和硫氰酸盐（SCN⁻）可以将 Au 溶解后人工回收。夏光祥等对氨浸法预处理进行了较为系统的研究，通过硫氨法脱砷-氨性催化氧化-氰化法处理甘肃坪定金矿石及贵州丹寨金精矿，经预处理后金的氰化浸出率分别达到 85% 及 80%～85%，取得了较满意的效果。广西大学莫伟等对贵港含砷 8.41%、含金 75.80g/t 的高砷金精矿进行了碱浸除砷预处理氰化提金试验研究，金的浸出率最高达到 87.1%，试验还得出碱浸反应的进行很大程度上决定于动力学性质，而常温常压碱浸过程又主要受扩散控制。中国科学院金属研究所孟宇群等研制成功了具有自主知识产权的含砷难浸金矿常温常压强化碱浸预处理提金新工艺，用该工艺对我国十余种典型难处理金矿石预处理试验后，矿石中砷转化率一般达 90% 以上，硫氧化率在 20%～40% 之间，金的浸出率从预处理前的 8%～20% 可以提高到 93%～98%，并且已成功在丹东建立了 10t/d 的示范线，开展工业化试验研究。该工艺的特点是充分利用塔式磨浸机的超细磨机械活化和强化碱浸过程中砷硫的选择性氧化原理，在塔式磨浸机的机械活化作用以及搅拌的强化作用下，在常温常压下引发砷硫矿物在高温高压下才能发生的氧化反应，实现脱砷脱硫使金单体解离，达到预氧化目的，然后直接氰化提金。

目前，碱浸预处理技术在国内已有了工业化应用。2003 年 8 月 28 日中国黄金报报道：贵州紫金矿业公司水银洞金矿采用碱浸预处理-氰化提金工厂投产，日处理量为 300t，该厂采用的是福建紫金矿冶设计研究院提供的技术，直接用氢氧化钠氧化分解硫、砷矿物，目前主要处理含 Au 13g/t、As 3%～6%、Sb 0.025%～0.075%、Cu 0.025%～0.075%、S 48%～53% 的卡林型原矿，综合回收率超过 90%，氧氧化钠单耗约为 70kg/t。

化学法碱浸预处理方法的工艺流程简单，不需要高温高压，对设备防腐要求比较低，因此基建投资较低。但是碱浸预处理过程需要消耗大量的氢氧化钠等药剂，而且预处理时间长、氧耗量大，电耗大，生产成本相对较高，只有矿石中含硫很低、而金又主要赋存在硫化物中时才适用这种工艺。

7.5 氯气氧化预处理

7.5.1 基本原理

氯气氧化法是碳质难浸金矿石的有效预处理方法，它通过氯气将碳和有机化合物氧化成一氧化碳和二氧化碳，释放包裹的微细金粒，消除碳质物的"劫金"作用。细粒碳质金矿中碳质物的"劫金"作用主要缘于一些隐晶型石墨具有与活性炭相似的吸附金的化学结构。氯气或次氯酸盐能够氧化属于活性炭类和腐殖酸类碳质物上的"劫金"官能团，或以氯置换出有机碳中的硫，或以其他方式结合在有机碳上，从而钝化了碳质物对金氰配合物的吸附作用。

7.5.2 研究现状与生产实践

水溶液氯化法可氧化有机碳，使石墨类活性炭性质的碳质物钝化，氯气矿浆氧化和次氯酸盐氧化是使用最多的两种方法，对 $FeCl_3$、$CuCl_2$ 和 HCl-NaCl 等体系的氧化浸出预处理也进行了一定研究。20 世纪 70 年代初，卡林金矿首先应用氯化法预处理碳质难浸金矿。在矿浆中直接喷入氯气进行氧化处理。在该工艺中，氯气作为一种中强氧化剂，能氧化或钝化碳质物，消除其有害作用，并能氧化伴生的黄铁矿等硫化矿物，还可溶解大部分金，因此在氯气氧化结束后，再加入还原剂使溶解的金沉淀下来。矿石经水溶液氯气氧化处理后，金的氰化浸出率达 83%～90%。20 世纪 70 年代后期，随着矿石中硫化物含量的增加，氯气消耗量及成本随之大幅度上升，预处理工艺改为"双重氧化法"。在第一阶段通入空气，控制矿浆温度 90℃，空气压力 0.04～0.05MPa，用以氧化黄铁矿等硫化矿物；第二阶段通入氯气，在 70～80℃条件下进一步氧化碳质物。双重氧化预处理后，金的氰化浸出率达到 90%～93%，氯气用量降低。由于双重氧化工艺的成本较高，设备磨损严重，从 1987 年开始，采用改造后的"闪速氯化"新工艺。闪速氯化改进了氯气的喷入和混合装置，在短时间（15～30min）内使氯气快速溶入矿浆，延长生成的次氯酸与矿浆的反应时间，提高了氧化效率。闪速氯化工艺中，85% 的金在初期被溶解，而后沉积下来，矿石中的碳质物也不再影响新沉积金的氰化。

7.6 细菌氧化预处理

7.6.1 基本原理

细菌氧化预处理含砷难浸金矿是利用化能自养的嗜酸性微生物氧化硫化矿的能力，将包裹微细金颗粒的硫化矿物（如毒砂、黄铁矿、雄黄、雌黄、白铁矿、磁黄铁矿等）氧化分解，致使金颗粒呈裸露状态留存于氧化后的渣中，以利于更有效地进行氰化或其他方法浸出提金，也避免了其他预处理工艺产生有害废气和能耗高等缺点。

细菌氧化是一个包括细菌氧化 Fe^{2+}、元素硫等而生长的生理学及硫化矿氧化分解过程中具有化学、电化学、动力学现象的复杂过程，既有细菌的直接作用，也有间接作用。细菌氧化预处理难浸金矿的主要机理包括以下几点。

（1）直接作用　细菌吸附于矿物表面，通过蛋白分泌物或其他代谢产物的催化作用，由空气中的 O_2 直接将硫化矿氧化分解为金属离子和元素硫，硫进一步被细菌氧化为硫酸，同时细菌得到电子获得生长所需的能量。细菌对黄铁矿和毒砂的直接作用方程如下：

$$2FeS_2 + 7O_2 + 2H_2O \xrightarrow{\text{细菌}} 2FeSO_4 + 2H_2SO_4 \tag{7-19}$$

$$4FeSO_4 + O_2 + 2H_2SO_4 \xrightarrow{\text{细菌}} 2Fe_2(SO_4)_3 + 2H_2O \tag{7-20}$$

$$4FeAsS + 13O_2 + 6H_2O \xrightarrow{\text{细菌}} 4FeSO_4 + 4H_3AsO_4 \tag{7-21}$$

（2）间接作用　细菌将溶液中的 Fe^{2+} 氧化为 Fe^{3+}，硫化矿被具有强氧化性的 Fe^{3+} 氧化分解；反应生成的 Fe^{2+} 又被细菌氧化，构成一个氧化还原的浸出循环体系；溶液中的还原性硫被细菌氧化为硫酸。发生的主要反应有：

$$4FeSO_4 + O_2 + 2H_2SO_4 \xrightarrow{\text{细菌}} 2Fe_2(SO_4)_3 + 2H_2O \tag{7-20}$$

$$FeS_2 + Fe_2(SO_4)_3 \longrightarrow 3FeSO_4 + 2S \tag{7-22}$$

$$2S + 3O_2 + 2H_2O \xrightarrow{\text{细菌}} 2H_2SO_4 \tag{7-23}$$

$$2FeAsS + 3Fe_2(SO_4)_3 + 5O_2 + 6H_2O \longrightarrow 8FeSO_4 + 2H_3AsO_4 + 3H_2SO_4 \tag{7-24}$$

$$Fe_2(SO_4)_3 + H_3AsO_4 + CaCO_3 + xH_2O \longrightarrow$$
$$FeAsO_4 \cdot xH_2O\downarrow + Fe(OH)_3\downarrow + CaSO_4\downarrow + CO_2 \tag{7-25}$$

（3）间接接触作用　细菌吸附在矿物表面，形成由细菌和外部分泌的聚合物组成的生物膜；在生物膜内，细菌氧化 Fe^{2+} 生成 Fe^{3+}，形成新的氧化剂，使矿物溶解。生物膜层包括元素硫物层、铁矾层、胞外多聚物层等。

（4）协作浸出作用　在酸性溶液中，不同的矿物具有不同的电位值。矿物连生体被细菌作用时，可构成"次显微电池"，电位高的矿物会充当阴极被保护起来，电位低的矿物作为阳极被氧化腐蚀。如在细菌氧化过程中，活泼的毒砂构成电池的阳极，黄铁矿或惰性的金粒构成电池阴极，在阳极毒砂不断被氧化，晶格逐渐被破坏，而阴极的黄铁矿与金则不易被氧化。细菌可自发地在载金矿物毒砂晶体中的富含金的部位对毒砂实施选择性的优先氧化，对提高脱砷率和浸金率具有重要的作用。

细菌氧化预处理是从自然界的微生物中优选出嗜硫、铁的浸矿菌株，对其进行适应性培养、驯化，在适宜的条件下，利用这些优选菌种新陈代谢的直接作用或代谢产物的间接作用，直接或间接氧化分解硫化矿物，分解后将包裹金的毒砂、黄铁矿等矿物成分以离子状态存在于溶液中，而金单体解离或者呈暴露状态留存于氧化渣中，为随后的氧化渣氰化提金创造有利条件，从而实现金的高效回收。同时，在氧化过程中进入溶液的有害元素砷、硫等形成相对稳定的无害盐类物质，经中和沉淀后堆存，对环境不产生污染。生物氧化预处理的原则流程如图 7-4 所示。

7.6.2　研究现状

近年来，在微生物浸矿技术基础上开发的细菌氧化法，因其成本低、污染小、易于操作、设备简单等优点备受重视，在难浸金矿石的预处理中应用越来越广泛。

细菌氧化预处理的优点在于以下几点。

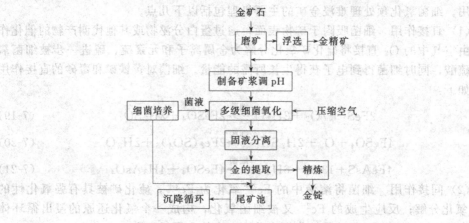

图 7-4　细菌氧化预处理的原则流程图

① 细菌预氧化提金主要利用喜中温硫杆菌等微生物的氧化作用，适用于提取硫化金矿。这类矿黄金颗粒多赋存在黄铁矿-毒砂的晶格中，可能产生组成改变、晶格扭曲和错位等薄弱环节，因而在多数情况下细菌优先侵蚀这些金富集点以达到选择性氧化目的。硫化矿细菌氧化的选择性可通过控制氧化的时间等操作因素实现。由于细菌氧化只需处理部分硫化物，从而缩短了细菌浸滤时间，节省了搅拌和充气的能量消耗，减少了冷却水量，降低了中和的需要并减少了废物的排放等，因此生产工艺流程简单，节省投资，易于操作。

② 生物预氧化不似焙烧那样排放二氧化硫，氧化的砷可中和沉淀为碱式砷酸铁，毒性试验证明它在环境中很稳定。而且只要浸出液中 Fe：As＞3：1，其中的砷沉淀很彻底，不易对环境造成污染。

③ 生物氧化条件较温和，不像化学氧化那样通过提高温度或压力来加速反应，无需高温高压设备，建设上无需特殊材料，比焙烧和加压湿法氧化要节省投资约2/3，生产费用相应也降低不少。

但是，由于在酸性溶液中氧化，氧化停留时间长、矿浆浓度低，因此需要容积很大的生物氧化槽，而且材质上需要防腐材料或内衬防腐材料，本身氧化过程是一个放热反应，细菌对温度要求较为苛刻，一般需要消耗额外的能量进行冷却，工艺要求连续性强，生产中出现的"误操作"可能会导致细菌大量死亡，需要较长时间（几个星期甚至更长）才能把细菌的生物量恢复起来。与其他预处理方法相比，对于含碳矿石（包括碳酸盐类型和有机碳类型）的适应性差。

近年来，针对含砷难浸金矿的细菌氧化预处理技术研究及工业化推广应用非常活跃，南非、澳大利亚、美国及加拿大和中国等国家的研究及商业开发利用一直走在世界前列，尤其在菌种的选育和细菌氧化反应器的设计方面贡献突出。

(1) 菌种　金矿细菌氧化的主要功能菌是嗜酸硫氧化菌，其共同特点是嗜酸、能以单质硫和还原态硫化合物（硫化物，亚硫酸盐，硫代硫酸盐，及各种连多硫酸盐等）作为能源物质进行专性或兼性化能自养生长。根据其生存温度分为中温菌（＜40℃）、中度嗜热菌（40～60℃）和极度嗜热（＞60℃）菌。

中温菌主要是嗜酸硫杆菌属（*Acidithiobacillus*，简写为 *A.*），包括嗜酸氧化亚铁硫杆菌（*A. ferrooxidans*）、嗜酸氧化硫硫杆菌（*A. thiooxidans*）、阿贝氏嗜酸硫杆菌（*A. albertensis*）等。这类菌中，除 *A. ferrooxidans* 能利用亚铁和还原态硫化合物外，其余均只能利用单质硫和还原态硫化合物生长。

中度嗜热酸性细菌主要是一些亚铁或硫氧化专性或兼性自养细菌，其中亚铁氧化细菌主要为氧化亚铁钩端螺旋菌（*Leptospirillum ferrooxidans* 简写为 *L. ferrooxidans*），该细菌只能氧化亚铁，最适生长温度为 45℃，能耐受较高浓度铁离子。硫氧化细菌主要包括硫化杆菌（*Sulfobacillus* spp.）和喜温嗜酸硫杆菌（*A. caldus*）。*Sulfobacillus* 菌属不仅能够以亚铁、金属硫化物等还原态硫化合物化能自养生长，还能够利用有机底物进行兼性异养生长。*A. caldus* 是 *Acidithiobacillus* 属中唯一的中度嗜热菌。

极端嗜热条件下生长的细菌多为古细菌，它们能够在厌氧或需氧条件下利用还原态硫化合物或单质硫。目前已分离纯化到五个菌属：硫化叶菌（*Sulfolobus*）、金属球菌（*Metallosphaera*）、嗜酸两面菌（*Acidianus*）、憎叶菌属（*Stygiolobus*）和硫黄球形菌属（*Sulfurisphaera*）。硫化叶菌 *Sulfolobus* 生存温度 55～80℃，生存 pH 值 0.9～5.8，能以还原态硫化合物和简单有机物兼性化能自养和异养生长；金属球菌 *Metallosphaera* 为严格好氧，兼性化能无机营养的革兰氏染色阴性细菌，能利用单质硫和硫化矿生长，还能利用 H_2 作为能源底物；嗜酸两面菌 *Acidianus* 为高温嗜酸条件下兼性厌氧生长古细菌；*Stygiolobus azoricus* 为专性厌氧生长，*Sulfurisphaera ohwakuensis* 能够进行兼性厌氧生长，并且厌氧条件下必须添加单质硫。

目前在酸性环境下氧化浸矿的主导细菌是 *A. ferrooxidans* 菌。*A. ferrooxidans* 菌容易分离、培养，对溶液中的金属离子 Cu^{2+}、Mg^{2+}、Fe^{3+} 等有一定的耐受性，但不耐热，使用的温度一般不能超过 40℃。Brierley 认为在强酸性环境中硫化矿物生物氧化体系中采用 *A. ferrooxidans* 菌和 *L. ferrooxidans* 菌的混合菌氧化效果最佳。Schrenk 等的研究指出，*A. ferrooxidans* 菌和 *L. ferrooxidans* 菌分布广泛，对硫化矿物的生物氧化极具工业应用前景。从浸出反应动力学来看，中高温菌在较高温度条件下不仅可以显著地加快反应速度，缩短预氧化周期，而且可以防止硫化矿物的过度钝化而阻碍浸出反应，因此目前人们越来越受到重视中高温菌在生物冶金领域的应用。Henry 等研究表明：高于 60℃环境下生长的高度嗜热菌在硫化矿生物浸出工业中应用较为困难，而最佳生长温度在 45～55℃的中度嗜热菌在工业应用中极具优势，因为高度嗜热菌多为古细菌，其大部分缺少细胞壁，通常难以耐受高矿浆浓度造成的较强剪切力，相对而言中度嗜热菌就具有较高矿浆浓度的耐受能力。澳大利亚 Bac Tech 公司培养出一种耐热温度可达 45～90℃，最适宜生存温度为 60℃的高温耐热菌，而且在缺氧条件下可以存活数小时，已经应用于工业生产。我国中科院兰州化学物理所分离的 T-901 菌株和李雅序等花费 10 年分离的 MP30 菌株都为中度嗜热菌，能同时氧化铁和硫，氧化金属硫化物矿物最适宜温度为 45～50℃。姚国成等也进行了中高温细菌强化浸矿的研究工作。而为了适应北美气候，加拿大学者培育出了低温下高活性的 *A. ferrooxidans* 菌，其适宜的温度范围为 5～35℃，并应用该菌对难处理硫化矿的低温氧化行为进行了研究。

细菌作为活的机体，一方面需要各种营养成分来保证自身的成长，另一方面又作为催化剂参与反应，因此优良菌种的获取是微生物技术的关键和核心。微生物赖以生存并繁殖的营养介质就是培养基，主要由 N、K、P 及微量元素组成。培养基有液体培养基和固体培养基之分，液体培养基主要用于粗略的分离和培养某种微生物，而固体培养基主要是用于微生物的纯种分离。常用的浸矿培养基有 9K 和 Leathen 培养基等，如表 7-5 所列。

表 7-5　浸矿细菌常用培养基的化学成分

适用菌种	培养基成分	培养基名称
A. ferrooxidans	$(NH_4)_2SO_4$ 3.0g，KH_2PO_4 0.5g，$MgSO_4 \cdot 7H_2O$ 0.5g，KCl 0.1g，$Ca(NO_3)_2$ 0.01g，5mol/L H_2SO_4 1mL，14.78%（质量体积比）$FeSO_4 \cdot 7H_2O$ 300mL，H_2O 700mL	9K
L. ferrooxidans	$(NH_4)_2SO_4$ 0.15g，KH_2PO_4 0.1g，$MgSO_4 \cdot 7H_2O$ 0.5g，KCl 0.05g，$Ca(NO_3)_2$ 0.01g，10%（质量体积比）$FeSO_4 \cdot 7H_2O$ 10mL，H_2O 1000mL	Leathen
	溶液 A：H_2O 950.0mL，$(NH_4)_2SO_4$ 132.0mg，$MgCl_2 \cdot 6H_2O$ 53.0mg，KH_2PO_4 27.0mg，$CaCl_2 \cdot 2H_2O$ 147.0mg，10mol/L H_2SO_4 调 pH=1.8 溶液 B：$FeSO_4 \cdot 7H_2O$ 20.0g，0.25mol/L H_2SO_4 50.0mL 溶液 C：$MnCl_2 \cdot 4H_2O$ 62.0mg，$CuCl_2 \cdot 2H_2O$ 67.0mg，$ZnCl_2$ 68.0mg，$CoCl_2 \cdot 6H_2O$ 64.0mg，H_3BO_3 31.0mg，Na_2MoO_4 10.0mg，H_2O 1000.0mL，硫酸调 pH=1.8 三种溶液分别在 112℃ 下灭菌 30min，用时将溶液 A，B 混合，再加入 1mL C 溶液，调 pH=1.8	专用培养液
A. thiooxidans	$(NH_4)_2SO_4$ 0.2g，KH_2PO_4 3.0g，$MgSO_4 \cdot 7H_2O$ 0.5g，$CaCl_2 \cdot 2H_2O$ 0.25g，KCl 0.05g，$FeSO_4 \cdot 7H_2O$ 少量，硫粉 10g，H_2O 1000mL，硫酸调 pH=4	Waksman
Sulfobacillus	溶液 A：H_2O 700mL，$(NH_4)_2SO_4$ 3.00g，KCl 0.10g，KH_2PO_4 0.50g，$MgSO_4 \cdot 7H_2O$ 0.50g，$Ca(NO_3)_2$ 0.01g，硫酸调 pH=2.0~2.2 溶液 B：H_2O 300mL，$FeSO_4 \cdot 7H_2O$ 44.20g，10mol/L H_2SO_4 1.0mL 溶液 C：1%（质量体积比）酵母提取物溶液 20.00mL 三种溶液分别灭菌处理后混合，调 pH=1.9~2.4	—
Acidimicrobium	$(NH_4)_2SO_4$ 0.4g，$MgSO_4 \cdot 7H_2O$ 0.5g，KH_2PO_4 0.2g，KCl 0.1g，H_2O 1000mL，硫酸调 pH=2.0。加 10.0mg $FeSO_4 \cdot 7H_2O$，高压灭菌处理后加酵母提取物 25g，异养培养；加 13.9g $FeSO_4 \cdot 7H_2O$，硫酸调 pH=1.7，高压灭菌处理后，自养培养	709
Acidianus brierleyi	$(NH_4)_2SO_4$ 3.00g，KH_2PO_4 0.50g，$MgSO_4 \cdot 7H_2O$ 0.50g，KCl 0.10g，$Ca(NO_3)_2$ 0.01g，H_2O 1000mL，加压灭菌后加酵母提取物 0.20g，硫粉 10.00g，6mol/L H_2SO_4 调 pH=1.5~2.5	150
A. caldus	不加酵母提取物的 150 溶液配方，硫酸调 pH=2.5。加压灭菌后加 10mL 微量元素溶液和 5g 硫粉。微量元素溶液配方：$FeCl_3 \cdot 6H_2O$ 11.0mg，$CuSO_4 \cdot 5H_2O$ 0.5mg，H_3BO_3 2.0mg，$MnSO_4 \cdot H_2O$ 2.0mg，$Na_2MoO_4 \cdot 2H_2O$ 0.8mg，$CoCl_2 \cdot 6H_2O$ 0.6mg，$ZnSO_4 \cdot 7H_2O$ 0.9mg，H_2O 10.0mL	150a

适用菌种	培养基成分	培养基名称
Sulfolobus	$(NH_4)_2SO_4$ 1.30g，KH_2PO_4 0.28g，$MgSO_4 \cdot 7H_2O$ 0.25g，$CaCl_2 \cdot 2H_2O$ 0.07g，$FeCl_3 \cdot 6H_2O$ 0.02g，$MnCl_2 \cdot 4H_2O$ 1.80mg，$Na_2B_4O_7 \cdot 10H_2O$ 4.50mg，$ZnSO_4 \cdot 7H_2O$ 0.22mg，$CuCl_2 \cdot 2H_2O$ 0.05mg，Na_2MoO_4 0.03mg，$VOSO_4 \cdot 2H_2O$ 0.03mg，$CoSO_4$ 0.01mg，酵母提取物 1.00g，H_2O 1000mL，5mol/L H_2SO_4 调 pH=2.0	88

国内外学者的研究表明：浸矿细菌的生物量（Biomass）与浸出速率和浸出率有明显的正相关性，细菌的活性、浓度和生物量直接影响着生物氧化的效果，因此不少学者通过研究浸矿微生物的营养学理论，试图提高生物冶金的效率。俄罗斯科学家将饲料工业废弃的胶原蛋白降解成制剂应用于冶金微生物浸矿过程中，对浸矿效果有良好的促进作用。在 Biox 工艺的营养液中含有 5% 的酵母水解物。

浸矿细菌在使用前，需要进行对工业环境中的各种条件进行适应性驯化，以使其尽快进入生长对数期。廖梦霞等经过近 10 年的选育、分离、驯化，培育出了耐砷18g/L 的高效浸矿工程菌株 Mdl。

细菌氧化预处理过程是一个复杂的反应过程，需要依靠细菌来完成，其本质是细菌的生命活动。细菌所表现出的浸出机理是直接作用还是间接作用，都是由其内在的生理、生化特性决定的，用于细菌氧化难浸金矿的菌群数量以及细菌对硫化矿的氧化能力都受环境影响。由此可见，只有选用氧化能力强、繁殖速度快的细菌作菌种并保证细菌生长、繁殖的环境，才能提高氧化率，促进金的浸出。

（2）细菌氧化反应器　细菌浸矿根据菌液与矿石接触方式不同分为渗滤浸出和搅拌浸出两大类。搅拌浸出的周期短，浸出率高，但由于矿浆浓度不能过高造成需要的容积较大以及投资成本与操作成本较高，因此主要用于处理高品位矿石或金精矿。渗滤浸出在操作以及成本方面具有优势，但由于矿石颗粒大、通风条件不好、温度易变化等因素造成反应慢、处理效率低、反应周期长，即便使用精心设计的堆浸反应器，处理过程也需要数月。工业生产中金矿的细菌氧化预处理主要采用搅拌浸出的方式进行。由于搅拌的剪切力作用使高效菌种难以附着在矿石表面或容易受到矿浆中矿物颗粒的撞击而损伤，目前解决措施的研究多集中在固定化细胞技术和反应器的改进两个方面。高效反应器的设计和应用是提高生物冶金生产效率的关键。细菌氧化浸矿反应器内存在液相、固相、气相。液相除了是固体矿物悬浮的载体，又是细菌的生长繁殖、固体颗粒的化学作用、固体颗粒与细菌的碰撞、金属离子的释出、氧和二氧化碳的均匀分布和有效溶解等几个单元过程发生的媒介；固相（硫化矿物）为细菌的生长提供能源；气相提供细菌生长所需的氧和生物合成所需的二氧化碳。这三相之间的相互作用，构成了细菌浸矿反应器运行的基本影响因素。因此，细菌氧化浸矿反应器的两个最重要的性能要求是良好的氧传质系数和柔和的搅拌条件，这是构成反应器设计的基础。

目前工业生产中最常用的反应器有搅拌槽式反应器（STR）、泡沫柱反应器（BCR）和气升式反应器（ALR）。此外基于增加氧的传递速率，同时又只产生小到可以忽略不计的剪切力这两个原则开发的新型生物氧化浸出反应器有长槽式鼓气生物反应器、低能耗生物反应器、斜倾式（DIP）反应器及转筒式生物反应器（Biorotor）等。搅拌槽式反应器（STR）和泡沫柱反应器（BCR）由于其中的液体达到均匀流动状态，并在搅拌桨或喷淋头处产生不同的剪切力场，因而耗能较高；气升式反应器（ALR）能量耗散均匀，产生的剪切力小，适合微生物生长和在矿物颗粒表面的吸附。在达到相同气液传质速率的前提下，气升式反应器（ALR）比搅拌槽式反应器（STR）耗能低，投资费用也低。相比于泡沫柱反应器（BCR），气升式反应器（ALR）的内循环回路增加了热质传递能力，也减小了矿浆混合所需的能量，在固体颗粒的悬浮方面优于 BCR。

目前使用的生物反应器主要是搅拌槽式反应器（STR），通常是连续搅拌槽式反应器（Continuous Stirred Tank Reactor，CSTR）。采用的搅拌器也由早期径流型搅拌器改变为现在的轴流型搅拌器（即 A315 搅拌器）。Bailey 等为了提高细菌预氧化的矿浆浓度，提出了一种间歇式生物氧化方式（Batch Bio-oxidation）。采用这种氧化方式可以在矿浆浓度为 40% 甚至 50% 的条件下进行生物预氧化，适用于处理低品位硫的难浸金矿。生产实践中一般采用先并后串的方式连接生物反应器。

柳建设等根据三相内循环流化床结构模型，设计出试验室规模的气升式生物反应器，在气升式反应器中用从山东某酸性矿坑水中筛选驯化后的中度嗜热混合菌氧化预处理广西贵港某金矿高砷（As 13.69%）难浸金精矿，取得了良好的效果，砷的脱除率达到 95%。

有学者提出将细菌繁殖和矿物氧化两个过程分开设计反应器，即分离氧化器-发生器设备，发生器作为细菌培养单元的设备，而分离氧化器是矿物氧化单元的设备。先在发生器中使细菌在最适宜的温度、酸度、搅拌强度、通气速度、金属离子浓度、矿浆浓度等条件下生长繁殖，然后在分离氧化器中用泵将细菌氧化生成的高铁生化溶液给入硫化精矿粉搅拌浸出槽，进行硫化矿的氧化浸出。细菌培养单元的发生器主要有旋转生物反应器、流动床反应器和填充床生物反应器。旋转生物反应器和流动床反应器构造复杂而不易于工业化应用，填充床反应器因安装和操作相对简单而备受关注。Iglesias 等根据生物氧化的间接性机制（Indirect Bio-oxidation），设计出小型难浸金精矿的氧化单元设备——硫酸铁浸出反应器。该反应器缩短了矿物的氧化周期，降低了操作成本。Mazuelos 等设计出逆流闷灌式填充生物反应柱，是一种值得推广的高效生物反应器。

为克服单级反应器的缺陷，有效解决高温条件下利用中温微生物 *A. ferrooxidans* 菌进行浸出这一现实矛盾问题，张晓雪等提出了生物-化学两级循环反应器。范艳丽等较系统地研究了生物-化学两级循环反应器浸出甘肃坪定高砷（As 12.58%）难浸金矿石的浸出效果，该反应器预处理 5 天后的氧化渣，金的氰化浸出率高达 91.76%，比传统生物氧化法预处理 10 天后金的氰化浸出率高出 11.45%，试验研究确定了适宜的工艺条件，为今后利用生物-化学两级循环反应器大规模预处理难浸金矿石打下基础。

目前生物氧化提金技术的研究与开发方向主要集中在：加强细菌氧化机理及浸矿动力学等理论研究，研究开发加快生物氧化速率、缩短生物氧化周期及提高浸出效率的技术措施，进一步加强对工业生产实践的指导作用；研制大型节能高效的生物氧化反应器，使细菌氧化设备系列化和大型化；通过遗传工程、基因重组、蛋白组学、诱变等生物手段来加快菌种耐热性、耐砷能力及对环境与复杂矿石适应能力的研究；围绕工业化应用推广，就如何提高工艺的可操作性、降低生产成本和综合回收进行研发，开发氧化液综合回收及环保处理的新工艺，提高自动控制水平，集成优化生物氧化预处理及提金工艺流程等。

7.6.3　生产实践

难浸金矿的细菌氧化预处理工艺是一种正在走向成熟的技术，已实现了大规模工业化生产应用，成为在黄金技术领域中发展速度最快和最具有应用前景的一项高新技术。目前在难浸金矿细菌预氧化工艺研究开发中，比较成熟并成功得到工业应用的有如下几种典型工艺：Biox、Bactech、Minbac、Newmont、Geobiotics、CCGRI 等。

（1）Biox 工艺　Biox 工艺指难处理金精矿中温菌生物氧化槽浸工艺，于 20 世纪 70 年代末由南非 Gencor 公司下属的 Genmin 工艺研究所研究开发，1986 年成功应用于该公司所属的 Fairview 金矿。

南非的 Fairview 细菌氧化厂，是世界上首个投入运行的细菌氧化法处理金精矿的工厂，目的是解决 Fairview 金矿焙烧车间的污染问题。Fairview 矿中，金以超微细颗粒状态包裹于黄铁矿（50%）和毒砂（20%）颗粒中，属硫化物难浸出矿。选用嗜酸性氧化亚铁硫杆菌，经过四段细菌氧化，金溶解率达到 97%，细菌耐砷毒性的能力由 4g/L 提高到 13g/L。主要工艺流程如图 7-5 和图 7-6 所示。

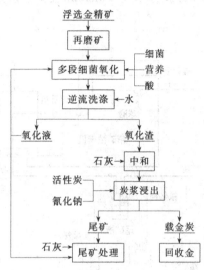

图 7-5　Biox 工艺流程示意

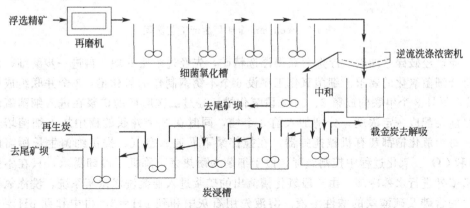

图 7-6　Fairview 细菌氧化提金厂工艺流程

（2）Bactech 工艺　Bactech 工艺指采用 Bactech 公司在西澳大利亚沙漠地区筛选

驯化的中等耐热细菌，槽浸处理浮选金精矿的工艺，1994 年成功应用于 Youanmi 金矿。英国皇家学院化学系的 Barret 博士在干旱炎热的沙漠环境下筛选到嗜热的混合菌 M4，适宜生长温度为 46℃，在 55℃ 条件下可存活 3 天，用于含硫金精矿氧化的放热环境中，可节约冷却系统的费用；同时，作为当地筛选的菌种，适应矿区的高盐水质，为 Youanmi 金矿生物氧化工艺的实施奠定了技术基础。

澳大利亚黄金矿山有限公司下属的 Youanmi 金矿位于西澳大利亚佩思城东北 500km 的 Yilgan 矿田内。Youanmi 金矿井下矿石中的金绝大部分与砷黄铁矿连生，以细粒包裹或固溶体形式存在，同时存在黄铁矿等硫化物。浮选精矿中含有 23% 砷黄铁矿、33% 黄铁矿，金含量约 60g/t，浮选精矿的直接氧化浸出率为 40%～60%，属于难处理金矿。Youanmi 金矿厂应用 Bactech 工艺的生产工艺流程如图 7-7 所示。

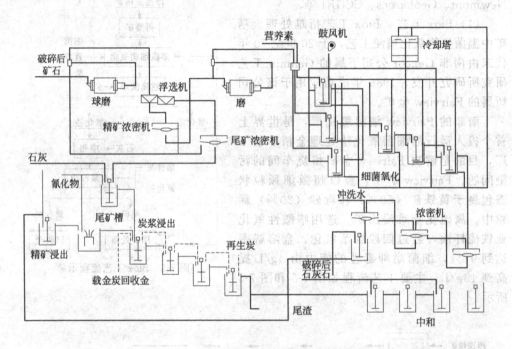

图 7-7　Youanmi 金矿厂生产工艺流程

原矿经破碎、球磨、浮选后获得浮选精矿，先经过浓密处理，再进一步磨细，以便符合细菌氧化的要求。细菌氧化工序设 6 个不锈钢制作的氧化槽，3 个并联组成第 1 段，另外 3 个串联构成第 2、3、4 段氧化槽。经过二次磨矿的矿浆在进入细菌氧化槽之前调配成一定浓度，分别加入前 3 个槽，同时在 3 个并联的槽中加入细菌培养基。每个氧化槽都装有机械搅拌器，在搅拌桨下面通入空气，提供细菌生长所需的 O_2 和 CO_2。氧化过程中控制温度，由于细菌为耐热菌，降低了冷却需求，只在不锈钢槽壁外进行水幕冷却。由末段氧化槽流出的矿浆进入逆流洗涤浓密系统，洗涤氧化产生的含砷及硫酸铁的酸性溶液。溶液先用石灰中和到 pH=3，再中和到 pH=7，通过两步中和将砷沉淀为稳定的砷酸铁。经过洗涤及浓密的氧化渣，进入炭浸系统提金。Youanmi 金矿厂生产工艺指标如表 7-6 所列。

表 7-6 Youanmi 金矿厂生产工艺指标

工 艺 指 标	设 计	生 产
生产能力/(t/h)	5	1
停留时间/d	4	3.5
矿浆浓度/%	15	15
操作温度/℃	45	50
砷氧化率/%	85～95	90
通气量/[L/(m³·min)]	65	65
O₂ 利用率/%	25	25

（3）Minbac 工艺　Minbac 工艺是由南非 Mintek 矿业公司、南非英美矿业公司和 Bateman 跨国工程公司联合开发成功的，利用嗜酸性氧化亚铁硫杆菌和氧化亚铁钩端螺旋菌混合培养菌，进行金精矿的生物预处理，利用该技术在南非的 VealReefs 金矿建立了日处理 20t 金精矿的细菌氧化厂。其生产工艺流程是先粉碎筛分矿石，将预处理的金精矿送入敞开式搅拌生物反应器进行生物氧化，然后再用氰化物浸出，最后用炭浆法回收黄金。

（4）Newmont 工艺　Newmont 工艺是由美国 Newmont 黄金公司开发出的一种用于处理难浸金矿的细菌氧化制粒堆浸工艺。前述几种工艺都是处理浮选金精矿，理由是金矿细菌只能耐受较低的矿浆浓度（15%～20%固体含量），所以在采用搅拌槽细菌氧化技术时，从经济上考虑只适合于处理经浮选富集后的金精矿；在目前金售价的条件下，对于难处理的原矿或低品位矿石，采用搅拌槽细菌氧化工艺是不合理的。Newmont 公司开发了针对低品位难浸金矿的制粒后细菌氧化堆浸预处理的工艺，取得了美国专利。1996 年，在美国内华达州的卡林金矿进行了数百吨到百万吨级的一系列细菌氧化堆浸试验获得了成功，所处理的卡林金矿含金品位为 0.6～1.2g/t，矿石制粒的粒度为 80%小于 19mm，细菌氧化周期为 80～100 天，金回收率达 60%～70%，加工成本为 5 美元/t 矿石左右。Newmont 工艺流程如图 7-8 所示。

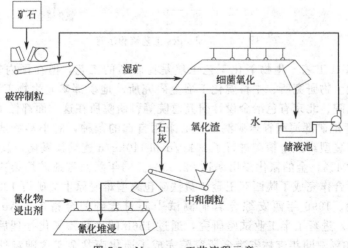

图 7-8　Newmont 工艺流程示意

（5）Geobiotics 工艺　Geobiotics 工艺是由 Geobiotics 公司开发的，主要特点是

把难处理的浮选金精矿包覆于块状支撑材料表面，然后筑堆进行细菌堆浸氧化预处理。该工艺兼具了 Biox 工艺与 Newmont 工艺的优点，预处理速率快，后续金浸出率高，基建投资省。实践证明，生物预氧化时间一般为 30～90 天，低价硫的氧化率达 50%～70%，金的氰化浸出率达 80%～95%。

Geobiotics 工艺对浮选金精矿的要求很低，粒度在 0.25～0.038mm（65～400目）即可，金品位最低为 15g/t。矿堆的精矿量一般为支撑材料重量的 20%，精矿层的厚度约为 0.12cm。块状支撑材料可以是任何耐酸的固体物料，可用炉渣、砾石、脉石、矿山废石与难处理金矿等，粒度一般为 1.0～2.5cm。把金精矿制备成高浓度的矿浆，用喷涂或与支撑材料滚混的方法使之覆盖在支撑材料表面，也可把干燥的精矿粉附着在潮湿的块状支撑材料表面，硫化矿的疏水性使其在支撑材料表面形成包覆层。在堆浸初期，为避免物料中有毒物质对浸矿细菌的危害，先对矿堆进行酸洗，之后接种细菌进行预氧化。预氧化处理完毕后，利用滚筒筛等筛分设备将金精矿与支撑材料分离，进行后续氰化浸出提金。Geobiotics 工艺流程如图 7-9 所示。

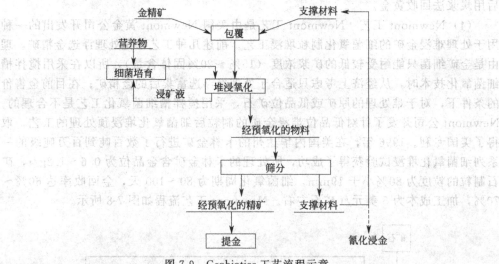

图 7-9　Geobiotics 工艺流程示意

（6）CCGRI 工艺　生物氧化工艺虽然是比较新的工艺，但在国内却发展迅速，中国科学院微生物研究所、中科院化工冶金研究所、地矿部矿业生物工程研究中心、长春黄金研究院、北京有色冶金设计研究总院等科研院所在这方面都做了大量的研究工作。1994 年地矿部河南省岩矿测试中心采用自选的菌种，对小秦岭地区某金矿产出的黄铁矿包裹型难浸金精矿进行了 20kg/d 和 440kg/d 连续预氧化，氧化时间 6 天，硫氧化率 52.04%，金的氰化浸出率达 92.55%。同年陕西省地矿局第三地质队与中科院微生物所合作完成了陕西双王金矿黄铁矿包裹型难浸原生金矿石 1825t 级的堆浸工业规模试验。1996 年西安综合岩矿测试中心对含砷的金精矿（Au 124g/t，As 14%，S 26%）进行了半工业试验研究，通过 156h 的生物预氧化处理后氰化，金的浸出率达到 90%。同年吉林省冶金研究院完成了通化南岔金矿含砷难处理金精矿半工业试验，取得了较好指标。国内的细菌氧化研究起步于 20 世纪 60 年代，但是应用到工业化生产却比较晚。1998 年，中国矿业总公司和陕西省地矿局合作在西安附近建成日处理 10t 金精矿的陕西中矿生物矿业工程有限公司生物提金厂，该厂采用地矿部西安综合岩矿测试中心细菌预氧化技术处理含 As 7%～16% 的金精矿，经过 120～168h 的细菌预氧化后氰化浸出提金，当年生产出第一炉合质金，到 1999 年 6 月，已处理青海五龙沟和广西贵港金精矿 1100t 以上，金的浸出率最高可达 92%～95%，直接成本为 488 元/t 金精矿。

长春黄金研究院（CCGRI）从 1996 年开始独立承担了国家"九五"重大科技攻关课题—生物氧化提金工艺技术研发，经过 10 多年的攻关，顺利完成了从菌种采集、培养、驯化、工艺技术研究开发到成果工业化、产业化推广应用的全过程。2000 年 12 月，由北京有色冶金设计研究总院负责总体设计、长春黄金研究院提供菌种及生产操作技术，在烟台黄金冶炼厂建成我国第一座 50t/d 使用细菌氧化工艺处理含砷难浸金精矿的黄金冶炼厂投入生产，获得了良好的生产指标和经济效益。2001 年年末，该厂生产规模已扩建到 80t/d。2001 年 5 月，山东莱州黄金冶炼厂引进澳大利亚 BacTech 技术建设的 100t/d 生物氧化工厂投入生产，获得了良好的生产指标。2003 年 7 月，中国黄金集团公司利用 CCGRI 技术在辽宁建成了黄金行业第一个细菌氧化产业化示范工程——辽宁天利 100t/d 生物氧化提金厂顺利投产。上述成果说明了中国已经掌握了含砷难浸金精矿细菌氧化预处理的工业生产技术，它在我国黄金技术发展史上是一项重大突破。目前，国内采用细菌氧化技术处理含砷难处理金精矿所具备的生产能力达到了 1200t/d 以上，国内已建设的生物氧化提金厂有 10 座以上，数量位居世界第一。

以长春黄金研究院（CCGRI）技术为代表的国内工艺与国外工艺相比，具有以下显著的优点：在生产条件下，菌种可适应温度 38～56℃（国外同类菌种的一般适温范围在 38～42℃），菌种对温度适应范围宽，跨越了中等嗜温菌和中等嗜热菌的温域；菌种氧化活性和砷的耐受性更强，耐受有害砷离子的质量浓度达到了 22g/L，对砷含量达到 15% 以上的难浸金精矿可以进行生物氧化预处理；洗涤流程采用浓密机加过滤（国外多采用 CCD 洗涤）更加合理，自行设计的氧化反应器能耗低，生产成本低，氧化矿浆浓度提高到了 25%～27%（技术上认可的最佳浓度为 20%），相对加大了工艺的处理能力。

第8章

金矿石氰化工艺

氰化法提金工艺是现代从矿石或精矿中提取金的主要方法。氰化法提金工艺包括：氰化浸出、浸出矿浆的洗涤过滤、氰化液或氰化矿浆中金的提取和成品的冶炼等几个基本工序。我国黄金矿山现有氰化厂基本采用两类提金工艺流程，一类是以浓密机进行连续逆流洗涤，用锌粉置换沉淀回收金的所谓常规氰化法提金工艺流程（CCD法和CCF法）；另一类则是无须过滤洗涤，采用活性炭直接从氰化矿浆中吸附回收金的无过滤氰化炭浆工艺流程（CIP法和CIL法）。

常规氰化法提金工艺按处理物料的不同又分两种：一种是处理浮选金精矿或处理混汞、重选尾矿的氰化厂，采用这种工艺的多是大型国营矿山，如河北金厂峪、辽宁五龙、河南杨寨峪、山东招远、新城、焦家、三山岛金矿。另一种是处理泥质氧化矿石，采用全泥搅拌氰化的提金厂，如吉林海沟、黑龙江团结沟、安徽新桥金银矿等矿山。

我国早在20世纪30年代已开始使用氰化法提金工艺。台湾金瓜石金矿在1936～1938年期间，采用氰化-锌粉置换工艺提取黄金，年产黄金15万两。

进入20世纪60年代后，为了适应国民经济的发展，大力发展矿产金的生产，在一些矿山先后采用间歇机械搅拌氰化法提金工艺和连续搅拌氰化法提金工艺取代渗滤氰化法提金工艺。1967年，首先在山东招远金矿灵山和玲珑选金厂实现了连续机械搅拌氰化工艺生产黄金，氰化法提金由70%提高到93.23%，从此连续机械搅拌氰化法提金工艺在全国各大金矿迅速获得推广。1970年金厂峪金矿、1977年五龙金矿氰化厂相继建成投产，此后国内又陆续建成投产了一批机械搅拌氰化厂，氰化法提金工艺进入了一个新的发展阶段。

黄金生产的不断发展和金矿资源的迅速开发，自20世纪80年代起泥质高的含金氧化矿石大量增加，开发对这类矿石进行全泥氰化搅拌浸出的研究，并在黑龙江团结沟金矿建设一座日处理500t矿石的氰化厂，1983年投入生产。从此，全泥氰化法提金工艺日渐推广应用，先后在河南、吉林、河北、陕西、内蒙古等地采用此法建厂提金。与此同时，为解决泥质氧化矿石在浓密过滤固液分离上的困难，于1979年11月长春黄金研究所开始对团结沟金矿的矿石采用无过滤的炭浆法提金工艺，进行了历时两年的试验研究，获得了成功。在此基础上，于1984年8月在河南灵湖金矿自行设计利用国产设备建成我国第一座日处理50t

矿石的炭浆法提金厂，使我国氰化法提金工艺向前迈进了一大步。炭浆法提金工艺成为处理泥质氧化矿石的岩金矿山就地产金的重要方法之一。此后在吉林、河南、内蒙古、陕西等地建起了炭浆法提金厂。1984 年年末，冶金工业部黄金局为推动炭浆法提金工艺在我国的应用，移植消化国外先进技术和设备，与美国戴维麦基公司合作，在陕西省西潼峪金矿、河北省张家口金矿，分别建起了一座日处理矿石 250t（西潼峪）和一座 450t（张家口）的炭浸提金厂。据调查张家口金矿达到 93.54%（1988 年炭浆回收率为 90.25%）的回收率。

随着科学技术革新的不断发展，我国黄金生产技术水平有了较大提高。如金厂峪金矿研究采用锌粉代替锌丝置换金泥成功，使置换率达到 99.89%，金泥含金品位明显提高，锌耗量由原锌丝置换的 2.2kg/t 降到 0.6kg/t，生产成本大幅度降低。继而在招远、焦家、新城、五龙等矿山推广应用也取得明显效果。低品位氧化矿石的堆浸工艺，在丹东虎山金矿试验成功后，相继在河南、河北、辽宁、云南、湖北、内蒙古、黑龙江、吉林、陕西等省区推广应用，经济效果明显，为低品位氧化矿的开发利用开辟了道路。据不完全统计，我国目前采用堆浸法生产的黄金年产量达到万两以上（仅河南省堆浸生产的黄金累计为 1.3 万两），但与发达国家相比，我国堆浸规模较小，一般为（1～3）×10³t/堆，万吨/堆的较少，在技术上也存在较大的差距，1988 年陕西太白县双王金矿大型万吨级堆浸场投产，取得可喜的成果（矿石品位1.5g/t）。

国外先进技术和设备的引进消化（如美国的高效浓密机、双螺旋搅拌浸出槽，日本的马尔斯泵、带式过滤机等），使我国黄金生产在装备水平和技术水平上又有了进一步的提高，同时也促进了我国黄金生产设备向高效、节能、大型化、自动化方向发展。在硫脲提金、硫代硫酸盐提金，预氧化细菌浸出，加压催化浸出，树脂吸附等新工艺的科学研究方面，近年来也有新的进展。1979 年长春黄金研究所进行硫脲提金试验获得成功，并于 1984 年在广西龙水矿建成一座日处理浮选金精矿 10～20t 的硫脲提金车间（1987 年通过部级鉴定）。其他工艺虽处于试验研究阶段和正准备建厂投产，足以说明我国提金技术已发展到一个新的水平。

8.1 连续逆流倾析洗涤-锌置换工艺(CCD)

传统的氰化法提金工艺主要包括浸出、洗涤、置换（沉淀）三个工序。

(1) 浸出 矿石中固体金溶解于含氧的氰化物溶液中的过程。

(2) 洗涤 为回收浸出后的含金溶液，用水洗涤矿粒表面以及矿粒之间的已溶金，以实现固液分离的过程。

(3) 置换 用金属锌从含金溶液中使其还原、沉淀，回收金的过程。

矿石经氰化浸出后，金生成 $Au(CN)_2^-$ 溶于溶液中。洗涤的目的就是使含金溶液与固体分离。含金较低的固体可以废弃或进一步处理。而将含金溶液用于金的沉淀，含金溶液的回收是采用各种固液分离技术实现的。在固液分离时，要加入洗涤水，而洗涤水一般用置换作业排放的贫液或清水。当处理的矿石中有害氰化的杂质较少时，可采用贫液全部返回到浸出作业的流程，此时，一般使用清水作为洗涤水，这样既可提高洗涤效率，又可使氰化尾矿溶液中氰化钠浓度降低，减少氰化钠的损失，简化污水处理作业。当处理的矿石中有害氰化的杂质较多时，贫液一般不返回到浸出流程中去，而使用部分贫液作洗涤水，此时，如使用清水作为洗涤水，虽然洗涤效率有所提高，但因贫液排放量增加，使贫液中金的损失量增加，降低了总置换率，增加氰化钠消耗量，并使污水处理量和成本增加。

用氰化法提取金时，从含金溶液中沉淀金的方法较多，如吸附法、电解法、沉淀法等。吸附法是将含金溶液中的金吸附到作为载体的吸附剂上，然后从载体上将金洗脱下来，再用沉淀剂或电解法从洗脱液中沉淀金，常用的吸附剂为活性炭及树脂等。电解法是将含金溶液直接电解得到电金。沉淀法是在贵液中加入沉淀剂，通过化学反应使金沉淀，而得到含金品位较高的金泥，作为冶炼的原料。最常用的沉淀剂为金属锌，特殊情况下也可用金属铝。因为用金属锌沉淀金的过程是置换反应过程，故称为锌置换法。锌置换法是黄金矿山应用较广的方法之一。

氰化浸出的矿浆，许多老工厂仍然使用洗涤法分离尾矿和产出含金溶液。从矿浆中分离含金溶液和尾矿的洗涤方法有倾析洗涤法、过滤洗涤法和流态化洗涤法。通常使用的分离流程包括：氰化矿浆的浓缩、过滤，再用脱金贫液或水在过滤机上洗涤滤渣后将尾矿废弃。

8.1.1 工艺特点

8.1.1.1 倾析洗涤工艺

倾析洗涤法广泛使用于北美，可分为间歇倾析洗涤法和连续倾析洗涤法。

(1) 间歇倾析洗涤法 间歇倾析洗涤法通常与间歇搅拌氰化配合使用。其作业方法之一是氰化矿浆于澄清槽中澄清后，用带有浮子的虹吸管抽出上层含金澄清液送置换回收金，余下的矿浆抽回搅拌浸出槽加 NaCN 稀溶液再次进行浸出。方法之二是将氰化矿浆给入浓缩机中浓缩，溢流产出的含金溶液送置换金，浓缩机中的浓浆抽至搅拌浸出槽加 NaCN 稀溶液再次进行浸出。然后将二次浸出的矿浆送澄清槽或浓缩机再处理。如此反复几次，直至洗液中含金达微量为止。第二次浸出作业产出的含金溶液，通常含金较少，可用作下批原料的一次浸出用，第三次浸出液用作下批原料的二次浸出用。这些溶液经不断使用，直至含金达规定浓度后送沉淀金。

间歇倾析洗涤法由于作业过程时间长，所用溶液数量多，设备占地面积大等缺点，在工业上应用很少。

(2) 连续倾析洗涤法 连续倾析洗涤法是国内外广泛使用的方法之一。它是以矿浆和洗液呈逆向运动的原理进行的，在国外多称连续逆流倾析洗涤法，常见典型流程如图 8-1 所示。此法是将矿浆和洗（贫）液从相对的方向供入浓缩机中并对流进入下一级浓缩机，以实现矿浆的洗涤和固液分离。故浓缩机是连续逆流倾析作业的主要设备。为此，国外已使用的最大浓缩机直径达 150～180m。使用的浓缩机有单层的和多层的。我国日处理 100t 矿石的某选金厂三级单层浓缩机连续逆流倾析洗涤流程及溶液平衡如图 8-2 所示。

由于单层浓缩机存在占地面积大，且矿浆须多次用泵扬送等缺点，故许多选矿厂都将 2～5 台浓缩机组装成多层浓缩机使用。

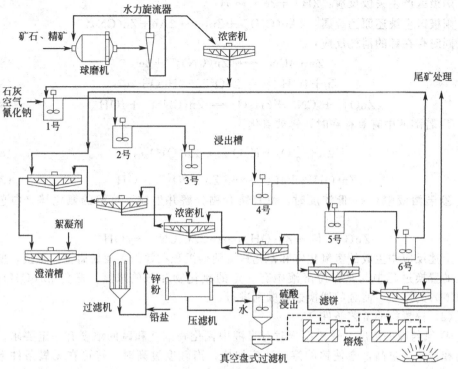

图 8-1　连续逆流倾析洗涤典型流程

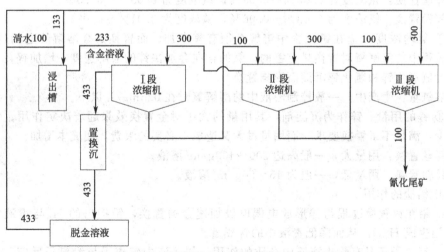

图 8-2　某厂三级连续逆流倾析洗涤流程及溶液平衡

8.1.1.2　锌置换工艺

（1）锌置换金的原理　目前锌置换有锌丝置换和锌粉置换两种。

锌置换的过程是电化学反应过程，金的沉淀是由于生成电偶的结果，该电偶为锌-铅电偶，锌为阳极，铅为阴极。

原电池可表示为：$Au(CN)_2^- \mid Zn \cdot Pb \mid H^+$

阴极区产生去极反应：$2H^+ + 2e \mathrel{=\!\!=\!\!=} H_2$　　　　　　　　　　　　　　　　(8-1)

阳极区金被还原为金属：$2Au(CN)_2^- + Zn \mathrel{=\!\!=\!\!=} 2Au + Zn(CN)_4^{2-}$　　　　(8-2)

同时存在锌的消耗反应：

$$Zn + 4CN^- \mathrel{=\!\!=\!\!=} Zn(CN)_4^{2-} + 2e \tag{8-3}$$

$$Zn + 4OH^- \mathrel{=\!\!=\!\!=} ZnO_2^{2-} + 2H_2O + 2e \tag{8-4}$$

$$ZnO_2^{2-} + CN^- + 2H_2O \mathrel{=\!\!=\!\!=} Zn(CN)_4^{2-} + 4OH^- \tag{8-5}$$

① 若溶液中有氧存在时，锌被氧化：

$$Zn + \frac{1}{2}O_2 + H_2O \mathrel{=\!\!=\!\!=} Zn(OH)_2 \downarrow \tag{8-6}$$

$$Zn(OH)_2 + 4CN^- \mathrel{=\!\!=\!\!=} Zn(CN)_4^{2-} + OH^- \tag{8-7}$$

② 若溶液中 CN^- 低浓度时，氰锌络合物分解并生成不溶解的氰化锌（白色沉淀）：

$$Zn(CN)_4^{2-} + Zn(OH)_2 \mathrel{=\!\!=\!\!=} 2Zn(CN)_2 + 2OH^- \tag{8-8}$$

上述反应中生成的氢氧化锌和氰化锌沉淀会沉积在锌的表面妨碍金的置换，所以在金的置换过程中，要保持溶液中有一定的氰化物和碱的浓度，避免 $Zn(OH)_2$ 和 $Zn(CN)_2$ 的生成，使金的置换过程顺利进行。

(2) 锌置换的工艺条件

① 氰与碱的浓度　锌置换金时对贵液中氰化物浓度和碱的浓度有一定要求。氰化物和碱浓度过高，会使锌的溶解速度加快，当碱度过高时，锌可在无氧条件下溶解，使锌耗增加，同时又由于锌的溶解不断暴露新锌表面，可加速金的沉淀析出。

锌丝置换：氰浓度为 $0.05\% \sim 0.08\%$，碱浓度为 $0.03\% \sim 0.05\%$；

锌粉置换：氰浓度为 $0.03\% \sim 0.06\%$，碱浓度为 $0.01\% \sim 0.03\%$。

② 氧的浓度　金在氰化物中溶解必须有氧参加，而置换是金溶解的逆相过程，置换过程中的溶解氧对置换是有害的。氧的存在会加快锌的溶解速度，增加锌耗，大量产生氢氧化锌和氰化锌沉淀而影响置换。

溶氧量：生产中，一般控制溶液中的溶解氧时在 $0.5mg/L$ 以下。

③ 锌的用量　锌作为沉淀剂，其用量的大小对金置换效果起着决定作用。锌用量太少，满足不了置换要求，而用量过大又造成不必要的浪费，使成本增加。

锌丝置换：用量大，一般高达 $200 \sim 400g/m^3$ 溶液。

锌粉置换：用量低，一般为 $15 \sim 50g/m^3$ 溶液。

④ 铅盐的作用

a. 铅在锌置换过程与锌形成电偶电极加速金的置换，铅析出的 H_2 与贵液中的 O_2 作用生成 H_2O，从而降低贵液中的含氧量。

b. 铅离子还具有除去溶液中杂质的作用，如溶液中硫离子与铅离子反应，可以生成硫化铅沉淀而被除去。

c. 生产中常采用的醋酸铅，有时也采用硝酸铅。

d. 用量不宜过大，生产中，全泥氰化铅盐用量为 $5 \sim 10g/m^3$ 贵液，精矿氰化为 $30 \sim 80g/m^3$ 贵液。

⑤ 温度　锌置换金的反应速度与温度有关，置换反应速度取决于金氰络离子向锌表面扩散的速度。温度增高，扩散速度加快，反应速度增加。温度低于 $10℃$ 反应

速度很慢。

因此，在生产中一般保证贵液温度在 15～25℃ 之间为宜。

⑥ 贵液中的杂质　溶液中所含杂质如铜、汞、镍及可溶性硫化物等都是置换金的有害杂质。

a. 铜的络合物与锌反应时，铜被置换而消耗锌，同时铜在锌的表面形成薄膜妨碍金的置换，其反应式：

$$2Na_2Cu(CN)_3 + Zn = 2Cu + Na_2Zn(CN)_4 + 2NaCN \tag{8-9}$$

b. 汞与锌发生反应生成的汞与锌合金使锌变脆，影响金的置换效果，其反应式：

$$Na_2Hg(CN)_4 + Zn = Hg + Na_2Zn(CN)_4 \tag{8-10}$$

c. 可溶性硫化物会与锌和铅作用，并在锌和铅的表面上生成硫化锌和硫化铅，降低了锌对金的置换作用。

⑦ 贵液清洁度的影响　进入置换作业的贵液必须达到清澈透明，不允许带有超过要求的悬浮物（细矿泥）和油类。否则，影响置换速度、金泥质量。因此，在生产中一般保证贵液悬浮物含量为 5mg/L 以下。

(3) 锌丝置换法

① 锌丝置换法工艺　氰化提金产出的贵液经砂滤箱和储液池沉淀，除去部分悬浮物，加入置换箱进行置换。一般在砂滤之前加入适量的铅盐，在置换箱里预先加入足量锌丝，含金银的溶液通过置换箱后金银被锌置换而留在箱中。置换出的金银呈微小颗粒在锌丝表面析出，增大到一定的程度后，则以粒团形成靠自重从锌丝上脱落，并沉淀在箱的底部，而贫液则从箱的尾端排出。置换时间：是指溶液通过铺满锌丝的置换箱所需时间，一般约 30～120min。生产中氰化物浓度在 0.04% 以上。锌丝置换工艺流程如图 8-3 所示。

② 锌丝置换设备　主要设备有砂滤箱和置换箱。

砂滤箱：通常用钢板、木板或混凝土制成的，有长方形或圆形。溶液从上部给入，通过滤层时部分悬浮物被滤层滤出，净液从底部排液口排出。该净化设备简单，但净化效果较差。其结构如图 8-4 所示。

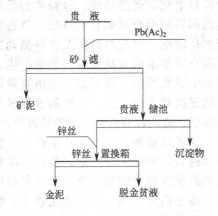

图 8-3　锌丝置换工艺流程

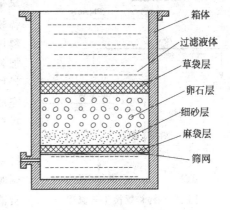

图 8-4　砂滤箱结构示意

置换箱：通常用钢板或水泥制成的有长方形箱体。箱上口敞开无盖，根据所处理的液体量多少及操作是否方便来决定箱体的长、宽、高尺寸。一般箱长 3.5～7m，宽 0.5～1.0m，高 0.75～0.9m。其中第一槽常用作澄清格，不加锌丝；有时为了改善澄清效果在第一格中加入棕麻或尼龙丝等用以沉淀悬浮物；最后一槽用于收集被溶液带出的细粒金泥，有时也加入少量的锌丝。锌丝置换设备示意如图 8-5 所示。

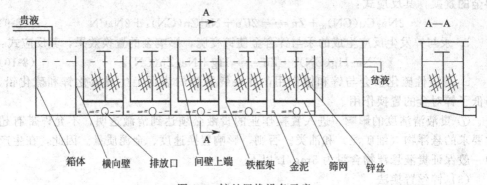

贵液　贫液

箱体　横向壁　排放口　间壁上端　铁框架　金泥　筛网　锌丝

图 8-5　锌丝置换设备示意

（4）锌粉置换法　锌粉置换工艺由贵液净化、脱氧和锌粉置换三个作业组成，其流程见图 8-6。

净化作业：净化作业的目的是清除贵液中的固体悬浮物，避免其进入置换作业，影响置换效果和金泥质量，因此生产中要求净化后贵液中悬浮物含量越低越好。净化设备可分两类：另一类为真空吸滤式的，如板框式真空过滤器；另一类为压滤式，如板框压滤机、管式过滤器及星形过滤器等。

脱氧作业：贵液中溶解氧对锌置换金银是有害的，所以必须脱氧。脱氧设备有真空脱氧塔，其真空度一般为 680～720mmHg，可使贵液含氧量降到 0.5g/m³ 以下。

锌粉置换作业：该作业分两部分，即锌粉添加和置换部分。

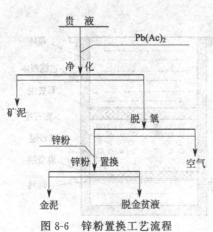

贵　液

Pb(Ac)₂

净　化

矿泥

脱　氧

锌粉

锌粉　置换

空气

金泥

脱金贫液

图 8-6　锌粉置换工艺流程

锌粉添加要求添加量准确、均匀、连续，尽量避免锌粉氧化，受潮结块。锌粉添加是由锌粉加料机和锌粉混合器联合完成的。锌粉加料机有胶带运输机、圆盘给料机及各种振动式加料机。混合器要求带有液面控制装置。当锌粉加入贵液中置换反应立即开始，而由置换机完成最终的置换和金泥过滤。常用的置换机为板框式压滤机、置换过滤机或布袋置换器等。

净化、脱氧与置换三个作业在生产工艺安排中应连续进行，避免中间间断，贵液从净化到脱氧主要是靠真空抽吸而传送，而脱氧后的贵液进入置换是由对空气密封的水泵扬送，整个锌粉置换系统对外部空气是个密闭系统，漏气将破坏该系统的正常工作。

锌粉置换设备形象联系图如图 8-7 所示。

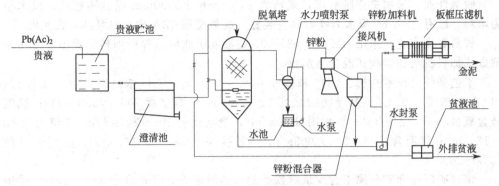

图 8-7 锌粉置换设备形象联系

8.1.2 生产实践

以金厂峪金矿锌置换金生产实践为例。

(1) 锌丝置换法实践 锌丝置换工艺如图 8-8 所示。贵液经砂滤箱进行初步净化，除去部分矿泥后用泵扬入贵液池。贵液池的放液管高出池底 1m，以便贵液在池中进一步沉淀澄清。澄清液自流给入置换箱。置换箱尺寸为长×宽×高＝3400mm×800mm×630mm 的铁板箱。箱内分八槽，第一槽不装锌丝为缓冲槽，第八槽也不装锌丝，作为被贫液带出的金泥回收槽，总计为 14 个置换箱，置换时间为 90min左右。

工艺条件及技术指标：液流量 180m³/d；CN⁻ 浓度 0.05%～0.08%；CaO 浓度0.03%；锌丝耗量 240g/m³；Pb(Ac)₂ 耗量 33g/m³；贵液含金 0.15～0.20g/m³；置换率 99.0%～99.5%。

(2) 锌粉置换法实践 锌粉置换工艺由贵液净化、脱氧和锌粉置换三个作业组成，其流程如图 8-9。

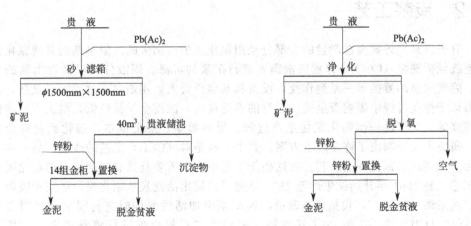

图 8-8 金厂峪锌丝置换工艺流程　　图 8-9 金厂峪锌粉置换工艺流程

净化作业：采用板框式真空过滤器，过滤面积 75m²，铁板箱体尺寸为 3m×1.6m×2m，内装 18 片 1.5m×1.4m 外套帆布袋的过滤片，两台过滤器交替使用。

脱氧作业：采用真空脱氧塔，规格为 ϕ1000mm×3500mm 底锥圆柱塔，以木格为填料，配有 ZBA-60 型水力喷射真空装置，脱氧使用 2BA 型水封泵扬入置换机。

锌粉置换作业：采用 BMT20/035×25 型板框压滤机，锌粉加料装置由 ϕ120mm 圆盘式加料机与底锥阀式混合器组成。

工艺条件及技术指标：CN^- 浓度 0.04%～0.05%；CaO 浓度 0.02%～0.03%；Pb(Ac)$_2$浓度 0.003%；悬浮物的浓度 10～20g/m^3；真空度 700～720mmHg；脱氧液含氧量小于 0.25g/m^3；锌粉用量 80g/m^3；贵液流量 200～220m^3/d；贵液含金 10～18g/m^3；贫液含金 0.02～0.008g/m^3；置换率 99.87%～99.90%；金泥金品位 15%～20%。

该选矿厂处理矿石属于含少量黄铁矿的石英脉矿石，原矿含金为 4～5g/t，采用浮选-精矿氰化-锌置换工艺，其精矿多元素分析、贵液多元素分析及两种工艺产生金泥的多元素分析结果如表 8-1—表 8-3 所示。

表 8-1　精矿多元素分析结果　　　　单位：%

元素	Au*	Ag*	Cu	Pb	Zn	Fe	S	As
含量	117.5	43.17	0.18	0.09	0.05	26.26	25.46	0.01

注：*代表单位 g/t。

表 8-2　贵液多元素分析结果　　　　单位：g/m^3

元素	Au*	CN$^-$	CNS$^-$	总 CN$^-$	CaO	Cu	Zn	悬浮物
含量	13.41	476	1120	1260	300	340	86	119

注：*代表单位 g/t。

表 8-3　两种置换方法金泥多元素分析　　　　单位：%

置换方法	Au*	Ag*	Cu	Pb	Zn	Fe	S	SiO$_2$
锌丝工艺	8.12	2.02	4.06	9.00	13.22	3.63	8.01	12.33
锌粉工艺	17.9	3.57	8.57	7.63	42.26	0.45	0.45	0.43

注：*代表单位 g/t。

8.2　炭浆工艺

有史以来世界黄金总产量的大部分是用氰化法生产出来的。但早期的常规氰化连续逆流倾析洗涤（CCD）-锌置换法需要进行矿浆的沉涤、固液分离以及浸出液的澄清、除气和金的置换等一系列作业，设备和基建投资大，用地多，过程冗长复杂，金银滞留于作业过程中影响资金周转，锌的消耗量大，沉淀金泥品位低，增大下一步精炼难度等。为了进一步简化氰化生产过程、提高效率、降低成本、强化氰化提金方法，研究者又研制出了许多改进方案。其中一些是对（CCD）工艺的改进，另一些则是为了创建新的氰化提金工艺。在这些新工艺中，最重要且具有深远意义的氰化提金新工艺，是 1961 年开始试生产至 1973 年完善的使用活性炭从氰化浸出矿浆中吸附金的"炭浆法（CIP）"，包括后来改进的向矿浆中加活性炭同时进行浸出和吸附金的"炭浸法（CIL）"，以及 1967 年发展起来的将矿石筑成堆进行喷淋浸出的"堆浸法"。此两种工艺是现代黄金生产的两项最新技术，它的生产成本更低，作业更简捷。因而，现代新建的提金厂大多采用此工艺。

我国从 20 世纪 70 年代末期开始研究炭浆提金工艺。1985 年在灵湖矿和赤卫沟矿建成炭浆提金选厂，此后相继建成投产了十几座炭浆提金厂，已成为我国回收金银的主要工艺方法。

8.2.1 工艺特点

炭浆法提金，是用活性炭直接从含金的矿浆中提取已溶解的金的提金工艺。

炭浆法与前述的连续逆流倾析洗涤（CCD）常规工艺相比，它的最主要优点是省去了矿浆的洗涤和固液分离，直接使用粒状活性炭从矿浆中吸附金，以代替浸出矿浆的洗涤、固液分离和浸出液的澄清、除气和锌置换作业，它使得工业生产过程得以简化，效率明显提高，设备和基建投资大减，生产成本下降。在通常情况下，采用炭浆法可节省投资 25%～50%、使生产成本下降 5%～35%。

8.2.1.1 氰化炭浆提金工艺原则流程

氰化炭浆提金工艺流程如图 8-10 所示，主要包括原料准备、氰化搅拌浸出、活性炭逆流吸附、载金炭解吸、贵液电积、熔炼铸锭和活性炭再生等作业。

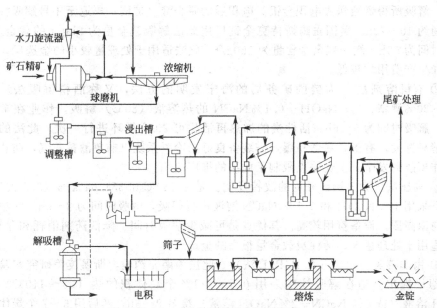

图 8-10 氰化炭浆提金工艺流程

浸出前的原料准备：含金矿物原料经破碎、磨矿和分级作业，获得所需浓度和细度的矿浆。全泥氰化时，此分级溢流经浓缩后可送去进行氰化浸出。当氰化浸出前用浮选法富集含金矿物时，分级溢流送浮选作业，产出金精矿。金精矿再磨至所需细度后，分级溢流经筛分脱除大于 0.589mm 的矿砂和木屑，再经浓缩脱水后获得浓度为 45% 左右的矿浆送搅拌氰化浸出。

搅拌氰化浸出：搅拌氰化浸出在 12 个串联的充气机械搅拌槽中进行。浓缩机的底流先进入调浆槽，预先使矿浆与空气和石灰乳搅拌几小时，调整矿浆 pH 值和含氧量，然后进入氰化浸出回路。在矿浆搅拌浸出的同时，仍需加入石灰乳和氰化物，并鼓入空气，使矿浆 pH 值和氰根含量维持在规定值。具体操作与搅拌氰化浸出相同，目的是为了获得尽可能高的金浸出率。

活性炭逆流吸附：搅拌氰化浸出后的矿浆进入活性炭矿浆逆流吸附回路。吸附系统一般由4～6个活性炭吸附槽组成，通过空气提升器和槽间筛实现矿浆和活性炭的逆流流动。此时仍可鼓入空气，添加石灰乳和氰化物，但最后1～2个吸附槽不加氰化物、以降低贫化矿浆中的氰化物含量。初期的炭浆工艺的槽间筛主要采用振动筛，其炭磨损量较大。目前炭浆工艺的槽间筛主要采用固定的周边筛、桥式筛或浸没筛等。筛分后的矿浆返回本槽，活性炭则被送至前一槽。再生炭或新炭加入吸附槽的最后一槽，载金炭则从第一吸附槽定期转送至载金炭解吸系统进行金的解吸和活性炭的再生。吸余尾浆再经检查筛分（筛孔为0.701mm）回收漏失的载金细粒炭后送尾浆处理工序。

载金炭解吸：载金炭经脱除木屑和矿泥后，送解吸柱进行金银解吸。目前生产上可用4种方法进行载金炭的解吸。

① 扎德拉法 这是1952年美国扎德拉发明的著名方法。此法在常压下，采用85～95℃的热的1% NaOH和0.1%～0.2% NaCN混合液从下向上顺序通过两个解吸柱，解吸所得贵液送去电积金银。电积后的脱金液（贫液）再返至1号解吸柱，解吸时间约40～72h。美国霍姆斯持克金选厂用此法解吸载金星为9kg/t的载金炭时，解吸时间为50h，炭中残余金含量为150g/t。此法适用于处理量较小的金选厂，设备投资和生产费用均较低。

② 有机溶剂法 为美国矿务局的海宁发明的方法，又称酒精解吸法。采用10%～20%酒精、1% NaOH＋0.1%NaCN的热溶液（80℃）解吸，作业在常压下进行，解吸时间为5～6h。活性炭的加热再活化可20个循环进行一次。此法的缺点是酒精易挥发，有毒，易燃易爆，需装备良好的冷凝系统以捕集酒精蒸气，防止火灾和爆炸事故的发生。上述缺点限制了此法的推广应用。

③ 高压法 为美国矿务局的波特发明。是在160℃和354.64 kPa（3.5大气压）条件下采用1% NaOH和0.1% NaCN溶液进行解吸，解吸时间为2～6h。此法缺点是需高温高压，设备费用较高。其优点是可减少解吸时间、降低药剂消耗和存炭量。此法适用于处理量大、活性炭载金量很高的金选厂。

④ 南非英美公司法（A. R. R. L 法） 此法为南非约翰内斯堡英美研究实验室的达维德松提出。是在解吸柱中采用0.5%～1%个炭体积的热（93～110℃）10% NaOH溶液（或5% NaCN＋2%NaOH溶液）接触2～6h，然后用5～7个炭体积的热水洗脱，洗脱液流速为每小时3个炭体积，总的解吸时间为9～20h，其优点类似于高压解吸法，但需多路液流设备，增加了系统的复杂性。

载金炭解吸所得贵液送电积沉金或锌粉置换沉金，活性炭送炭再生作业。

活性炭再生：炭浆吸附过程中，活性炭除吸附已溶金外，还会吸附各种无机物及有机物，这些物质在解吸金过程中不可能被除去，造成炭被污染而降低其吸附活性。因此，解吸炭在返回吸附系统前必须进行再生，以恢复其对已溶金的吸附活性。解吸炭的再生方法为酸洗法和热活化再生法。酸洗法是采用稀盐酸或稀硝酸（浓度一般为5%）在室温下洗涤解吸炭，作业常在单独的搅拌槽中进行，此时可除去碳酸钙和大部分贱金属配合物，酸沉后的炭须用碱液中和及用清水洗涤，然后才能将其送去进行热活化再生。热活化再生是为了较彻底地除去不能被解吸和酸洗除去的被吸附的无机物及有机物杂质，多数金选厂是定期地将酸洗、碱中和及水洗涤后的解吸炭送入间接加热的回转窑中，在隔绝空气的条件下加热至 650℃，恒温 30min，然后在空气中冷却或用水进行骤冷。美国霍姆斯特克选厂的试验表明，空气冷却可获得较高的活性，可在活化窑的冷却段中冷却，也可将加热后的解吸炭排至漏斗中冷却。热活化再生的活性炭经筛网为 0.85mm 的筛子筛分以除去细粒炭。活化后的炭返回吸附作业前须用水清洗以除去微粒炭。

炭浆工艺氰化浸出系统的影响因素与搅拌氰化浸出相同，金的浸出率主要取决于含金矿物原料特性、磨矿细度、浸出矿浆液固比、介质 pH 值，氰化物浓度及充气程度等。

炭浆吸附系统的主要影响因素为活性炭类型、活性炭粒度、矿浆中炭的浓度、炭移动的相对速度、吸附级数、每吸附级的停留时间、活性炭的损失量、其他金属离子的吸附量等。

（1）活性炭类型　由各种炭质物质（如坚硬果壳、果核、烟煤和木材等）制成的活性炭具有很大的比表面积和很高的吸附活性，可用于吸附回收金。炭浆工艺必须使用坚硬耐磨的粒状活性炭，其中细粒炭的含量须降至最低程度。目前，国内炭浆选金厂除使用椰壳炭外，还使用杏核炭，其性能与椰壳炭相似。近年来有的采用合成材料生产的活性炭代替椰壳炭，其形态可为粉状、粒状或挤压柱状，据称有很高的耐磨性能。

（2）活性炭粒度　炭浆工艺使用粒度较粗的粒状炭，以利于采用筛子将其从矿浆中分离出来。目前炭浆选金厂使用最广的为椰壳炭，其次是桃核壳炭、杏核壳炭等。美国和南非在试验泥炭压制炭，前苏联试用纸浆制造的木质炭等。活性炭须预先进行机械处理和筛分，以除去易磨损的棱角和筛除细粒。供炭浆工艺用的活性炭的粒级范围为 3.327～0.991mm、3.327～1.397mm 或 1.397～0.543mm。进入炭吸附系统的矿浆须预先经 0.589mm 的筛子筛分，以除去砂砾、木屑、塑料炸药袋和橡胶轮胎等碎片，以减少炭的磨损，有利于操作时提高金的回收率。

（3）矿浆中炭的浓度　每吸附级矿浆中炭的浓度对已溶金的吸附速度和吸附量有很大的影响。矿浆中炭的浓度主要取决于矿浆中已溶金的浓度和排出矿浆中已溶金的含量。美国霍姆斯特克选金厂矿浆中的炭浓度为 15g/L，菲律宾马斯巴特炭浆厂的炭浓度为 24g/L，我国灵湖金矿全泥氰化炭浆工艺中的炭浓度为 9.5g/L。

（4）炭移动的相对速度　每级活性炭移动的相对速度与该级已溶金的量及活性炭的载金量有关。吸附段活性炭充分载金时的载金量常介于每吨炭 5～10kg 金，也可高于或低于此值，如有的可高至每吨炭 40kg 金。载金量较低会导致解吸和炭的运输过于频繁，易增加活性炭的损失。活性炭的载金量与每级炭的移动速度（串炭量）有关，单位时间移动的炭量越少，每级炭的载金量越高。我国灵湖矿的串炭量为 2kg/h。

（5）吸附级数　吸附级数取决于已溶金的极大值及欲达到的总吸附率，通常采用四级。但当矿石含金量高时，也可采用 5～7 级，如霍姆斯特克选厂采用四级，马斯巴特选厂采用五级，我国灵湖矿选厂采用四级。

（6）每吸附级的停留时间　据报道，每级炭与矿浆的接触时间介于 20～60min，通常平均每级接触时间为 30min。每级炭与矿浆的接触时间因矿石含金量而异，其最佳接触时间应通过试验确定。

(7) 活性炭的损失量　在吸附回路中活性炭经搅拌、提升、筛分、洗涤、解吸及热活化等作业会引起炭的磨损及部分碎裂，虽然吸余矿浆经检查筛分可回收被磨损的少量细粒载金炭，但仍有少量细粒载金炭损失于尾浆中。因此，金的回收率与炭的损失量密切相关。为了降低炭的损失量除采用耐磨的粒状炭、预先进行机械处理和筛分洗涤外，还应尽量避免采用振动筛进行矿浆和炭的分离，应避免用机械泵泵送炭。因此，炭浆厂一般采用固定的槽间筛和用空气提升器提升炭。炭的损失量与活性炭的耐磨性有关，使用椰壳炭时，炭的损失量一般为每吨矿石 0.1kg。我国灵湖矿采用杏核炭，粒度为 2.262～0.833mm，活性炭的消耗量为每吨矿石 0.09kg。

(8) 其他金属离子的吸附量　通常碱性氰化矿浆中除金银的配阴离子外，还含有其他的金属离子配合物。但金氰络离子对活性炭的吸附亲和力最大，其次是银氰配离子，铁、锌、铜、镍等与氰根生成的配离子对活性炭的吸附亲和力比金银小，这些杂质离子易解吸，会在解吸液中产生积累。为了防止锌、铜和其他贱金属离子产生积累，常用的方法是定期排出一定量的贫解吸液，定期分析检测解吸液中杂质离子的含量，以决定应排出废弃多少贫解吸液。

8.2.1.2　炭浆工艺的优缺点

根据几十年来炭浆工艺的实践，与常规的搅拌氰化逆流倾析工艺比较，氰化炭浆工艺具有下列优点。

(1) 取消了固液分离作业　炭浆工艺采用筛子进行载金炭和矿浆的分离，简化了流程，省去了昂贵的固液分离作业。此工艺尤其适用于处理泥质难固液分离的含金矿物原料。

(2) 基建费用和生产费用较低　由于省去了昂贵的固液分离作业，简化了流程，据统计，基建费用可节省 25%～50%，生产费用可节省 5%～30%。对氧化的泥质含金矿石而言，基建费和生产费的节省相当明显。但对浮选金精矿而言，炭浆工艺与搅拌氰化逆流倾析工艺的费用相差不明显。

(3) 可提高金的回收率　常规氰化锌置换沉金贫液中一般金含量为 $0.03g/m^3$，炭浆工艺排出的吸余矿浆中液相含金一般为 $0.01g/m^3$。因此，炭浆工艺的金回收率比常规氰化法高些。

(4) 扩大了氰化法的应用范围　一般沉降过滤性能差的含金矿石难以用常规氰化法处理。浸出所得的含金贵液中的铜、铁含量较高时，用锌置换法沉金的效率较低。但对炭浆工艺而言，上述不利因素的有害影响较小。

(5) 可降低氰化物耗量　常规氰化一般采用锌粉置换法沉金，锌置换沉金时，含金溶液应保持较高的氰化物含量。炭浆工艺载金炭解吸所得贵液常用电解法沉金，对贵液中氰化物的含量无甚要求。因此，炭浆工艺中的氰化物浓度较低，有利于降低氰化物的消耗量。

(6) 可产出纯度较高的金锭　炭浆工艺用电解沉积法提金，金泥的纯度高，可降低熔炼时的熔剂耗量和缩短熔炼时间，炉渣及烟气中金的损失小，可获得纯度较高的金锭。

炭浆工艺也存在某些缺点，主要有以下三点。

① 进入炭浆吸附回路的矿浆需全部过筛（筛网一般为 0.589mm），氰化浸出和炭浆吸附在不同的回路中进行，基建费用仍然较高。

② 炭浆工艺过程中金银的滞留量较大，大量的载金炭滞留在吸附回路中，资金积压较严重。

③ 活性炭的磨损问题仍未彻底解决，虽然采取了许多有效措施，但仍然有部分被磨损的细粒载金炭损失于尾矿中，降低了金的回收率。今后应进一步完善工艺和研制更高效的设备，以简化流程和减少活性炭的磨损。

8.2.2 生产实践

8.2.2.1 全泥氰化炭浆工艺

我国灵湖金矿选厂处理的矿石为含金石英脉和含金糜棱岩组成，前者占 75%，后者占 25%。矿石氧化严重，矿体上部的金属硫化矿已被全部氧化，为典型的含金石英脉氧化矿。主要金属矿物有褐铁矿、磁铁矿和赤铁矿，其次是黄铁矿，偶见黄铜矿、闪锌矿、方铅矿、黝铜矿、铜蓝、蓝铜矿、孔雀石、辉铜矿、辉银矿和自然金等。脉石矿物主要为石英，其次是绢云母、斜长石、绿泥石及少量的方解石和高岭土等。金矿物主要为自然金，一般呈粒状、小条（片）状、细脉状，少数呈树枝状嵌布于石英、褐铁矿中。嵌布于石英中的粒状自然金的粒径为 $0.02 \sim 0.08mm$，约占总金量的 65%；包裹于褐铁矿中的自然金粒径为 $0.001 \sim 0.036mm$，约占总金量的 35%。

原矿的多元素分析结果列于表 8-4 中。

表 8-4 原矿多元素分析结果　　　　　　　　　　　　单位：%

元素	Au[①]	Ag[①]	Cu	Pb	Zn	Fe	S	SiO_2	TiO_2	Al_2O_3	CaO	MgO
含量	7.4	2.5	0.027	0.045	0.016	6.31	0.17	70.50	0.475	2.975	1.818	0.676

① 单位：g/t。

由于矿石为典型的石英脉含金氧化矿石，泥质含量较高，采用全泥炭浆提金工艺是适宜的。其生产工艺为：碎矿-磨矿-分级-浓缩-搅拌氰化浸出-炭吸附-矿浆与载金炭分离-载金炭解吸-贵液电解-金粉熔炼铸锭-成品金。尾矿经漂白粉处理后，放至尾矿库堆存。该工艺的主要作业条件如下：

（1）金氰化浸出　矿浆浓度 40%～50%，磨矿细度 $-0.074mm$ 占 99%，pH $=$ 10～11，氰化钠浓度 0.03%，浸出时间 24h。

（2）炭浆吸附　活性炭为国产杏核炭 GH-17，粒度为 0.833～2.262mm，吸附段数四段，炭密度 9.6g/L 矿浆，串炭量 2kg/h，载金炭含金 7000g/t 左右。

（3）载金炭解吸　解吸液为 4% NaCN $+$ 2% NaOH，解吸温度 95℃，解吸时间 12～14h。

（4）贵液电解　采用钢毛阴极，不锈钢阳极，槽电压 3V，阴极电流密度 8～15A/m^2，电解温度为常温，电解时间 12h。

炭浆厂于 1983 年建成，投产后的三年中各项技术经济指标稳定，金总回收率达 90% 以上，生产指标列于表 8-5 中。该厂每处理 1t 矿石的主要原材料消耗为（kg）：氰化钠 0.58，石灰 7，漂白粉 0.39，氢氧化钠 0.04，活性炭 0.09，衬板 0.4，钢球 5，盐酸 0.1。

表 8-5 灵湖炭浆厂生产指标

项目	1984 年	1985 年	1986 年
原矿品位/(g/t)	6.4	6.34	5.6
浸出率/%	93.36	94.26	91.49
吸附率/%	98.87	99.68	98.71
解吸率/%	98.41	98.41	98.42
电解回收率/%	99.48	99.46	99.24
冶炼回收率/%	99.50	99.50	99.40
总回收率/%	89.01	91.51	87.68

美国霍姆斯特克选金厂于1973年停止使用混汞法提金而改用炭浆法提金，原矿经破碎磨矿后进行搅拌氰化浸出，氰化浸出后的矿浆全部通过筛网为 0.701mm 的振动筛以除去木屑和粗粒矿砂，然后由空气提升器送入吸附回路。吸附工序一般由 4 台空气搅拌槽串联组成，每个搅拌槽下装有一台振动筛，再生后的活性炭和新炭加入最后一个吸附槽中，饱和后的载金炭从第一吸附槽筛出，洗净后送至解吸工序。运行时炭浆提至振动筛筛分，矿浆流入下一吸附槽，筛上的炭粒则进入上一吸附槽，由此实现矿浆和活性炭粒的逆向流动。振动筛对活性炭的磨损较严重，后来改用固定的槽间筛。矿浆在吸附工序的停留时间为 20～60min，当吸附给入矿浆液相含金 1.92g/(t·h)，经四级吸附，尾矿浆液相含金可达 0.015g/t，金的吸附率为 99.2%。当原矿含金量高，如吸附给入矿浆液相含金 154.1g/(t·h)，曾采用七级吸附，尾浆液相含金达 0.035g/t，金的回收率达 99.98%。饱和的载金炭在圆锥形不锈钢解吸槽中进行解吸，解吸采用 1% NaOH＋0.2% NaCN 的热（88℃）碱液。热碱液自上而下流经两个串联的解吸槽，所得含金解吸液（贵液）送电积。若载金炭含金 9000g/t，经 50h 解吸，活性炭中金含量可降至 150g/t，解吸率可达 98%。解吸所得贵液送入 3 个串联的玻璃钢电解槽中进行金的电积，阳极为不锈钢板，阴极用石墨板，用隔膜分成阳极室和阴极室。阳极液为氢氧化钠溶液，解吸贵液送入阴极室。各室溶液单独循环。贵液经第一阴极室流经第二、第三阴极室后，排出的废液几乎不含金，电积废液返回供解吸用，以降低氰化物消耗量。金的回收率大于 90%。

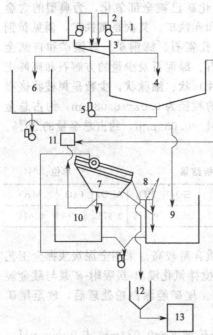

图 8-11 大黄刀选金厂提金设备联系

1—调浆槽；2—离心泵；3—固定筛；4—浓缩机；5—隔膜泵；6—搅拌槽；7—振动筛；8—矿浆分配器；9,10—搅拌浸出槽；11—尾矿池；12—载金炭洗涤槽；13—蒸气干燥机

8.2.2.2 合金烟尘氰化发浆工艺

加拿大大黄刀矿业公司选金厂的浮选金精矿经流态化沸腾焙烧时产出含金 90～100g/t、砷 4%、锑 5% 的烟尘，用氰化法处理此烟尘时，由于物料粒度很细，过滤和

浓缩很困难，金的回收率只有70%，且含金溶液被砷、锑严重污染。后改用松木活性炭（粒度为－2.3mm＋0.83mm），采用间歇氰化炭浆提金，金的回收率可达75.8%，且载金炭含金可达几十千克每吨。该厂间歇氰化炭浆提金设备如图8-11所示。

金精矿焙烧时两台热静电收尘器收尘的烟尘（9～10t/d）由螺旋给料机给入 φ0.9m×0.9m调浆槽中，加水调浆至含固体10%，再用离心泵经不锈钢固定筛（1.2m×1.2m）送至浓缩机中。固定筛的作用是除去粗粒烟尘和杂物，烟尘浆在浓缩机中的pH值为5，黏度大很难沉降，甚至无法进行过滤。在浓缩机中浓缩至含30%固体，用隔膜泵送至搅拌槽中，并采用氢氧化钠将矿浆pH值调至7.8，再送入氰化浸出槽，并加入氰化物（0.045%）、碳酸钠（0.02%）和松木活性炭。金的浸出时间约72h，为间歇作业。当活性炭被金饱和时（约2个月时间），用离心泵将炭浆送至槽上部的振动筛（0.417mm）。矿浆返回槽中继续进行浸出，分出的载金炭在水力脱泥斗中进行洗涤。洗净矿泥后的载金炭含水约50%，用蒸气干燥机烘干至含水7%后送冶炼厂熔炼。该系统的年度生产指标列于表8-6中。松木活性炭较价廉，故常将载金炭直接送冶炼厂熔炼。也有人试验用解吸的方法回收金，以使活性炭再生返回使用。

表 8-6 大黄刀厂炭浆提金年度指标

产品名称	产量/t	金品位/(g/t)	金量/kg	金分布率/%
载金炭	17.3	13210	299.0	75.8
贫液	7825.8	0.55	4.6	1.6
尾矿	2999.9	22.8	68.3	22.6
烟尘	2999.9	100.0	301.9	100.0

8.3 炭浸工艺

8.3.1 工艺特点

炭浸法氰化提金是金的氰化浸出与金的活性炭吸附这两个作业部分或全部同时进行的提金工艺。鉴于浸出初期氰化浸出速度高，随后氰化浸出速度逐渐降低的特点，目前使用的炭浸工艺多数是第一槽为单纯氰化浸出槽，从第二槽起的各槽为浸出与吸附同时进行，且矿浆与活性炭呈逆流吸附。炭浸法的典型流程如图8-12所示。

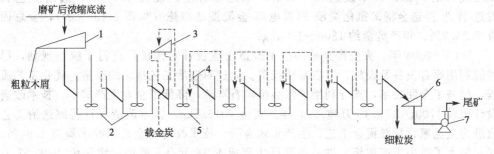

图 8-12 炭浸工艺典型流程

1—木屑筛；2—预浸槽；3—载金炭筛固定筛；
4—固定浸没筛；5—浸出吸附槽；6—检查筛；7—泵

此工艺是 20 世纪 80 年代南非明特克选厂在炭浆提金工艺的基础上研究成功的。对比炭浆工艺和炭浸工艺的典型流程可知，炭浆法是从金银已被完全浸出的氰化矿浆中吸附已溶金银，而炭浸法则是边氰化浸出边吸附已溶金银的方法，而工艺的原料准备、载金炭的解吸、炭的再生、贵液与尾浆的处理等作业基本相同，均采用活性炭从矿浆中吸附已溶的金银，但因工艺不完全相同，此两工艺之间也存在较明显的差别。炭浆法的氰化浸出和炭的吸附分别进行，所以需分别配置单独的浸出和吸附设备，而且氰化浸出时间比炭的吸附时间长得多，浸出和吸附的总时间长，基建投资高，占用厂房面积大。由于生产周期长，生产过程中滞留的金银量较大，资金积压较严重。炭浸工艺是边浸出边吸附，浸出作业和吸附作业合而为一，使矿浆液相中的金含量始终维持在最低的水平，有利于加速金银的氰化浸出过程。因此，炭浸工艺总的作业时间较短，生产周期较短，基建投资和厂房面积均较小，生产过程滞留的金银量较小，资金积压较轻。

氰化浸出开始时金银的浸出速度高，以后浸出速度逐渐降低，浸出率随时间延长所增加的梯度递降。由于活性炭只能从矿浆吸附已溶的金银，为了加速金银的氰化浸出，炭浸工艺的炭吸附前一般仍设 1～2 槽为预浸槽，一般炭浸工艺由 8～9 个搅拌槽组成，开始的 1～2 槽为氰化预浸槽，以后的 7～8 槽为浸出吸附槽。炭浸工艺与炭浆工艺相比，所用活性炭量较多，活性炭与矿浆的接触时间较长，炭的磨损量较大，随炭的磨损而损失于尾浆中的金银量比炭浆工艺高。

8.3.2 生产实践

王彦慧等对夹皮沟金矿选矿厂进行了技术改造，由重选-浮选-浮选金精矿氰化炭浸工艺改造成全泥氰化炭浸提金工艺。生产实践表明：改进工艺实际生产指标金回收率高于原生产指标 4.94%，且与国内外同类矿山相比，其生产指标处于国际领先水平。全泥氰化炭浸提金工艺设计合理、指标先进，降低了生产成本，并使大量低品位金矿资源得到了充分利用，企业取得了较好的经济效益。

夹皮沟黄金矿业有限责任公司（下称"夹皮沟金矿"）是中国黄金工业的摇篮，该地区采金业始于清代（1820 年），距今已有 190 多年的历史。目前，夹皮沟金矿已发展成为一个大型黄金矿山企业，也是中国黄金行业骨干企业之一。该金矿现有 7 个分矿，大小坑口 10 余个，其中二道沟矿采矿深度已达 1320m，是中国黄金地下开采深度最深的矿山。技术改造前，选矿厂采选综合生产能力 1000t/d，选冶工艺为重选-浮选-浮选金精矿氰化炭浸-解吸电解-金泥湿法冶炼（如图 8-13 所示），金总回收率 86.3%。年产黄金约 1300～1500kg。

2005～2006 年，夹皮沟金矿的技术改造工程设计对选矿厂进行了统一规划，尽可能利用原有设备及设施，节省基建投资。通过对选冶工艺技术的改造，优化工艺流程，提高了金回收率，充分利用了低品位矿石资源，降低了企业生产成本。技术改造设计规模 1700t/d(56.10 万吨/a)，年产黄金 2016.5kg。技术改造设计将原选冶工艺改进为全泥氰化炭浸提金工艺。生产实践表明：技术改造后金总回收率提高 4.94%，同时加大了矿山生产规模，进一步降低生产成本 16 元/t，每年新增利税 2509.57 万元，提高了企业的经济效益。

(1) 矿石性质 夹皮沟金矿矿石主要为原生硫化物，占 5.03%。其矿石工艺类

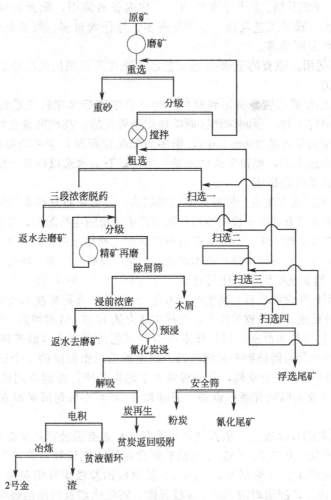

图 8-13 技术改造前生产工艺流程

型为中硫化物含金石英脉类型。主要矿物为黄铁矿、黄铜矿（含黝铜矿）、方铅矿、闪锌矿、褐铁矿、磁铁矿、赤铁矿、自然金、银金矿、石英、长石、云母、绿泥石、绢云母、碳酸盐等。金属矿物相对含量 6.91%，非金属矿物相对含量 93.09%。金矿物主要为自然金，少量的银金矿。原矿多元素分析结果见表 8-7。

表 8-7 原矿多元素分析结果

成分	Cu	Pb	Zn	Fe	S	C	As	烧失量
含量/%	0.10	0.11	0.013	5.09	2.76	1.20	0.003	5.03
成分	CaO	MgO	Al$_2$O$_3$	SiO$_2$	Sb	Bi	Au[1]	Ag[1]
含量/%	3.62	5.09	6.02	63.04	0.016	0.011	4.8	11.96

①单位：g/t。

（2）技术改造前选矿厂存在的主要问题

① 设备陈旧落后，生产成本高。夹皮沟金矿是百年老矿，选矿厂是在原伪满遗留选矿厂的基础上多次改扩建而成，一些伪满时期的设备仍在使用，其生产能力

1000 t/d，4 个磨矿系列、3 个浮选系列。厂房内设备陈旧，配置拥挤，作业空间狭小，操作环境差、选矿工艺复杂、生产系列多、操作人员多、设备规格小、数量多、功耗大、中间产品环节多。

② 工艺不适用。原有的重选-浮选工艺已不适应所开采的低品位矿石，选矿成本高，金回收率低。

③ 大量低品位矿石资源得不到利用。中国科学院等多家科研单位在该地区进行地质成矿理论研究工作，预测该地区成矿地质条件优越，找矿前景良好，黄金资源丰富，潜在的黄金储量可达 300～400 t，但多为低品位资源，金平均品位 2.16g/t。由于企业选冶生产成本高，使得矿区内大量低品位矿石资源难以得到利用。

(3) 工艺技术改造措施

① 碎矿工艺的技术改造　针对该矿山采场多，部分矿石夏季含泥较高，经常堵塞破碎机，严重影响原有碎矿工段的畅通，制约碎矿系统的生产能力，导致选矿厂整体生产能力下降。在技术改造中，对含泥矿石单独处理。利用原有停产多年的 150 t/d 选矿厂处理这部分矿石，对其碎矿进行技术改造，利用原有碎矿厂房、原有基础设备，更换 2 台破碎设备，增加洗矿设施，使其处理能力达 500 t/d。原 1000 t/d 碎矿系统无需进行改造，由于不处理含泥矿石，其生产能力达 1200 t/d。在碎矿技术改造过程中，充分利用原有设备及设施，只需较少投入，总碎矿能力从 1000 t/d 增加到 1700 t/d。

② 磨矿工艺的技术改造　根据技术改造后工艺技术要求（磨矿细度－0.074mm 占 90%），采用两段两闭路磨矿分级流程。技术改造后由原来的 4 个磨矿系列，减少到 500t/d 和 1200 t/d 2 个系列，分别对应 2 个碎矿系统，处理不同的矿石。500 t/d 系列磨矿设备充分利用原有磨矿设备，只新增 1200 t/d 系列磨矿设备，节省了基建投资。

③ 选冶工艺的技术改造　依据《夹皮沟黄金矿业有限公司选矿试验报告》，技术改造简化了原有复杂的重选-浮选-浮选精矿氰化炭浸工艺流程，改造为国内外先进成熟的全泥氰化炭浸工艺（见图 8-14 所示）。氰化浸出及吸附段仍对应 2 个磨矿系列，浸吸矿浆浓度 40%，浸出时间 30 h，5 段吸附。解吸电解及湿法冶炼全部利用原有设备及设施。

通过对原生产工艺及全泥氰化炭浸工艺流程的试验对比表明：该矿石采用全泥氰化炭浸工艺，金回收率高于原生产工艺 6%，且原选冶工艺流程复杂、生产成本高、管理难度大。该工艺投产后，实际生产指标高于原生产指标 4.94%。规模经营进一步降低了生产成本 16 元/t，企业的经济效益有了大幅度的提高。

④ 采用高效水力旋流器一段分级　水力旋流器作为分级设备，在矿山选矿厂被大量应用，尤其在大规模矿山应用更广泛。螺旋分级机以其运行稳定，通常在小于 2000t/d 规模一段分级中应用，但其分级效率远远低于水力旋流器，因此技术改造采用了水力旋流器代替螺旋分级机，提高了分级效率，减小了占地面积，节省了基建投资。生产实践表明：水力旋流器一段分级细度可达－0.074mm 65%～70%，分级效率高。

⑤ 选择高效先进设备　碎矿采用美卓公司先进的圆锥破碎机。该设备生产效率高，层压破碎，产品粒度细，可实现"多碎少磨"。磨矿设备引进国外先进技术，国内制造，采用高低压润滑站、气动离合器、慢速传动装置、润滑脂喷涂装置，便于磨

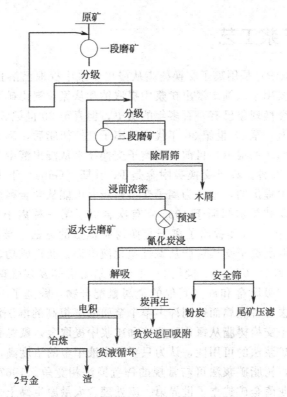

图 8-14 技术改造后生产工艺流程

机的使用、维护、检修，保证磨机的运转率，实现生产自动化。浸吸设备采用大型高效浸吸槽。生产实践表明，上述先进设备运行稳定可靠，易于操作，实现了高效、节能、降耗，达到了国际先进水平。

（4）实施效果 技术改造后，金回收率明显提高，生产成本大大降低。该工艺生产指标不仅超过了原有工艺生产指标，也超过了技术改造设计指标，生产指标稳定，企业经济效益显著。与国内外同类矿山相比，其生产指标处于国际领先水平。实际生产指标与设计指标对比结果见表 8-8。

表 8-8 实际生产指标与设计指标对比结果

项目名称	实际生产指标	设计指标
处理量/(t/d)	1700	1700
原矿金品位/(g/t)	4.10	4.00
氰渣金品位/(g/t)	0.28	0.35
金浸出率/%	93.17	91.25
吸附率/%	99.03	98.97
解吸率/%	100.00	100.00
电解率/%	100.00	100.00
冶炼率/%	99.50	99.50
金总回收率/%	91.80	89.86

8.4　树脂矿浆工艺

树脂矿浆法（RIP）是用离子交换树脂从浸出矿浆中提取已溶目的组分的工艺方法。目前该工艺主要用于从铀矿浸出矿浆中提取铀和从氰化浸出矿浆中提取金银。

人们发现离子交换现象已有一百多年的历史，但直至 20 世纪 20 年代离子交换技术才开始用于工业上，至 20 世纪 30 年代合成离子交换树脂后，离子交换技术才在工业上得到广泛的应用。据报道，目前可用离子交换技术从浸出液中分离、提纯和回收的金属元素不小于 70 种。离子交换吸附金是 R. 甘斯（Gans）于 1906 年和 1909 年在他的专利和论文中提出的，他认为离子交换树脂有可能从含金稀溶液和海水中提取金。此后，阿达姆斯和赫尔姆斯于 1935 年首次合成了第一种离子交换树脂，F. C. 纳科德（Nachod）于 1945 年提出了离子交换树脂提金的方法。英国公司于 1949 年使用 IR-4B 型弱碱性阴离子交换树脂从碱性氰化液中提金获得成功，金、银的吸附回收率分别为 95.4% 和 79.0%。20 世纪 50 年代布尔斯塔等发现强碱性阴离子交换树脂易从氰化物介质中吸附金和许多其他的金属氰配合物，筛选了一系列选择淋洗剂后，发现可依次除去各种金属而得到许多单个金属浓度很高的淋洗液。20 世纪 60 年代南非研究采用离子交换树脂从氰化物溶液和矿浆中提取金，戴维森等用强碱性阴离子树脂证明了树脂矿浆法的可用性，认为只要浸出液中金的浓度高，竞争性的其他金属氰配合物含量少，树脂矿浆法可与常规的锌置换法相竞争。1967 年苏联在乌兹别克斯坦共和国的穆龙陶金矿建立了世界第一座处理含大量原生黏土金矿石的树脂矿浆工艺的大型试验装置。经三年工业试验，第一座树脂矿浆提金厂正式投产，年产黄金 80t。生产实践表明，树脂矿浆工艺从黏土矿的氰化矿浆中回收金是成功的。

随着交换树脂性能的改进，不断合成新型的选择性高的交换树脂，离子交换技术和设备的日臻完善，从氰化矿浆中提金的树脂矿浆工艺也得到了相应的发展。前苏联有 5 个选金厂和加拿大的 2 个选金厂使用此工艺。在津巴布韦、南非等地建立了若干个树脂矿浆提金工艺的中间试验厂，国外还出现了一些小型移动式的树脂矿浆提金厂。我国于 1989 年在安徽霍山东溪金矿建成处理量为 50t/d 的全泥氰化树脂矿浆提金厂，运转良好，并在不断深化完善，为我国黄金工业生产开辟了一条新路。

8.4.1　工艺特点

8.4.1.1　树脂矿浆法提金的典型流程

树脂矿浆法和炭浆法一样属于无过滤提金工艺，目前主要用于传统氰化工艺难于处理的含有黏土、石墨、沥青页岩、氧化铁等天然吸附剂的矿石和砷金矿石等复杂金矿石。树脂矿浆法也有两种方式，一是氰化浸出后将交换树脂加入浸出矿浆中吸附提金（RIP）；二是交换树脂与氰化物一起加入浸出吸附槽中，边浸出边吸附提金（RIL）。目前应用的主要是前一方式即 RIP，后者（RIL）的应用尚存在许多困难。

树脂矿浆法从氰化矿浆中提金的典型流程（RIP）如图 8-15 和图 8-16 所示。从图中可知，树脂矿浆工艺主要包括原料作备、氰化浸出、矿浆吸附、载金树脂再生、贵液电积等作业。树脂矿浆工艺的原料准备、氰化浸出作业与炭浆工艺基本相同，将

含金矿物原料磨至所需的细度后，经筛子除去木屑，再经浓缩脱水获得固体含量为
40%～50%的矿浆送去进行氰化浸出。氰化浸出一般在帕丘卡搅拌槽中进行。氰化浸
出后的矿浆进入帕丘卡吸附槽，在一系列串联的吸附槽中进行逆流吸附。交换树脂从
最后的吸附槽加入，从第一槽取出载金的饱和交换树脂，吸余层矿浆经检查筛分回收
载金的细粒交换树脂，尾浆送净化工序处理。载金饱和交换树脂加水洗涤后送跳汰机
处理以分出大于 0.4mm 的矿砂，矿砂经摇床精选后精矿返回再磨矿作业。跳汰后的
载金饱和树脂送树脂再生工序处理。

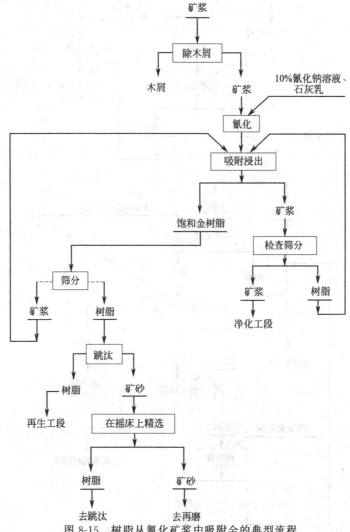

图 8-15　树脂从氰化矿浆中吸附金的典型流程

　　载金饱和树脂除吸附金银外，还吸附了相当数量的贱金属。为了提高贵液纯度，
采用分步淋洗法使金银与这些贱金属分离及使交换树脂恢复吸附能力。图 8-16 为前
苏联某选厂的载金饱和的 AM-2B 阴离子交换树脂再生的工艺流程，该流程为前苏联
所有树脂矿浆提金厂所采用，具有典型性。该再生工艺由 9 个作业所组成，据实际情
况有时可省去有关作业。当浸出矿浆中含有大量重有色金属离子时，整个再生过程约

需 259h，主要由洗泥（4h）、氰化除铁铜（30h）、酸洗除锌钴（30h）、硫脲解吸金银（约 100h）、碱中和转型（30h）等作业组成，每一解吸作业后均有相应的洗涤作业。

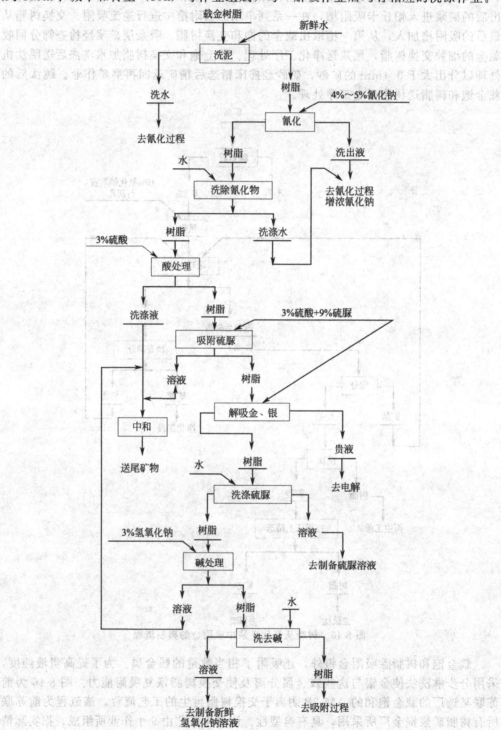

图 8-16 载金树脂的再生工艺流程

(1) 洗泥 载金饱和树脂在再生柱中进行逆洗，洗水耗量为 3～4 倍树脂体积，作业时间为 3～4h，最好采用热水洗涤。此时可洗去树脂表面吸附的浮选药剂，洗水可返回氰化作业用。

(2) 氰化除铁铜 用 4%～5% NaCN 溶液作解吸剂除去树脂中吸附的铁、铜等的氰配合物。其反应为：

$$R_2-Cu(CN)_3R_2+2CN^- \longrightarrow 2RCN+Cu(CN)_3^{2-} \tag{8-11}$$

$$R_4-Fe(CN)_6+4CN^- \longrightarrow 4RCN+[Fe(CN)_6]^{4-} \tag{8-12}$$

在 4%～5%NaCN 用量为 5 个树脂体积，作业时间为 30～36h 的条件下，可除去约 80% 的铜和 50%～60% 的铁。解吸效率不高，且有 15% 的金和 40%～50% 的银被解吸，加之氰化物有毒，所以只当铁铜积累严重影响交换树脂吸附金银的容量时才集中进行一次氰化处理。

(3) 洗涤氰化物 用清水洗除树脂床中的氰化物溶液，洗涤至流出液中不含氰根为止。作业时间为 15～18h，水耗量为 5 个树脂体积，洗涤水可返回供配制氰化物溶液用。

(4) 酸处理除锌、钴 用 0.5%～3% H_2SO_4 溶液作解吸剂以除去锌和部分钴的氰配合物和使氰根呈氢氰气挥发。其反应为：

$$R_2-Zn(CN)_4+2H_2SO_4 \longrightarrow R_2-SO_4+Zn^{2+}+4HCN\uparrow+SO_4^{2-} \tag{8-13}$$

$$2R-CN+H_2SO_4 \longrightarrow R_2-SO_4+2HCN\uparrow \tag{8-14}$$

作业时间为 30～36h，解吸剂用量为 6 个树脂体积，排出的流出液用碱中和后排入尾矿库。

(5) 硫脲解吸金 采用 2.5%～3%H_2SO_4+8%～9%SCN_2H_4 混合液作解吸剂，作业温度为 50～60℃，作业时间约 75～90h。过程反应为：

$$2R-Au(CN)_2+2H_2SO_4+4SCN_2H_4 \longrightarrow R_2-SO_4+[Au(SCN_2H_4)_2]_2SO_4+4HCN\uparrow \tag{8-15}$$

硫脲解吸金时，最初 1.5～2 个树脂体积的流出液不含金也不含硫脲，可以废弃。生产实践中可将淋洗液分为富液和贫液两部分，只将富淋洗液送去沉金，贫淋洗液返回作解吸剂用。

生产中解吸金通常在串联的几个再生柱中进行逆流解吸，可产出金含量高的富淋洗液和提高金的回收率。

(6) 洗涤硫脲 用清水洗除树脂床中残存的硫脲溶液，水耗量为 3 个树脂体积，作业时间约 30h。树脂床中的硫脲洗净后才能返回吸附。否则，返回吸附时硫脲在碱液中分解产生难溶的硫化物沉淀，会降低交换树脂吸附金的有效容量。

(7) 碱处理转型 碱处理的目的是除去树脂相中吸附的硅酸盐等不溶物及使树脂由—SO_4 型转变为—OH 型。一般采用 3%～4%NaOH 溶液、耗量为 4～5 个树脂体积，作业时间约 30h，碱处理的流出液与前述酸处理的流出液中和后可外排。

(8) 洗涤除碱 用清水洗除树脂床中的碱液，排出的流出液可用于配制碱液。洗涤后的树脂柱可重新用于吸附。

在再生柱中再生饱和树脂时可采用间歇法、半连续法或连续法。间歇法可在一个柱或几个柱中进行，即装入饱和树脂后顺次进行各种再生作业，再生后卸出树脂，再装入另一批饱和树脂进行再生。此法设备少，占地面积小，但再生程度较低，常用于小规模生产。半连续法在一系列再生柱中进行，每个再生柱只进行一项特定作业，饱和树脂按一定的时间间隔供入柱中，再生液则连续流过再生柱。此法能产出金属含量高的淋洗液，金属回收率高。目前工厂主要采用此方法再生饱和树脂。连续法是在特制的一系列再生柱中使饱和树脂和解吸液进行连续逆流解吸，由于过程能实现自动化，树脂的解吸效率高，但此法尚处于研究阶段，尚未用于工业生产。

8.4.1.2　树脂矿浆工艺的优缺点

试验研究和生产实践表明，树脂矿浆工艺与炭浆工艺比较，具有下列优点。

① 交换树脂的吸附容量、吸附速率及机械强度均比活性炭高。因而，处理量相同的条件下，树脂矿浆提金厂的规模比炭浆提金厂小。

② 载金饱和树脂可在室温下解吸，而载金炭需在高温条件下解吸。

③ 为了除去吸附的有机物，活性炭须定期进行热再生才能返回使用，而交换树脂解吸经转型即可直接返回吸附作业使用。

④ 交换树脂对碳酸钙的吸附少，可省去酸洗作业，而活性炭吸附的碳酸钙多，须酸洗再生。

⑤ 有机物（如浮选药剂、机油、润滑油、溶剂等）不会使交换树脂中毒，但它们却会强烈降低活性炭的吸附性能。

但树脂矿浆工艺也存在一些缺点，如交换树脂从氰化矿浆中吸附金、银的选择性较差，较大量地吸附贱金属氰络合物，而活性炭吸附金的选择性较高；其次是交换树脂的密度比活性炭小，交换树脂易浮于矿浆面上造成接触不良。

由于树脂矿浆工艺所用树脂的反应速度快、饱和容量较高，操作简便、淋洗费用低等特点，该工艺特别适用于小型选金厂使用。

8.4.2　生产实践

柴胡栏子金矿选矿厂原处理规模为150t/d，采用全泥氰化和锌粉置换选矿工艺，生产流程为两段破碎、两段磨矿、两浸两洗出尾矿和贵液经锌粉置换出金泥。其工艺指标浸出率仅为91%左右，金的选矿回收率为90%左右。2009年，改造成树脂矿浆提金工艺，规模扩大到550t/d，原矿品位3.2g/t左右，金的浸出率提高到96.88%，吸附率98.95%，选矿回收率达95.86%。

（1）矿石性质　柴胡栏子金矿矿石为绢云母化蚀变岩型及贫硫化物含金石英脉型。主要金属矿物为褐铁矿，其次为黄铁矿和赤铁矿，偶见黄铜矿；非金属矿物为石英、长石、绿泥石、绿帘石、云母和方解石等。金主要呈角粒状，其次为板生状，少量为针线状和浑圆状，其嵌布粒度很细，均<0.037mm，与硫化物关系不密切，大部分与非金属脉石矿物共生，仅有少量与褐铁矿连生，且嵌布极不均匀。因此，不适合浮选工艺，生产实践证明，全泥氰化法比较适合该矿石。

（2）树脂矿浆法工艺流程

① 碎矿　原矿仓内矿石由DZG1300×3000电振给矿机给入C80颚式破碎机粗碎，粗碎产品由皮带运输机给入YAH1848圆振筛筛分，筛上物料送入细碎前的缓冲矿仓，再由DZG800×2500电振给矿机给入GP100破碎机细碎，细碎产品也进入粗碎产品皮带运输机，给入振动筛筛分。筛下物料粒度为0~10mm，由皮带运输机送入粉矿仓供磨矿用，构成二段一闭路破碎。

② 磨矿 粉矿仓内物料由 DZG400×1000 电振给矿机给到球磨给矿皮带运输机上，再送入一段球磨机中磨矿，一段磨矿排矿流入螺旋分级机分级，分级机沉砂返回一段磨机再磨。分级机溢流泵入旋流器进行二次分级，旋流器沉砂进入二段球磨机进行二段磨矿，二段磨矿产物与分级机溢流合在一起，泵入旋流器分级，旋流器溢流经除屑筛后自流入 $\phi15m$ 浓缩机浸前浓缩，溢流作为回水，返回磨矿再用，磨机给矿粒度为 $0\sim10mm$，磨矿细度 95%、$-0.074mm$。

③ 浸出与吸附 浓密机底流浓度为 40%，泵入 10 台 $\phi6m\times6.5m$ 装有树脂的浸出槽进行边浸边吸。桥间筛为 3000mm×1200mm V 形筛，筛孔 0.542mm。浸吸后的矿浆经安全筛回收细粒树脂后泵入压滤车间压滤，滤饼送入尾矿库干式堆存，滤液返回生产流程再用。树脂由空气提升器进行逆向串联输送，从前部浸吸槽提出的载金树脂送去解吸电解，得到金泥后进行火法冶炼，最终产品为金锭，冶炼废酸加石灰，中和沉淀。解吸树脂经再生活化后返回浸吸作业。

浸出吸附作业条件：磨矿细度为 $-0.074mm$ 占 92%，矿浆浓度为 38%～40%，氧化钙用量为 4kg/t，氰化钠用量为 2kg/t，浸吸时间为 40h（10 段），树脂型号为 D301G 大孔弱碱型阴离子交换树脂，矿浆中树脂密度为 $30kg/m^3$。

④ 尾矿处理 尾矿浆泵入压滤车间经 2 台箱式 XMZ600/2000 压滤机压滤，滤饼送尾矿库干式堆存，滤液返回流程循环使用。

⑤ 解吸电解 载金树脂一般含金 2500g/t，每天提载金树脂 $2.12m^3$，两天 $4.24m^3$，湿树脂容重 $0.737t/m^3$，含水 55%；将载金树脂用清水洗涤后，自流入载金树脂储罐，经加风、加水输送至解吸柱中，解吸液为硫氰酸铵和氢氧化钠，其浓度分别为 140～150g/L 和 35g/L。解吸液流量为 30L/min，解吸时间为 48h，解吸温度控制在 50℃左右。贵液以 30L/min 的流量进入电解槽，电解槽阳极为石墨板，阴极为聚乙烯碳纤维，电解后的贫液流入储液槽再经磁力泵泵回解吸柱循环使用。每批解吸至终点后的贫液补加一定量的硫氢酸铵和氢氧化钠，作为下次解吸的解吸液。每批树脂处理量为 $4.24m^3$，载金树脂品位 2500g/t，每柱解吸金属量为 3500g。

解吸电解设备：解吸柱（2 个）：1000mm×6000mm；电解槽（2 个）：700mm×700mm×2000mm；阳极板：石墨板；阴极板：聚乙烯碳纤维，21 板；树脂再生槽：2000mm×1700mm。

解吸电解作业条件：硫氰酸铵浓度 140～150g/L，氢氧化钠为 35g/L，解吸液流量为 25L/min，解吸时间为 48h，解吸温度为 55℃，槽电压为 2.5～3.5V，面积电流为 $50A/m^2$。

⑥ 树脂再生 解吸后的贫树脂打入高位再生槽，加入清水洗涤至中性，洗涤后加入树脂体积 2～3 倍、5% 的盐酸溶液浸泡 10h，然后用清水洗涤至中性，再用树脂体积 2～3 倍、2% 的氢氧化钠溶液浸泡 10h，用清水洗涤干净，用振动筛筛去碎树脂，将筛上树脂流入贫树脂储罐，分批加风、加水输送至 10 号浸吸槽返回浸出吸附系统循环使用。

树脂再生作业条件：盐酸浓度为 5%，酸洗时间为 10h，氢氧化钠浓度为 2%，碱洗时间为 10h，浸泡液用量为 $0.01m^3/kg$。

⑦ 金泥冶炼 电解后的电积金泥送炼金室，电积金泥品位为 70% 左右，将金泥用水反复清洗除泥后，烘干、粗炼熔铸成合质金锭，配银粉，再熔融，然后泼珠，硝

酸处量分离金银，金粉水洗、铸锭。

（3）生产技术经济指标　树脂矿浆法的生产技术指标如下：处理量为550t/d，原矿品位为3.2g/t，浸渣品位为0.10g/t，尾液品位为0.24g/m³，浸出率为96.88%，吸附率为98.95%，选矿回收率为95.86%，树脂载金品位为2500g/t，解吸后贫树脂品位为100g/t，解吸率为96%，电解回收率为100%，冶炼回收率为99.5%，选冶总回收率为95.38%。

树脂矿浆法与锌粉置换工艺的生产技术指标对比如表8-9所示。从技术指标可以看出，采用树脂矿浆法，浸出指标有明显提高，浸出率提高了6.06%，金的选矿总回收率提高了5.58%，按每年工作330d、原矿品位3.2g/t计算，每年可多回收黄金32408.64g，黄金价格按260元/g计，年直接经济效益约为840万元。

树脂矿浆法与锌粉置换工艺主要材料消耗和生产成本对比如表8-10所示。从经济指标可看出，主要材料消耗由原来的73.69元/t降为72.58元/t；冶炼成本由原来的2.31元/t降至1.51元/t，降低了0.8元/t；选矿成本由原来的127.25元/t降至115.13元/t；年增经济效益约220万元。

表8-9　锌粉置换与树脂矿浆法生产技术指标对比

项目	处理量 /(t/d)	原矿品位 /(g/t)	尾矿品位 /(g/t)	浸出率 /%	尾液品位 /(g/m³)	洗涤置换率 /%	吸附率 /%	选矿总 回收率/%
锌粉置换	150	4.76	0.39	90.82	0.01	99.41	—	90.28
树脂矿浆法	550	3.2	0.1	96.88	0.24	—	98.95	95.86

表8-10　锌粉置换与树脂矿浆法生产经济指标对比

材料名称	单价/(元/kg)	锌粉置换		树脂矿浆法	
		单耗/(kg/t)	金额/(元/t)	单耗/(kg/t)	金额/(元/t)
氰化钠	9.67	1.82	17.60	1.70	16.44
石灰	0.10	4.22	0.42	3.57	0.36
锌粉	39.00	0.15	5.85	0.00	0.00
树脂	31.00	—	0.00	0.02	0.62
氢氧化钠	2.60	0.00	0.00	0.30	0.78
盐酸	2.50	0.00	0.00	0.40	1.00
硫氰酸铵	7.00	0.00	0.00	0.55	3.85
钢球	4.00	3.14	12.56	3.13	12.52
水	1.80	0.77	1.39	0.75	1.35
电	0.65	55.19	35.87	54.86	35.66
工资及其他	—	—	53.56	—	42.55
选矿成本合计	—	—	127.25	—	115.13
冶炼成本	—	—	2.31	—	1.51

8.5　堆浸工艺

1752年开始应用渗滤堆浸法处理西班牙的氧化铜矿石，20世纪50年代末用于浸出低品位和边界品位的铀矿石，1967年起美国矿产局用此法浸出低品位的金矿石。渗滤堆浸法工艺简单、易操作、设备投资少、生产成本低、经济效益高。因此，用此工艺处理早期认为无经济价值的许多小型金矿、低品位金银矿及早期采矿废弃的含金废石可带来明显的经济效益。20世纪70年代后期金价涨幅大，渗滤氰化堆浸工艺获得迅速发展，美国的内华达州、科罗拉多州和蒙大拿州等地建立了许多较大型的堆浸选金厂。1982 年美国矿产金总量的 20％和矿产银总量的 10％是用堆浸法生产的。随后，此工艺在加拿大、南非、澳大利亚、印度、津巴布韦、前苏联等国获得了迅速的发展。

20 世纪 60 年代初期，我国将推浸法用于浸出边界品位的铀矿石，60 年代后期用于浸出氧化铜矿石，80 年代初期用于浸出低品位的金矿石。近年来，低品位金矿的渗滤堆浸工艺获得了迅速发展，主要用于低品位含金氧化矿石及铁帽含金矿石。

8.5.1 工艺特点

目前用于生产的有含金矿石及含金废石的一般渗滤氰化堆浸和制粒-渗滤氰化堆浸两种工艺。

8.5.1.1 一般渗滤氰化堆浸

将采出的低品位含金矿石或老矿早期采出的废矿石直接运至堆浸场堆成矿堆或破碎后再运至堆浸场堆成矿堆，然后在矿堆表面喷洒氰化浸出剂，浸出剂从上至下均匀渗滤通过固定矿堆，使金银进入浸出液中。渗滤氰化堆浸的原则流程如图 8-17 所示，主要包括矿石准备、建造堆浸场、筑堆、渗滤浸出、洗涤和金银回收等作业。

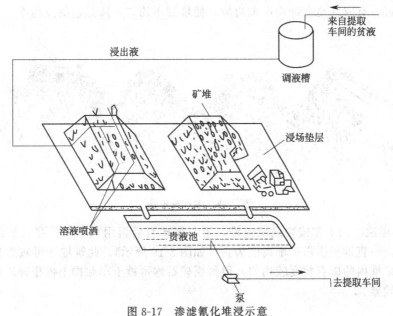

图 8-17 渗滤氰化堆浸示意

（1）矿石准备 用于堆浸的含金矿石通常先经破碎，破碎粒度视矿石性质和金粒嵌布特性而定，一般而言，堆浸的矿石粒度越细，矿石结构越疏松多孔，氰化堆浸时的金银浸出率越高。但堆浸矿石粒度越细，堆浸时的渗浸速度越小，甚至使渗滤浸出过程无法进行。因此，一般渗滤氰化堆浸时，矿石可碎至 10mm 以下，矿石含泥量少时，矿石可碎至 3mm 以下。

（2）建造堆浸场 渗滤堆浸场可位山坡、山谷或平地上，一般要求有 3％～5％的坡度。对地面进行清理和平整后，应进行防渗处理。防渗材料可用尾矿掺黏土、沥青、钢筋混凝土、橡胶板或塑料薄膜等，如先将地面压实或夯实，其上铺聚乙烯塑料薄膜或高强度聚乙烯薄板（约 3mm 厚）、或铺油毡纸或人造毛毡，要求防渗层不漏液并能承受矿堆压力。为了保护防渗层，常在垫层下再铺以细粒废石和 0.5～2.0m 厚的粗粒废石，然后用汽车、矿车将低品位金矿石运至堆浸场筑堆。

　　为了保护矿堆，堆浸场周围应设置排洪沟，以防止洪水进入矿堆。为了收集渗浸贵液，堆浸场中设有集液沟。集液沟一般为衬塑料板的明沟，并设有相应的沉淀池，以使矿泥沉降，使进入贵液池的贵液为澄清溶液。

　　堆浸场可供多次使用，也可只供一次使用。一次使用的堆浸场的垫层可在压实的地基上铺一层厚约 0.5m 的黏土，压实后再在其上喷洒碳酸钠溶液以增强其防渗性能。

　　（3）筑堆　常用的筑堆机械有卡车、推土机（履带式）、吊车和皮带运输机等，筑堆方法有多堆法、多层法、斜坡法和吊装法等。

　　① 多堆法　先用皮带运输机将矿石堆成许多高约 6m 的矿堆，然后用推土机推平（如图 8-18 所示）。皮带运输机筑堆时会产生粒度偏析现象，粗粒会滚至堆边上，表层矿石会被推土机压碎压实。因此，渗滤氰化浸出时会产生沟流现象，同时随着浸液流动，矿泥在矿堆内沉积易堵塞孔隙，使溶液难于从矿堆内部渗滤而易以矿堆边缘粗粒区流过，有时甚至会冲垮矿堆边坡，使堆浸不均匀，降低金的浸出率。

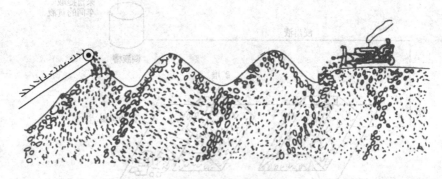

图 8-18　多堆筑堆法

　　② 多层法　用卡车或装载机筑堆，堆一层矿石后再用推土机推平，如此一层一层往上堆，一直推至所需矿堆高度为止（如图 8-19 所示）。此筑堆法可减少粒度偏析现象，使矿堆内的矿石粒度较均匀，但每层矿石均可被卡车和推土机压碎压实，矿堆的渗滤性较差。

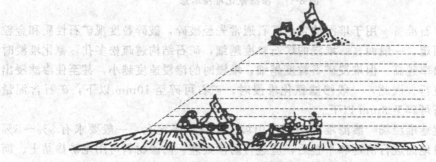

图 8-19　多层筑堆法

③ 斜坡法 先用废石修筑一条斜坡运输道供载重汽车运矿使用，斜坡道比矿堆高 $0.6\sim0.9m$，用卡车将待浸矿石卸至斜坡道两边，再用推土机向两边推平（如图8-20所示）。此法筑堆时，卡车不会压碎压实矿石，推土机的压强比卡车小，对矿堆孔隙度的影响较小。矿堆筑成后，将废石斜坡道铲平，并用松土机松动废石。此筑堆法可获得孔隙度较均匀的矿堆，但占地面积较大。

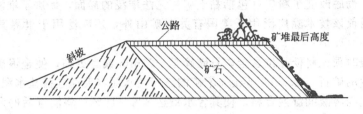

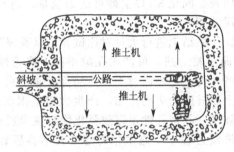

图 8-20 斜坡筑堆法

④ 吊装法 采用桥式吊车堆矿，用电耙耙平。此法可免除运矿机械压实矿堆，矿堆的渗滤性好，可使浸液较均匀地通过矿堆，浸出率较高。但此法须架设吊车轨道，基建投资较大，筑堆速度较慢。

（4）渗浸和洗涤 矿堆筑成后，可先用饱和石灰水洗涤矿堆，当洗液 pH 值接近 10 时，再送入氰化物溶液进行渗浸。氰化物浸出剂用泵经铺设于地下的管道送至矿堆表面的分管，再经喷淋器将浸出剂均匀喷洒于矿堆表面，使其均匀渗滤通过矿堆进行金银浸出。常用的喷淋器有摇摆器、喷射器和滴水器等。喷淋器的结构应简单，易维修，喷洒半径大、喷洒均匀，喷淋液滴较粗以减少蒸发量和减少水的热量损失。浸出过程供液力求均匀稳定，溶液的喷淋速度常为 $1.4\sim3.4mL/(m^2 \cdot s)$。

渗滤氰化堆浸结束后，用新鲜水洗涤几次。若时间允许，每次洗涤后应将洗涤液排尽后再洗下一次，以提高洗涤率。洗涤用的总水量决定于洗涤水的蒸发损失和尾矿含水量等因素。

（5）金银回收 渗滤氰化堆浸所得贵液中的金含量较低，一般可用活性炭吸附或锌置换法回收金银，但较常采用活性炭吸附法以获得较高的金银回收率。一般用 $4\sim5$ 个活性炭柱富集金银，解吸所得贵液送电积，熔炼电积金粉得成品金。脱金银后的贫液经调整氰化物浓度和 pH 值后返回矿堆进行渗滤浸出。

堆浸后的废矿石堆用前装载机将其装入卡车，送至尾矿场堆存，可在堆浸场上重新筑堆和渗浸。供一次使用的堆浸场的堆浸后的废石不必运走，成为永久废石堆。

8.5.1.2 制粒-渗滤氰化堆浸

待浸含金矿石的破碎粒度越细，金银矿物暴露越充分，金银浸出率越高。但矿石破碎粒度越细，破碎费用越高，产生的粉矿量越多。矿石中的粉矿对堆浸极为不利。筑堆时会产生粒度偏析，渗浸时粉矿随液流而移动易产生沟流现象，使浸出剂不能均匀地渗滤矿堆。当矿石中含泥含量高时，使氰化溶液无法渗浸矿堆，使堆浸无法进行。

为了克服粉矿及黏土矿对堆浸的不良影响，美国矿产局于1978年研制了粉矿制粒堆浸技术，彻底改变了粉矿（包括黏土矿）无法堆浸的局面，促进了堆浸技术的进一步发展。目前该技术除广泛用于美国有关金矿山外，还广泛用于世界其他各国金矿山。

制粒堆浸时预先将低品位含金矿石破碎至−25mm或者更细，使金银矿物解离或暴露，破碎后的矿石与2.3～4.5kg/t干矿的波特兰水泥（普通硅酸盐水泥）混匀后，用水或浓氰化物溶液润湿混合料，使其含水量达8％～16％。将润湿后的混合料进行机械翻滚制成球形团粒。固化8h以上即可送去筑堆，进行渗滤氰化堆浸。其筑堆和渗浸方法与常规堆浸法相同。

曾用石灰或水泥作黏结剂进行大量对比试验。试验表明，水泥比石灰优越，添加2.3～4.5kg/t的水泥作黏结剂，可产出孔隙率高、渗透性好的较稳定的团粒。浸出时矿粉不移动，不产生沟流，浸出时无须另加保护碱。由于水泥的水解作用5h即开始，与矿石中的黏土质硅酸盐矿物作用，产生大量坚固而多孔的桥状硅酸钙水合物，使团粒具有足够的强度，其多孔性足以使氰化物溶液渗透和渗浸矿堆。水泥黏结剂产生的团粒固化后在堆浸过程中，遇氰化物溶液时不会压裂。此外，还试验过用氧化镁、烧结白云石、焙烧氯化钙等作黏结剂。试验表明，被焙烧的白云石和氯化钙不是有效的黏结剂，当氰化溶液加至矿堆后，团粒很快碎裂，出现细矿粒迁移和沟流现象，影响堆浸作业的顺利进行。氧化镁对黏土质低品位含金矿石有强烈的黏结作用，能消除细粒迁移现象，但产生的团粒粒度太大，易产生沟流。因此，制粒堆浸时较好的黏结剂是普通硅酸盐水泥，其次是石灰。

制粒时黏结剂的作用是增加粉矿的成团作用和提高固化后团粒的强度。因此，黏结剂的用量非常关键，其用量与黏结剂类型、矿石粒度组成、矿石类型及其酸碱性等因素有关，一般通过试验决定。黏结剂用量太小，制成的团粒虽经很好的固化也难获得强度大的团粒，渗浸过程中会因浸出液的进一步润湿而碎裂，降低矿堆的渗滤性。若黏结剂用量太大，制成的团料强度过高，过于坚硬和致密，其渗透性能差，对金银浸出均不利。

可用水或氰化物溶液润湿矿石和水泥的混合料。试验表明，采用氰化物溶液作润湿剂较有利，氰化物溶液不仅润湿矿石黏结剂混合料，而且可对矿石起预浸作用，可缩短浸出周期和提高金浸出率。润湿剂用量与矿石粒度组成、矿石水分含量及黏结剂类型有关。润湿剂量太少时不足以使粉矿团粒，润湿剂量过大时可降低团粒的孔隙率。润湿剂用量以使混合料的水分含量达8％～16％为宜。

矿石与黏结剂混合料被润湿剂润湿后即送去制团粒。目前工业上采用两种制粒方法，即多皮带运输机法和滚筒制粒法。多条皮带运输机制粒法是通过每一条皮带运输机卸料端的混合棒使浓氰化物溶液、粉矿及水泥均匀混合、制成所需的团粒（如图8-21所示）。滚筒制粒法是将矿石和粉矿混合料送入旋转滚筒中，在滚筒内喷淋浓氰化钠溶液，由于滚筒旋转使粉矿、水泥和氰化物溶液均匀混合制成所需的团粒（如图

8-22 所示)。

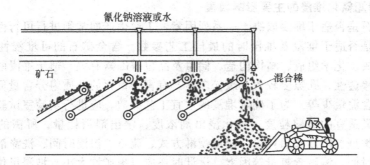

图 8-21 多条皮带运输机制粒法

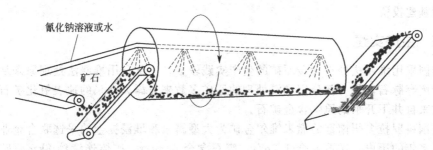

图 8-22 滚筒制粒法

制成的团粒在室温下固化 8h 以上。固化期间,团粒必须保持一定量的水分含量,若团粒太干燥,团粒中的水解反应即停止,这样的团粒遇水会出现局部碎裂。因此,固化期间团粒须保持一定湿度,才能获得坚固而不碎裂的团粒。固化作业可在制粒后单独进行,也可在筑堆过程中进行。

制粒堆浸过程中由于采用水泥作黏结剂,采用氰化物溶液渗浸时不需另加保护碱,浸出液的 pH 值可维持在 11 左右。

试验和生产实践表明,采用普通硅酸盐水泥、水或浓氰化物溶液对细粒矿石进行制粒和固化,可显著提高浸出试剂通过矿堆的流速。此工艺与常规堆浸相比,具有下列较显著的优点。

① 可处理黏土含量及粉矿含量高的细粒矿石,也可处理适于氰化的低品位细粒金矿石。

② 细粒金矿石不经分级直接制粒堆浸,可大大提高浸出剂通过矿堆的流速,可缩短浸出周期。

③ 消除了筑堆时的粒度偏析,可大大减少浸出时的沟流现象,使浸出剂均匀通过整个矿堆,加之矿石粒度较常规堆浸时细,因而可较大幅度提高金的浸出率。

④ 团粒的多孔性导致整个矿堆通风性能好,可提高溶液中溶解氧的浓度,可加速金的溶解。

⑤ 团粒改善了矿堆的渗透性,可适当增加矿堆高度,可降低单位矿石的预处理衬垫成本和减少占地面积。

⑥ 团粒的多孔性使浸出结束后可较彻底地洗脱残余的氰化浸出液。

⑦ 团粒可固着粉矿，可控制粉尘含量，具有较明显的环境效益。

8.5.1.3　渗滤氰化堆浸的主要影响因素

含金矿石是否适于堆浸取决于一系列因素，工业生产前常须进行可行性研究，以确定该矿石是否适于堆浸及堆浸时的最佳工艺参数。含金矿石的可堆浸性与矿石类型、矿物组成、化学组成、结构构造、储量及品位等因素有关。适于堆浸的矿石必须具有足够的渗透性，孔隙度较大，疏松多孔，有害于氰化的杂质组分含量低、细粒金表面干净，含泥量少等。为了确定堆浸的适宜工艺参数，应进行实验室试验和扩大试验，以确定最适宜的破碎粒度、氰化浸出剂浓度、浸出剂消耗量、所需的饱和溶液量、保护碱类型、浓度和消耗量、溶液喷淋方式、流量、渗浸时间、洗涤液量、洗涤次数及洗涤时间、溶液含氧量等因素。设计时还应考虑矿堆大小、堆浸场位置、垫层材料、泵及储液池、高位池位置等，正确选择堆浸场位置和利用有利地形，可较大幅度节约基建投资。

8.5.2　生产实践

美国采用堆浸法处理含金原矿的生产实践较多，一部分用堆浸法处理原来从井下采出的废弃脉石，另一部分用堆浸处理的原矿多数来自露天开采的地表氧化矿石，还有少数来自井下开采的原生含金矿石。

美国科罗拉多州南部的撒米维尔金矿为大型露采和堆浸提金的采选联合企业，已有一百多年的历史。矿石含金 1.2g/t，废石含金 0.3g/t，矿体连续约 8km，矿石中有三分之二为硅质块矿，三分之一为黏土质粉矿。露天采出的硅质块矿和黏土质粉矿分别运至两个粗矿仓中，块矿经 1260mm×2100mm 大型旋回破碎机破碎，处理量为 1200t/h，排矿经振动筛（筛孔为 30mm）筛分，筛上产物送入 ϕ2100mm 圆锥破碎机，破矿产物与 −30mm 筛下产物合并送中碎矿斗，入矿斗前加一定量的石灰。黏土质粉矿送另一矿斗经筛孔为 75mm 振动筛筛分，筛下产物中加入水泥并喷水经球团皮带送至团粒矿斗，筛上产物经颚式破碎机破碎后送入与块矿系统并列的另一台 ϕ2100mm 圆锥破碎机，碎后矿石进入矿仓。中碎机处理能为 750t/h，2 台合计为 1500t/h。碎后矿石用大型自卸卡车运往堆浸场筑堆，筑堆采用山谷式充填型。防渗处理方法是先平整地面，用压路机压实，铺上黏土再压实，再铺细砂，然后铺高强度聚乙烯板（厚为 3mm），其上再铺一层人造毛毡以防矿石刺破聚乙烯板。此防渗层结构严密，不漏液，能承重。用 100t 自卸卡车和推土机筑堆，块矿堆的高度不限，团粒堆的高度一般不超过 4.57m。稀氰化钠溶液用泵从配液房送至铺设在矿堆上面的蛇纹管中，溶液从管的小缝隙中喷洒出来，从矿堆顶部均匀地渗至底部，用泵将贵液送至提金厂；当地雨量少，可喷洒 24h；冬季寒冷雪大，仅半年生产。块矿堆的喷淋速度为 2.72mL/(m² · s)，团粒矿堆的喷淋速度为 1.7mL/(m² · s)，氰化钠耗量为 0.032kg/t，用石灰调整 pH 值为 10.5。提金厂有 5 个活性炭吸附柱，载金炭解吸用的加压加热装置、锌粉置换装置、炼金炉和活性炭再生窑等。各装置用管道相连接，用各种计量仪表控制。厂内无气味，生产人员很少。5 个炭吸附相串联，贫液加入适量氰化钠和石灰后返回矿堆浸出。载金炭在加热加压下用苛性氰化钠溶液解吸，贵液送锌粉置换，过滤得金泥，送煤气炼金炉炼金。解吸后的活性炭经再生后返回吸附再用。提金系统职工 120 人，全年工作 6 个月，每周工作 7 天，每天一班制，每班

11h。1987 年处理 1600 万吨矿石，年产黄金 4t，堆浸浸出率为 80%～85%，总回收率为 70%～75%。

我国低品位金矿石资源比较丰富，矿石类型多，分布广。有的矿点虽然金的品位较高，但储量较小，难以建立机械化的采选矿山，用成本低的堆浸法回收这部分金矿资源是切实可行的。我国从 20 世纪 80 年代初期开始陆续对有关矿点的矿石进行渗滤氰化堆浸的可浸性试验，至今已建立数目可观的常规堆浸选厂和一批制粒堆浸选厂，取得了较好的经济效益。如我国河南省已建成十几处堆浸选厂，一般规模每堆为 1200～1500t 矿石，每个堆浸场每年可堆 2～3 次，筑堆-喷淋-洗矿-卸堆的周期约 3 个月。多数采用临时性堆浸场，场地经平整夯实后，修成坡度为 5%～8% 的地基，铺两层聚乙烯塑料薄膜，其上再铺一层油毡纸，要求不漏液。采用水泥底垫时易发生龟裂，易漏液。堆浸场周围设置排洪沟。矿堆底部人工铺放一层 0.2～0.3m 厚的大块贫矿，然后用卡车筑堆，人工平整矿堆表面。筑堆时，粉矿和块矿分层筑堆，先将含泥量高的粉矿堆在下层，将粒度较粗的块矿堆在上层，筑堆时应防止压实矿石。矿堆含泥量高时，在浸液出口处堆些粒度较大的矿石，并相应地设置沉淀池。矿堆筑好后，先用饱和石灰水洗涤矿堆，待流出液的 pH 值接近 10 时，再用氰化钠与石灰的混合溶液喷淋矿堆。浸出剂用管道输送，用喷淋器喷淋，喷淋器将浸出剂均匀喷洒于矿堆表面（包括边坡），保证喷淋浸出均匀。当排出的浸出液中金含量达 3×10^{-6} 时，用泵将其送至高位槽，进入活性炭吸附系统。进入炭吸附系统的浸出液应澄清。炭吸附后的贫液经调整氰化钠和氧化钙浓度后返回喷淋浸出。炭吸附系统由四根吸附柱串联组成，采用 GH16-A 型和 Zx-15 型活性炭。载金炭采用 5% NaCN＋2% NaOH 混合液在 95℃ 条件下恒温解吸 2～6h，然后用 95℃ 热水洗脱。洗脱液含金量一般为 3×10^{-4}。洗脱液（贵液）经冷却过滤后送电解槽电积。金呈片状或絮泥状沉积在铁板阴极上（或沉积在钢绵阴极上），刮下熔炼铸锭。脱金炭再生后重复使用。电解尾液经炭柱或交换树脂柱净化处理后返回解吸系统作洗涤水用，反复使用 19 次以上，最后经漂白粉处理后排放。堆浸结束后的矿堆用石灰水溶液洗涤，洗矿水送炭吸附柱回收残余的金或直接排入贮液槽中作下次喷淋用。当洗矿流出液中氰化钠浓度低于 0.01% 且不含金时，可将适量的漂白粉撒在矿堆顶部表面，再用清水洗矿，直至达到排放标准后才可将废矿堆清除，卸堆时应分层采取渣样进行分析化验。

我国灵湖金矿采出的高品位矿石采用全泥氰化炭浆法提金，采出的低品位矿石及含金围岩，金品位约 3g/t 左右，采用常规堆浸法提金，有固定堆浸场四个，每个堆浸场可堆 1500t 矿石，经常维持有一个矿堆进行喷淋浸出。采出的低品位矿石和含金围岩经 250mm×400mm 颚式破碎机碎至 -50mm，用卡车筑成 3m 高的正方截锥形矿堆，用饱和石灰水洗矿 5～10 天，使流出液 pH 值达 10～11，然后来用 0.03%～0.05% NaCN，pH＝10～11 的浸出剂喷淋矿堆，喷淋速度为 2.78～5.56mL/(m² · s)，喷淋 50 天，金浸出率为 63.76%，生产 1 两黄金的成本约 300 元，其中地下开采及矿石运输成本占 60%。

老湾金矿有四个采区，相距较远，且多为鸡窝矿，矿石氧化严重，含泥量大，建有 25m×16m 永久性堆浸场，用毛石混凝土砂浆浇注，混凝土抹面。矿石中粉矿占 40%～50%，筑堆时将粉矿堆在下层，堆高 2.27m，采用配矿的方法筑堆，以保证矿堆含金品位。入堆原矿平均品位 2.24g/t，矿石酸性较大，水质呈弱酸性（pH＝

6)，洗矿水为饱和石灰水及含少量的氢氧化钠溶液，洗矿 15 天。采用移动式和固定式喷淋器喷淋浸出剂，喷淋速度为 4L/（h·t），喷淋浸出 51 天，金浸出率为75.44%，贵液最高含金量达 1.04×10^{-4}。用 4 个炭吸附柱吸附，流量为 600L/h。喷淋浸出结束后用漂白粉处理堆浸尾矿，漂白粉用量为氰化物用量的 16 倍，洗涤矿堆时间为 7 天。

8.6　氰化助浸工艺

8.6.1　富氧助浸

氰化浸金的最大缺点之一就是浸出速度太慢，一般需要 24～48h 才能达到浸出终点。随着氰化浸金工艺的发展，人们逐渐认识到，矿浆中溶解氧的含量是影响浸金速度的一个重要因素，并为提高溶解氧的浓度采取了一系列切实可行的措施。根据金浸出速度与 $[CN^-]$ 和 $[O_2]$ 的关系，当 $[CN^-]$ 大于 0.03%（有的是 0.05%）时，金的溶解速度与矿浆中氧浓度成正比，实践上采用提高矿浆中 $[O_2]$ 浓度的方法提高金的溶解速度，即富氧助浸法。提高矿浆中 $[O_2]$ 浓度的方法有：一是采用氧气瓶直接充氧，采用较早的是北京市京都黄金冶炼厂等氰化厂；二是采用机械制氧机充氧等。

早期的氰化浸金都是通过鼓入空气来提供金溶解所需的氧。直到 20 世纪 50 年代，才有应用纯氧代替空气的研究报道。南非于 1983 年在 Murchison 金锑矿管式氰化槽中第一个采用氧气。1984 年南非 Rand 公司的 Crown Sand 金矿也采用了充氧浸出，目前南非有 16 个金矿采用纯氧浸出。加拿大 Terrains Auriferes 矿、Dynon 矿、Macassa 矿均采用纯氧浸出。

澳大利亚在处理低品位金矿时，为提高金的浸出率，采用了一种称之为 CIG 的充氧工艺，向浸出槽中充入氧气（富氧空气）以代替传统的充入压缩空气，提高了矿浆中溶解氧的含量，并因此而加快了浸出速度，提高了金浸出率和处理量。试验结果表明，在处理氧化矿石时金的浸出率约提高 1%，而在处理硫化矿物含量较高的矿石时，金浸出率约提高 4%，工厂的生产能力超过设计规模的 65%。

美国 Kamyr 公司开发了充氧炭浸工艺（CILO），其实质就是在标准的炭浸法工艺中充入氧气。这样可使矿浆中溶解氧的体积分数由原来的 6×10^{-6} 提高到 $(24 \sim 30) \times 10^{-6}$，浸出速率明显加快。

我国山东乳山金矿于 1991 年进行了充入纯氧的工业试验，与充入压缩空气相比，处理量提高了 20.4%，浸出率提高了 5.64%，并使氰化钠单耗降低了 0.5kg/t。这项工艺改造每年可多收黄金 4.918kg，节电 18.36×10^4 kW·h，节约氰化钠 5.0t。

河北崇礼县东坪金矿采用变压吸附制氧（PASO）技术代替深冷制氧，为氰化浸出提供了 $\varphi(O_2) = 90\%$ 以上的富氧气体，节省了制氧费用，同样达到了提高浸出速率目的，浸出时间由原来的 36h 缩短为 23h。实践表明，PASO 制氧机组运行稳定，受制氧机组控制的金浸出率也很稳定。

8.6.2　过氧化物助浸

就改善供氧条件来说，使气体充分弥散或用纯氧代替压缩空气的方法，虽也能达到一定的效果，但还很难构成突破性的进展。最近几年的研究和生产实践表明，真正的突破性进展是通过加入各类化学氧化剂（H_2O_2，NaO_2，CaO_2，O_3，BaO_2，$KMnO_4$）而实现的，其中尤以 H_2O_2 和 CaO_2 等过氧试剂效果更为明显。这是因为过氧试剂除能大大提高矿浆中的溶解氧含量以外，还具有活性氧利用率高等优点。

(1) 过氧化氢　德国 Degussa 公司于 1987 年开发了过氧化氢助剂（PAL）法，同年 9 月在南非 Fairview 金矿试用成功。实践表明，PAL 法可大大加快浸出速度，缩短浸出时间，降低氰化物耗量。Fairview 金矿氰化物消耗量从 117 kg/t 降到 110kg/t，金浸出率提高 12%；澳大利亚的 Pine Greek 金矿采用过氧化氢以后，氰化物耗量从 117 kg/t 降到 110kg/t，金浸出率提高 7%，尾渣金品位从 0.79 g/t 降到 0.62 g/t。目前全世界已有 20 多个工厂采用了 H_2O_2 助浸工艺。

我国山西某金矿投产 10 多年来未采用专门的充气设备，故浸出率不高，总回收率在 70% 左右。往浸出液中加入 H_2O_2 后收到了明显效果，可以不用混汞，一次浸出率达 90% 以上，且工艺过程简单易行。

需要指出的是，过氧化氢助浸时，溶液中溶解氧的含量并不一定比充入纯氧时高，但仍能达到很好的助浸效果。例如，一家选金厂原先使用纯氧，在溶解氧的体积分数为 30×10^{-6} 的条件下，浸出过程达到了最佳化。但后来在进行过氧化氢助浸试验时，矿浆中溶解氧的体积分数仅保持在 12×10^{-6}，尽管含氧量较低，但浸出速率仍比使用传统充气工艺时提高了 7%。南非一家工厂原先采用空气搅拌浸出槽，其中氧的体积分数为 $(8\sim10)\times10^{-6}$，在采用过氧化氢助浸工艺并改成机械搅拌后，在氧的体积分数为 9×10^{-6} 的条件下进行浸出，金的浸出率却提高了 50%。对于这种现象，文献中有几种不同的解释：过氧化氢接参与的溶金反应起主导作用；过氧化氢新分解出来的活性氧具有很强的反应活性，加速了浸金过程；浸金过程的自由基反应机理认为，过氧化氢被催化分解出来的具有极强反应活性的自由基，促使了浸金反应的发生。

(2) 其他过氧试剂　为降低试剂成本和更好地控制工艺过程中氧的释放，近年来在氰化提金工艺中又引进了一些过氧试剂。它们比直接使用 H_2O_2 具有更多的优点。Bell 等用 CaO_2、BaO_2、$KMnO_4$ 等氧化剂进行试验，发现金的浸出速率比正常充气更快，有时还能提高浸出率和降低氰化物用量。这是因为它们能为浸出过程更有效地提供氧化剂，其中尤以 CaO_2 更具有现实意义。Interox 化学公司在 1989 年提出用 CaO_2 替代 H_2O_2 作补充氧化剂。CaO_2 在高 pH 值环境比较稳定，能缓慢均衡地释放出氧化剂，因此具有较为缓和的氧化作用，副反应比用 H_2O_2 的少，并能降低氰化物用量。采用 CaO_2 助浸工艺时，氰化物单耗为 0.98 kg/t，比原工艺降低 30% 左右，且 CaO_2 的耗量也比 H_2O_2 的耗量降低 30% 左右。用过硫酸氢钾制剂（Oxone）作为氰化浸金过程的补充氧化剂也已取得良好效果。该制剂系硫酸与过硫酸钾的混合物，是一种很强的氧化剂，能明显提高浸出速率和金的浸出率。但目前仍处于实验室试验阶段。

(3) 过氧试剂与纯氧的联合使用　最近的研究表明，在充入纯氧的基础上配合使用过氧化氢，可进一步强化氰化工艺。在澳大利亚进行的工业试验表明，这两种试剂的作用方式是不同的。每一种试验都比另一种更适合处理某些类型的矿石，所以在某些情况下，将两种试剂配合使用可能是更经济有效的办法。

8.6.3　加压助浸

含金硫化精矿加压氧化是暴露细粒浸染金的湿法冶金工艺，研究表明，含金硫化矿物的加压氧化可在酸性介质中进行，也可在碱性介质中进行。在 $120\sim180℃$ 和 $0.2\sim1.0MPa$ 氧压下，可达到相当可观的氧化速度，在此情况下，处理周期不超过 $2\sim4h$，暴露的金全部留在残渣中。

酸性介质中加压氧化，黄铁矿和砷黄铁矿按如下反应进行：

$$2FeS_2+7O_2+2H_2O \Longrightarrow 2FeSO_4+2H_2SO_4 \tag{8-16}$$

$$2FeAsS+6.5O_2+3H_2O \Longrightarrow 2FeSO_4+2H_3AsO_4 \tag{8-17}$$

Fe^{2+} 可被氧化成 Fe^{3+}：

$$2FeSO_4+0.5O_2+H_2SO_4 \Longrightarrow Fe_2(SO_4)_3+H_2O \tag{8-18}$$

后者作为强氧化剂，可参与硫化物的氧化反应：

$$FeS_2+7Fe_2(SO_4)_3+8H_2O \Longrightarrow 15FeSO_4+8H_2SO_4 \tag{8-19}$$

$$2FeAsS+13Fe_2(SO_4)_3+16H_2O \Longrightarrow 28FeSO_4+2H_3AsO_4+13H_2SO_4 \tag{8-20}$$

转入溶液的砷可呈难溶的砷酸铁形态沉淀：

$$2H_3AsO_4+Fe_2SO_4 \Longrightarrow 2FeAsO_4+3H_2SO_4 \tag{8-21}$$

溶液中 Fe^{3+} 浓度越高且酸性越低，则砷的沉淀越完全，Fe^{3+} 还会部分水解：

$$Fe_2(SO_4)_3+3H_2O \Longrightarrow 2FeAsO_4+3H_2SO_4 \tag{8-22}$$

水解率随浸出温度的升高和溶液酸度的降低而增大。

上述反应的最终结果，使大部分铁和几乎全部的砷与硫转入溶液，经中和使绝大部分砷转入沉淀渣中。残渣由脉石成分、铁的氧化物和砷酸盐组成，与液相分离并洗涤后，是氰化提金的良好物料。

碱性介质中加压氧化，其反应则是另一种情况，即全部的铁留住残渣中，而转入溶液的除了硫之外还有全部的砷：

$$2FeS_2+8NaOH+7.5O_2 \Longrightarrow Fe_2O_3+4Na_2SO_4+4H_2O \tag{8-23}$$

$$2FeAsS+10NaOH+7O_2 \Longrightarrow Fe_2O_3+2Na_3AsO_4+2Na_2SO_4+5H_2O \tag{8-24}$$

随后进行的加压氧化残渣的氰化可达到很高的金提取率，但是，由于大量的碱消耗以及操作控制的复杂性，碱浸过程就其技术经济指标而言不及酸浸。

研究表明，与氧化焙烧相比，加压氧化能保证金彻底地暴露，这是因为在加压氧化时，暴露的金仍保持游离状态，而在氧化焙烧时，金则部分地被易熔化物的薄膜所覆盖。因此，加压氧化浸出渣氰化时金的回收率高于焙烧浸出。此外，采用加压氧化法，避免了金随三氧化二砷的损失，也不必建立复杂的收尘系统，大大改善了劳动条件。

加利福尼亚霍姆斯特克采矿公司的麦克劳林金矿采用舍瑞特公司研究的加压氧化酸浸工艺流程，工厂于 1985 年投产，这是世界上第一家对难浸的含金硫化矿进行加压氧化的生产厂。在炭浆工艺之前，矿浆先在三台高压釜中加压氧化预处理，高压釜是直径为 4.2m，长为 16m 的四隔室卧式釜，加压氧化温度为 175℃，压力为 2200kPa，高压釜的设计处理能力为 2700t/d 矿石，金的设计回收率为 90%，截至 1986 年第一季度实际进料为 2900t/d，金回收率平均为 92%。另外，巴西的米纳斯吉拉斯州的沙本托金矿正在对极难处理的金精矿进行加压氧化酸浸预处理，然后氰化浸出金，该厂是 1986 年底投产的，是第一家用该法处理金精矿的工厂。

砷黄铁矿型金精矿加压氧化酸浸预处理的工艺流程如图 8-23 所示。它是将高压氧化后的矿浆经浓密机多段洗涤，浓密机溢流一部分送去中和处理回收工业水，其余的溢流水不需处理而返回加压氧化；浓密机底流进行炭浆氰化浸出吸附，金的回收率高达 95% 以上。该工艺的优点是：它对有害杂质锑和铅不敏感；金回收率高，含硫 4%～5% 的矿石可实现自热氧化，该法的生产费用主要是氧气消耗（约占 60%）及中和作业费用（约占 25%）。

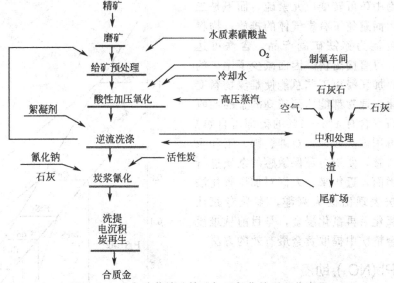

图 8-23　含金砷黄铁矿精矿加压氧化处理工艺流程

现已投产或正在建设的酸性加压氧化车间均采用多隔室的卧式高压釜作为反应器，釜内衬耐酸瓷砖，每隔室都装有搅拌器，由于反应放热，过程一般可自热进行，只是处理低硫精矿时需预热，而处理高硫精矿时则需喷水冷却，如图 8-24 所示。

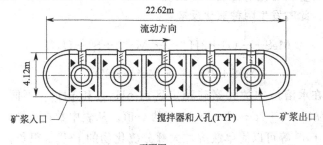

平面图

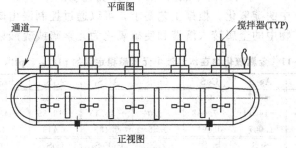

正视图

图 8-24　多隔室卧式高压釜结构示意

影响加压氧化作业效果的主要参数是：隔室数目及大小、给料温度、冷却水及加热蒸气的需要量、矿浆浓度、精矿与氧化渣的配比等。

加压氧化法的缺点是基建投资大，需用钛材换热器及大量钛材部件，还要制备高压氧气，致使基建投资和维修操作费用难以降低，因而限制了它的广泛应用。但是，可以肯定，它比焙烧法有更多的优点：精矿所含硫化物中硫可转变成元素硫，而不是二氧化硫，因而避免了有害气体的排放；物料中的铁能沉淀为赤铁矿副产品，含铁可达60%以上，可直接出售，因而减少了尾矿的处理问题；加压浸出工艺总能使难浸物料变得适于氰化，通常都能达到较高的金的回收率；对矿石（含有4%～5%的硫即可自热）和精矿都可用该法处理；对砷、锑、铅和汞等杂质不敏感，便于对环保敏感的杂质进行处理等。因而，近年来，人们对加压氧化法代替焙烧法表现出极大兴趣，多数专家认为，加压氧化后再氰化浸金，是目前从难浸金矿石或金精矿中提取黄金最有效的方法。

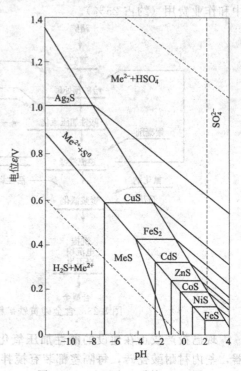

图 8-25　MeS-H_2O 系的 ε-pH 图

8.6.4　Pb(NO$_3$)$_2$助浸

某些金属硫化物 MeS-H_2O 系的 ε-pH 图如图 8-25 所示。从图中曲线可知，金属硫化物虽然比较稳定，但有氧化剂存在的条件下，几乎所有的金属硫化物在酸介质或碱介质中均不稳定。此时发生两种氧化反应：

$$\text{MeS} + \frac{1}{2}O_2 + 2H^+ \longrightarrow Me^{2+} + S^0 + H_2O \tag{8-25}$$

$$\text{MeS} + 2O_2 \longrightarrow Me^{2+} + SO_4^{2-} \tag{8-26}$$

不同硫化物在水溶液中的元素硫稳定区的 $pH^0_{上限}$ 和 $pH^0_{下限}$ 不同（如表 8-11 所示）。表中的 ε^0 为 $Me^{2+} + 2e + S^0 \longrightarrow MeS$ 的 ε^0 值。从表中数据可知，只有 $pH^0_{下限}$ 较高的 FeS、NiS、CoS 等可以简单酸溶，大部分硫化物的 $pH^0_{下限}$ 很负，只有添加氧化剂才能将硫化物中的硫氧化。根据工艺要求，可以通过控制浸出矿浆的 pH 值和还原电位，使硫化矿物中的金属转入溶液和使硫氧化为元素硫或硫酸根。

表 8-11　金属硫化物在水溶液中元素硫稳定区的 $pH^0_{上限}$、$pH^0_{下限}$ 和 ε^0 值

硫化物	HgS	Ag$_2$S	CuS	Cu$_2$S	As$_2$S$_3$	Sb$_2$S$_3$	FeS$_2$	PbS	NiS(γ)
$pH^0_{上限}$	−10.95	−9.7	−3.65	−3.5	−5.07	−3.55	−1.19	−0.946	−0.029
$pH^0_{下限}$	−15.59	−14.14	−7.088	−8.04	−16.15	−13.85	−4.27	−3.096	−2.888
ε^0	1.093	1.007	0.591	0.56	0.489	0.443	0.423	0.354	0.340

硫化物	CdS	SnS	In$_2$S$_3$	ZnS	CuFeS$_2$	CoS	NiS(α)	FeS	MnS
$pH^0_{上限}$	0.174	0.68	0.764	1.07	−1.10	1.71	2.80	3.94	5.05
$pH^0_{下限}$	−2.616	−2.03	−1.76	−1.58	−3.89	−0.83	0.450	1.78	3.296
ε^0	0.326	0.291	0.275	0.264	0.41	0.22	0.145	0.066	0.023

硝酸被还原的电化方程和标准电位为：

$$NO_3^- + 2e + 3H^+ \longrightarrow HNO_2 + H_2O \qquad \varepsilon^0 = +0.94V \qquad (8\text{-}27)$$

由于多数金属硫化矿物被氧化的标准电位小于 $+0.94V$，理论上可将多数的硫化矿物氧化，使金属离子转入溶液中，使硫氧化为元素硫或硫酸根，使硫化矿物中的包体金充分裸露，以利于氰化提金。硝酸预浸难氰化的含金硫化矿浮选精矿时，浸渣中主要含金和未溶解的脉石。含金硫化矿浮选精矿经再磨、浓密脱水，脱除大部分浮选药剂后，即可泵入耐硝酸的浸出搅拌槽中浸出。浸出作业可在常温（85～90℃）和常压（0.1MPa）的条件下进行。由于矿浆中含大量水，浸出为稀硝酸分解反应：

$$MeS + 4HNO_3 \longrightarrow Me(NO_3)_2 + 2NO + H_2SO_4 \qquad (8\text{-}28)$$

浸出时产生的氧化氮气体，可用洗气吸收法除去。硝酸浸出法还适于处理硒、碲无回收价值的铜阳极泥。难氰化含金硫化矿物经硝酸预处理浸出后，矿浆经洗涤、中和后，可送后续的氰化提金作业。

20 世纪 80 年代中期开发的氧化还原法（又称 Nitrox 或 Arseno 法），已于 20 世纪 90 年代用于工业生产。氧化还原法以硫酸和硝酸盐溶液为中间介质，以硝酸和空气或氧为氧化剂，理论上可氧化所有的硫化矿物。可分为低温法和高温法两种方法，温度为 85～90℃和常压（0.1MPa）条件下操作的，称为低温氧化还原法，此时需另建硝酸再生车间。温度为 180～210℃和压力为 1.9MPa 条件下操作的，为高温氧化还原法，此工艺可就地再生硝酸。高品位的金精矿，采用高温氧化还原法较有利。

氧化还原法的主要优点为：

① 浸出速率高，浸出时间仅 1～2h；

② 以硝酸和空气为氧化剂，浸出剂硝酸可再生；

③ 试剂可循环使用，操作成本较低；

④ 可采用不锈钢、聚氯乙烯塑料或玻璃钢等为结构材料，制作设备。

哈萨克斯坦东北部 Auozov 地区的 Bakyrchik 厂，采用高温氧化还原法，处理以砷黄铁矿和黄铁矿为主的难氰化金矿（由美国 MTI 公司提供技术）。设计日处理能力为 500t，金的总回收率为 88%左右。

8.6.5　其他助浸方法

(1) 药剂助浸　在氰化同时加入助浸剂，有的可以络合矿浆中的铜、锌等有害离子，有的可以使活性炭上的吸附区饱和，降低氰化钠用量或提高金的浸出率。在处理含铜铅锌砷矿石时，采用氨助浸剂，根据比例添加到液体 NaCN 中，配好溶液重量为氰化钠占 25%、氨水占 4%。金泥中金由 9.63%提高至 15.5%，节约 NaCN 0.7 kg/t。在处理含铜铅汞炭难处理金精矿时，经细磨，用煤油助浸剂掩蔽炭，含氨无机盐混合物助浸剂沉淀汞，金的浸出率达 96.44%，比不用时可提高 5.14%。在处理某碳质片岩型微细粒金矿石时直接炭浸金浸出率为 87%，加入盐 A 助浸剂炭浸金浸出率达 90%以上。河台金矿含铜 0.2%～0.3%，以原生硫化铜为主，混选后金精矿含铜 3%～5%，预处理氰化金浸出率 96%，氰化物消耗量 20kg/t 以上，浸出前添加铅盐使金浸出率提高到 98%，氰化物消耗量降至 5kg/t。

(2) 焙烧处理　焙烧的目的是破坏硫化物对金的包裹，生成多孔焙砂，使微粒金暴露，增大金的溶解表面积，从而有利于浸出液与金的接触，同时排除有害杂质的影响，使金矿更易于氰化浸出。在处理含 S、As 及碳质矿物的矿石时，焙烧不仅能使 S、As 及碳质矿物被彻底氧化，使包裹在黄铁矿和砷黄铁矿中的微细粒金暴露出来，而且对微细粒金具有团聚作用。对某含碳质金矿石进行富氧焙烧，与常规氰化工艺比较，金浸出率由 12.45% 提高至 91.23%。处理含铜金精矿时加入一定量食盐在 605℃ 焙烧，采用硫酸浸铜，制硫酸浸渣，在 pH＝10，碳酸钠介质中，用氰化法提取金银可取得显著效果。金精矿含 Au 29.5g/t、As 17.75%、S 17.78%，650℃ 焙烧 1.5h，金浸出率为 80.59%。某含 As、Sb、S、C 金矿经细磨至 -0.041mm 占 86%，焙烧温度 700℃、时间 1h，在工业上金浸出率可达 90% 以上。镇源含砷高硫微细难浸金精矿进行焙烧处理，金浸出率达 91.41%。哈密金矿沸腾炉一次焙烧对含砷金精矿脱砷困难，焙烧后金浸出率只有 63%，将含碳为 6.77% 的金精矿与含砷 12.48% 的金精矿按 4∶1 配比焙烧后，浸出率达 88%，9∶1 时达 88.6%。对辽南某含硫 24.5%、含砷 4.2% 的金精矿进行研究时，直接氰化浸出率只有 4.9%，加入 Ca(OH)$_2$ 固砷固硫焙烧，金浸出率达 88.2%。

（3）生物氧化处理　生物氧化处理一般指金矿的细菌氧化浸出。它是利用细菌使硫化矿和砷化矿物氧化，而使这些被硫化矿物包裹的贵金属解离出来。细菌既作为催化剂又参与反应，它们是活的有机体，需要养分，并且对温度要求比较苛刻。应用的菌种主要有铁氧化硫杆菌、硫氧化硫杆菌和铁氧化螺旋菌等。世界上第一座工业型生物氧化系统 1986 年在南非的 Fairview 金矿建成。多数选矿厂的操作条件为，浮选金精矿磨至 80%－0.074mm，pH＝1.2～1.8，矿浆浓度 15%～20%，操作温度 35～45℃，氧化时间 4～5 天，细菌浓度 10^6～10^8 n/ml，通气量 0.06～0.1m^3/（m^3·min）。Genmin 的经验中介绍生物氧化工厂设计原则指标也与此类同。一般地说，对硫化物含量高的物料（约 30% 硫）氧化速率在 20% 固体浓度最大，氧浓度在 70% 时浸出速度最佳。处理某属于贫硫化物微细粒浸染型金矿石时，常规浸出率为 62.71%，采用氧化亚铁硫杆菌、螺旋菌及耐高温氧化硫杆菌等混合菌种预处理，金浸出率达 98.25%。新疆包古图金矿经细菌氧化预处理后浸出，金浸出率高达 92%～97%。某选矿厂黄铁矿包裹型金精矿直接氰化浸出率 41.34%，经过 LX-1 编号的氧化亚铁硫杆菌氧化后，氰化浸出率可达到 90.1%。青海耗牛沟金矿浮选金精矿直接氰化浸出率只有 37.04%，采用箱式静态生物氧化处理 26d，金浸出率可达 93.01%。由我国自行研制、自行设计建筑、具有完全独立自主知识产权的辽宁天利金业有限责任公司生物氧化提金厂，于 2003 年 7 月 9 日正式投产。

（4）微波处理　微波处理是根据在微波场中有用矿物和脉石矿物的升温速率不同，从而被微波加热到不同温度，之间形成明显的局部温差，由此产生一定的热应力，在矿物之间的表面上产生裂隙，这样可以有效地促进有用矿物的单体解离和增加有用矿物的反应面积。有研究工作表明，含有 Fe^{2+}、Co^{2+}、Mo^{2+}、Cu^+、Sn^{2+}、Pb^{2+} 的矿物和化合物具有较快的生温速率，而含有 Sb^{3+}、Zn^{2+}、Ag^+ 的矿物和化合物很难被微波加热。贵州戈塘金矿为显微粒状浸染型高硫高砷难选金矿，含 C 2.96%、含 S 7.77%，直接氰化浸出率极低，经微波处理含 C 降至 0.4%、含 S 降至 1.84%，金浸出率达 86.53%。四川某金矿含 Au 299g/t、S 20.69%、C 2.87%、As 1.12%，未处理浸出率只有 40.63%，经微波处理，常规氰化金浸出率可达 86.5%。

（5）超声波处理　超声波是指频率在 20000Hz 以上，不能引起正常人听觉反应的机械振动波。超声波具有高频特性，在它作用下物体会产生高频振荡。应用超声波对金矿石进行强化浸出，结果表明，具有金银浸出率高、浸出时间短、氰化钠单耗低等优点。有学者用超声波处理金银矿石时，在最佳试验条件下，金银浸出率分别达到97％～99％和95％～96％，浸出时间是常规浸出的1/3，每吨矿石节省氰化钠10kg。

（6）超细磨处理　超细磨是指产品粒度80％小于20μm的磨矿。超细磨的机械作用可以促进含金黄铁矿的分离，使显微金和次显微金暴露出来，有利于提高金的浸出率。用云南镇源冬瓜林浮选金精矿进行超细磨碱浸预处理试验，金氰化浸出率已达80％。但超细磨预处理工艺费用较高。

第9章
金的冶炼

黄金冶炼产品为成品金。冶炼有粗炼和精炼之分。粗炼是将含金量比较高的物料，通过湿法冶炼或火法冶炼，使物料中的金变成粗金锭；精炼是将粗金锭中的杂质分离出来，最终获得高纯度黄金产品。

9.1 金的粗炼

根据选金厂的不同工艺流程，选矿产品进入冶炼的主要原料一般有氰化金泥、重砂、汞膏、钢棉或碳纤维阴极电积金、焚烧后的载金炭灰、硫酸烧渣金泥、硫脲金泥、含金废料等。各组成不同，都是金粗炼原料。

9.1.1 粗炼火法工艺

粗炼火法工艺主要包括酸溶、焙烧和熔炼三步骤。

（1）酸溶　以10%～15%浓度的稀硫酸溶液为溶剂，洗涤、溶解金泥，使金泥中可溶于稀硫酸的成分溶解，从金泥中分离出来。

（2）焙烧或烘干　焙烧的目的是为了除去酸溶金泥滤饼中水分，使金泥中的贱金属及其硫化物氧化成氧化物或硫酸盐，为下一步熔炼制造条件。

（3）熔炼　金的化合物基本都性质不稳定，容易分解出金属金。金在任何温度下都不直接被氧所氧化，也不溶于酸。因此，在干燥后的金泥中，金仍然是单体金属，而不是任何化合物。只要熔炼温度超过金的熔点1064℃，黄金就会熔化。但是，金在熔融状态下的铅、锌、铜等金属中的溶解度也很大。如果金泥中含有较多铅、锌、铜等金属，金会与这些金属生成合金。因此，在熔炼金泥时必须加入一些溶剂，除去金之外的金属和非金属杂质。

金的相对密度为19.26，渣的相对密度较小，金一般不溶于渣，利用这些性质上的差异，熔炼过程就能将金和金泥中的杂质分开。金泥中大部分杂质以氧化物状态存在，当配入一些熔剂进行熔炼时，这些杂质相互作用或与熔剂作用，生成炉渣而浮在金属金的表面。将熔融物倾注到锥形模中，待冷凝后将渣层切除，金银合金再熔炼铸成金锭。炉渣中通常还有不少金银，需要另作处理。

选择良好的熔剂成分和性质很重要。熔剂成分及性质对熔炼效果有决定性的影响。好的熔剂产生易熔炉渣，不但可以消耗较少的燃料，而且可以在较短的时间内熔化，并能够获得必要的温度，创造良好的金银与渣的分离条件。反之，产生难熔的炉渣，则不但会消耗更多的用于熔化炉料的燃料，并且会使作业时间延长，渣和金的分离增加难度，从而金回收率下降。因此，根据原料性质和当地具体条件决定炼金工艺过程，并选择合适的熔剂，尽量提高金回收率、降低燃料以及熔剂消耗。

金泥火法工艺流程见图 9-1。

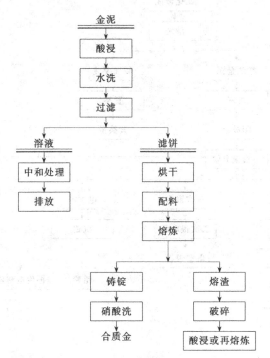

图 9-1 金泥冶炼工艺流程

经过火法冶金处理得到的是合质金锭，平均含 80%～90% 的金，还可能含有少量的银，需要进一步精炼处理。炉渣中还含有的金银等成分，需要再经过酸浸作业浸入熔炼，或直接再熔炼，进一步提取贵金属。

9.1.2 粗炼湿法工艺

用火法冶金处理金泥，产生大量能耗，并会排除较多有毒害气体，比如含铅或二氧化硫气体，污染空气；火法冶金设备处理能力大，但设备利用率低，并且也不能直接产出高纯的金银产品。因此，有必要进行湿法处理工艺。

（1）氰化金泥湿法处理工艺流程 尽管原料性质各异，选择浸出试剂不同，氰化金泥湿法处理工艺流程都可参照图 9-2 和图 9-3。

对高铜铅金泥的处理方法一直存在着不同的工艺，较典型的有火法，如金矿氧化焙烧除硫-还原熔炼-空气氧化除铅、锌-酸浸-沉银工艺。都能较好地解决了金、银、铜的分离。但仍存在以下问题：在空气氧化除铅、锌中银的损失较大；此工艺铅、锌的去除采取高温挥发的方式，会造成严重铅害。

图 9-2 和图 9-3 中高铜铅氰化金泥可采用硫酸加络合剂，联合酸洗去除铜锌等杂质后，在冶炼过程中利用还原气氛及金属铅捕集金银的超强能力，来降低渣中金银含量，在电解过程中，利用硫酸铅的低溶度积与银离子分离，消除铅的累积与循环。此工艺流程具有成本低、工序简单并能综合回收铜铅等有价金属等优点。

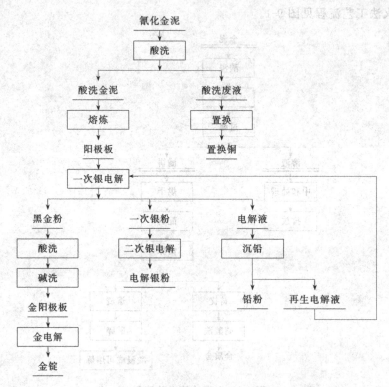

图 9-2 氰化金泥的铜、铅、银处理流程

湿法冶金处理工艺生产规模可大可小，生产周期短，而且无铅害，金银直收率和总收率比较接近，一般情况下金银回收率可以达到 99%，但工艺连续性强，生产管理要求高，过滤洗涤较麻烦，需要有配套设备。

(2) 控电氯化处理金泥 控电氯化金冶炼新工艺是在有色金属湿法冶金的基础上，通过控制电位，实现贵贱金属的分离。该工艺不仅能生产出高纯度的金、银，而且金、银回收率高，金的冶炼直接回收率大于 99.5%，金、银的综合回收率在 99%以上，同时该工艺缩短了冶炼周期，降低了生产成本。1950 年卡古利（Kalguili）矿业公司用液氯法处理金泥，然后用亚硫酸钠还原，生产出含金 99.8% 的产品。后来南非也进行过选矿试验，用 SO_2 还原，得到含金 99.99% 的金。

我国中原黄金冶炼厂也展开控电氯化法在处理氰化金泥中的应用，工艺主要原理是：利用金、银、铅、锌等金属在氯水体系中氧化还原电位范围不同，控制体系电位，使贱金属选择性浸出，达到贵贱分离，该工艺有如下缺点：金银的浸出损失，在氯化液中金 4.07mg/L 银 58.3mg/L；该工艺现场通氯气，环境较差且对设备防腐要求严。

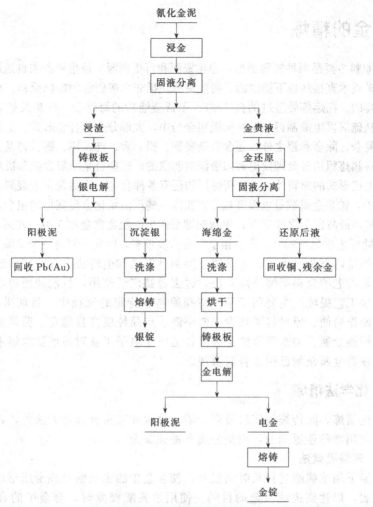

图 9-3 氰化金泥提纯处理流程

（3）湿法-火法联合流程 缅甸密支那伊洛瓦底江某黄金冶炼厂是一座生产规模为 50t/天的浮选金精矿氰化厂，其选矿工艺流程为原矿脱药→氰化浸出→锌粉置换→金泥冶炼。金泥冶炼原采用火法造渣、硝酸溶浸提金选矿工艺流程。冶炼厂投产后，因浮选厂矿石性质发生变化，矿石含铜增加，致使金精矿含铜量达 2.2%，因而金泥成分发生较大变化，含铜量高达 49.21%，而金品位只有 3.5%。经过一系列的探索，找到一种适合于处理该选矿厂金泥的流程，即湿法-火法联合处理流程，使金的回收率由原来的 96.78% 提高到 99.8%。其工艺步骤为：硫酸除锌-硝酸除铜-火法造渣-硝酸分金-氯化钠沉淀高温熔融回收银-铁屑置换回收铜-熔炼、铸锭。

该选矿厂还对火法、湿法、湿法-火法三种选矿工艺进行比较，并在实际生产中证实湿法-火法联合流程的优越性。湿法过程采用酸洗去除铜锌等杂质，配料中加入一定量的还原剂，产生流动性较好的碱性渣，充分利用杂质铅的捕集金银能力，从而降低渣中金银含量，在电解过程中，利用硫酸铅的低溶度积与银分离，从而消除铅的累积及循环。

9.2 金的精炼

精炼原料主要是两种资源类型：原生资源和再生资源。原生资源来自地球，原生金是一种用采矿技术直接从地下提取的。再生资源包括非采矿资源的精炼原料。精炼厂的原料是各种各样的。在熔炼处理过的金-锌渣、汞膏蒸馏后的海绵金、砂矿及矿石选别所得的重砂以及从硫脲再生液制得的钢绵阴极粗金当中，大部分金呈合金形式。上述物料的化学成分相当复杂。除金和银之外，还含有杂质铜、铅、汞、砷、锑、锡、铋及其他元素。金银合金是在精炼粗铅和处理铜电解阳极泥时制取的。这些合金一般含金和银总量为97%～99%。除上述形式的原料外，送往精炼厂的还有各种合金、生活及工业废料、钱币等。在个别原料中，铂系金属数量也很可观。在我国一些厂由氰化金泥获得的粗金，含金量可达15%～37%，最高也不超过50%；汞膏蒸馏后炼出的粗金含金在50%～70%；重砂炼得的粗金含金量可达80%～92%。因为粗金中含杂质较多，因此需要进一步精炼。

金银的精炼方法有火法、化学法、溶剂萃取法和电解法。火法精炼通常采用坩埚熔炼法，是古老的金银提纯分离方法，过去曾被广泛使用，目前使用得不多。化学法是采用化学工艺提纯。主要用于某些特殊原料和特定的流程中。目前采用的电解法，其特点是操作简便、原材料消耗少、效率高、产品纯度高且稳定、劳动条件好，且能综合回收铂族金属。溶剂萃取法提纯是在适应于电子工业对纯度要求越来越高而发展起来的，在贵金属领域已引起普遍重视。

9.2.1 化学法精炼

化学法精炼，除传统的硫酸浸煮、硝酸分银和王水分金等方法外，在近代，又发展了一些使用各种还原剂的还原法分离和提纯黄金。

9.2.1.1 硫酸浸煮法

在高温下用浓硫酸进行长时间浸煮，使合金中的银及铜等贱金属形成可溶性硫酸盐而被除去，以达到提纯黄金的目的。使用浓硫酸浸煮时，合金中的含金量应小于33%，铅的含量应控制（一般不大于0.25%），或预先用火法除去铅，否则产出的金中含有大量铅等杂质，需进一步处理。此法的浓硫酸消耗量，约为合金重量的3～5倍。硫酸浸煮法，劳动条件恶劣。

浸煮前，先将合金熔化并淬成粒或铸（或压碾）成薄片，置于铸铁锅中，分次加入浓硫酸，在160～180℃下搅拌浸煮4～6h或更长时间。此时，银及铜等杂质便转化成硫酸盐。浸煮完成后，将锅冷却，倾入衬铅槽中，加水2～3倍稀释后过滤，并用热水洗净除去银、铜等的硫酸盐。再加入新的浓硫酸再进行浸煮。经反复浸煮洗涤3～4次，最后产出的金粉经洗净烘干，含金可达95%以上。产出的硫酸盐液和洗液，先用铜置换回收银（如合金中含有钯时，被溶解的钯也和银一道被还原）后，再用铁屑置换回收铜。经蒸发浓缩除去杂质后，余液可回收粗硫酸再用。

由于剧烈反应会产出大量的含硫气体，浓硫酸浸煮作业，应在抽风罩下进行，或将锅密封通过抽风机经烟道排出含硫气体。

9.2.1.2 硝酸分银法

由于硝酸分解银的速度快，溶液含银饱和浓度高，一般在自热条件下进行（不需加热或在后期加热以加速溶解），故被广泛使用。作业中为减少硝酸的消耗，通常采用 1∶(1～3)的稀硝酸溶解银。在某些条件下，为降低成本，还可加入廉价的硫酸配成硫硝混酸来溶解银。但硫硝混酸可以溶解部分金，进入溶液中的金需从置换银中回收。

为了最大限度地除去银，硝酸分银前应预先将合金淬成粒或碾压成薄片，并要求合金中的含金量不大于 33%，以加速银的溶解和提高金的成色。

硝酸分银作业，可在带搅拌器的耐酸搪瓷反应罐或耐酸瓷槽中进行。加入碎合金后，先用少量水润湿（特别是粉末状合金），再分次加入硝酸。加入硝酸后，反应便很剧烈，并生成大量气泡和放出大量棕色的氧化氮气体。为避免反应过分剧烈而引起溶液的外溢，加酸不宜过速。当出现溶液外溢时，可加入适量冷水进行冷却予以消除。经加完全部酸后，如反应已很缓慢，则可加热以促进溶解。当液面出现硝酸银结晶时，说明溶液已饱和，可加入适量热水并加热以消除饱和状态，使溶解继续进行下去。一般情况下，当逐步加完硝酸，反应逐渐缓慢后，抽出硝酸银液，再加入一份新硝酸溶解。经反复溶解 2～3 次，残渣经洗涤烘干后，再加硝石于坩埚中熔炼造渣，便可获得纯度在 99.5% 以上的金锭。

硝酸分银作业产出的大量氧化氮气体，在排出前，需经过液化烟气的接收器和洗涤器吸收，以减少对空气的污染并回收使用。

硝酸银溶液可用食盐处理得到氯化银沉淀，再用锌和硫酸还原银，加溶剂融化即可得到纯度达 99.8% 左右的纯银锭。溶液中的银，也可用铜置换回收。硝酸分银时，如合金中含有铂族金属，则会有少量铂族金属（铂、钯）进入溶液，在用铜置换时，则与银一起被还原。

9.2.1.3 王水分金法

王水分金法一般用来提纯含银不多于 8% 的粗金，在此过程中，金进入溶液，而银则成为氯化银渣被分离出去。并能分离和回收其中所含的铂族金属。对于含银多的合金，必须先经除银处理。

工厂生产中使用的工业纯王水，由生产人员自行配制。一般使用的王水，是由一份工业纯硝酸加 3～4 份工业纯盐酸制成。配制王水的作业，一般在耐烧玻璃或耐热瓷缸中进行。配制时先倾入盐酸，再在搅拌下缓慢加入硝酸。此时，反应强烈，生成许多气泡并放出部分氧化氮气体。随着反应的进行，溶液颜色逐渐变为橘红色。由于在配制王水过程中溶液放出大量的反应热，故当使用不耐骤变的容器时，特别要注意安全，以免造成事故。

王水溶解金（包括铂族金属等）的作用，是由于硝酸将盐酸氧化生成氯和氯化亚硝酰：

$$HNO_3 + 3HCl \longrightarrow NOCl + Cl_2 + 2H_2O \tag{9-1}$$

氯化亚硝酰是反应的中间产物，它又分解为氯和一氧化氯：

$$2NOCl \longrightarrow 2NO + Cl_2 \tag{9-2}$$

氯与金、铂等作用，生成氯化物进入溶液。其总反应式为：

$$Au + HNO_3 + 3HCl \longrightarrow AuCl_3 + NO\uparrow + 2H_2O \tag{9-3}$$

$$3Pt + 4HNO_3 + 12HCl \longrightarrow 3PtCl_4 + 4NO\uparrow + 8H_2O \tag{9-4}$$

王水分金，是将不纯的粗金淬成粒或碾压成薄片，置于溶解皿中，按每份金分次加入 3～4 份王水，在自热或后期加热下进行搅拌，金即溶解生成三氯化金进入溶液。银与氧作用生成氯化银沉淀。溶解作业如使用易碎的溶解皿时，最好将皿置于盘或大容器中，以免因溶解皿的破裂而造成损失。经充分溶解后，过滤溶液，然后用硫酸亚铁、二氧化硫、亚硫酸钠或草酸（$H_2C_2O_4$）等来还原滤液中的金，使其生成海绵金沉淀。还原用的硫酸亚铁，一般由冶金工厂的生产人员自制。沉淀的海绵金用水仔细洗净，再用稀硝酸处理除去杂质后，经洗净、烘干、铸锭，可产出99.9%或更高成色的纯净黄金。

为最大限度地溶解合金中的金，王水分金操作可反复进行2～3次。产出的氯化银用铁屑或锌粉还原回收银。还原金后的溶液，仍残留少量金，可加入过量的硫酸亚铁，经充分搅拌后静置12h以上经过滤回收。余液尚含有残余金及铂族金属，加入锌块或锌粉置换至溶液澄清后，过滤液弃去。滤渣经洗净烘干，便得到铂精矿，送分离和提纯铂族金属。

王水分金法是一种相对较简单的技术，能产出纯度高于99.9%的黄金，因此对于中小规模的精炼厂（每批一般可达到3～4kg），一般会选择采用王水分金。但由于在王水溶解反应时，银形成氯化银沉淀将可能掩蔽金而阻碍其完全溶解，需限制原料含银量，最高为10%。由此，硝酸溶银和分金法，已成为很有吸引力的中、小规模精炼技术。先通过加入适量的铜或银后进行熔化，使精炼物料中的含金量稀释到25%左右，并制粒到理想粒度2.3mm，以产生较大的表面积，硝酸溶解除去银、贱金属和形成合金的一些钯，留下纯金颗粒。金纯度可达99.9%，也可以进行第三次分离操作将金纯度提高到99.99%。硝酸溶解液加NaOH中和后，用金属铜片置换回收银和钯。意大利设备已生产的Pirotechnia Au-re8型精炼装置，就是使用该方法进行设计生产，处理能力约为3～4kg颗粒（含金25%），闭路循环操作，在6h的操作周期内无任何气体排放，设备体积小，尺寸为2.05m×1.1m×0.76m。特别适用于包括白金在内的低K金合金原料的厂商和精炼厂。

9.2.1.4　草酸还原制取纯金

草酸还原法适用于粗金锭或富集阶段得到的粗金粉，含金80%左右即可。先将粗金粉溶解使金转入溶液，调整酸度后用草酸作还原剂，还原得到纯海绵金；然后经酸洗处理后即可铸成金锭，品位可达99.9%以上。溶解粗金可用王水或水溶液氯化法。王水溶解粗金过程中酸耗大、劳动条件差，放出大量有害气体，操作麻烦，工业上多已不采用。水溶液氯化法溶金相对比较简单、经济、适应性强、劳动条件较好，工业已广泛应用。

（1）水溶液氯化法　水溶液氯化法提金始于1848年，后经发展成为19世纪末的主要提金方法之一。由于在19世纪相继出现各种氰化法提金工艺，并广泛用于从含金矿石中提金，水溶液氯化法才被停止使用。后因氰化物为剧毒物质及其对环境的污染问题，使得水溶液氯化法又被重新用来提取金。使精矿中的金溶入在饱和有氯的酸性氯化物溶液中而被提取的过程，又称液氯法，为金矿石提金方法之一。所用氯化物多为NaCl。该法的优点是金的浸出速度快，易从溶液中回收金。

常压下，在盐酸水溶液中通入氯气进行氯化反应。氯气为强氧化剂，金可被氯气氧化而溶解，精矿中的银被氯气氧化生成AgCl沉淀，水溶液溶解金的过程也可以实现金银分离。水溶液氯化法浸出金的主要溶解反应是：

$$2Au+3Cl_2+2HCl \Longrightarrow 2HAuCl_4 \tag{9-5}$$

$$2Au+3Cl_2+2NaCl \Longrightarrow 2NaAuCl_4 \tag{9-6}$$

反应(9-5)的速度和溶液氯浓度有关，在氯浓度明显增高的低 pH 溶液中能快速进行。反应(9-6)溶液中 NaCl 的存在能提高金的氯化效率，但 NaCl 也会明显增加 AgCl 的溶解，同时降低氯气的溶解度，减缓氯化速度。若需要分离金银，可以不加 NaCl。

影响氯化过程的因素有如下几个方面。

① 溶液酸组成　适量加入硝酸可加快氯化速度，适量硫酸对铅、铁、镍等杂质的溶解可起到一定的抑制作用，溶液酸度高，有利于提高氯化效率。HCl 溶液酸度一般控制在 $1\sim3$ mol/L 范围内。在氯化溶金过程中，盐酸和氯气能使铜、锌、铁、铅等杂质进入溶液，并使单质金氧化为 $AuCl_4^-$ 配离子进入溶液，金浸出率随盐酸浓度的增加而增加，如盐酸质量溶度大于 200g/L 时金的浸出率可达 99.99%。

② 氯气用量　当通入氯气，金、银等被氧化，金以 $AuCl_4^-$ 配离子转入溶液，银被氧化生成 AgCl 沉淀使金与银分离。随着氯气用量的增加，金的浸出率也会升高。

③ 液固比　一般液固比在 $(4\sim5):1$ 为宜，溶液量太少会影响氯化效果，太多也会使设备容量增大，并且能耗增加。

④ 温度　温度对金浸出效果的影响很大。温度高反应速度快，但温度过高溶液中盐酸和氯气挥发严重，会使浸出率大幅降低。因此，通入氯气时的温度不宜过高，氯化过程是放热过程，反应发生 $1\sim2$h 后溶液温度就可以上升到 $50\sim60℃$。适当提高氯化过程的温度会加快氯化反应，但温度持续提升，氯气的溶解度也会随之下降，而 AgCl、$PbCl_2$ 在溶液中的溶解度却随之提高，从而影响金粉下一步的还原。实践表明，氯化过程以控制在 80℃ 左右为宜。氯化作业结束后必须将溶液冷却至 $30\sim40℃$，使 AgCl、$PbCl_2$ 沉淀析出，如此才能有效抑制 AgCl、$PbCl_2$ 进入溶液，消除其对金溶液的污染。

⑤ 时间　氯化时间的长短主要取决于反应速度的快慢。除以上各影响因素外，加强搅拌、通氯方法改善，可以使固、液、气三相充分混合，从而改善扩散条件，加快反应速度、缩短氯化时间。一般反应在 $4\sim6$h 之内基本完成。

当使用水溶液氯化法处理含金硫化矿时，含金硫化矿或精矿通常须预先经过氧化焙烧，使硫化物转化为氧化物，以提高金的回收率，降低氯的消耗，否则会造成大部分金属硫化物溶解，致使废液处理复杂化。水溶液氯化在南非、英国和中国用于分解含金的铂族金属精矿，现已在南非建成一座大型水氯化法处理重选金精矿的试验工厂。该金精矿先在 1073K 温度下进行氧化焙烧脱硫；焙砂在通氯气的盐酸溶液中浸出，金的浸出率达 99%；然后用 SO_2 将溶液中的 $HAuCl_4$ 还原沉淀。

水溶液氯化法除可使用一般的氯气直接通氯外，也可用电解法制取氯气。电解碱金属氯盐（NaCl）法析出的氯比一般的氯气活泼，电氯化法分解金的方法已应用于生产实践。

电氯化法是水溶液氯化法的一种发展，通过电解水溶液中的碱金属氯化物（NaCl）析出活性氯，将矿石中的金氯化得到 $AuCl_3$ 产物。$AuCl_3$ 进一步反应生成 $HAuCl_4$ 及复盐 $NaAuCl_4$。$HAuCl_4$ 和 $NaAuCl_4$ 在水溶液中离解成离子，生成的 $AuCl_4^-$ 用阴离子交换树脂吸附。吸附在阴离子交换树脂上的金经淋洗所得的贵液采用电解沉积沉淀金。金的淋洗率可达 99.6%，阴离子交换树脂再生后返回使用。

水溶液氯化溶金也可用氯酸钠代替氯气，其反应为：

$$2Au+2NaClO_3+8HCl = 2NaAuCl_4+Cl_2\uparrow+O_2\uparrow+4H_2O \qquad (9-7)$$

国内铜阳极泥及氯化金泥的湿法处理，已采用氯酸钠代替氯气进行水溶液氯化法溶金。此时金呈金氯酸钠（$NaAuCl_4$）形态转入溶液中，然后从金氯酸钠溶液中还原金。

（2）草酸还原法　用于氯金酸溶液还原的还原剂一般为草酸、二氧化硫、抗坏血酸、亚硫酸钠、甲醛、氢醌、氯化亚铁、硫酸亚铁等。其中草酸还原的选择性高、速度快、应用较广。其还原反应为：

$$2HAuCl_4+3H_2C_2O_4 = 2Au\downarrow+8HCl+6CO_2\uparrow \qquad (9-8)$$

草酸是一种有机二元酸，溶解在水中时，可能存在的形态有 $H_2C_2O_4$、$HC_2O_4^-$、$C_2O_4^{2-}$ 三种，溶液的 pH$<$1.27 时主要以 $H_2C_2O_4$ 形式存在；溶液 pH$=$1.27$\sim$4.27 时，以 $HC_2O_4^-$ 为主；当 pH$>$4.27 时，以 $C_2O_4^{2-}$ 为主要形式。草酸还原法中，影响还原反应的因素有以下几点。

① pH 值和草酸浓度　草酸还原金的能力随着溶液的 pH 值和草酸浓度的增加而增加，在工艺上先用 NaOH 缓慢中和分金液直到 pH 值为 1$\sim$1.5，然后加温至沸腾，再加草酸还原 4$\sim$6h，趁热过滤金粉。

② 温度　常温下草酸还原就可以进行，加热时反应速度会加快。由于反应过程会放出大量的 CO_2 气体，产生沸腾状态，易使金液外溢，因此一般以 70$\sim$80℃为宜。

③ 还原时间　还原时间与还原剂加入速度有关，一般为 4$\sim$6h。

具体操作时，先将王水或水氯化溶金溶液加热至 70℃左右，用 20%氢氧化钠溶液将溶液调至 1$\sim$1.5。在搅拌条件下，一次性加入理论量 1.5 倍的固体草酸，反应开始激烈进行。反应平稳后，再加入适量氢氧化钠溶液，反应又开始加快，直到加入氢氧化钠溶液无明显反应时，再补加适量草酸使金还原完全。还原过程中保持溶液 pH 值为 1$\sim$1.5。反应完毕后，静置一定时间，过滤得到海绵金。草酸还原后的金液中杂质含量低，一般可得到品位较高的金粉。用 1:1 稀硝酸和去离子水洗涤海绵金，以除去金粉表面的草酸和贱金属杂质。烘干后即可铸锭，金含量大于 99.9%。

还原金后溶液用锌粉置换，以回收溶液中残存的金。置换所得金精矿用盐酸浸煮，可除去过量锌粉，浸渣返回水溶液氯化溶金作业。水溶液氯化-还原精炼法已在国内一些选冶厂用于生产。如黑龙江老柞山金矿、吉林桦甸黄金选冶厂、陕西凤县四方金矿等，均达到较好效果。

9.2.1.5　二氧化硫、双氧水还原法

还原含金氯化液中的金，广泛使用二氧化硫、硫酸亚铁等还原剂。用 SO_2 还原 $AuCl_4^-$ 的反应如下：

$$2AuCl_4^-+3SO_2+6H_2O = 2Au\downarrow+3SO_4^{2-}+12H^++8Cl^- \qquad (9-9)$$

以上反应中，还原过程产生强酸，pH 值升高，可以促进还原效果，但是 SO_4^{2-} 增加，容易与重金属离子反应，从而生成硫酸盐沉淀，比如硫酸铅，混入金粉中，对其纯度有影响。因此，二氧化硫还原通常在较高的酸度下进行，采用两段还原模式。比如可以第一段先在 1mol/L 酸度下通入 SO_2 气体进行还原，得到纯度高达 99.99%

的金粉，然后将 pH 值提高，继续用 SO_2 还原，第二段还原得到的金粉含有少量硫酸盐杂质，纯度不高。该质量较差的金粉再返回进行氯化。

在粗金的浸出中，较高的酸度条件下，双氧水也可以有效氧化金。在一定的 pH 值（2～3）下。双氧水可以将溶液中的 $AuCl_4^-$ 还原成金，而不引入新的杂质。其反应方程式为：

$$2AuCl_4^- + 3H_2O_2 === 2Au\downarrow + 3O_2\uparrow + 8Cl^- + 6H^+ \tag{9-10}$$

与传统还原-电解法相比，双氧水还原法中，金氯化液经过氧化氢还原，金粉再经酸洗、水洗、熔铸即可获得 99.99% 的金成品，省去了金粉氨水洗涤和电解工序，缩短了金的生产周期，降低了金的精炼费用；整个还原、洗涤过程温度低，可减少能耗，综合成本比其他方法低。另外，还原过程中只有产生氧气，没有有害气体生成，酸洗水和部分还原后液体都可返回循环使用，无废水排放，有利于环境保护。

双氧水还原过程中没有添加其他阴阳离子，不会引起体系中其他重金属离子的副反应，因此还原得到的金粉纯度相比草酸和二氧化硫还原的金粉都要高。例如某厂阳极泥采用湿法处理工艺，其金的氯化液成分为：Au 2.38g/L、Cu 3.748g/L、Fe 0.16g/L、Pb 0.0647g/L、Sb 0.0453g/L、Bi 0.7948g/L、Ag 3.3mg/L、Cl^- 0.9mol/L、H_2SO_4 0.4mol/L。将该金氯化液泵入沉金槽后，用蒸汽直接加热到 45℃，用 60kg 工业烧碱中和溶液 pH 值到 3.54，溶液温度变为 50℃，加入过氧化氢 100kg，并保持温度 3h，反应完全后停止搅拌，澄清后上清液抽往储槽，底流进行抽滤获得金粉。金粉继续用热水洗涤至中性，然后置入煮洗槽用 1：1 的 HCl 洗涤两次，过滤后在滤布上洗涤至中性。金粉干燥后其成分分别为：Au 99.990%，Ag 0.00176%，Bi 0.00026%，Cu 0.00175%，Fe 0.00292%，Pb 0.00014%，Sb 0.00275%。经常规熔铸后金锭的成分为：Au 99.995%，Ag 0.000255%，Bi 0.00015%，Cu 0.00122%，Fe 0.00029%，Pb 0.00039%，Sb 0.00016%。基本达到国标 1 号金的品质要求。其工艺流程如图 9-4 所示。

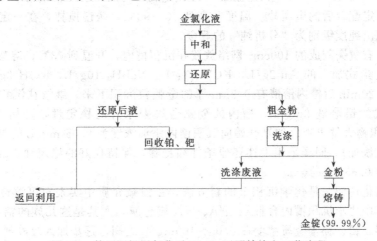

图 9-4　某厂阳极泥氯化后 H_2O_2 还原精炼金工艺流程

以上工业试验结果表明，双氧水还原金工艺可得到含金大于 99.99% 的金粉。还原后液金浓度为 2.6mg/L，金直收率高达 99.89%。还原后液和酸洗后液混合，可先用作氯化渣的洗涤水，再返回循环利用至氯化工序。用双氧水、草酸、二氧化硫还原金的时候，铂、钯通常不被还原，溶液中铂、钯可用锌粉置换成铂、钯精矿，待累积到一定数量后集中处理。另外，用湿法处理含金低的阳极泥时，氯化分金液浓度往往很低，直接还原获得的金粉颗粒极为细小，难以收集。对于这种溶液可以先进行富集处理，比如先进行溶剂萃取、离子交换，再进行还原提取。

采用双氧水法还原，产品中金粉的杂质一般都是金属水解沉淀夹带、吸附导致的，采用酸煮、水洗，可以除掉杂质。影响金粉质量的因素有酸度、过氧化氢用量、温度以及加入方式等，煮洗过程中搅拌、过滤等方面对金粉质量的影响也很大，此外，铸锭过程也可除掉部分杂质。过氧化氢还原金工艺适用范围广，综合成本低，操作简单易行，能省去金电解工序，缩短生产周期，提高金的回收率，具有较大经济价值和社会效益。

9.2.1.6 自动催化还原精炼方法

金的精炼过程中，若不采用电解将金沉积下来，可以使用自动催化还原精炼黄金。该法于1981年由美国专家发明，利用自动催化还原得到化学沉积金。可溶性的 $KAu(CN)_2$ 金盐溶液中，可能还有周期表中少量的ⅢA、ⅣA、ⅤA族金属，尤其是这几族的铝、镓、铟、铊、锗、锡、铅、铋等金属。所有这些金属呈可溶性盐状态，其浓度一般在 $0.05\sim100mg/L$ 之间。把这样金属呈可溶性盐加入到沉积槽中，槽内放置由黄铜制成的网络，可以处理可溶性金盐 $0.1\sim20g/L$，$1\sim10g/L$ 效果最好。通过加入足够的碱金属氰化物使沉积槽达到稳定（氰化物浓度为 $0.1\sim50g/L$）还原剂硼氢化物或二甲氯基甲硼烷（DMAB），缓冲剂磷酸盐或硫代硫酸盐，作为稳定剂的氢氧化钾、氢氧化钠或者氰酸钾、氰酸钠，在强碱介质中保持 BH_4^- 和 $BHOH_3^-$ 之间的化学平衡，其反应为：

$$BHOH_3^- + 3Au(CN)_2^- + H_2O \Longrightarrow BO_2^- + 3H_2 + 3Au + 6CN^- \qquad (9-11)$$

调整 pH 值不小于10，同时加入络合剂氮川三醋酸（NTA）或1,2-二氨基环己烷四醋酸（DCTA）等配ⅢA、ⅣA、ⅤA族金属，再加入乙二胺或乙酰丙酮等稳定剂，以便稳定配合后的金属盐。温度升高到 $70\sim90℃$，缓慢搅拌，在一定的时间内可陆续沉积出纯度级别为"分析纯"的黄金。

例如，有黄铜制成的 $100cm^2$ 网络放置在沉积槽内，升温到73℃，溶液组成为以 $KAu(CN)_2$ 形式加入的 Au 2g/L，KCN 10g/L，$NaBH_4$ 10g/L，KOH 2g/L，缓慢搅拌处理，20min 后槽内溶液有 $0.2\mu m$ 厚的金颗粒沉积下来。继续往沉积槽内加入醋酸铅形式的铅溶液 2mg/L，槽内的金就会失去原有的稳定性，开始逐渐沉积，7min 后沉积物大量出现。如果开始向沉积槽内添加浓度为 9.05 mg/L 的铅溶液（以醋酸铅形式添加），同样采用上述还原条件和步骤，保持良好的稳定性，20min 后可沉积厚度达 $0.65\mu m$ 的金。

自动催化还原法是化学沉积金的新方法，在强碱介质中实现对可溶性金盐的沉积。其操作中要求沉积槽内含ⅢA、ⅣA、ⅤA族金属，尤其是这几族的铝、镓、铟、铊、锗、锡、铅、铋等金属浓度在 $0.05\sim100mg/L$ 之间，逐步加入缓冲剂和配合剂，pH 值连续保持在10以上，配合物一般为三醋酸钠盐、四醋酸钠盐、五醋酸钠盐。

9.2.2 电解法精炼

19世纪德国人沃尔维尔（Wohlwill）发明电解精炼法方法，沿用至今。电解法精炼金，是以粗金板（含银不超过 20%）作阳极，以纯金片作阴极，以金的氯化络合物水溶液和游离盐酸作电解液，通过电解得到电解纯金（99.99%）。也有直接将金含量 90% 以上的粗金通过电解产出电解纯金，并从阳极泥中回收银以及少量金和可能存在的铱锇矿，还有从废电解液和洗液中回收金和铂族。金电解所用的粗金原料主要为矿山产的合质金、冶炼副产金及含金废料、废屑废液及回收金首饰制品等。

9.2.2.1 金电解精炼原理

金的电解可在氯化金和氰化金溶液中进行，为了安全起见，现今世界各国金的电解几乎都采用 E. 沃耳维尔（Wohlwill）1874 年拟定的氯化金电解法，故而也称沃耳维尔法。此法是在大的电流密度和高浓度三氯化金的电解液中进行。随着过程的进行，粗金阳极被溶解，而于阳极析出电解纯金。其反应原理如下。

往电解液通直流电时，在粗金阳极发生金失去电子的反应：

$$Au + 3Cl^- + HCl - 3e == HAuCl_4 \tag{9-12}$$

在阴极则发生金获得电子析出的还原反应：

$$HAuCl_4 + 3H^+ + 3e == Au + 4HCl \tag{9-13}$$

沃耳维尔法在氯化金液的电解槽中装入粗金阳极和纯金阳极。通入电流后，阳极的金和杂质溶解，而在阴极析出纯金。因而，可以认为电解过程是在：Au(阴极)｜$HAuCl_4$，HCl，H_2O，杂质｜Au，杂质（阳极）的电化学系统中进行的。

此外，溶电解液中的络酸（$HAuCl_4$），还可部分水解（尽管在高酸浓度下不显著）成 $HAuCl_3OH$：

$$HAuCl_4 + H_2O \rightleftharpoons HAuCl_3OH + HCl \tag{9-14}$$

由于电解液中存在 $HAuCl_4$、$HAuCl_3OH$、HCl 和 H_2O，它们在溶液中可离解成如下的离子：

$$H_2O \rightleftharpoons H^+ + OH^- \tag{9-15}$$

$$HCl \rightleftharpoons H^+ + Cl^- \tag{9-16}$$

$$HAuCl_4 \rightleftharpoons H^+ + AuCl_4^- \tag{9-17}$$

$$AuCl_3 \rightleftharpoons Au^{3+} + 3Cl^- \tag{9-18}$$

$$HAuCl_3OH \rightleftharpoons H^+ + AuCl_3OH^- \tag{9-19}$$

$$AuCl_4 \rightleftharpoons Au^{3+} + 4Cl^- \tag{9-20}$$

$$AuCl_3OH \rightleftharpoons Au^{3+} + 3Cl^- + OH^- \tag{9-21}$$

这些离子的存在，相应地在阳极和阴极上可能发生如下反应。

在阳极上：

$$Au - 3e \longrightarrow Au^{3+} \tag{9-22}$$

$$2OH^- - 2e \longrightarrow H_2O + \frac{1}{2}O_2 \tag{9-23}$$

$$Cl^- - e \longrightarrow \frac{1}{2}Cl_2 \tag{9-24}$$

$$[AuCl_4]^- - e \longrightarrow AuCl_3 + \frac{1}{2}Cl_2 \tag{9-25}$$

$$2(AuCl_3OH)^- - 2e \longrightarrow 2AuCl_3 + H_2O + \frac{1}{2}O_2 \tag{9-26}$$

$$Au - e \longrightarrow Au \qquad\qquad (9-27)$$

上述反应除式(9-22)和式(9-27)外，其余均为有害反应。但当阳极附近氯离子浓度增高时，这些有害反应可以减少至最低限度。

在阴极上，可能发生氧和金离子的放电：

$$H^+ + e \longrightarrow H_2 \qquad\qquad (9-28)$$

$$Au^{3+} + 3e \longrightarrow Au \qquad\qquad (9-29)$$

$$Au^+ + e \longrightarrow Au \qquad\qquad (9-30)$$

上述反应由于氢的超电压，使阴极上发生氢的明显极化，故式(9-29)比式(9-28)更易进行。式(9-29)与式(9-30)的析出电位很相近（3价金为 0.99V，1价金为 1.04V），在阳极上两种离子可能同时进入溶液，在阴极上也将同时放电。但增大电流密度就可减少1价金离子的生成，也减少式(9-30)的反应。

在盐酸介质中电解金，阳极所含的银会与阴离子氯生成氯化银壳覆于阳极表面。含银5%或更多时，甚至可使阳极钝化放出氯气，而妨碍阳极的溶解。严重时，甚至会中断电解作业。为了使覆盖在阳极表面的氯化银脱落，而不妨碍电解的正常进行，经沃耳维尔于1908年改进的可用于含银很高的金的电解方法，是在向电解槽中通入直流电的同时，重叠与直流电电流强度略大的交流电。此两种电流重叠一起，组成一种合并的与横坐标轴不对称的脉动电流（图9-5），在重叠交流电流的电解过程中，金的析出仍取决于直流电电流强度而服从法拉第定律。交流电的作用，是电流强度在与横坐标不对称的脉动电流曲线处在最大值的瞬间，电流密度达到很大的数值，以致阳极上开始分解出氧气。经过如此断续而均匀的震荡，进行阳极的自动净化，使覆盖在阳极上的氰化银壳疏松、脱落，从而创造不妨碍电解正常进行的条件。图9-5中，合并的脉动电流强度为：

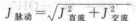

$$J_{脉动} = \sqrt{J^2_{直流} + J^2_{交流}}$$

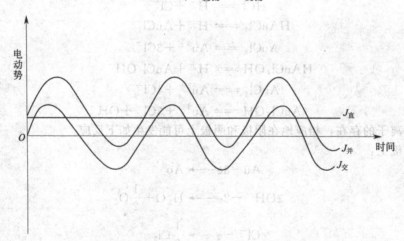

图 9-5　交、直流及合并电动势

采用交直流重叠电流的电解，还能提高电解液温度，特别是可以使从阳极上落入阳极泥中的粉状金，由约10%下降至约1%，以减少阳极泥中的含金量，提高金的直收率。为此，即使在阳极板含银很低时，也应使用交直流重叠的电流。

直流电与交流电的比例通常为 1：(1.5～2.2)。随着电流密度的增大，也需要相继增高电解液的温度和酸度。因温度越高和含酸越多时，不使阳极钝化的允许电流密度也越大。

沃耳维尔法电解金的条件，通常为电解液含金 60～120g/L，盐酸 100～130g/L，液温 65～70℃。这时，阴极容许的最大面积电流为 1000～3000A/m²，槽电压 0.6～1.0V。当阳极含很多杂质时，阴极电流密度可降至 500A/m²。

在含游离盐酸的电解液中，金多以较稳定的 3 价氯氢金酸（$HAuCl_4$）的形式存在。但溶液中也存在 1 价的亚氯氢金酸（$HAuCl_2$）。此两种金盐，能发生下列的可逆副反应：

$$3HAuCl_2 \rightleftharpoons 2Au + HAuCl_4 + 2HCl \tag{9-31}$$

生成 1 价金的副反应，可使阳极中约 10% 的金沉淀进入阳极泥中。为了减少阳极上生成 1 价金离子，金的电解都无例外地采用大的电流密度和交直流重叠电流。

综上所述，金在电解时电极上主要发生下列生成 Au^+ 和 Au^{3+} 的离子反应（阳极上反应向右进行）：

$$Au + 2Cl^- \rightleftharpoons [AuCl_2]^- + e \tag{9-32}$$

$$[AuCl_2]^- + 2Cl^- \rightleftharpoons [AuCl_4]^- + 2e \tag{9-33}$$

$$Au + 4Cl^- \rightleftharpoons [AuCl_4]^- + 3e \tag{9-34}$$

即电解过程中，阳极上主要发生金的氧化熔解反应。杂质的行为，则与它的电位有关。电性比金负的杂质，除银氧化熔解后迅速与氯离子结合生成氯化银外，铜、铅、镍等贱金属杂质均进入溶液。铱、锇（包括锇化铱）、钌、铑不溶解进入阳极泥中。铂和钯的离子化倾向程度小，理应不溶解。但在粗金中，铂、钯一般与金结合成合金，故有一部分常与金一道进入溶液，但并不在阴极析出。只有当电解液中铂、钯积累的浓度过大（Pt 50～60g/L，Pd 15g/L 以上）时，才会与金一道析出。

9.2.2.2 金电解造片

金始级片均采用电解法制取，俗称电解造片。一般会在与电解金相同的电解槽中进行造片，电解条件为：电流密度 210～250A/m²，槽电压 0.35～0.4V，并重叠 5～7V 的交流电（直交流比 1：3），电解液温度 35～50℃，同级距 80～100mm。电解液为氯金溶液，槽内还装入粗金阳极板和纯银阴极种板。制作始级片操作中，要先将种板擦抹干净，烘热至 30～40℃，然后打上一层极薄但要均匀的石蜡。种板边缘 2～3mm 处一般经蘸蜡处理或用其他材料蘸边或者夹边，以便于始级片的剥离。通电 4～5h 后，可使种板两面都析出后厚度大约为 0.1～0.15mm 的金片。种板出槽后，再加入另一批种板继续造片。取出的种板，用水洗净晾干后，剥下始级片，先在稀氨水中浸煮 3～4h，然后用水洗净。再在稀硝酸中用蒸汽浸煮 4h 左右，用水刷洗干净晾干并拍平，供金电解提纯用。

粗金阳极板也需在电解前用粗金熔铸。如原料是合质金或含银高的原料，应在熔铸前用电解法或其他方法去除部分银杂质。通常采用石墨坩埚在烧柴油的地炉中熔铸，地炉和坩埚容积决定于生产规模，一般可用 60～100 号坩埚。比如，100 号坩埚每埚可溶粗金 75～100kg。熔炼时添加少量助溶剂硼砂、硝石及适量洁净的碎玻璃，在 1200～1300℃时熔化造渣 1～2h。熔化造渣后，用铁质工具清除液面浮渣，取出坩埚，将金液浇铸于预热模具内。由于金阳极板较小，浇铸速度应较快。各厂金阳极板规格不一，按需铸造。比如某厂金阳极板为 160mm×90mm×10mm（厚），每块重量 3～3.5kg，含金量 90％以上。浇铸好的阳极板冷却后，撤除模具，趁热将极板置于 5％左右的稀盐酸溶液中浸泡 20～30min，可以除去其表面杂质，洗净晾干后送金电解提纯。

9.2.2.3 金电解液

金的电解精炼一般采用氯金溶液作为电解液。可用电解法及王水法造液。比较常用的是电解造液，也就是采用隔膜电解法进行电解液制备。电解造液的工艺条件与金电解提纯基本相同。纯金阴极板小且装在涂釉的耐酸素瓷隔膜坩埚中，使用 25％～30％盐酸，电流密度为 1000～1500A/m²，槽压不大于 4V 条件下，可制得含金 380～450g/L 的浓溶液。王水造液是用王水溶解还原金粉而制得。1 份金粉加 1 份王水，金粉全部溶解后继续加热去硝，过滤除去杂质后备用。此法造液速度快，但溶液中的硝酸不可能全部排除，硝酸根的存在使得电解时会出现阴极金反溶现象。

某厂造液是在电解槽中装入稀盐酸，直接置入粗金阳极板，在素瓷隔膜坩埚中装入 105mm×43mm×1.5mm（厚），的纯金阴极板。素瓷坩埚内径 115mm×55mm×250mm（深），壁厚 5～10mm，如图 9-6 所示。坩埚内的阴极液为 1：1 的稀盐酸，阴极液面比电积槽内阳极液面高出 5～10mm，防止阳极液渗入阴极区域。电解造液条件为：电流密度 2200～2300A/m²，槽电压 3.5～4.5V，并重叠的交流电为直流电的 2.2～2.5 倍，交流电压为 5～7V，电解液温度为 40～60℃，同极距 100～120mm。接通电源后，阴极析出氢气，阳极溶解。造液 44～48h，可得密度为 1.38～1.42g/cm³，金含量为 300～400g/L，盐酸为 250～300g/L 的含金溶液。过滤去除阳极泥后，存贮于耐酸缸中备用。造液结束后取出坩埚，阴极液进行置换处理以回收进入阴极液中的金。

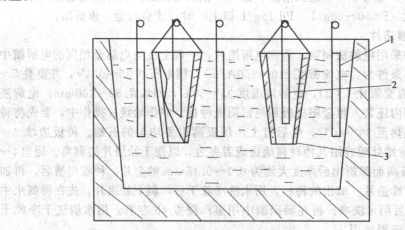

图 9-6 金的隔膜造液
1—阳极；2—阴极；3—隔膜坩埚

9.2.2.4 各杂质组分的行为

国内外普遍采用的氯化金电解法，是在大电流密度和高浓度氯化金溶液中进行电解，电解时粗金阳极板不断溶解，阴极不断析出电解纯金，其电化系统可表示为：Au(阴极)｜HAuCl₄、HCl、H₂O、杂质｜Au、杂质(阳极)。

在盐酸介质中电解金杂质的行为与电位有关，电性比金负的杂质有银、铜、铅、镍、铂、钯、铱、锇等。银氰化溶解后与氯根生成氯化银壳覆于阳极表面。含银 5% 以上时可使阳极钝化放出氯气，妨碍阳极溶解，为了使阳极表面的氯化银脱落，向电解槽供直流电的同时重叠供比直流电强度大的交流电，直交流重叠在一起，组成一种与横坐标不对称的脉动电流。金的阴极析出取决于直流电强度，交流电的作用是在脉动电流最大值的瞬间使电流密度达最大值，甚至阳极上开始分解析出氧气。经如此断续而均匀的震荡，进行阳极的自净化，使覆盖于阳极上的氯化银壳疏松、脱落。采用交直流重叠电流电解可以提高液温和降低阳极泥中的金含量。直流电与交流电的比例常为 1 : (1.5～2.2)，随电流密度的增大，须相应提高电解液的温度和酸度。

电解时，铜、铅、镍等贱金属进入溶液，阳极板中铜、铅杂质含量高对金电解不利。铜含量较高将迅速降低电解液中的金浓度，甚至在阴极上析铜。因阳极中的金、铜、铅溶解时阴极上只析金，阳极上每溶解 1g 铜，阴极上则析出 2.5g 金。为了保证电解金的质量，可采用每电解两个阴极周期更换全部电解液的办法。含铅量较高时会生成大量氯化铅，使电解液饱和而引起阳极钝化，因此，电解过程中须定时加入适量硫酸，使铅沉入阳极泥中。

金电解过程中，阳极中的铱、锇（包括锇化铱）、钌、铑不溶解而进入阳极泥中。纯铂和钯的离子化倾向小，应不溶解。但在粗金中，铂、钯一般与金结合成合金，有一部分与金一起进入溶液，在阴极不析出，只有当液中铂、钯积累至浓度过大（Pt 50～60g/L，Pd 15g/L 以上）时，才与金一起在阴极析出。金电解提纯的条件为：电解液含金 60～120g/L、盐酸 100～130g/L，液温 60～70℃，阴极允许最大电流密度 1000～3000A/m^2，槽电压 0.6～1V。阳极杂质含量高时，阴板电流密度可降至 500A/m^2。电金在阴极析出的致密性，随电解液中金浓度的增高而增大，故金的电解均使用高浓度金的电解液（许多工厂在电解造片和生产中，均使用含金 250～350g/L 的电解液）。但据国外相关电解金的资料，美国造币厂早期用沃耳维尔法电解金，在面积电流是 550～700A/m^2，使用含金 50～60g/L、盐酸 60～70g/L 的电解液。通常，当电解液中含金大于 30g/L、面积电流在 1000～1500A/(m^2·h)，析出的金也能很好地黏附在始极片上。

9.2.2.5　金电解设备与操作

金电解在耐酸瓷槽或塑料槽中进行，也可采用玻璃钢槽，导电棒和导电排常用纯银制成，阳极板的吊钩为纯金。电解液不循环，只用小空气泵（或真空泵）进行吹风搅拌。由于高温高酸条件下可采用高电流密度，一般在高酸高温下电解。除通过电流升温外，还可在电解槽下通过水浴、砂浴或空气浴升温。

电解法精炼金的规模一般都不大。工业上电解槽多用硬聚酯乙烯塑料槽或耐酸瓷槽。采用耐酸陶瓷、玻璃或塑料制作小型槽的结构如图 9-7 所示，套有布袋的粗金阳极垂直挂入槽中，并依次相间挂入阴极片。槽内同极并联，槽与槽串联。电解时使电解质循环或用空气搅拌。粗金阳极一般含金在 90% 以上，银 0.1%～0.5%，铜 0.5%，（铂＋钯）0.5%。阴极采用轧制或电解法制取的纯金片。

工艺金电解液有两种制备方法：一种是用王水溶解金，然后除去硝酸；另一种是用粗金作阳极在盐酸溶液中进行隔膜电解使金进入溶液。往电解槽中注入电解液，挂好电极后，调整电解液面使其略低于阳极挂钩，送电电解。直流电电解时的电流密度

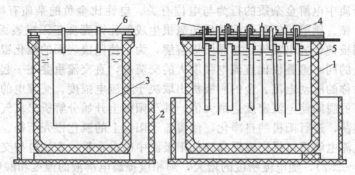

图 9-7　金电解槽
1—耐酸陶瓷槽；2—塑料保护槽；3—阴极；4—阳极吊钩；
5—粗金阳极；6—阴极导电棒；7—阳极导电棒

为 $300A/m^2$，使用交直流脉动电流时的电流密度为 $500\sim1000A/m^2$。电流密度过低时，金易形成一价金，分解成泥状金粉，引起金的直收率和电流效率下降。槽电压与阴极纯度、电解液成分和温度、极间距、电流密度等有关，一般为 $0.3\sim0.5V$。待阴极析出金到一定厚度后（结合电解液杂质量及极间距而定），取出另换新阴极片。阳极溶解到残缺后取出更换新阳极。最后精心收集阳极袋中的阳极泥。每生产 $1g$ 金一般消耗 $0.3\sim0.4kW\cdot h$ 的直流电量。

粗金阳极板常含银 $4\%\sim8\%$，正常电解时，生成的氯化银覆盖在阳极表面，影响阳极正常溶解和使电解液浑浊，甚至引起短路。因此，每 $8h$ 应刮除阳极板上的阳极泥 $1\sim2$ 次。刮阳极泥时先用导电棒使该电解槽短路，轻轻提起阳极板以免扰动阳极泥引起浑浊或漂浮，刮净阳极泥并用水冲洗后再放回槽内继续电解。每 $8h$ 检查 $1\sim2$ 次阴极的析出情况，此时不必短路，一块一块提起阴极板检查和除去阴极上的尖粒，以免引起短路。

一个阴极周期后，电金出槽不用短路。取出一块电金则加入一块始极片，直至取完全部电金和加完新始极片为止。取出的电金用少量水洗净表面电解液，剪去耳子（返回铸造阳极），用稀氨水浸煮 $4h$ 刷洗干净。再用稀硝酸煮 $8h$ 刷洗干净晾干后，送熔铸金锭。

电解过程中有时会因酸度低或杂质析出使阴极发黑；或因电解液相对密度过大和液温过低而产生极化，在阴极上析出金和铜的绿色絮状物。严重时，绿色结晶布满整个阴极。此时应根据情况向电解液补加盐酸，部分或全部更换电解液；同时取出阴极，刷洗净绿色絮状结晶物后放入电解槽中电解。当电压或电流过高时，阴极也会变黑。

9.2.2.6　阳极泥和废电解液的处理

金电解阳极泥含 90% 以上的氯化银，$1\%\sim10\%$ 的金，常将其返回熔铸金银合金阳极板供电解银，也可在地炉中熔化后用倾析法分金。氯化银渣加入碳酸钠和碳进行还原熔炼，铸成粗银阳极板送银电解，金返回铸金阳极。当金阳极泥中含锇、铱矿时，可用筛分法分出锇化铱后再回收金银。

更换电解液时，将废电解液抽出，清出阳极泥，洗净电解槽后再加新电解液。废电解液和洗液全部过滤，洗净烘干阳极泥。废电解液和洗液一般先用二氧化硫或亚铁还原金，再用锌置换回收铂族金属至溶液澄清为止。过滤，滤液弃去，用 1∶1 稀盐酸浸出滤渣以除铁、锌，送精制铂族金属。废电解液中铂、钯含量很高时，可先用氯化亚铁还原金，再分离铂、钯，也可用氯化铵使铂呈氯铂酸铵沉淀后，用氨水中和至 pH 值为 8～10 以水解贱金属，再用盐酸酸化至 pH 值为 1，钯呈二氯二氨络亚钯沉淀析出。余液用铁或锌置换，以回收残余的贵金属后弃去。

电解时，粗金阳极中电极电位比金更负的杂质金属铜、铅、铂和钯等电化溶解后留在电解液中。但当电解液含金、铜、铅、铂、钯量分别为 90g/L、10g/L、1g/L、10g/L、1g/L 时，需作净化处理，以避免杂质金属污染阴极金。粗金阳极中的铑、钌、铱及 $PdCl_2$ 等在电解过程中不溶解，进入阳极泥。银是金电解精炼中最有害的杂质，它生成难溶的 AgCl，黏附在粗金阳极表面，积累至一定数量时便会引起阳极钝化，使电解难于进行。为此，在输入直流电的同时还需输入为直流电 1.1～1.5 倍的交流电，形成非对称性的脉动电流，使 AgCl 变得疏松、多孔而落入阳极泥中。

阴极金用水洗净后铸锭，电解结束而未溶解的残阳极在仔细清除表面的阳极泥后，返回熔铸阳极。阳极泥主要成分为金、氯化银及少量钯、铂。洗涤后用硫代硫酸钠溶液溶解氯化银，剩下的金泥返回熔铸阳极。

废电解液用 SO_2、$FeSO_4$ 等还原金，沉淀的金返回熔铸阳极。以氨氯配合物形式沉出废电解液中的钯、铂，然后进一步精制。

9.2.3　萃取法精炼

近年兴起的萃取精炼因其效率高、返料少、操作简单、适应性强和回收率高而备受关注。溶剂萃取过程速率高、容量大、选择性高，全液过程易分离、易自动化，试剂也能再生回收，这些特点使金的萃取精炼具有明显优势。适合作萃取分离或提纯的金原料很多，如金精矿或原矿的浸出液、氰化金泥、铜阳极泥、铂族金属精矿以及各种含金的边角废料等，其中金含量波动范围大，从百分之几到百分之几十都有，将其溶解后，金均呈金氯酸形态存在于溶液中。

9.2.3.1　金萃取剂

近三十年来，萃取技术在我国贵金属提取领域的应用，取得了迅速发展，对金的萃取剂进行了大量的实验研究。二丁基卡必醇、仲辛醇、二异辛基硫醚、乙醚、磷酸三丁酯、甲基异丁基酮、酰胺 N503、石油亚砜以及石油硫醚等均是金的良好萃取剂，已经被用于金的萃取、提纯、精炼等生产和研究。

(1) 二丁基卡必醇萃金性能　二丁基卡必醇（Dibutyl Carbito，二乙二醇二丁醚），简称（DBC），分子式 $C_{12}H_{26}O_3$，结构式是 C_4H_9-O-CH_2-CH_2-O-CH_2-CH_2-O-C_4H_9，无色或淡黄色液体，低毒，有类似洗涤液的清爽气味，低挥发性（沸点 245～256℃），高闪点（约 118℃），水中 20℃时溶解度为 0.3%、密度为 0.888g/cm^3，具有较高的稳定性，在盐酸溶液中对金的萃取能力很强，选择性好，分配系数高，能从复杂溶液中萃取金。在 1mol/L HCl 酸度下，其对铜、铁基本不萃取，因此，DBC 是金的优良萃取剂。在一定温度条件下可用草酸溶液作为反萃剂，金很容易被反萃。

二丁基卡必醇可以定量地和选择性地从盐酸溶液中萃取金，使之与铂族金属分离。萃取后的有机相经稀盐酸洗涤，可除去其他贱金属杂质，然后用草酸直接从有机相中还原金,具体流程见图 9-8。一般分为三个主要步骤,调整萃取-洗涤除杂-还原反萃。图 9-8 中某厂铂族贵金属生产中萃取金,用二丁基卡必醇从王水液中萃取金时,两相中金的平衡浓度相差较大,分配比可达 2500,在原液含 Au^{3+} 浓度低的情况下,随着 Au^{3+} 浓度的增大,分配比也随之增加。而在原液含 Au^{3+} 浓度高时,随着 Au^{3+} 浓度的增加,分配比反而略有降低。在实验室试验中,原液含金 4g/L、水相:有机相=6∶1 时,金的萃取效果也好。

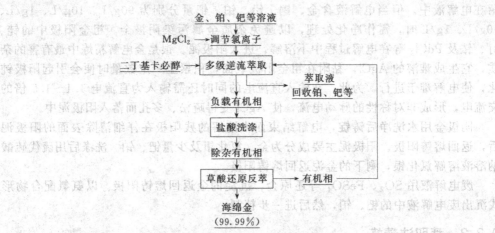

图 9-8 某厂铂族贵金属生产中萃取金的流程

用二丁基卡必醇作萃取剂,虽不会萃取盐酸溶液中的铂族金属,但原液中的许多贱金属可与金一起被萃入有机相。除锑、锡外,在低酸度下其他金属的萃取率都很低,可以有效与金分离。二丁基卡必醇的萃取速度很快,30s 就可达到平衡,金的萃取容量可达到 40g/L 以上。在盐酸浓度 1~1.5mol 时,金实际上完全被萃取,而贱金属在更高的酸度下也只能部分被萃取。如原液含 3mol 盐酸,Sn^{4+} 的萃取率为 70%,Fe^{3+} 为 30%,而 As^{3+}、Sb^{5+}、Te^{4+} 的萃取率则较低。从锡的萃取实验来看,似乎酸的浓度越低,越有利于锡的萃取分离。但在低酸条件下锡会水解沉淀,而严重影响有机相和水相的分离。有机相中的贱金属杂质,可通过低酸水溶液洗涤来除去。实践中,使用 0.5~1.5mol/L 等体积 1∶1 的盐酸液洗涤有机相 3 次就可除尽杂质,从而保证能从有机相中还原出高纯度的金。

二丁基卡必醇萃取金的分配比虽很大,但反萃很困难。即用水进行反萃时,金不会从有机相中转入水相,而使金的反萃成为不可能。但由于金是极易还原的,为此,有机相中金的还原,可以向含金的卡必醇有机相中加入 5% 草酸溶液,就能把 Au^{3+} 还原成金:

$$2HAuCl_4+3(COOH)_2 \Longrightarrow 2Au\downarrow+6CO_2+8HCl \tag{9-35}$$

用草酸还原金,不会影响有机相的再生使用。但由于金的还原沉淀使溶液中出现"三相"。这虽是萃取过程应力求避免的,但在有搅拌桨的还原反应器内进行反萃,能保证"三相"充分混合,且在保持液温 90℃ 左右的情况下,还原出的金能生成粗粒沉淀于水相的底部。否则,形成的"三相"是难以分离的。

金的还原反应过程较慢,约需 3h 才能完成。草酸的加入量应比理论量稍过量一些, 以保证能得到高的还原率。大量试验证明, 采用对苯二酚和二氧化硫等作还原剂, 但金的纯度均比用草酸低。萃取过程中有少量有机相会溶解于排放液中, 造成损失。按照二丁基卡必醇在 20℃的水中溶解度为 0.3%计算, 经过萃取、洗涤、还原和有机相再生, 溶剂的损失率为 3%, 实际达到 4%, 在生产成本上也占相当大的比例。但因溶度稀, 不适合采用处理排放液的方法回收。鉴于有机相易被某些物质吸附, 可以采用衬胶反应器或塑料容器等从排放液中吸附有机溶剂, 然后用甲酸洗涤回收。

草酸还原反萃 2～3h 后, 金可全部被还原, 吸出有机相返回萃取作业。过滤后, 海绵金再经酸洗、水洗、烘干、铸锭, 即可得到含金 99.99%的金锭。

(2) 甲基异丁基酮萃金性能 甲基异丁基酮, 简称 MIBK, 为无色透明液体, 分子式为 $(CH_3)_2CHCH_2COCH_3$, 属中性含氧萃取剂, 沸点 115.8℃, 闪点 27℃, 易燃, 密度 0.8006g/cm³ (25℃), 易燃, 在水中溶解度为 2%。能与醇、苯、乙醚等多数有机溶剂混溶, 微溶于水, 有芳香酮气味。甲基异丁基酮是一种优良的中沸点溶剂及分离剂。在氯络金酸溶液中萃金时, 形成不稳定镁盐离子缔合物, 负载有机相易于被草酸还原反萃。MIBK 对金的萃取容量可达 90.5g/L, 在较低酸度下金就可完全被萃取, 而其他杂质如 Pt、Pd、Rh、Ir、Cu、Ni 等萃取率很低, Fe 在低酸度时萃取率低, 随酸度增加萃取率迅速增加, 盐酸浓度 5mol/L 时, 萃取接近完全, 因此, 低酸度时十分适合从含有铂族元素混合液中提取金。

如试验料液组成为 (g/L): Au 0.87、Pt 2.65、Pd 1.55、Rh 0.20、Ir 0.18、Cu 5.32、Ni 7.3、Fe 0.09, 酸度为 0.5mol/L 的 HCl 溶液, 相比为 1:(1～2), 经过 3 次萃取, 且萃取时间为 5min。负载有机相用 0.1～0.5 mol/L 的 HCl 液洗涤 2 次, 金萃取率为 99.9%, 可与其他杂质有效分离。洗涤后负载有机相可用 5%草酸溶液还原反萃, 在温度 90～95℃下进行还原蒸发。并且不时进行搅拌, 有机相完全挥发后, 再经过滤、洗涤、烘干可得到纯度为 99.99%的海绵金, 金直收率为 99.8%。

甲基异丁基酮沸点低、闪点低, 而且易燃, 蒸发后的有机相须经冷凝回收再生, 并返回循环使用。甲基异丁基酮萃取金在国内尚处于实验阶段, 较少用于工业生产。

(3) 二异辛基硫醚萃金性能 二异辛基硫醚分子式 $C_{16}H_{32}S$, 密度 0.8485g/cm³ (25℃), 沸点大于 300℃, 25℃时黏度为 3.52cP (1cP=0.001Pa·s)。一般为无色透明的油状液体, 无特殊臭味, 与煤油等有机溶剂可无限混溶。二异辛基硫醚的萃金速度相当快, 金在 5s 内就达到定量萃取。其萃金反应为:

$$HAuCl_4 + nC_{16}H_{32}S \Longrightarrow [AuCl_3 \cdot nC_{16}H_{32}S] + HCl \qquad (9-36)$$

酸度基本上不影响二异辛基硫醚对金的萃取率, 在很低酸度条件下可达到定量萃取, 而且萃取剂浓度以 50%硫醚为宜, 硫醚浓度太低易出现第三相, 含金有机相不易保持稳定, 这是由有机相的萃取容量与相比所决定的。温度对金的萃取率影响也不大, 从 13～38℃金萃取率都可在 99.98%以上, 在温度低于 30℃时容易生成第三相, 萃取若要在常温下进行, 可在有机相中添加一定量的醇作为三相抑制剂。萃金的负载有机相经稀盐酸洗涤除杂后, 可使用亚硫酸钠的碱性溶液作反萃取剂, 在室温下可使有机相中的金以金亚硫酸根配合阴离子完全转入水相, 再用盐酸将含金反萃液酸化, 使亚硫酸钠体系转为亚硫酸体系, 金即从亚硫酸钠溶液中沉淀析出。经过滤、稀盐酸洗涤、烘干、铸锭得到高纯金。有机相经稀盐酸再生后返回使用。

二异辛基硫醚萃取金 Au^{3+} 时, 较低的酸度就可定量萃取, 但其他杂质如 Pt^{4+}、

Co^{2+}、Cu^{2+}、Ni^{2+}、Sn^{2+}、Sn^{4+} 等均不被萃取，Fe^{3+} 只在盐酸 2mol/L 时才少量被萃取，Pb^{2+}、Hg^{2+} 明显与 Au^{3+} 共萃。因此，溶液中若无 Pb^{2+}、Hg^{2+}，萃取金的酸度范围会较宽，可以将其他杂质与金有效地分离。

我国某厂的生产流程为王水溶金、两级萃取、洗涤、两级反萃加浓盐酸酸化沉淀金，所得海绵金过滤、洗涤、烘干、熔铸得金锭。原溶液含金 50g/L，盐酸浓度 2mol/L，有机相为 50%二异辛基硫醚-煤油（含三相抑制剂），相比为 1:1，常温萃取 1min，金的萃取率可到 99.99%。再用 0.5mol/L 盐酸溶液洗涤，反萃取药剂为 0.5mol/L NaOH+1mol/L Na_2SO_3 溶液，反萃时间 5~10min，2 级反萃后，反萃率为 99.1%。萃取和反萃都在离心萃取器中进行。将反萃液加热到 50~60℃，加入与亚硫酸钠等当量的浓盐酸，金析出率为 99.97%。金的回收率可达 99.99%，纯度与电解金相当。

（4）仲辛醇萃金性能　仲辛醇的分子式为 $C_8H_{17}OH$，其结构式为 $CH_3(CH_2)_5$-CHOH-CH_3，相对密度为 0.82、沸点为 178~182℃，无色、易燃、不溶于水。在强酸溶液中能形成锌盐，比如其在盐酸溶液中形成锌盐离子缔合体，其萃金过程为：

$$CH_3(CH_2)_5\text{-CHOH-}CH_3 + HCl \Longrightarrow [CH_3(CH_2)_5\text{-}CH_2OH\text{-}CH_3]Cl \quad (9\text{-}37)$$

$$[CH_3(CH_2)_5\text{-}CH_2OH\text{-}CH_3]Cl + HAuCl_4 \Longrightarrow [C_8H_{17}OH_2]AuCl_4 + HCl \quad (9\text{-}38)$$

$$2[C_8H_{17}OH_2]AuCl_4 + 3H_2C_2O_4 \Longrightarrow Au\downarrow + 2C_8H_{17}OH + 8HCl + 6CO_2\uparrow$$

$$(9\text{-}39)$$

我国邵武冶炼厂用水溶液氯化法分离阳极泥中的金和银，先得到含金、铂、钯、铜、铅等金属的氯化液，然后用仲辛醇萃取金，获得较好的效果。萃取条件是：萃金前，国产工业仲辛醇用等体积的 1.5mol/L HCl 溶液饱和；氯化液中酸度为 1.5mol/L HCl，相比视氯化液含金浓度而定，仲辛醇萃取金容量在 50g/L 以上，一般有机相:水相的相比 O/A=1:5，萃取温度 25~35℃，萃取时间为 30~40min，澄清时间 30min，机械搅拌为 500~600r/min。还原条件：有机相含金以 40~50g/L 最好，草酸溶液浓度为 7%，有机相:水相的相比 O/A=1，还原温度大于 90℃，机械搅拌为 500~600r/min，还原反应时间为 30~40min。反萃取后的有机相用等体积 2mol/L HCl 洗涤反复使用，其过程中有机相损失小于 4%。工厂实践证明，仲辛醇的缺点是臭味大，操作气氛不好。

某厂使用上述相同条件，用仲辛醇从含金氯化液中采用两级逆流萃取，金萃取率在 99%以上，获得的金锭品位为 99.98%。萃余液以铜置换回收其中的金、铂、钯等。试验表明，用仲辛醇处理铜阳极泥的水溶液氯化液，只有当氯化液中 Au:(Pt+Pd) 大于 50 倍以上时，对金有更好的选择性。

（5）混合醇-磷酸三丁酯萃金性能　磷酸三丁酯，简称 TBP，分子式为 $C_{12}H_{27}O_4P$，结构式为 $OP(OCH_2CH_2CH_2CH_3)_3$，无色至浅黄色透明，有刺激性气味液体，熔点小于-80℃，闪点：146℃（开口），沸程：154~289℃（101.3 kPa），在沸点 289℃ 温度下分解，相对密度 0.9729（25/4℃），折射率 1.4226，水中溶解度为 0.1%（25℃），水在其中溶解度为 7%（25℃），有毒，溶于大多数有机溶剂和烃类，不溶或微溶于甘油、己二醇及胺类。

昆明贵金属研究所发明的磷酸三丁酯 TBP 和长链脂肪醇 ROH（C_7~C_{10}）萃取、草酸还原方法可得到 99.99%纯金。实际上，加入磷酸三丁酯是为了提高脂肪醇保持金的能力，同时提高了磷酸三丁酯萃金的选择性。用 $10\% \sim 30\%$ 的 TBP-ROH 从 $2mol/L$ 的 HCl 溶液介质中萃取金 $3 \sim 6$ 级，其中相比 $[O/A=1:(5 \sim 15)]$，时间为 $3 \sim 5min$，常温条件下萃取。金的萃取 4 级总萃取率达 99.9%，金的萃取容量达 $43.6g/L$。稀盐酸洗涤有机相，每一循环损耗有机相 1.7%，草酸铵还原反萃金，还原剂用量为理论值的 $1.5 \sim 3$ 倍，还原温度 $40 \sim 60℃$，草酸还原率达 99% 以上，还原时间 $0.5 \sim 2h$。可获得技术指标为：萃取率达 99.9%，直收率 99%，产品纯度 99.99%。该技术优点为：适应的原料液酸度范围宽，选择性好，萃取速度快，萃取剂来源广泛、价廉、损耗低、复用性能好，工艺流程短，操作简单。经过多年使用，发现这种萃取剂因草酸还原不彻底而易于老化，需要定期再生，并且对长期使用之后老化有机相处理及再生后效果进行了研究。

长期使用之后，老化有机相的处理方法为：首先将老化有机相澄清、过滤、除杂，然后用 $40g/L$ 亚硫酸钠在 $43 \sim 45℃$，相比（O/A）为 $1:0.8$，pH 为 1 条件下深度反萃 $35min$，反萃完毕后的有机相再用稀酸洗涤 $2 \sim 3$ 次即可再生。经上述处理方法后的有机相，再生萃取金的萃取大于 99%。

该技术已获得专利权，已先后工业应用于安徽省铜都铜业公司金昌冶炼厂铜阳极泥、重庆冶炼厂铜阳极泥、天津电解铜厂铜阳极泥、河南豫光金铅集团铅阳极泥等金的回收工艺。例如，重庆冶炼厂铜阳极泥中金的回收工艺，在 $0.5mol/L$ 的 H_2SO_4 溶液介质中加氯酸钠溶解经脱铜、硒、碲后的铜阳极泥，所得溶液成分为：Au $2.26g/L$、Pd $0.02g/L$、Pt $0.006g/L$、Ni $0.33g/L$、Cu $0.61g/L$、Fe $0.06g/L$。室温下采用 20% 的 TBP-ROH 萃取 4 级金，其中相比 $[O/A=1:10]$，时间为 $3min$，常温条件下萃取。载金有机相用 $0.5mol/L$ 的 H_2SO_4 溶液洗涤，在温度 $50℃$ 用草酸铵还原，还原剂用量为理论值的 2 倍，还原时间 $0.5 \sim 2h$。共 38 个循环处理料液 $3.5L$，萃余液含金量在 $0.0008 \sim 0.0005g/L$ 内，金的平均萃取率大于 99.97%，反萃率 99.5%，金直收率 99.28%，产品光谱定量分析纯度大于 99.99%。

(6) 乙醚及萃金性能　乙醚分子式：$C_4H_{10}O$，结构式为 $CH_3-CH_2-O-CH_2-CH_3$。密度为 $0.715g/cm^3$。熔点 $-116.3℃$。沸点 $34.6℃$。折射率 1.35555。闪点（闭杯）$-45℃$。蒸气压（kPa）：58.92（$20℃$）。燃烧热（kJ/mol）：2748.4。辛醇-水分配系数（KOW）：0.89。无色透明易燃液体，极易挥发、低毒，气味特殊。能与乙醇、丙酮、苯、氯仿等混溶。在空气的作用下能氧化成过氧化物、醛和乙酸，暴露于光线下能促进其氧化。当乙醚中含有过氧化物时，在蒸发后所分离残留的过氧化物加热到 $100℃$ 以上时能引起强烈爆炸；这些过氧化物可加 5% 硫酸亚铁水溶液振摇除去。与无水硝酸、浓硫酸和浓硝酸的混合物反应也会发生猛烈爆炸。为避免生成过氧化物，常在乙醚中加入抗氧剂，如二乙氨基二硫代甲酸钠。其蒸气性稳定，在 $450℃$ 以下不发生变化，$550℃$ 时开始分解。可直接氯化（冷却下）生成一氯、多氯和全氯醚。溶于低碳醇、苯、氯仿、石油醚和油类，微溶于水。

乙醚（$C_2H_5OC_2H_5$）萃取金，是鉴于乙醚在高浓度的盐酸溶液中能与酸形成锌离子，而锌离子与 3 价金的络阴离子结合形成中性锌盐。其萃取反应过程为：

$$C_2H_5OC_2H_5 + HCl \rightleftharpoons [C_2H_5OHC_2H_5]^+Cl^- \tag{9-40}$$

以 R 代表 C_2H_5，上式可简化为 $(R_2O-H)^+Cl^-$。

$$Au^{3+} + 4Cl^- \rightleftharpoons AuCl_4^- \tag{9-41}$$

$$(R_2O—H)^+Cl^- + AuCl_4^- \longrightarrow (R_2O—H)^+AuCl_4^- + Cl^- \qquad (9-42)$$

由于锌盐组成中有疏水性的烃基 $R=C_2H_5$，此锌盐可溶于过量的乙醚中而进入有机相，而与水相中的杂质元素分离。这一过程称为锌盐的萃取。

从上述生成锌盐的萃取过程可知，乙醚形成锌阳离子需要溶液中含有足够浓度的酸 (H^+)，否则不能形成锌盐。在酸浓度较低时，即使能形成锌盐也不稳定，且被萃取的金属必须能够生成配阴离子存在于溶液中。这种络阴离子还必须具有一定的疏水性质，才能进入有机相而被萃取。故多采用 F^-、Cl^-、Br^-、I^- 或 CNS^- 等体系的金属离子锌盐，而 NO_3^-、SO_4^{2-} 等含氧酸由于阳离子亲水性强，使用较少。

由于锌盐只能存在于高浓度的强酸溶液中，在低酸度或中性溶液中不稳定，因而选用水进行锌盐的反萃取。加水反萃锌盐，从本质上来说，是由于多量水分子夺去了锌阳离子中的 H^+，而使锌盐遭到破坏。此时，乙醚被取代出来，Au^{3+} 即被反萃进入水相。

$$(R_2O—H)^+AuCl_4^- + H_2O \rightleftharpoons R_2O + HAuCl_4 + H_2O \qquad (9-43)$$

乙醚从盐酸溶液中萃取各种金属的氯化物时，各金属在水相和有机相中的分配系数，随盐酸浓度及金属原子价的不同差别很大。H. M. 艾文在 6mol/L 盐酸液中用乙醚萃取金属氯化物的数据见表 9-1。在盐酸液中，乙醚萃取各金属氯化物的萃取率随盐酸浓度的增加而提高。当盐酸浓度在 $1\sim3$mol/L 时，砷、铁、锑、锡等金属的萃取率很低，而 3 价金的萃取率几乎不变。因此，萃取过程中必须严格控制酸度，以实现金与杂质的分离。

表 9-1　乙醚从 6N 盐酸液中萃取金属氯化物结果

金属离子	萃取率/%	金属离子	萃取率/%
Fe^{2+}	0	Sn^{2+}	15.3
Fe^{3+}	95	Sn^{4+}	17.0
Zn^{2+}	0.2	Sb^{4+}	66
Pb^{2+}	0	Sb^{3+}	81
Al^{3+}	0	Bi^{2+}	0
As^{3+}	68	Se	微量
As^{5+}	$2\sim4$	Te	34

某厂研究了乙醚萃取金的最佳盐酸浓度，在相比为 1:1 的条件下，不同酸度时金的萃取率分别为：1mol/L，97.4%；1.5mol/L，98.9%；3mol/L，99.2%；4.5mol/L，99.5%；6mol/L，99.2%；8mol/L，89.6%。从试验结果可知：随着酸度的增高，氢离子浓度增加，而使锌盐在乙醚中的溶解度增大，提高了金的萃取率。但当溶液的盐酸浓度高于 6mol/L 时，金的萃取率开始下降，而其他杂质的萃取率却大幅度增加。可以认为，以采用 $1.5\sim3$mol/L 的酸度为最佳。

化学法萃取原料金是将各种粗金、废件等提纯至含金在 99.9% 以上后，加王水溶解，蒸发浓缩赶硝，再经稀释过滤，然后加盐酸调整后备用。电解法生产的电解金，再铸成阳极板，在稀盐酸 ($HCl:H_2O=1:3$) 中浸泡 24h，用去离子水冲洗至中性，然后进行隔膜电解造液制得。电解造液的条件为：面积电流 $300\sim400$A/m^2，槽电压 $2.5\sim3.5$V，初始液为 3mol/L 稀盐酸。造液终点含 Au^{3+} 150g/L 左右，过滤后调整至 $1\sim3$mol/L 盐酸液备用。

乙醚萃取金，先将待萃的原液分批倒入萃取器中，加入等体积的化学纯乙醚，在室温下充分搅拌 5～10min，再静置 5～10min 使水相和有机相分层。取出有机相注入蒸馏器中，加入二分之一体积的去离子水进行反萃取。反萃取用恒温水浴的热水不断通过蒸馏器使乙醚蒸发，并于冷却器回收再用。通入蒸馏器的热水，开始温度为 50～70℃，最终为 70～90℃。反萃后的溶液含金约 150g/L，加盐酸调整至 1.5mol/L，采用与一次萃取相同的条件进行二次萃取和反萃。在制备萃取液和萃取及反萃过程中均使用去离子水。经二次乙醚萃取和反萃的氯化金溶液，加盐酸调整至 3mol/L，此时含金约 80～100g/L，用二氧化硫进行还原作业。为保证金粉质量，还原前二氧化硫气体须经浓硫酸、氧化钙、纯净水洗涤净化后才能通入待还原的反萃液中。还原反应为：

$$2HAuCl_4+3SO_2+3H_2O \longrightarrow 2Au\downarrow+3SO_3+8HCl \qquad (9-44)$$

二氧化硫为有毒气体，还原反应需在通风场所内进行，尾气应经氢氧化钠溶液吸收后才能排空。还原所得海绵金经硝酸煮沸 30～40min，再用去离子水洗至中性，烘干后包装铸锭出厂。

含金 99.999％以上的高纯金，是晶体管和各种集成电路中欧姆接点的重要材料，在精密仪表和测温元件中，高纯金也有广阔的应用前景。我国采用乙醚法提纯金的纯度是 99.999％，金总回收率大于 98％。具体方法为，采用乙醚从盐酸液中萃取三价金，通过两次萃取提高其提纯效果，酸度为 2mol/L，相比 O/A＝1，萃取时间 5～10min，在 150g/L 含金溶液中，负载有机相用去离子水 O/A＝2 反萃，反萃液调节酸度 3mol/L，经反萃后，用二氧化硫还原，海绵金用硝酸洗涤 30～50min 即达到质量要求，可以获得高纯金。乙醚法的缺点是乙醚易挥发、易燃易爆、易在生产过程中生产易爆炸的过氧乙醚、因挥发等造成的消耗大。

(7) 其他萃金剂及性能 正丙醇结构简式 $CH_3CH_2CH_2OH$，无色透明液体，有乙醇的气味。熔点 −127℃，沸点 97.19℃，密度（20℃/4℃）0.8036g/cm³。其蒸气与空气形成爆炸性混合物，爆炸极限 2.5％～7％（体积）。一般由乙烯经羰基合成丙醛、再经还原得正丙醇，也可以从低级烷烃的氧化中分离出来。在正丙醇-氯化钠-溴化钾萃取金（Ⅲ）体系中正丙醇既是萃取剂又是萃取溶剂，分离和富集效率高，且与水分相更容易和清晰，试剂用量更少，操作更简便，利于金的提取。正丙醇因挥发性小、无毒、易溶于水的特性，做萃取溶剂进行均相萃取、异相分离的快速萃取体系可以克服异相萃取分离和富集技术中的一些缺点，在贵金属萃取方面成为研究热点。

A-408 是不对称氧醚，是青岛化工学院萃取剂研究室合成的。该试剂为无色透明液，无难闻气味，纯度大于或等于 98.5％，相对分子质量 186，密度 0.809g/cm³，黏度 2.15cP，沸点 210℃。

试验使用的稀释剂为普通煤油经磺化并于 240～260℃蒸馏的馏分。矿物原料为乳山金矿含 Cu、Ag、Co、Ni、Fe 的金精矿，经磨矿至 −0.074mm（200 目），用稀王水（HCl：HNO₃：H₂O＝1：3：4）溶解制备（未赶硝）的水相。萃取试验是将有机相和水相置于分液漏斗中，于振荡机上振荡数分钟后静置分离。所得有机相经水洗涤后，加入足够量的 10％化学纯草酸液于圆底烧瓶中加热回流 2.5h，Au^{3+} 即被还原沉淀。金还原后有机相即得到再生，可循环使用。

经过条件试验，A-408 从 HCl 液中萃取 Au^{3+} 的最佳条件为：有机相含 A-408 浓度 3.33%、水相酸度 4.27mol/L HCl、有机相：水相＝1：1，在常温（试验过 25～50℃）下萃取 5.0min，Au^{3+} 的单极萃取率大于 99.62%。

试验证明，采用 A-408 煤油馏分有机相萃收 Au^{3+}，具有萃取速度快（＜0.25min 两相就可达到平衡）、饱和容量大（以 100% A-408 计的载金量达 454.5g/L）、分相快、萃取率高等优点。且它具有极好的选择性，经对反萃水相还原金后的溶液进行化学定性分析，未发现有 Fe^{2+}、Cu^{2+}、Pb^{2+}、Co^{2+}、Ni^{2+} 和 Ag^+ 等离子存在，这对用此法萃取生产高纯金具有一定的意义。

二仲辛基乙胺 N503 是一种酰胺类化合物，属含氧萃取剂，其对金具有优良的萃取性能，萃取的主要性能与现行生产用的 DBC 相似，还具有水溶性小、价格低、试剂来源广等优点，是萃金较为理想工业型萃取剂。此外，还有乙酸乙酯、乙酸丁酯、异癸醇、异戊醇、各种胺类等也是金的良好萃取剂。

9.2.3.2 萃取机理

用萃取法从矿产金中萃取精炼黄金，由于金含量高，杂质含量较低，种类较少，有别于从金含量低、杂质元素复杂的伴生金混合液中萃取提取金，因此，萃取剂和反萃剂的选择不同，萃取机理也略有不同。

（1）配体交换机理　配体交换机理具有的特点：萃取剂分子进入贵金属配离子内界，形成疏水性的中性络合物或螯合物，氢离子不参与反应，萃取率与水相中氢离子浓度无关，但随 Cl^- 浓度的增高而降低；萃取动力学速度慢，混相时间需几个小时才能达到平衡；萃取过程吸热；反萃困难；中性有机配合物在有机相中溶解性较好，饱和萃取容量较大。

这类萃取的特点是：被萃取物可以是中性分子，虽然金属在水相中可能以多种形存在，但是其中以中性分子的形式被萃取的；萃取剂本身也是中性分子，如 TBP 等。萃取剂与被萃取物两者结合生成中性配合物。

（2）离子缔合机理　此类机理又称为形成离子对机理，贵金属的萃取大多数属于此类。这类萃取通常是由金属络阴离子与萃取剂的阳离子在有机相中结合形成离子缔合体。此缔合物具有疏水性而能被有机溶剂萃取。通常离子的体积越大，电荷越低，越容易形成疏水性的离子缔合物。它具有的特点：萃合物中贵金属络阴离子的结构保持不变，与水相中相同；氢离子参与萃取反应；萃取动力学速度快，一般混相几分钟即可达到平衡；萃取过程放热；反萃容易；因缔合盐在有机相溶解度有限，金属的饱和萃取容量不太高。

根据离子缔合机理不同通常可以分为以下三类。

阴离子萃取：金属离子与溶液中的简单配位阴离子形成络阴离子，然后与大体积的有机阳离子形成疏水性的离子缔合物。

阳离子萃取：金属阳离子与大体积的络合剂作用，形成没有或很少配位水分子的络阳离子，然后与适当的阴离子缔合，形成疏水性的离子缔合物。

形成𨦡盐的缔合物：含氧的有机萃取剂如醚类、醇类、酮类和烷类等由于所具有的氧原子存在孤对电子，因而能够和氢离子或别的阳离子结合而形成𨦡离子，然后与金属配离子结合形成易溶于有机溶剂的𨦡盐而被萃取。

（3）离子交换机理　季铵盐是典型的液态阴离子交换萃取剂，它由大体积的有机胺阳离子与卤素负离子组成，贵金属氯络阴离子与水化作用强的卤素负离子发生交换而被萃取。由于氢离子不参与反应，故萃取率与水相酸度无关。贵金属氯络阴离子的面电荷密度低于氯离子的面电荷密度，两种离子交换降低体系的自由能是这类萃取的主要反应推动力。由于季铵盐萃取能力强，因而反萃很困难。

（4）溶剂化机理　溶剂化机理在文献中没有明确的定义。从盐酸介质中萃取金属配合物时，究竟是萃取剂对氢离子溶剂化，还是对整个氯络金酸分子溶剂化，也存在许多分歧。有些文献认为酮类和醚类是非常弱的萃取剂，它们能选择性萃取 Au(Ⅲ)也是因为对 $HAuCl_4$ 分子的溶剂化。但也有人认为，氯络金酸是相当强的酸，在水中不易缔合为分子，$AuCl_4^-$ 易被萃取是因它只带一个负电荷，亲水性弱。

9.2.3.3　萃取剂的选择与再生

萃取工艺是由金的萃取、负载萃取剂的洗涤、反萃还原、萃取剂再生 4 个工序组成，因此，萃取剂的选择要考虑其萃取性能、反萃的难易和萃取剂再生情况。根据上述萃取机理和常见几种金萃取剂的特性，结合矿产金原料的特点，对萃取剂进行选择。

萃取剂通常是有机试剂。品种繁多。选择合适的萃取剂是保证萃取操作能够正常进行且经济合理的关键。用来作为萃取剂的有机试剂必须具备两个条件。

① 萃取剂分子至少有一个萃取功能基，通过它与被萃取物结合形成萃合物。常见的萃取功能基有 O、N、P、S 等原子，它们一般都有孤对电子，是电子给予体，为配位原子。

② 萃取剂分子必须有相当长的碳链或者芳环，目的在于使萃取剂及萃合物易溶于有机相而难溶于水相。萃取剂的碳链增长，油溶性增加，更加容易形成难溶于水相而易溶于油相的萃合物。但是如果碳链过长，分子量太大，则有可能呈现固体，使用不便。因此，一般萃取剂的相对分子质量介于 350～500 之间为宜。

一般来说，工业上选择一种比较理想的萃取剂，除了具备上述两个必要条件外，还应满足以下条件。

① 选择性好。即对于要分离的有关物质要具有较大的分离系数，可使萃取分离操作简便，能够得到纯度高的萃取产品。

② 萃取容量大。单位体积或单位重量的萃取剂所能萃取的萃取物的饱和容量要大，这就要求萃取剂具有较多的功能基和适宜的分子量，这样操作用量就少，可以降低试剂单耗和成本。

③ 化学稳定性强。萃取剂应该不易水解，加热时不宜分解，能耐酸、碱、盐、氧化剂或还原剂的作用，对设备的腐蚀性小，在原子能工业中还要求萃取剂具有较高的抗辐射能力。

④ 易与原料液相分层，不产生第三相和不发生乳化现象。要求萃取剂在原料液相的溶解度要小，与原料液相的密度差要大，黏度小和表面张力要大，以便于分相和保证萃取过程正常运行。

⑤ 易于反萃取或分离。这要求萃取时对被萃物的结合能力要适当，当改变萃取条件时被萃物能较容易地从萃取相被反萃到另一液相内，或能易于用蒸馏或蒸发等方法将萃取相与被萃物分开。

⑥ 操作安全。要求萃取剂无毒或毒性较小，无刺激性，闪点高（不易燃），难挥发（沸点高，蒸汽压小）。

⑦ 经济性。要求萃取剂的来源丰富，合成制备方法容易，价格便宜，在循环使用中损耗尽量要少。

在具体选择萃取剂时，很难找到能同时满足上述所有要求的萃取剂，这就需要根据实际情况加以权衡，以保证满足首要要求。比如在萃取过程中，萃取溶剂的选择很少使用 100% 的纯萃取剂，通常会按照需要添加某种惰性溶剂配成一定浓度的有机溶液使用。组成有机相的溶剂一般为饱和烃、芳烃及某些卤代烃。通常对萃取溶剂的选择应根据被萃取化合物的溶解度而定，同时要易于和溶质分开，具有较高的闪点和较低的挥发性，化学稳定性好，毒性小。

萃取剂的再生一般用稀酸洗涤，例如可用 0.5mol/L HCl（工业实践改为 1.5mol/L），按 1∶1 相比对还原后的萃取剂进行洗涤，两相分离，萃取剂完全恢复使用前颜色，即可重复使用。萃取全过程产生的残液或洗涤液可合并后，用还原剂还原回收其中残余的金。

9.2.4　金精炼技术的发展

精炼金的经典技术是火法氧化精炼、氯化精炼法和电解精炼法。随着科学技术的不断进步和金回收原料的更加多样化，越来越多的黄金精炼新工艺、新设备不断出现，化学精炼法和萃取精炼法投入生产应用，许多矿山和冶炼企业也开发了具有自主知识产权的、适合自己公司发展的黄金精炼技术。

传统的火法氧化精炼法提金，历史悠久，已经存在几千年，原始的火法熔炼是就地堆火，后掘坑砌灶用陶制容器，再后来用坩埚、铁锅在炭火中烘烧熔炼。20 世纪初，火法精炼设备也在不断发展进步，炼金器具由小型向中型、大型发展。20 世纪 80 年代，招远、乳山、北截等金矿炼金都使用坩埚炉、转炉、中频感应电炉炼金，熔炼能力及金的回收率都有提高。该法主要适用于中、小型规模的精炼厂生产，精炼原料主要是砂金、汞膏、含金钢绵、氰化金泥、粗金等，生产成本较低，设备相对简单，但是劳动强度大、环境污染严重、需要大型气体净化设备、生产效率低、原材料耗量大，产品纯度也不高，在近代，如非特殊环境，已很少采用。

电解精炼工艺具有较长的历史，在一定的条件下，几乎取代了火法和化学法。黄金统购时代，各企业交售到银行的合质金，均是由专业精炼厂采用电解法提纯的。另外，有色金属行业黄金产品一般也采用电解提纯工艺。该工艺优点在于：产品纯度高、生产成本低、设备简单、生产指标稳定，作业环境较好，工程投资较小，并可附带回收铂族金属。其不足主要表现在：生产周期长，直收率低、流程中积压产品，对原料适应性差等，电解精炼原料一般要求金质量分数 90% 以上。近几年，传统的电解工艺得到许多改进，例如采用非对称交流电源，可以提高对粗金原料的适应性，且具有良好的抗阳极钝化作用，有的企业利用直流电源进行电解作业，从而简化电源结构，减少操作程序，利用高电流密度，可大幅度压缩电解时间，缩短精炼周期，减少产品积压。

化学精炼是黄金提纯的主要工艺，近几年，由于其精炼生产周期短、直收率高、对原料适应性强、批量灵活等，正在越来越多的企业推广应用，充分显示了其综合经济技术优势，弊端主要在于工序较多，投资较大，需加强环保治理。金的化合物易被还原，比金更负电性的金属，如锌、铁；某些有机酸，如草酸、甲酸；有些气体，如二氧化硫、氢气；一些盐类，如亚硫酸钠、亚铁盐等都可以作为还原剂使用。还原时，应根据金溶液中的含杂质情况，决定还原剂种类，必要时，可选择还原能力强弱不同的两种或多种还原剂组合还原，以产生较佳还原效果。根据溶液氧化还原电势变化，可以决定还原剂添加量，一般企业都采用"饱和还原法"，即还原剂缺量，对含少量金的尾液进行两次还原，粗金粉返回下批溶金工序两次提纯。此方法虽然流程长、繁杂，但效果较好。

溶剂萃取是净化含金溶液的有效方法之一，近几年在黄金精炼工业生产中得到了一定的推广和应用。以其他方法相比，萃取精炼的特点是可处理低品位物料、具有分离效果好、产品纯度高、物料积存少、生产能力大、适用规模不限、操作条件好、直收率高、试剂消耗少、设备简单且生产过程易于实现自动化与连续化等优点。与火法冶炼相比，萃取法在常温常压进行，不仅设备简单，能耗也低得多，这也是一个突出的优点。正是基于上述原因，在黄金提炼以及其他湿法冶金中，萃取法的研究与应用不断地得到了扩展。

国内外黄金精炼技术近几年得到快速发展，无论电解法、萃取法还是化学法，其工艺技术正在不断改进和优化。各生产部门应根据要处理原料的具体情况，从经济、技术、环保等方面综合考虑，择优选择一种适宜的精炼工艺来改造或设计金精炼环节，以获得最佳经济效益和环境效益。

9.3　金的铸锭

金的铸锭是将熔化的金倒入永久的或可以重复使用的铸模中制造出来的。凝固之后，这些锭（或棒料、板坯或方坯，根据容器而定）被进一步机械加工成多种新的形状。熔铸成品金锭的原料，主要为电解金。用化学法和各种湿法冶金提纯的金，视其品位是否达到金锭要求为标准进行铸锭。

9.3.1　金锭熔铸原理与实践

9.3.1.1　熔化炉与坩埚

熔化金、银的炉子，一般均采用圆形地炉。燃料多用煤气、柴油。或者使用通常的焦炭地炉，煤气或柴油地炉，多用镁砖或耐火黏土砖砌成，炉子的大小主要根据采用坩埚的大小而定。在一般条件下，地炉净空断面的直径为坩埚外径的 1.6～1.8 倍，深度为坩埚高度的 1.8～2.0 倍。但实际生产中，常常在同一地炉中，使用几个不同规格的坩埚进行熔铸。燃烧煤气或柴油的低压喷嘴孔多设于靠近炉底的壁上，炉口上设炉盖，烟气由炉盖的中心孔，或在炉口以下 100mm 附近的地下烟道排出。也有将地下烟道设于近炉底的壁上，而燃烧喷嘴孔留于炉口以下 100mm 处的。炉子砌好后，于炉底中心放两块耐火砖，熔炼时将坩埚置于加有焦粉的耐火砖上，防止粘底。

金在熔铸时使用的坩埚多是石墨坩埚，这种坩埚能耐受约 1600℃ 的最高温度，通常使用 50～100 号的石墨坩埚。鉴于石墨坩埚的吸湿性，使用前必须进行长时间缓慢加热烘烤，以除去水分，再缓慢升温至红热（暗红色）。否则，受潮的坩埚遇高温骤热会发生爆裂损坏。

现代也有采用电阻炉或感应电炉熔铸金或银锭的。电阻炉是由炭或石墨坩埚（或内衬熔炼金属用的耐火黏土坩埚）构成炉体，通常采用单相交流供电。低压电流接通后，坩埚作为电阻并将金属加热至所需的温度。按每炉熔融 20kg 金属计，每千克金的耗电量为 0.5kW·h，银的耗电量略少些。

在选用坩埚方面，除单独使用石墨坩埚或内衬（或外衬）耐火黏土坩埚的石墨坩埚外，也有单独使用耐火黏土坩埚熔炼的。

用坩埚炉熔融纯的金、银时，金的损失（包括烟尘中可回收的）一般为 0.01%～0.02%，银为 0.1%～0.25%。而熔炼金银合金或金铜合金时，损失还要大些。当在电炉中熔融时，金银的损失率约可降低 70%～90%。

9.3.1.2　氧化剂与熔剂

在熔铸金锭时，一般均应加入适量的熔剂和氧化剂。通常加入硝石加碳酸钠或硝石加硼砂。加入碳酸钠也能放出活性氧，以氧化杂质，故它既能起稀释造渣的熔剂作用，也能起到一定的氧化作用。

熔剂与氧化剂的加入量，随金属纯度的不同而增减。如熔铸含银 99.88% 以上的电解银粉，一般只加入 0.1%～0.3% 的碳酸钠，以氧化杂质和稀释渣。而熔炼含杂质较高的银，则可加入适量的硝石和硼砂，以强化氧化一部分杂质使之造渣而除去。这时，也应适当增加碳酸钠量。由于银在熔融时能溶解大量的氧，一般说来，氧化剂的加入量不宜过多，因为必须保护坩埚免遭强烈氧化而损坏。且石墨坩埚属于酸性材料，因而也不宜加入过多的碳酸钠。

熔铸含金 99.9% 以上的电解金，一般加入硝酸钾和硼砂各约 0.1%，并加入 0.1%～0.5% 的碳酸钠造渣。对纯度较低的金，可适当增加熔剂和氧化剂。

熔炼金、银的过程中，坩埚液面附近如因强烈氧化有可能"烧穿"时，可加入适量洁净而干燥的碎玻璃以中和渣，避免造成坩埚的损坏而损失金、银。经过氧化和造渣的熔炼过程，铸成锭块的金、银品位较之原料均有所提高。故熔铸过程中，加入适量的熔剂和氧化剂是十分必要的。

9.3.1.3　金属的保护和脱氧

金或银金属在空气中熔融时，均能溶解大量的气体。这些气体在金属冷凝时放出，给生产操作带来困难，并会造成金属的损失。

银在空气中完全熔融时，能溶解约 21 倍体积的氧。这些氧在金属冷凝时放出形成"银雨"，造成细粒银珠的喷溅损失。来不及放出的氧气，则在银锭中形成缩孔、气孔、麻面等缺陷。特别是在进行合金材料铸锭时，为了获得质量好的锭块，就需要保护合金液面不被氧化和阻止合金被气体饱和。为此常加入保护溶剂。使其在合金液面形成保护壳。

根据实践，当熔融金属银的温度升高时，氧在银中的溶解度下降。为了减少银浇铸时的困难，浇铸前应提高银液的温度，并在银液面上盖一层还原剂（如木炭等），以除去氧。也有于炉料中加入一块松木，随着银的熔融而燃烧以除去部分氧。浇铸前采用木棍于银液中搅动，效果也较好。在国外，还有在真空中进行银的熔融的。过去某些造币厂还有往银液中加入少许铜、锌或镉以去氧的。为了得到易于压延的银，在英国曾将银液温度提高到稍高于 1300℃，并投入铁块于银中，再于 1200～1300℃ 铸入经预热至 200℃ 的模中。某些厂采用加入木块燃烧的同时，在浇铸前将液面清除不尽的少量余渣从坩埚口拨向后面，于坩埚口放一块石墨（从废石墨坩埚上锯下），再往液面加一大碗草灰后浇铸。这样做，既能燃烧除去部分氧，又能保温和吸附液面余渣，以提高铸锭质量。

金的吸气性更强，在空气中熔融时，金可溶解33～48倍体积的氧，或37～46倍的氧。但由于金的浇铸温度一般均较高、且于敞口整体平模中进行，模具常预热至160℃或以上，气体较易放出。为保证锭面平整，某些厂还采取在锭面浇水或覆盖湿纸，加速表面先冷却等措施。

至于烟气，由于熔铸的金或银原料均较纯，熔剂和氧化剂加入量又不大，虽有少量的二氧化碳、二氧化氯等气体存在，但对铸锭无明显影响。

9.3.1.4　金属的熔融与过热

金属液温在浇铸前都应高于它的熔点，称为金属的过热。不论何种金属或合金都要在过热的状态下进行浇铸，否则无法浇铸成形。但其过热度又不应过大，否则会产生副作用。在一般情况下，金属或合金在炉中的过热温度，应比该金属或合金的熔点高150～200℃或再稍高一点。

在金或银金属浇铸时，由于金属温度提高有利于降低气体的溶解量；且过热大的金属铸入模中，冷凝速度慢，有利于气体的放出，减少锭块的缺陷；又浇铸金或银锭的锭模均很小，铸入的金属易冷却，如金属液温过低，则因冷凝过快，甚至铸不出外形合格的锭。但温度过高也有不利的方面。根据实践，银的浇铸温度应为1100～1200℃，而金的浇铸温度应在1200～1300℃。

正确掌握金属的过热度，不但能保证生产操作的顺利进行，更重要的是能得到好的表面和内部结构的高质量锭。

9.3.1.5　涂料与脱模

金属或合金铸锭不但要有好的内部结构质量，而且还应有好的表面物理规格质量。而锭块表面的质量在极大程度上与涂在锭模内壁的涂料及锭模本身的内部质量有关。涂料的升华（燃烧），在模具内壁上留下一极薄层并具有一定强度的焦黑，这层焦黑不但有助于形成外表质量好的锭形，且还能将模壁与金属隔离开，有利于锭块的脱模。

在选用涂料时，一般应考虑下列因素。

①涂料应含有一定量的"挥发"物质。模壁上的涂料在金属浇铸时会燃烧升华，而产生挥发性气体和固体残渣（焦黑或炭）。挥发物过少会大量生成固体残渣。挥发性气体过多，则会在锭块表面产生气泡，导致锭块形成"麻面"。

②涂料的升华温度应与金属浇铸温度一致。升华温度高的涂料，不应用于浇铸温度低的金属。

③涂料要具有遮盖模壁的性能，即涂料能黏附在模具垂直的壁上。若涂料黏附模壁的能力差，则会造成锭块夹渣（炭粒）或产生表面气孔等表面缺陷。

④涂料的升华速度应与金属在锭模中的充满速度（浇铸速度）相同。使用升华速度快的涂料，就应采取快的浇铸速度。

⑤所选用的涂料应价廉且容易买到。

据一些工厂的实践，在进行金或银锭浇铸时，选用乙炔或石油（重油或柴油）焰于模具内壁上均匀熏上一层薄烟，使用效果良好。

由于浇铸银锭通常使用组合立模顶铸法，故除选用合适的涂料外，浇铸操作的好

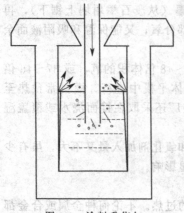

图 9-9　涂料升华与液面上升速度一致

坏与锭块的质量关系很大。浇铸银金属时，液面在模内的上升速度应与涂料的升华速度一致（图 9-9）。也就是涂料升华应与模内金属液面上升同时进行。此时，升华过程中产生的全部残渣浮于液面，随着液面的上升，而逐渐进入帽口上部。切去锭头后，可获得外表质量良好的锭块。若涂料的升华慢于液面的上升速度（图 9-10），升华生成的气体则会进入液态金属中，而于锭块表面生成气泡或贝壳状表面。当涂料的升华快于液面的上升速度时（图 9-11），金属铸入模具时就会与残渣相遇，而产生严重的夹渣缺陷。立模顶铸法还要求银液垂直铸入模具的中心；否则，银液沿帽口边缘进入，顺着模具内壁流下，这时模壁上金属流经之处，在尚未为银液充满前涂料已被银液冲刷掉，以至锭块表面产生冲刷痕迹、夹渣和气孔，甚至出现银粒或分层掉块现象。

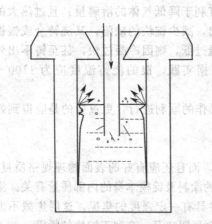

图 9-10　涂料升华慢于液面上升速度

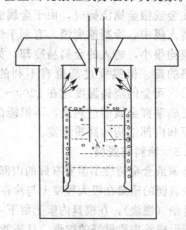

图 9-11　涂料升华快于液面上升速度

　　金锭的浇铸，由于采用敞口整体平模，操作比较简单，只要将模具置于水平面上，坩埚垂直于模具的长轴，将金液均匀铸入模心就可。为了保护模具内壁，浇铸时要不断改变金液铸入的位置，以免将模具中心侵蚀成坑。涂布在模壁上的涂料应薄且均匀细致，模壁拐角处的涂层厚度应与平壁上一致。

9.3.1.6　锭块的缺陷及其产生原因

　　锭块缺陷，包括锭块的内部缺陷和表面缺陷。鉴于银锭的浇铸通常采用组合立模，故缺陷的产生远比整体平模浇铸的金锭多。金与银锭的常见缺陷主要有以下几种。

　　（1）锭块的纯度和内部缺陷　所谓的内部缺陷，一般是指不能在浇铸后通过外表检查或切去锭头（浇口）的方法发现的。如化学成分不合质量要求，要在化验时才能查出；内部的缩孔（暗缩孔）、缩松、气孔要在轧制和拔制时才能发现等。

　　① 纯度　为了保证锭块的化学成分（金属纯度）符合质量要求，防止化学成分不符的缺陷，除只能使用符合质量要求的原料、熔剂和氧化剂进行熔铸外，还要精心操作，并尽可能除去原料中的部分杂质，以提高金属的成色。

② 缩孔　使用组合立模顶铸法浇铸，在立模中金属的冷凝是由底面和侧面开始的。由于锭体小、金属的注入速度不大、冷凝速度快等原因，故金属在模中的冷凝线呈如图 9-12 所示的特别曲线。但由于金属的冷凝是从底、侧面开始，中心冷却速度较慢，因而有利于气体的排出。在注入速度适宜的情况下，易获得锭内组织致密的锭块。但在浇铸后期注入金属的速度如不逐渐减小，或补加金属不及时，就容易产生较大的缩孔。缩孔呈管形时，又称缩管。

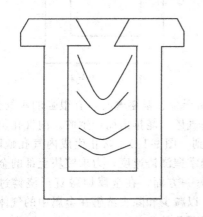
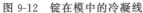
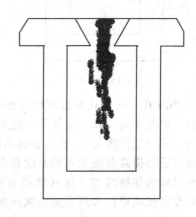

图 9-12　锭在模中的冷凝线　　　　　　图 9-13　明缩孔

缩孔分为明缩孔和暗缩孔。缩孔通常位于锭块的上部，即熔融金属最后冷凝的地方，略似漏斗状。其形成主要是由于金属的冷凝（收缩）和冷凝时排出气体而产生的。因为锭块边缘先冷凝，使中心部位液面下降最快。如补加金属不及时，便会在锭块中心形成缩孔。这种缩孔称为明缩孔（图 9-13）。明缩孔的大小，主要取决于金属注入的速度、温度、模温和金属的冷凝速度。为了防止生成明缩孔，必须适当地提高金属的注入温度，和在浇铸后期逐渐减慢金属的注入速度，并在锭块中心未冷凝前及时补入金属（称为补缩）。此种明缩孔常可以从锭头（特别是切下锭头时）发现。当补加金属量过大过快，金属一下补满浇口，补入的金属与浇口附近已接近冷凝的金属迅速融接并冷凝成一层壳。阻挡了气体的排出和金属的补入，就会形成暗缩孔（图 9-14）。此种暗缩孔在切去锭头时往往也发现不了，它的危害主要在于用这种锭进行压延加工时会发生分层。防止暗缩孔的有效办法，是在浇铸至锭高的 2/3 或 3/5 时，开始减小金属的注入速度，然后逐渐减速，至金属注到近帽口后，继续减速使金属呈细流不间断地注入直至帽口。这样既有利于金属冷凝时气体的排出，又能使注入的细流不断地与尚未冷凝的金属融接，而填满缩孔。

③ 缩松　又称疏松。是由于在金属冷凝过程中，一部分生成长大的晶体在锭中纵横错乱排列着，部分未结晶的余液（母液）被晶体隔离不能进入晶体间，当晶体冷凝后，体积进一步缩小使晶体间出现空隙，而形成缩松。这种缩孔通常集中于锭块中心，大小不同，它的大量存在，便使金属疏松，称为缩松缺陷。产生缩松的原因，一般是由于浇注金属液不及时，速度过慢且不均匀造成的。注入模中的金属液温过低，也可以产生缩松缺陷。使用这种锭块加工制成的材料，由于组织疏松，强度低，在机械力作用下会产生裂缝。

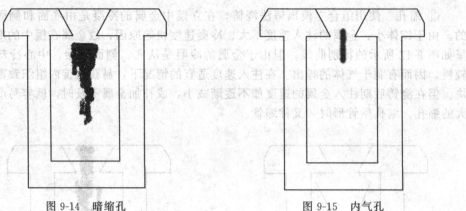

图 9-14　暗缩孔　　　　　　　　　　　　图 9-15　内气孔

④ 内气孔　内气孔是指锭块内部的气孔，由于金、银熔融时，有很强的吸气性，从炉料、炉气和大气以及涂料升华进入金属中的气体未能排出而产生的。内气孔位于锭块的上部（立模浇铸），当切去锭头时可能见到（图 9-15）。防止生成内气孔缺陷，一方面可适当提高金属注入的温度和模温，正确掌握浇铸速度，力求锭块上部的金属在较长时间内保持液态，使气体能自由逸出；另一方面，在金属熔融直至浇铸过程中，要在金属液面加入还原剂脱氧或覆盖液面，以减少和除去溶解在金属中的气体。

（2）锭块的表面缺陷　常见的表面缺陷有以下几种。

① 夹渣　为不规则的粒状炭黑嵌布于锭块表面，将其剔除后便出现渣孔。夹渣常见于立模浇铸的扁平银锭。夹渣缺陷主要是由于涂料的升华快于金属液面的上升速度（图 9-11），或者银液未垂直浇入锭模的中心引起的。在平模浇铸时，当坩埚内金属液面上的渣未清除干净，也会出现夹渣现象。

② 粘模和锭角缺损　锭角粘模，是由于涂料涂布不均匀，或取锭过早（金属尚未完全冷凝时，就开模取锭），而使锭角粘于模具上，产生锭角不规则的缺损，影响表面质量。下部锭角呈浑圆状缺损，主要是注入金属的液温或模温过低引起的。当浇铸后期金属注入速度过小过慢，以至注入的金属尚未充满锭模上部的四角就已经冷凝时，便会产生上部锭角的浑圆状缺损。

③ 表面气孔　造成锭块表面气孔的主要原因有三。一是涂料太厚。厚的涂层燃烧产生的大量气体，因浇铸压力大，来不及逸出。这些细小的气泡，在模壁与金属锭面之间聚集膨胀，并顶破已成半凝固状态的锭皮，于锭面形成圆形的气孔。二是金属不是垂直注入模心，而是顺模壁冲下，这样会冲掉涂料并使局部模壁温度过高。或涂料燃烧时产生的气体和金属中的气体，被注入金属的冲击压力阻挡，不能自由逸出，部分留于过热模壁与锭面之间，经聚集膨胀，而形成气孔。三是金属温度低或金属不是连续注入模中，致使金属呈小珠飞溅，并黏附冷凝于模壁上，后来注入的金属不能与已冷凝的小球熔融成一体。当小珠脱落后，便在锭面留下圆孔。还有浇铸时，银粒落入相邻的模中，也会产生小珠脱落的圆孔。

④ 压痕　模壁不平或积渣于模壁没有清刷干净，而在锭块表面产生很深的压痕。

⑤ 皱纹　锭块表面出现皱纹，主要是金属注入的温度低或注入速度过慢因冷凝造成的。当使甩平模浇铸合质金锭时，由于其中含有铜等杂质，这些杂质在浇铸时被空气氧化，而在锭面生成一层皱皮。金属液面的稀薄余渣未清除干净也会生成皱皮。

⑥ 贝壳状外表 此缺陷均出现于锭块的角上、棱上或锭块的厚度方向上。这是由于金属注入温度低或速度慢而引起的。当涂料升华速度慢于金属液面上升速度时，也会产生这种缺陷。

⑦ 气泡 气泡是指锭面生成的鼓泡。鼓泡表面多为一层薄薄的壳，泡里为充满空气的圆洞。这是由于金属冷凝时大量逸出气体，此时锭面有一薄层金属已冷凝，阻挡了气体的逸出而成鼓泡。鼓泡表面的薄壳，有的完好，有的已被胀破。此气泡缺陷多见于整体平模浇铸金锭（不浇水或盖湿纸）的锭面上。

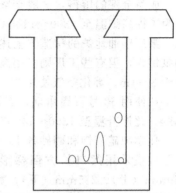

⑧ 锭底蜂眼 在平模或立模浇铸金、银锭时都可见到这种缺陷，其中以平模为多。锭底蜂眼，就是在锭块的底部出现的似圆形的小孔。这种小孔在锭底表面呈圆孔，往内稍有增大，形似蜂孔，或呈圆形，或呈椭圆形。产生的原因，是由于金属中的气体来不及排出而留于模底，受热膨胀，并力图上升到液面。随着气体的聚积有膨胀增大，气泡长度不断增长，接着产生细颈并断开为二，一部分上升，另一部分留于锭底而成蜂眼（图 9-16）。许多操作者认为这种蜂眼是由于模具过热引起的，其实不尽然。为了避免锭底

图 9-16 锭底蜂眼和内气孔的形成过程

蜂眼的生成，在浇铸开始时稍为放慢金属的注入速度，让熔融金属较缓慢地盖满模底，使气体在金属将要与模壁接触的瞬间跑出去。

9.3.2 成品金锭质量标准

金、银产品应用范围广，大多数部门只使用一般纯度的金、银，有些工业部门则需要使用高纯或特高纯度的金、银。为此，金、银成品质量标准的制定只能着眼于大多数使用部门，对于一些有特殊需求的用户，则可由供需双方协商，按需方要求进行生产来加以满足。至于一些矿山和冶金厂生产的合质金或低纯度金、银合金产品，则可由银行收购，集中组织再加工提纯后供工业部门使用。

成品金、银锭的现行质量标准是经国家技术监督局批准，从 1994 年 12 月 1 日实施的 GB 4134—94（金）和 GB 4135—94（银）。这两个标准对金、银锭的质量规定列于表 9-2。

表 9-2 成品金、银锭标准

牌号	化学成分/%								规格	
	金或银 ≥	杂质含量≤							锭形	锭重/kg
		Cu	Fe	Bi	Pb	Sb	Ag	总和		
Au-1	99.999	0.002	0.002	0.002	0.001	0.001	0.005	0.01	长方梯形或长方形	11～13
Au-2	99.95	0.015	0.003	0.002	0.003	0.002	0.020	0.05		11～13
Au-3	99.9							0.1		11～13
Ag-1	99.99	0.003	0.001	0.002	0.002	0.001		0.01	长方形	15～16
Ag-2	99.95	0.025	0.003	0.004	0.005	0.002		0.05		15～16
Ag-3	99.9							0.1		15～16

注：1. 牌号 1、2 的银锭，杂质加测 Au、C、S，其含量虽不规定上限值，但必须加入杂质总和中。

2. 牌号 1、2 的金或银锭，其金或银含量以 100% 减去杂质总和而得。牌号 3 的金或银锭为直接测定值。

3. 需方如有特殊要求，由供需双方另行协议。

9.3.3　金锭熔铸操作

9.3.3.1　成品金锭熔铸

熔铸成品金锭的原料，主要为电解金。用化学法和各种湿法冶金提纯的金，以品位是否达到金锭要求为标准。

成品金锭的熔铸，一般于柴油地炉中用石墨坩埚熔融后铸锭。采用柴油作燃料，是为了提高炉温至1300～1400℃，以利于金的熔融和铸锭。

某厂柴油地炉的构造与上述的煤气地炉一样，只是改烧柴油。柴油通常使用齿轮油泵供入，但有些工厂则使用高位油箱，借高差增加油压。油箱至喷嘴的高差一般不小于3～4m。雾化空气使用98.066～196.133kPa（1～2kg/cm²）的压缩空气。

如使用60号石墨坩埚，经烘烤并检查没有损坏后，每埚分次加入电解金35～60kg，逐渐升温至1300～1400℃进行熔融。待金全部熔化并过热至金液呈赤白色后，加入化学纯硝酸钾和硼砂各10～20g造渣。

锭模采用敞口长方倒梯形铸铁平模，该模经机械加工后的内部尺寸为：长260mm（上）、235mm（下）；宽80mm（上）、55mm（下）；高40mm。锭模用柴油棉纱擦净，置于地炉盖上烤热至150～180℃，点燃乙炔熏上一层均匀的烟，将模子摆好呈水平（用水平尺检查，以免锭块厚薄不匀），待浇铸。

经造渣和清理净渣后，取出坩埚，用不锈钢片清理净坩埚口的余渣，在液温1200～1300℃、模温120～150℃下，将金液沿模具长轴的垂直方向注入模具中心。浇铸速度要快、稳和均匀，避免金液在模内剧烈波动，使锭面形成裂纹和皱纹。为防止金液侵蚀模底，金液注入位置要平稳地左右移动。

由于金在空气中熔融时，能溶解大量的气体，为了让锭面比内部先冷却，保证锭面平整，避免生成大的缩坑，某厂采用浇完一块锭后，立即用硝酸钾水溶液浸透的纸盖上，再用预先烤热至80℃以上的砖严密覆盖。盖纸和砖动作要快而准确。待锭冷凝后，将其倾于石棉板上，随即用不锈钢钳子投入5％稀盐酸缸中浸泡10～15min，取出用自来水洗刷净，用纱布揩干后，再用无水乙醇或汽油清擦表面。质量好的金锭，经清擦后表面光亮似镜。

每坩埚铸锭3～5块，化验样3～4根。产出的金锭，含金99.99％或更高，每块重10.89～13.30kg。经厂检验员检验合格后，用钢码打上锭顺序号和年月按块磅码（精度百分之一克，现行标准规定单锭重11～13kg，单锭重量修约到0.1g）开票交库。废锭重铸。

许多工厂曾经改铸小锭，也不覆盖纸和砖，即在敞口平模内铸成厚5～25mm的薄锭。这种小锭，由于厚度小，冷凝快，不会生成大的缩坑。但常在锭面中间出现凹陷和产生锭面气泡。

某些厂采用小型坩埚熔铸金锭，每埚浇铸金锭一块，重量在熔铸前先称好加入。金液注入模中后，撒少许硼砂于金锭表面以氧化液面杂质，再浇冷水于锭表面，用嘴反复吹动，一可洗去浮淹，二可使金锭表面比内部先冷却，避免生成大的缩坑。浇水动作要轻和适时，即在锭面已生成冷凝膜后浇水，以免将金锭表面冲成坑。

9.3.3.2　海绵金铸锭

提纯后的海绵金经烘干后即可铸锭，铸锭要根据黄金重量大小选择不适合的坩埚和模具。黄金铸锭对坩埚要求，需要能耐高温的，骤然加温或降温不易开裂的，最常选择石墨坩埚，具有价廉、结实、耐高温不易开裂等优点。铸锭步骤如下。

① 铸锭前先取少量硼砂（四硼酸钠）放入坩埚底部，硼砂在金属铸锭中起助熔和提纯作用。

② 将海绵金小心的投入坩埚内，压实。

③ 将坩埚先放入炉中低温预热几分钟，一般 500℃ 左右，然后将温度提升到 1100～1300℃ 之间，一段时间后金被熔化。

④ 用坩埚钳将坩埚小心快速的取出，将熔化的金水倒入模具中，慢慢冷却。

浇铸时模具一定要经水准尺校准呈水平状态. 否则浇铸出的锭厚薄不匀。金锭浇铸的速度要快、稳和均匀，避免金液在模内来同波动，使锭面产生波纹和皱纹。为防止金液侵蚀摸底，金液要沿模具长轴的方向注入模心，注入位置要平稳地左右移动。

浇完的金锭冷凝后。将其倾于石棉板上。随即用不锈钢钳子投入 5% 的盐酸槽中浸泡 10～15min。取出用自来水洗刷干净，纱布擦干，再用酒精或汽油清擦一遍。质量好的金锭经擦洗后，表面光亮似镜。不合格的锭重铸。合格锭打上含金纯度、生产厂名、锭号、生产日期，待完全冷却后，过磅入库。

9.3.3.3　湿法金铸锭

电解或化学提纯金的熔炼和铸锭一般是在柴油加热的地炉中进行的。熔炼的工具则多使用石墨坩埚。黄金在熔炼铸锭时也要配入适量的熔剂和氧化剂，一般加入占金属量的 0.1%～0.3% 的碳酸钠作熔剂以氧化和稀释渣，并加入约 0.1% 的硝酸钾和硼砂作氧化剂。若金属的纯度较低，则可适当增加。

采用柴油作燃料，是为了提高炉温至 1300～1400℃，以利于金的熔融和铸锭。柴油地炉的注油方式可以使用齿轮油泵供入柴油，但大多数工厂多采用高位油箱，借高差增加油压，油箱至喷嘴的高差一般大于 3～4m。雾化空气使用 98.066～196.133kPa（1～2kg/cm²）的压缩空气。如使用 60 号石墨坩埚，经烘烤并检查没有损坏后，每埚分次加入电解金 35～60kg，逐渐升温至 1300～1400℃ 进行熔融。待金全部熔化并过热至金呈赤白色后，加入化学纯硝酸钾和硼砂各 10～20g 造渣。

锭模采用敞口长方梯形铸铁平模，该模经机械加工后的内部尺寸为：260mm（上）、235mm（下）；宽 80mm（上）、55mm（下）；高 40mm。锭模用柴油棉纱擦净，置于地炉盖上烤热至 150～180℃，点燃乙炔熏上一层均匀烟，将模子摆好呈水平（用水平尽检查，以免锭块厚薄不匀），待浇铸。

经造渣和清理净渣后，取现坩埚，用不锈钢片清理净坩埚口的余渣，在液温 1200～1300℃、模温 120～150℃ 下，将金液沿模具和轴的垂直方向注入铸模中心。浇铸速度要快、稳和均匀，避免金液在模内剧烈波动，使锭面形成裂纹或皱纹。为防止金液侵蚀模底，金液注入位置要平稳地左右移动。

锻造开坯在 750kg 空气锤上进行，坯料尺寸为直径 32mm×240mm，首先采用氢气炉加热，1550℃ 自由锻将圆棒锻造成板坯。开坯方式从锻造改为轧制，除了改变材料的受力状态和方向，使材料免受拉应力，还有一个重要作用是改变应变速率，锻造加工时材料的应变速率大，而材料的动态响应慢，易导致裂纹的萌生与扩展，轧制变速率小，材料的动态响应能适应变形速率，避免了裂纹的生产。

另外，金铸锭使用感应加热设备生产过程中，需要注意以下四点。

① 对电子束悬浮熔炼黄金铸锭而言，锻造开坯易产生拉伸开裂。

② 对于大晶粒铸锭轧制，为避免开裂，第一道次最好沿铸锭轴向喂料。

③ 轧制开坯改变了材料的受力状态，避免了拉应力作用，剪应力作用方向与晶界成一定夹角，位错运动到晶界不产生塞积，而是越过晶界向相邻晶粒运动。

④ 热轧开坯使应变速率降低，从而使材料的动态响应速率能适应变形速率，不产生裂纹，从而避免开裂现象，得到合格板材。

9.3.4 粗金及合质金锭熔铸操作

一些矿山或工厂生产的金、银产品，不是成品金和成品银，而是成色不高的粗金、粗银或未经分离金银的合质金。由于这些产品不在该单位进行提纯而直接销售，故需进行熔炼铸锭。

粗金、粗银和合质金的熔铸，都可参照上述成品金、银锭的熔铸方法进行。但由于这些半成品或中间产品含有较多的贱金属杂质，为了尽可能通过熔炼除去其中的大部分或一部分杂质，以提高金、银的含量，熔铸时应适当增加熔剂和氧化剂的加入量，熔炼时间也应适当延长，具体操作应视原料的不同成色增减。

粗金、合质金经氧化造渣并清除渣后，金属液面上一般不带燃烧木块除氧。它们冷凝时虽也有气体逸出，并可能在锭面上出现鼓泡，但不会因气体大量喷出而带走大量微细金属球，造成喷溅损失。浇铸时，为了隔离渣，也可在坩埚浇口处加一个小草把，以吸附液面余渣，并浇铸于经预热至 100℃ 以上的水平铸铁模中。待锭冷凝后，将其倾于石棉板上，剔除飞边毛刺称量入库。由于粗金和合质金锭中还含有相当量的银及铜等贱金属，铸出的锭不必进行酸浸，以免影响外观。

粗银通常不含金或含金很低，浇铸前应向坩埚内金属液面上加入木块和草把，燃烧除去银液中溶解的部分氧，以免锭冷凝时大量气体逸出，造成银的喷溅损失。

第10章
黄金矿山尾矿的处理与综合利用

10.1 黄金矿山常规尾矿处理

我国矿产资源丰富,是世界矿业生产大国,尾矿排放 6 亿吨/年以上,仅冶金矿山就达 1.5 亿吨/年以上。除小部分作为矿山充填或综合利用外,有相当大部分的尾矿采用构筑尾矿库的方式储存。

10.1.1 黄金矿山尾矿库概况

尾矿库(坝)是黄金矿山安全生产的重要设施之一。近年来由于黄金工业的迅猛发展,矿山选矿厂的处理能力日益加大,相应的排放尾矿也日益增加,据不完全统计,黄金矿山(岩金矿山)现有尾矿库(坝)已达 368 座。20 座以上的省份有:山东、河南、河北、辽宁、陕西、吉林、内蒙古、新疆等,其中山东省有 80 多座。由于黄金工业选矿工艺的特点,尾矿堆积坝的筑坝形式多采用上游法,一般坝体包括初期坝和后期坝(堆积坝)两部分。初期坝的类型及所占有比例见表 10-1。

表 10-1　黄金矿山尾矿堆坝类型及所占比例　　　　　　　　单位:%

坝体类型	占有比例	坝体类型	占有比例
土坝(废石)	43	浆砌石坝	5
堆石坝(废石)	38	海砂坝(池)	2
土石混合坝	12		

由于黄金矿山的规模相对于黑色和有色矿山小得多,而且多数地处偏远山区,尾矿库的容量较小,堆坝高度相对也较低,据粗略统计,坝高及所占比例见表 10-2。

表 10-2　黄金矿山尾矿堆坝高度及所占比例　　　　　　　　单位:%

坝高/m	占比例
<10	6
10~30	82
30~60	12

尾矿库内一般设置排水构筑物，如排水井，涵管（隧洞）或斜槽，涵洞（隧洞）、开敞式溢洪道、拦洪坝及截洪沟等。

由于矿山排放的尾矿量不断增加，随之而来的安全和环保问题日益突出。尾矿坝坍陷、决口等恶性事故时有发生，运行中的安全状况不容乐观。据部分调查资料表明，尾矿库（坝）存在的隐患较多，不少的尾矿库（坝）带病运行，尾矿库（坝）的安全状况分类及所占比例见表10-3。

表 10-3　黄金矿山尾矿库（坝）安全状况分类及所占比例　　　单位：%

尾矿库(坝)安全状况分类	占比例	尾矿库(坝)安全状况分类	占比例
正常运行	56	带病运行	22
超期运行	18	险库(坝)	4

长期以来，人们对尾矿库（坝）的安全认识不足，从事矿山生产建设的多为地质，采矿、选矿和机电等专业人员，缺乏有关尾矿坝工程管理方面的基本知识，往往造成尾矿库（坝）的许多隐患和尾矿坝的带病运行。因此，尾矿库是一个高势能的人造泥石流危险源，溃坝引发的灾害危害程度仅次于地震、霍乱、洪水和核爆炸，位列第18位。而近年来，我国尾矿库溃坝事故频繁发生，造成了恶劣的社会影响、严重的伤亡事故、环境污染以及重大财产损失。

据国家安全生产监督管理总局统计数据显示，截至2009年年底，全国12655座尾矿库中危库、险库和病库占16.75%，四、五等小型库占尾矿库总数的95.4%，普遍存在浸润线过高、调洪库容不够、坝体裂缝严重、安全观测设施不健全等重大安全隐患，防范突发事件的能力较低。尾矿库安全已成为政府、企业和公众共同关注的焦点。

滑坡、岸坡坍塌、地震液化、洪水漫坝、坝坡失稳、渗流破坏、管理失位被认为是引起尾矿库溃坝的主要因素。因此，坝体安全分析、评价、监测和新型堆存技术的开发一直是本领域的研究热点。

10.1.2　黄金矿山尾矿库（坝）特点

由于黄金工业生产的特殊性，形成其尾矿库（坝）的一些特点。

① 黄金矿山的尾矿库（坝）往往地处偏远山区，尾矿库（坝）址的选择，往往为了少占农田，多数地形条件差、山谷峡窄、坡陡、库容量小，调洪库容小，汇水面积相对较大，使坝体相对较高。干旱地区如选矿厂有回水要求时，坝内水位长期居高不下，形成人工建起的高势能"泥石流"，因此对尾矿库（坝）的防洪有特别要求。

② 由于选矿工艺的特点，多采用浮选、氰化或浮选与氰化等联合工艺提金，并且近年来为提高金的回收率，加大了磨矿细度，其尾矿度为-0.074mm达70%～95%，给尾矿筑坝带来一定困难，通常容易造成堆积坝体的浸润线偏高，出现坝外坡渗流、管涌、流土和坝脚的沼泽化。给坝体稳定性带来不利因素。

③ 随着生产规模扩大，选矿厂排出的尾矿及"三废"的急剧增加，诸如安全防汛，环境保护和占地、复垦等问题都提到议事日程上来。安全与环保工作量日趋繁重。

黄金矿山尾矿是矿石经选矿或提金工艺回收金和其他有用组分后废弃的固体粉

料，粒径在 0.15mm 以下。大型正规的黄金矿山尾矿多采用尾矿库存放的方式进行处置，但随着矿山规模的扩大和开采历史的延长，占用土地不断扩大，尾矿库修筑和管理费用不断增加。中、小型非正规矿山尾矿设施简陋或根本不建尾矿库，尾矿一般就近排入河沟、河谷或低洼地。因尾矿泄漏或直接外排等事故造成地表水污染，尾矿扬尘使土地沙化造成农田减、绝产等事件时有发生，给人们生活带来了危害，给生态环境带来了污染，现已受到全社会的广泛关注。

10.1.3　黄金矿山尾矿堆存方式

基于湿法堆存技术存在难以解决的溃坝风险，而资源化利用又不能完全代替尾矿堆存，我国尾矿利用率不足 10%，因此，尾矿干堆、井下排放、充填和膏体堆存技术的研究越来越多，已经在国内外的很多矿山获得应用。

大量实践证明，干堆与水力充填法相比，安全性得到显著改善，尾矿库利用系数提高，但存在投资大、运行成本高、有地域适应性的不足。研究低成本的脱水工艺、高效的输送方式和解决膏体的二次泥化以及表面干粉扬尘问题是实现干堆技术可持续发展的关键。

尾矿井下排放的实质是把地上尾矿库变成了地下尾矿库，表面上解决了尾矿库的安全问题，但由于尾矿是以一种高水固比的物料充填至采空区，围岩承受强大的内水压力，渗透水势必使围岩或地下结构体的稳定性发生变化，会导致采空区垮冒甚至波及地表建筑物的安全，会造成地下水污染，有可能诱发更大规模的地质和环境灾害。

充填是采矿过程中的一个工艺环节，既能解决采矿工艺问题，又能部分解决尾矿的排放问题，是减少尾矿堆存量的较好方法，但该技术与采矿工艺有关，尾矿库依然是必不可少的设施。

介于很多黏土型尾矿，比如氧化铝选尾矿难沉降、难堆存的问题，采用水泥-石灰-粉煤灰等为胶结材，把尾矿浆体变成膏体进行堆存，降低了尾矿的流动性，但因膏体体积疏松，几乎不泌水，不减少库容，堆存过程有二次泥化和表面干化扬尘的问题。

10.1.4　黄金矿山尾矿干堆处理技术

20 世纪 70 年代，加拿大多伦多大学 ronbinsky 教授提出了尾矿浓缩后膏体、高浓度尾矿地面堆存的概念，并于 1973 年在安大略省建成了世界上第一个浓缩尾矿地表堆放设施-kiddcreek 尾矿堆场。20 世纪 80~90 年代，膏体干堆工艺日渐成熟，使得尾矿浓缩地表堆放成为取代传统尾矿库的一种安全环保新选择。世界上已投入运行的大规模膏体尾矿堆存项目不多，澳大利亚和加拿大占比例较大，且主要应用于干旱缺水，建设常规尾矿库成本较高地区。干堆工艺处理尾矿应用比较成功且具有代表性的矿山有：坦桑尼亚 bulyanhulu 矿山、印度 hindustan 铜有限公司、澳大利亚 sinolron 铁矿、美国爱达荷州 newjersey 露天金矿、俄罗斯 kubaka 金矿、智力 lacoipa 矿山、加拿大 ekatidiamond 矿等。

通过新建和扩建地面尾矿库储存排放日益增加的尾矿，容易产生安全、环保隐患，并占用大量土地。为了顺应矿业发展的新要求，干堆尾矿库应运而生，干堆技术的研究也越来越受到企业的重视。在国外，浓缩尾矿最早应用于采矿过程中对采空区进行充填，后来被应用到选矿厂尾矿地表堆存，逐步在金属、非金属矿山尾矿处理中推广开来。20 世纪 90 年代初，尾矿干式堆存工艺引进到国内，在国内个别黄金矿山开始应用，之后逐步推广到铁矿以及其他有色金属矿山。据统计，截至 2013 年底，我国共有尾矿库 11666 座，应用尾矿干堆技术的有 525 座。

山东平邑归来庄金矿，独创了"全泥氰化尾矿处理新工艺"使选矿用水循环利用，不外排、不设尾矿库，只设尾矿干堆场，首次将压滤设备用于尾矿压滤并对尾矿进行干式堆存，实现了我国尾矿湿式贮存方式的创新。1994 年以后，干堆技术在山东铜石金矿、焦家金矿、三山岛金矿、仓上金矿、新城金矿、金城金矿、河东金矿、河西金矿、金翅岭金矿、招远金矿、岭南金矿、尹格庄金矿等陆续被采用。其后，辽宁排山楼金矿、内蒙古撰山子金矿与柴胡栏子金矿、北京京都 400t/d 全泥氰化炭浆厂、浙江遂昌金矿、广东高要河台金矿、新疆阿希金矿、云南思茅山水铜业公司等，先后实施了尾矿干堆技术并获得成功。

干堆与湿堆尾矿库相比，具有以下差别。

(1) 尾矿入库前浓度状态不同　湿式堆存的尾矿，矿浆浓度多在 10%～15%，有的经浓缩浓度提高到 30%～40%，尾矿颗粒在尾矿库滩面上自然分选沉积，完成固水分离。干式堆存的尾矿，经过浓缩脱水、固液分离后，尾矿含水率一般需控制在 15%～25% 以内，方可进行干式堆存。

(2) 尾矿输送方式不同　湿式堆存的尾矿以矿浆形式，采用管道水力输送到尾矿库，进行排放筑坝堆存。干式堆存的尾矿一般用带式运输机或自卸汽车运输到尾矿库堆存。

(3) 筑坝方法不同　湿排尾矿堆筑，一般采用水力放矿，尾矿自然沉积形成坝体，除人工或机械堆筑子坝时需要压实外，坝体无需碾压。干式堆存的尾矿坝一般采用机械分层堆筑并进行适当碾压。

(4) 坝体结构不同　湿排尾矿库的尾矿坝结构具有一定的沉积规律，尾矿颗粒由上而下、由外向内大致呈现由粗到细的分布规律，坝体不同部位材料的物理力学性质具有较大差异，坝体比较密实。干式堆存的尾矿坝，一般为全尾矿，尾矿不分选，由于尾矿的力度粗细混杂，坝体的物理力学性质和湿排尾矿有一定差别，坝体一般比较松散。

(5) 运行状态不同　湿排尾矿库生产运行期间始终处于储水运行状态，一旦溃坝，泥石流危害波及范围较大。干式堆存的尾矿库生产运行期间（暴雨短时积水除外），大多处于无水运行状态，坝体垮塌后影响范围较小。

传统湿排尾矿库的优点是工艺成熟，工程实例较多，经验相对丰富，尾矿库竣工后的生产运营成本较低。不足之处与其本身特点有关，由于有最小干滩长度、最小安全超高、调洪及澄清距离等方面要求，这种尾矿库不仅占地面积大，征地费用高，对周边生态破坏影响也较大。而且由于库内一般长期积水，致使堆坝边坡的安全稳定性受浸润线影响较大。此外尾矿粒度组成不同、放矿情况不同也需要加强放矿管理。

与之相比，干堆尾矿库不仅节约用水，药剂消耗减少，所需征地占地面积减少，堆坝抗震液化能力提高，对周边生态环境影响降低，而且库容利用率提高，从而有效延长了尾矿库原设计的使用寿命。目前尾矿干堆的不足之处是工程实践经验积累不够，技术成熟度、应用推广范围等方面有限。针对尾矿性质及不同地形地质条件等影响因素，缺少系统的应用研究和试验分析作为支撑。并且尾矿干堆工艺环节较多，前期对设备的投入较大，后期试运行及正常生产后，对设备的维护及各环节协调管理任务较重。

干堆尾矿技术需要配套精矿沉降浓缩、过滤脱水，将尾矿含水率降到 20％以下，实现干式堆存，可改变过去选厂输出的尾矿浆直接排入尾矿库，形成库内大量积水、尾矿泥浆状的堆存方式，能有效解决传统尾矿库存在的安全隐患、环境破坏、占用土地等问题，同时提高回水利用率，实现尾矿资源再利用。尾矿干堆技术的研究与应用，对于解决矿山尾矿排放的安全、环保等问题具有重要意义。

10.2　黄金矿山堆浸废堆处理

堆浸提金生产工艺主要由堆浸场地的修筑、矿石的预处理（破碎或制粒）、筑堆、喷淋浸出、含金贵液中金的回收以及废矿堆的消毒、卸堆等几部分组成。其中堆浸废堆的处理主要有卸堆式处理和叠加式处理两种方式。

10.2.1　卸堆式处理

堆浸场所一般根据矿山地形条件因地制宜。若堆场在山顶，或山坡地势较缓、较开阔，可设计为永久性卸堆堆场。堆浸结束后的废堆，如果条件不允许叠加堆矿，在废矿堆消毒后，需要进行拆堆卸堆处理。利用机械化设备，将每次拆堆后的废渣，就近运送或推入附近山谷，这样可以逐渐扩大堆场面积。

由于堆浸环节大量使用氰化剂等各种浸出药剂，废矿堆需要进行消除毒害处理。堆浸后废堆含氰物质处理方法主要有两种：自然降解与化学破坏。

其中自然降解的方法有三种。

(1) 微生物作用　很多微生物能够降解有毒的含氰化合物。这些微生物生长繁殖可利用氰化物为碳、氮源，把氰化物分解成碳酸盐和硝酸盐。由于微生物的自我调节作用以及其反应的温和性，处理成本明显减少，同时操作危险性也大为降低。微生物降解氰化物技术二次污染少，明显优于物理化学方法，越来越引起人们极大的兴趣。国外生物处理法已达到商业化应用。为了能处理浓度较大的含氰废水，还可以采用湿式空气氧化法-活性污泥法、双氧水法-生物降解法等。微生物降解氰化物技术很有使用价值，前景广阔。

(2) 空气作用　空气作用主要是氧气与氰化物发生反应。碱金属和碱土金属的氰化物在不与空气接触的条件下加热熔融时并不分解，但在空气中加热时，则它们依靠亲和力而吸收空气中的氧，并发生反应生成氰酸盐。比如：

$$2KCN + O_2 \longrightarrow 2KCNO \tag{10-1}$$

氰化物的水溶液与水中的溶解氧反应，也能生氰酸盐，进而水解成 NH_4^+ 和 CO_3^{2-}。

$$2CN^- + O_2 \longrightarrow 2CNO^- \tag{10-2}$$

$$CNO^- + 2H_2O \longrightarrow CO_3^{2-} + NH_4^+ \tag{10-3}$$

这一反应在纯氰化物水溶液中并不明显，在天然水体中反应速度较快，可能是水中微生物在起作用。因此，在自然界中，空气和水的作用下，氰化物可自然降解。

(3) 阳光作用　氰化物在阳光紫外线的照射下，会发生分解，分解出的游离氰化物不断地被氧化，水解以及逸入空气中，达到了降低废水中氰化物浓度的目的。逸入空气中的 HCN，在阳光紫外线作用下，与氧发生反应。

$$2HCN + O_2 \rightleftharpoons 2HCNO \tag{10-4}$$

夏季，反应时间约 10min，冬季约 1h，从这点看，HCN 的逸出不会影响大气的质量，许多焦化厂利用曝气法处理含氰废水，其氰化物挥发量比黄金行业多，而且大部分工厂位于城市，并未发生污染事故。这与光化学反应与气温和光照强度有关，因此，夏季除氰效果远比冬季好。

含氰废堆的自然降解，可以多种方式同时发生，如光分解、氧化、挥发、吸附以及生物降解。在堆浸中氰化物的自然降解是连续发生的，这种破坏可使废堆达到环保要求。

堆中氰化物的破坏或损失存在着多种机理，这些机理包括：细菌，即微生物作用；空气的作用；阳光的作用；与堆材的作用。为保护环境与生态平衡，可根据实际情况选择具体的处理方法。

氰化物的破坏最快的方法就是化学氧化法。许多化学试剂均能氧化氰化物。含氰废堆的化学破坏，使用氧化剂与氰化物反应。最常用的化学试剂一般都含有氧和氯，比如氯气、过氧化氢等。氧化反应既可以在堆外反应后返回堆中，也可以将氧化剂加入堆中。

① 氯化作用　氯化反应分为两阶段。

第一阶段：　$CN^- + Cl_2 + 2OH^- \longrightarrow CNO^- + 2Cl^- + H_2O$ (10-5)

第二阶段：$2CN^- + 3Cl_2 + 6OH^- \longrightarrow 2CO_2 + N_2 + 6Cl^- + 2H_2O + 2H^+$ (10-6)

实际上，卤素中氯、溴、碘均能与氰化物反应。以氯为例，氯化后氰化物转化为氮气和二氧化碳排出，将毒害危险降到最低。

② 空气-二氧化硫　在一定的 pH 值条件下，当有催化剂时，能在溶液中释放出 SO_3^{2-} 或 SO_2 的药剂，如亚硫酸钠等与氧协同作用，能把氰化物氧化成氰酸盐。

$$CN^- + SO_2 + H_2O \rightleftharpoons CNO^- + H_2SO_4 \tag{10-7}$$

③ 过氧化氢作用　过氧化氢氧化氰化物生成氰酸盐，在加热时水解出氨和碳酸盐，加热时有氨气排出。

$$CN^- + H_2O_2 \rightleftharpoons CNO^- + H_2O \tag{10-8}$$

$$CNO^- + 2H_2O \rightleftharpoons HCO_3^- + NH_3 \tag{10-9}$$

其他化学反应比如稀硫酸、稀盐酸、醋酸和碳酸在冷时均能分解所有简单氰化物，产生氢氰酸。

$$CN^- + H^+ \rightleftharpoons HCN \tag{10-10}$$

在加热时，浓硫酸可分解所有氰化物，生成一氧化碳和铵盐。

$$2CN^- + 3H_2SO_4 + 2H_2O \rightleftharpoons 3SO_4^{2-} + 2NH_4^+ + 2CO \uparrow \tag{10-11}$$

由于氢氰酸易挥发，加酸后就有氰化氢气体从溶液中逸出。并在空气中氧化分解，一般不产生毒害危险。

④ 漂白粉作用　氰化物与氧化剂漂白粉反应：

$$CN^- + ClO^- + H_2O \longrightarrow CNCl + 2OH^- \qquad (10\text{-}12)$$

$$CNCl + 2OH^- \longrightarrow CNO^- + Cl^- + H_2O \qquad (10\text{-}13)$$

$$2CNO^- + 3ClO^- \longrightarrow CO_2\uparrow + N_2\uparrow + 3Cl^- + CO_3^{2-} \qquad (10\text{-}14)$$

漂白粉法在黄金矿山卸堆处理中应用较为常见。堆浸卸堆前，应在停止加药后，先用清水清洗矿堆残留金，然后在矿堆表面，干撒漂白粉，再用清水冲洗，以氧化消除氰根，如此反复多次，直至清洗液中氰根浓度达标后，即可卸堆推矿。

10.2.2　叠加式处理

如果矿山条件允许，山脊陡峭，山谷有比较开阔平缓的场地，可在谷底构筑叠加式矿堆。当今大型堆浸矿山，多数都在山谷中建叠加式矿堆。底垫辅在选定的底层，一个周期喷淋浸出完成后，尾渣不排放，将新采出的矿石直接堆放在其上（也可隔若干层重新铺底垫），筑好堆后开始新一轮的喷淋。如此不断地叠加，直到不能再堆高为止。山谷填满后，加固无害化处理，再另寻新的堆场。设计时，可优先考虑采用叠加式堆场。大量的生产实例表明，与永久性卸堆式堆场相比，叠加式堆场有如下几方面的优点。

① 场地平整费用较低。

② 由于连续堆浸，浸出率较高。

③ 可省去洗堆、拆堆和运尾渣作业，生产成本较低（每吨矿石可降低 3～5 元）。

④ 堆场与尾渣场合一，可减少污染面积。

为避免大矿量搬运，尾渣一般不推卸，就地存放，在已浸出的尾渣上面继续叠加堆矿。根据地形斜坡高度中心浓度，计算每层堆矿平均高度和可堆层数，一般第一层和第二层之间可直接叠加堆矿，第二层以上则应在浸出处理完一层矿堆以后，重新平整矿堆表面，再铺设底垫后叠堆新矿。综上所述，叠加式堆场节省成本，矿石浸出率高，可根据矿山地形选择堆场结构。

10.3　黄金尾矿的综合利用途径

黄金矿产资源具有不可再生性。中国黄金资源储量中，难处理矿石储量占保有资源储量的 15%，低品位金矿石占查明金矿资源的 30% 以上。随着黄金需求量的日益增加，矿产资源的大量开发和利用，使矿产资源日渐贫乏。尾矿资源的二次开发利用具有建设周期短、投资少、见效快、可进行大规模生产、成本较低、可综合回收各种有价元素和非金属元素等优点，因此尾矿作为二次资源越来越受到重视。

随着科学技术的不断提高和进步，大力开发黄金尾矿，使二次资源得到充分的回收和利用，对保护和改善生态环境，提高矿产资源利用率，促进黄金矿山可持续发展具有重大意义。

10.3.1　有价元素综合回收

尾矿资源化的主要方法就是回收与利用，其中回收是指从金矿尾矿中提取金、银以及铅、锌、铜、硫等伴生成分进行尾矿再选。大部分黄金矿床矿石中都伴有银、铜、铅、锌、硫等多种有价金属。然而，许多金矿往往只注重金的回收，伴生元素的回收率普遍较低，造成资源浪费，企业经济效益受损。

10.3.1.1 金、银回收

中国黄金矿山主要采用浮选—氰化生产工艺。在 20 世纪 70~80 年代，由于受产业政策、技术水平、选冶工艺方法等因素的制约，资源综合利用程度普遍偏低，浪费现象严重，尾矿金品位太多在 1g/t 以上，技术水平低的小型矿山能达到 2~3g/t，对于品位高和难选冶的金精矿，尾矿金品位高达 3~5g/t，有些甚至更高。因此，具有较高的回收价值。由于尾矿资源二次利用的生产成本低，不再需要采矿、破碎和磨矿作业，同时随着黄金资源的贫乏和选冶技术水平的提高，使得这些老尾矿资源有了较高的回收价值。

河南金源黄金矿业有限责任公司采用重选工艺处理浮选尾矿。其中，溜槽月产金精矿 450t，品位 3.5g/t；摇床月产金精矿 60t，品位 16g/t 以上。金精矿经细磨后用浮选法回收金，月回收黄金 2.5kg 以上，年获利润 153 万元。2004 年 11 月，该公司又新购置了 4 套螺旋溜槽和摇床设备。2005 年，该公司生产摇床精矿 1215.55t，品位 19.74g/t；溜槽精矿 3551.1t，品位 2.18g/t，累计实现利润 200 万元。目前，尾矿品位降到了 0.17g/t，金总回收率达到 93% 以上。

黑龙江乌拉嘎金矿原每年产生氰化尾矿近 3 万吨。针对尾矿中微细粒金被黄铁矿包裹的特点，采用旋流器脱泥富集、压滤机压滤、干矿焙烧制酸、烧渣再磨钝化工艺流程进行处理，烧渣中金浸出率达 65% 左右，年回收黄金 91.8kg，生产硫酸 1.8 万吨，年新增利润 746.6 万元，为企业带来了可观的经济效益。

新疆某金矿采用浮选工艺处理尾矿，以碳酸钠作 pH 值调整剂，硫酸铜作活化剂，金浮选回收率达 69%，处理 1 万吨尾矿可回收黄金 3kg，经济效益显著。

辽宁五龙金矿矿石类型以次生硫化矿物为主，金的嵌布粒度较细，当时采用的选矿流程为浮选工艺。由于工艺流程和选矿条件限制，尾矿品位偏高，金品位 0.9g/t 左右。生产近 50 年来，尾矿堆存量大约 120 万吨。该矿建立了一座处理规模为 800t/d 的炭浆厂，对尾矿进行直接氰化提金，金的浸出率在 70% 以上，年获经济效益 200 多万元。

湖南湘西金矿已成功地将老尾矿中的有价元素进行回收，在尾矿品位 Au 2.18g/t，Sb 0.71% 的条件下，分别获得了选冶回收率 Au 67.22% 和 Sb 14% 的指标，年获利税为 252.8 万元。

尾矿资源的二次利用，对于资源贫乏的黄金矿山，在缓解资源紧张矛盾、延长矿山服务年限上起到了决定性的作用。

10.3.1.2 伴生矿物回收

中国黄金矿产资源大多数为共（伴）生矿，许多黄金矿山尾矿中含有可供综合回收的多种伴生元素组分，特别是矿山初建阶段，大量伴生有价组分随尾矿流失。由于在浮选过程中一些伴生矿物也会得到一定程度的富集，尾矿一般都有较高的品位。据调查，有些采用浮选-金精矿氰化工艺的选厂，浸渣中有价元素含量普遍高于最低工业品位，有的甚至是最低工业品位的两倍以上。例如：金矿石中常常伴生铜、锌、铅、铁、硫等，有相当数量的尾矿中铅品位 >1%，硫品位 >8%，铜品位 >0.2%，铁品位 >10%。因此，具有一定的回收价值。

(1) 铜回收　黑龙江老柞山金矿氰化尾矿中铜 0.305%、砷 2.08%，粒度 −0.074mm 占 95%。采用技术较为先进的浮选工艺直接从氰化尾矿浆中抑砷浮铜，获得了铜 18.32%、金 9.69g/t、银 99.2g/t、硫 33.6%、砷 0.07% 的合格铜精矿，铜回收率达 89%。

(2) 铅回收　山东三山岛金矿选矿过程中产生的氰渣，铅和砷含量较高。为了回收其中的金属，同时提高副产品硫精矿的质量，该矿投资 300 万元建成了选铅厂，回收的铅精矿品位达到 55%，回收率在 80% 以上，每年可处理 3 万余吨氰渣。这既解决了氰渣长期堆存污染环境的问题，又增加了经济效益。

(3) 铁回收　河南安康金矿根据尾矿特性，采用磁选-重选联合工艺对尾矿进行再选。先采用两段干式磁选工艺从尾矿中分选磁铁矿、赤铁矿及钛铁矿和石榴石，再用摇床分选尾矿中的金。每年可从尾矿中回收铁精矿 1700t，回收金 2.187kg，年共创产值 44.12 万元。

陕南恒口金矿采用单一的 $\phi600mm\times600mm$ 永磁单辊干选机从尾矿中分选铁精矿，产率达 31.2%，铁精矿品位达 65%~68%，年产铁精矿 1100t，借助摇床可选金 1.53kg，共创产值近 30 万元。陕西汉阴金矿根据尾矿性质，选用湿式磁选机从尾矿中分选铁精矿。分选铁精矿后的尾矿再采用焙烧-磁选工艺分选出钛铁矿和石榴石。据初步估算，可年产钛铁矿 360t，石榴石 468t，以及选铁时未选净的磁铁矿 216t，分选细金屑 1.218kg，共创产值可达 170 万元。

山东龙头旺金矿于 1990 年起从尾矿中回收铁，每年多回收品位为 60% 的铁精矿 1076t。

(4) 硫回收　山东省七宝山金矿矿石类型为金铜硫共生矿，金属硫化物以黄铁矿为主，另有少量黄铜矿、斑铜矿。1995 年以来，从选金尾矿中回收硫精矿，最初采用硫酸活化法回收硫，但由于成本太高，于 1996 年下半年采用了旋流器预处理工艺，使选硫作业成本降低了 45%，取得了很好的效果。获得的硫精矿品位达 37.6%，回收率 82.46%，且精矿含泥少，易沉淀脱水，每年可增加效益约 120 万元。

江西武山铜矿对尾矿进行再选回收硫，获得的硫精矿品位 36.83%，回收率 89.42%，年处理尾矿达 350 万吨。年创利达 283 万元。

(5) 综合回收　山东三山岛金矿每年从尾矿中回收硫精矿 2.83 万吨、铅 2100 多吨。河南安康金矿采用三段干式磁选-摇床精选工艺，每年从尾矿中分选铁精矿 1700t，回收金 2.187kg，年创产值 44.12 万元。陕南恒口金矿应用磁选从尾矿中可分选出品位为 65%~68% 的铁精矿 1100t，采用摇床回收金 1.53kg，年创产值 30 万元。

河南灵宝黄金股份有限公司根据小秦岭金矿的矿石特性，不断研究生产工艺，实现了综合回收银、铜、硫、铅等多种元素。目前，日处理金精矿由原来 700t 增加到 900t，形成了年冶炼黄金 10t、白银 30t、电解铜近 1 万吨、工业硫酸 16 万吨的生产能力。电解铜、硫酸、白银等副产品在销售收入中所占比例接近 30%。生产出的电解铜作为地方一家铜箔厂的主要原料，工业硫酸为地方及其周边地区化工企业提供了原料保障。

从 1999 年开始，山东金华集团大业金矿研究尾矿综合回收技术，现已投入科研资金 225 万元，完成了尾矿回收技术、工艺、应用等方面的研究。该矿尾矿绢云母回收厂，年处理尾矿32万吨，年产绢云母6.6万吨、硫精矿2570吨、黄金125kg。

山东蓬莱黄金冶炼厂年产氰化尾渣3万吨。据测算，该厂年产的尾渣中约含有金0.13t、白银2.1t和大量的铁。为了利用这些资源，蓬莱黄金集团公司投资1.02亿元，成立了蓬莱市金冶纳米材料有限公司，实施了黄金冶炼氰化尾渣除氰提金及综合利用项目，有效防止了氰化物及汞、铅等重金属离子对环境的污染。目前，该项目一期工程已经完工并投入运行，每年可回收金0.12t、白银1.89t、纳米级氧化铁红1.5万吨，工业硫酸铵3万吨。

10.3.2　尾矿综合再利用

固体废物常常被称为是"放在错误地点的原料"，这已是公认的事实。从物质不灭定律和人类开发利用的角度分析，所有的固体废物都可以再利用，参加下一个物质循环。从这一观点看，尾矿本身具有明显的资源特性。

尾矿利用是矿山实现少尾或无尾化过程的最有效途径，是矿山实现尾矿资源化、无害化最有前景的发展方向，不仅可以使矿产资源得到充分利用，解决生态环境污染问题，还可以产生可观的经济效益。

10.3.2.1　尾矿充填

开采矿产资源时地下形成大量的采空区。采空区的存在使岩体的应力发生重新分布，在采空区的周边产生应力集中，会使采空区顶板、围岩和矿柱发生变形、破坏和移动，甚至出现顶板冒落和地表塌陷。因矿山开采诱发的地面崩塌、滑坡、塌陷等地质灾害和安全事故已十分普遍，是安全生产的重大隐患。用充填采矿法时，采空区随矿石的开采而被充填，是保护围岩不发生塌陷，实现采矿安全生产与环境协调发展的技术支持。

采用充填法的矿山每开采1t矿石需回填0.25～0.4m³或更多的充填料。尾矿是一种较好的充填料，可以就地取材、废物利用，节省了采集、破碎、运输等生产充填废石的费用，而且有利于保护生态环境。一般情况下，用尾矿作充填料，充填费用仅为碎石充填费用的1/10～1/4。

中国现行的尾矿充填技术是以分级尾矿作为充填料填入井下采空区的一种方式，但普遍存在设备投入大、原材料成本高、脱水速度慢、水泥凝结慢、早期强度低、接顶率低等缺陷。目前，较先进的充填技术是以早强快硬型水泥熟料或普硅熟料与活性混合材料或非活性混合材料以及速凝外加剂、膨胀材料、增塑材料、保水材料共同粉磨生产低标号胶凝材。该类胶凝材各项性能虽得到改善，但还存在熟料用量大、强度很低、制作成本过高等缺点，无法生产低成本32.5MPa水泥。以全尾砂充填时水泥凝胶材用量往往超过15%甚至达到25%，导致充填成本难以降低。

全尾矿活性充填技术主要是以少量水泥以及高浓度不分级的全粒级尾矿作为充填料填入井下采空区的一种充填方式。其核心技术是大幅降低水泥制作成本，调整充填技术要求，每吨充填32.5MPa水泥可比市场同标号水泥降低30～100元，其3d、7d和28d抗折抗压强度均超过国家普通硅酸盐32.5MPa水泥标准，并改善了充填性能，减少了设备投入。

山东三山岛金矿浮选尾矿经过旋流器分级后，细粒级进入尾矿库，粗粒级进入充填砂仓，用于井下充填，每年可利用尾矿约25万吨。山东焦家金矿利用尾矿作采空区充填料进行井下充填，每年利用尾矿 31 万吨，尾矿利用率达到 50％以上。

10.3.2.2 生产建筑材料

按照国内黄金矿山当前的生产技术水平，即使处理后的尾渣仍含有可利用的矿物原料，主要有石英、长石、辉石、石榴石、角闪石、蚀变黏土、云母等铝硅酸盐矿物和方解石、白云石等钙镁碳酸盐矿物。化学成分主要有铝、硅、钙、镁的氧化物和少量的钾、钠、铁、硫的氧化物，其成分与广泛应用的建材、轻工、无机化工原料极为相近。因此，这些被黄金行业视为废物的尾渣可开发作为生产小型空心砖、普通硅酸盐水泥、陶瓷建筑材料、日用工艺美术陶瓷、微晶玻璃花岗岩等廉价原材料，其应用前景广阔。

目前，利用尾矿制砖技术日趋成熟，而且品种繁多，如制作瓷砖、烧砖、免烧砖、墙面砖、铺路砖、空心砖、加气混凝土砌块等。制作烧结砖尾矿用量大，生产效率高，可用于墙体材料使用；一般采用挤压成型，经干燥、1000℃左右烧结后，抗压强度＞15MPa，合格率 87％～95％，规格 240mm×115mm×53mm 的烧砖，生产成本仅为 0.10～0.15 元/块，而且尾矿使用量 70％～80％。制作免烧砖需加入 6％～12％的水泥、10％～15％的改性尾矿、30％～85％的原尾矿；一般采用压制成型，经过 28d 的自然养护后，规格 240mm×115mm×53mm 的免烧砖强度达到 14.2MPa，规格 240mm×115mm×90mm 的多孔砖强度达到 5.7～13MPa。

福建省双旗山金矿年产尾矿近 8 万吨，不仅占用了林地资源，也给周边的生态环境带来巨大的危害。该矿科技人员对矿山尾矿利用进行了大量的试验研究，开发并生产了从褐色到黑色的陶瓷色釉材料。经有关专家评审认为，该项目是当前环保领域的优选项目，在制造深色系列陶瓷色釉料工艺有新的突破，已获国家专利，适合高档陈设艺术瓷和日用瓷等应用。该项目是利用黄金尾矿分选出的有效矿物成分作为主要原料，添加适量显色矿物进行配制，并以此为基础生产尾矿陶瓷制品。据专业人员介绍，与现有色釉陶瓷生产技术比较，利用该项技术，生产过程中无需添加大量的熔块及化学原料，尾矿利用率达 60％。

由福建师大、福建省改性塑料技术开发基地与福建省万旗非金属材料有限公司共同完成的"综合利用瓷土尾矿及黄金尾矿制备加气混凝土砌块"项目，顺利通过了由福建省建设厅组织的鉴定。该项目综合利用万旗公司的三大主导产品，将生产过程中产生的黄金尾矿、瓷土尾矿（废渣）和低品位石灰石等工业废渣烧制加轻质气混凝土砌块，从而建立了矿山循环经济园区，具有很强的新颖性。该项目计划总规模为年产加气混凝土砌块 50 万立方米，项目计划分三期进行。首条年产 10 万立方米加气混凝土砌块生产线于 2007 年年初投产，总投资 1182.79 万元，其中建设投资 988.37 万元。按售价 200 元/m³ 计算，年均产值可达 2000 万元，年均可实现利润总额 325.95 万元，上缴税收 107.56 万元，净利润 218.39 万元，具有很好的经济效益前景。同时，作为"资源-产品-废料-再生资源"的产业链项目，生产加气混凝土可以节约能源、保护环境和耕地、减少污染，是一个发展循环经济的示范工程，所体现的意义在于"能带动同行业和建设区域市、县经济的稳步快速发展"，具有良好的社会效益。

山东焦家金矿于 1996 年投资 200 万元，引进国外"双免"砖生产技术，建成 4 条生产线，每年可利用尾矿 6 万吨。山东蓬莱金正建材、焦家金矿等率先利用尾矿生产墙体板材、混凝土砌块、混凝土标准砖等节能环保建材，填补了山东省市场空白，年利用尾砂 30 万多吨，可节省占地 20 万平方米。山东建材学院利用焦家金矿尾矿和少量的当地廉价黏土，研制出符合国家标准的陶瓷砖和地砖。目前，该矿正在与高等院校联合开展技术攻关，准备从尾矿中提取二氧化硅、三氧化二铝等，如果实现工业化生产，经济效益将十分乐观，可有效利用矿山生产的尾矿。

山东蓬莱市大柳行金矿尾矿库库存尾矿约 200 万吨，且每年产出尾砂 20 余万吨。此外，大柳行金矿周边的企业也有大量的尾砂资源。为解决尾砂堆存占地和污染等问题，大柳行金矿与蓬莱市正业开发有限公司合资成立了蓬莱市正业建材有限责任公司，利用黄金尾矿生产空心砖、彩瓦等符合环保要求的绿色建材产品，实现了尾矿资源的综合利用。该项目总投资 1200 万元，设计能力为年利用尾砂 10 万吨，预计年产值可达 5000 万元，年利润将达 1000 万元。该项目的实施，可显著改善大柳行矿区及周边的生态环境，减少环境污染和能源消耗，节约大量土地，经济效益、社会效益和生态效益非常可观。

丹东市建材研究所利用金矿尾渣加入塑性较好并带有颜色的黏土原料，经烧结制成一种新型建筑装饰材料——废矿渣饰面砖，密度 $2.19 g/cm^3$，吸水率 6.07%，抗折强度 26.85MPa，抗冻性、耐急冷急热性、耐老化性均达到规定标准。

山东龙头旺金矿将尾矿分成三部分处理，大粒矿渣作铺路材料，细泥作为副产品出售，其余尾砂作制砖材料，于 1991 年建成年产 1700 万块砖的砖厂。

河南灵宝地区黄金储量大、矿山多，是河南省主要的产金区。随着金矿开采量的增多，尾矿堆放量逐年增加。中国地质科学研究院对该地区有代表性的灵湖金尾矿为主要原料，进行制取微晶玻璃的试验研究。试验所用原料包括灵湖金尾矿、长石、碳酸钠、氢氧化铝、氧化钙和氧化锌。经实验，用灵湖金尾矿制取微晶玻璃产品的最佳配方为尾矿 72.2%、氢氧化铝 2.2%、碳酸钠 4.9%、氧化钙 17.0%、氧化锌 3.7%。

此外，尾矿可用于制作混凝土制品。利用改性后的尾矿制作混凝土制品，可等量取代水泥凝胶材的 $30\%\sim60\%$，取代细骨料的 $30\%\sim50\%$，生产的混凝土制品具有性能稳定、质量优良、成本低廉等优点，适用于路沿石、挡土石、涵管、道板、水泥板、水泥管等预制构件的生产。

10.3.2.3 生产干粉砂浆

干粉砂浆是由细集料与无机胶合剂、保水增稠材料、矿物掺和料和添加剂按一定比例混合而成的一种颗粒状或粉状混合物。通俗地说，主要有黄沙、水泥、保水增稠剂、粉煤灰和外加剂组成。其中，黄沙要筛选一定粒度并烘干水分，水泥用普通硅酸盐水泥即可，保水增稠材料占总量的 $2\%\sim3\%$，可掺入粉煤灰占总量的 10% 左右。另外，可根据品种要求加入早强剂、快干剂等外加剂。

干粉砂浆已成为世界建材行业中发展最快的一种新产品，在欧美一些发达国家得到广泛应用，基本取代了传统技术。目前，在韩国、日本、新加坡等国家，都有大规模的干粉砂浆生产厂，市场上干粉砂浆的种类也非常丰富。国内干粉砂浆的应用处于起步阶段，国家建设部已经认识到干粉砂浆在未来中国市场上的前景与价值，把它列为重点开发和鼓励的项目之一。

全尾矿干粉砂浆是由尾矿（细集料）与胶凝材、保水增稠材料、添加剂按一定比例混合而成的一种颗粒状或粉末状混合物。主要有尾矿、水泥、外加剂组成。其中，干尾矿占 $60\%\sim85\%$，水泥占 $5\%\sim20\%$，保水增稠剂占 $2\%\sim3\%$。可根据品种要求，加入早强剂、快干剂等外加剂。

10.3.2.4　生产硅酸盐水泥

尾矿作为配料用于生产硅酸盐水泥技术日臻成熟，在不改变传统生产工艺的情况下，可直接应用于旋窑、立窑水泥和水泥磨粉站的生产，尤其适合立窑水泥熟料的生产。根据尾矿性质和水泥生产工艺的不同，尾矿使用量可达到 20%～50%，水泥产品各项物理指标完全达到并超过 32.5MPa 型硅酸盐水泥标准要求，而且具有易磨性好、改善安定性、缩短安定期、提高早期强度、保持后期强度、改善凝结时间等优点。以年产 10 万吨水泥生产企业为例，水泥配料中使用 20%～50% 的尾矿，年可增加纯利润 100 万～150 万元，不仅经济效益显著，还可为矿山和水泥企业带来显著的社会效益和环境效益。

10.3.2.5　利用尾矿库复垦造田

我国有成百上千座大、中、小型岩（脉）金矿山，几乎每年都有相当数量的尾矿库闭库。干涸的尾矿库极易产生飞尘，当风速较大时（大于 4m/s）可产生沙尘暴，甚至可将尾矿库内自生或种植的植物连根拔起，对环境造成严重污染。对土地贫乏的矿山，将低洼、山谷地带或废弃的露天矿坑填平后复垦造田，可有效减少占地和环境污染，是一种很好的办法。

复垦造田的方法有两种：一种方法是在尾矿表面覆盖一层厚度适宜的土壤，然后再种植各种植物。具体步骤为：疏水晒干基底平整铺中和层铺表土。这种方法虽然有效，但需要大量好土，取土、运输、覆盖等一系列工作，使费用大增而难以推广。另一种方法是直接在尾矿砂上种植草木，形成植被，这在南方更为方便与多见，是国内外较成熟的经验。

招远市位于胶东半岛西北部，全市可供开发的金矿矿体有 2000 余个，保有金矿储量占全国金矿储量的 1/6 以上，年产黄金 10t。全市的采金洞口最多年份达到 1300多个，年开采矿石量 210 万立方米，堆放尾矿 140 万立方米。全市已累计排放尾矿3100 万立方米，占压耕地面积 740hm²，相当于整个招远国土面积的 0.52%。针对尾矿库复垦难的状况，招远市在尾矿库不覆土的条件下种植火炬树取得了成功。采用该项技术既能发挥很好的保水保土作用，又比传统的复垦方法节省 95% 的费用。

对黄金氰化尾矿，在阳光和水的作用下，新排入尾矿库中的氰化物，通过形成氰化氢而挥发与分解，使其含量降低，可转化为天然肥料（如尿素）。这一转化过程为及时治理尾矿防治环境污染创造了有利条件。如菲律宾马斯巴特金矿在尾矿坝形成后便开始复垦，坝上农作物长势旺盛。这一事实说明，上述转化过程是迅速有效的。该矿在 1990 年第一期尾矿坝的尾砂表面全部种植农作物，不但实现了在建设和生产的同时维持生态平衡，而且使周围的农民获益。

在矿产资源日趋贫化、地质资源日渐枯竭、环境意识日益增强的今天，二次资源的开发利用尤显重要，尾矿资源回收和利用已成为黄金矿山可持续发展的必然选择。依靠科技进步，从矿山条件和尾矿特点出发，以资源化、无害化和循环经济为原则，开展尾矿资源回收和利用，对缓解黄金资源短缺压力，延长黄金矿山服务年限将起到重要作用。黄金矿山企业充分开发利用尾矿，最大限度地实现黄金尾矿资源化，就会达到人类、环境、资源和谐及可持续发展的目的，就会实现环境效益、经济效益与社会效益的统一。

10.4 绿色矿山建设

矿山自然生态环境是整个环境系统的重要组成部分。加强矿山自然生态环境的保护与治理，是促进资源开发利用和生态环境保护相协调的必然要求，是生态省建设的重要内容。但是，长期以来，一些地方存在着重矿产资源开发利用，轻自然生态环境保护的问题，造成了矿区自然生态环境的严重破坏。矿山的生态环境问题日渐突出，为把矿产开发对自然环境的破坏减少到最低程度，实现矿产资源开发利用与自然生态环境相和谐，创建绿色矿山已成为当务之急。建设绿色矿山也是新形势下保证矿业可持续健康发展的必由之路，是实现科学发展、社会和谐的必然选择。

开展绿色矿山建设，探索一条资源开发和环境保护协调发展的矿业开发新路子，发展矿业循环经济，合理利用资源，全面改善矿山自然生态环境的现状，实现矿山与自然生态环境相和谐。需要从依法办矿、规范管理、综合利用、技术创新、节能减排、环境保护、土地复垦、社区和谐、企业文化九个方面对绿色矿山的基本条件进行完善。

（1）依法办矿　一是严格遵守《中华人民共和国矿产资源法》等法律法规，合法经营，证照齐全，遵纪守法。二是矿产资源开发利用活动符合矿产资源规划的要求和规定，符合国家产业政策。三是认真执行《矿产资源开发利用方案》《矿山地质环境保护与治理恢复方案》《矿山土地复垦方案》等。四是三年内未受到相关的行政处罚，未发生严重违法事件。

（2）规范管理　一是积极加入并自觉遵守《绿色矿业公约》，制定有切实可行的绿色矿山建设规划，目标明确，措施得当，责任到位，成效显著。二是具有健全完善的矿产资源开发利用、环境保护、土地复垦、生态重建、安全生产等规章制度和保障措施。三是推行企业健康、安全、环保认证和产品质量体系认证，实现矿山管理的科学化、制度化和规范化。

（3）综合利用　一是按照矿产资源开发规划和设计，较好地完成了资源开发与综合利用指标，技术经济水平居国内同类矿山先进行列。二是资源利用率达到矿产资源规划要求，矿山开发利用工艺、技术和设备符合矿产资源节约与综合利用鼓励、限制、淘汰技术目录的要求，"三率"指标达到或超过国家规定标准。三是节约资源，保护资源，大力开展矿产资源综合利用，资源利用达国内同行业先进水平。

（4）技术创新　一是积极开展科技创新和技术革新，矿山企业每年用于科技创新的资金投入不低于矿山企业总产值的1%。二是不断改进和优化工艺流程，淘汰落后工艺与产能，生产技术居国内同类矿山先进水平。三是重视科技进步。发展循环经济，矿山企业的社会、经济和环境效益显著。

（5）节能减排　一是积极开展节能降耗、节能减排工作，节能降耗达国家规定标准。二是采用无废或少废工艺，成果突出。"三废"排放达标。矿山选矿废水重复利用率达到90%以上或实现零排放，矿山固体废弃物综合利用率达到国内同类矿山先进水平。

（6）环境保护　一是认真落实矿山恢复治理保证金制度，严格执行环境保护"三同时"制度，矿区及周边自然环境得到有效保护。二是制订矿山环境保护与治理恢复方案，目的明确，措施得当，矿山地质环境恢复治理水平明显高于矿产资源规划确定的本区域平均水平。重视矿山地质灾害防治工作，近三年内未发生重大地质灾害。三是矿区环境优美，绿化覆盖率达到可绿化区域面积的 80％以上。

（7）土地复垦　一是矿山企业在矿产资源开发设计、开采各阶段中，有切实可行的矿山土地保护和土地复垦方案与措施，并严格实施。二是坚持"边开采，边复垦"，土地复垦技术先进，资金到位，对矿山压占、损毁而可复垦的土地应得到全面复垦利用，因地制宜，尽可能优先复垦为耕地或农用地。

（8）社区和谐　一是履行矿山企业社会责任，具有良好的企业形象。二是矿山在生产过程中，及时调整影响社区生活的生产作业，共同应对损害公共利益的重大事件。三是与当地社区建立磋商和协作机制，及时妥善解决各类矛盾，社区关系和谐。

（9）企业文化　一是企业应创建有一套符合企业特点和推进实现企业发展战略目标的企业文化。二是拥有一个团结战斗、锐意进取、求真务实的企业领导班子和一支高素质的职工队伍。三是企业职工文明建设和职工技术培训体系健全，职工物质、体育、文化生活丰富。

建设绿色矿山、发展绿色矿业作为转变矿业发展方式、实现矿业经济可持续发展的重要抓手，进入新世纪以来，我国许多矿山企业已自发或不由自主地向着绿色发展的目标在迈进，涌现了同煤集团塔山煤矿、紫金矿业集团紫金山铜矿等一大批在地质环境、生态保护方面做得比较好的示范企业。按国家级绿色矿山建设要求和条件，各矿山企业正在从提高资源利用水平、节能减排、保护耕地和矿山生态环境、创建和谐矿区等方面出发，逐步实现绿色矿山建设目标，达到了人与自然的和谐统一。

参 考 文 献

[1] 印万忠主编. 贵金属选矿及冶炼技术问答 [M]. 北京：化学工业出版社，2013.

[2] 孙戬 编著. 金银冶金 [M]. 北京：冶金工业出版社，1998.

[3] 中国黄金协会. 中国黄金年鉴（2012）[M]. 北京：中国黄金协会，2012.

[4] 《贵金属生产技术实用手册》编委会编. 贵金属生产技术实用手册（上、下册）[M]. 北京：冶金工业出版社，2011.

[5] 代淑娟，胡志刚，孟宇群，白丽梅. 某金矿石中金的浮选及氰化浸出试验 [J]. 金属矿山，2010，(8)：75-78.

[6] A.T. 马康扎，孙吉鹏，童雄，李长根. 用混合捕收剂浮选含金黄铁矿矿石 [J]. 国外金属矿选矿，2008，(11)：8-13.

[7] 周东琴. 某氰化尾渣中金的浮选回收试验研究 [J]. 有色矿冶，2009，25，(1)：15-17.

[8] 孙晓华，吴天娇，王勇海，等. 青海某难选金锑矿石综合回收选矿试验研究 [J]. 矿产综合利用，2011，(5)：19-23.

[9] 李新春，张新红，肉孜汗，等. 阿希金矿浮选工艺改造的生产实践 [J]. 新疆有色金属，2009，(4)：34-35.

[10] 刘长仕. 四平昊融银业选矿厂工艺流程改造与生产实践 [J]. 黄金，2014，35 (7)：62-64.

[11] 蔡创开，赖伟强. 西北某难处理金矿浮选——热压联合处理工艺的改进研究 [J]. 黄金科学技术，2013，21 (5)：132-135.

[12] 陈代雄，谢超，徐艳，唐美莲. 高金铅锌矿浮选新工艺试验研究 [J]. 有色金属，2007 (5)：1-8.

[13] 张高民. 提高苗龙金矿石浮选回收率的试验研究及生产实践 [J]. 黄金，2009，30 (2)：40-42.

[14] 梁泽来，阎铁石，孔杰. 某含砷、锑及有机碳难处理金矿石浮选工艺改造生产实践 [J]. 黄金，2009，30 (5)：40-42.

[15] 孟凡久，张金龙，孙永峰等. 旋流静态——微泡浮选柱在三山岛金矿浮选工艺中的试验 [J]. 金属矿山，2011 (6)：265-270.

[16] 任向军，牛桂强，衣成玉等. 圆形浮选机在金矿选厂的应用 [J]. 矿山机械，2010，38 (20)：72-74.

[17] L. 瓦尔德拉马，刘万峰，李长根. 用非常规浮选柱浮选低品位尾矿中的细粒金 [J]. 国外金属矿选矿，2008 (10)：11-15.

[18] 何琦，陆永军，张淑强，王永田. 旋流-静态微泡浮选柱洗选金矿石的试验室研究 [J]. 云南冶金，2011，40 (3)：24-27.

[19] C.R.A. 哈默曼，F.F. 林斯. 回收金的非污染技术——金-石蜡法 [J]. 国外选矿外报，1998，(20)：1-6.

[20] 宋桂雪，冯明昭. 煤金团聚法提金进展 [J]. 国外金属矿选矿，2009，(1-2)：9-15.

[21] 宋桂雪，马安民，冯明昭，等. 煤金团聚法回收金的研究进展 [J]. 湿法冶金，2009，28 (3)：131-136.

[22] 宋桂雪，冯明昭，王菊芳. 煤金团聚法回收金机理初探 [J]. 黄金科学技术，2009，17 (4)：39-46.

[23] 陈志春，刘涛，宋凯，黄勇. 煤金团聚工艺在金矿生产中的应用 [J]. 内蒙古科技与经济，2012，(3)：87-88.

[24] 宋桂雪，马安民，冯明昭. 采用煤金团聚工艺从含硫化物原生金矿石中回收金的研究 [J]. 黄金，2009，30 (10)：36-40.

[25] 李超，张址倩，李宏煦. 难浸金精矿生物浸出体系的电位-pH 图分析. 黄金科学技术，2014，22 (2)：77-82.

[26] 郑粟，王云燕，柴立元，张晓飞. 高稳定性碱性硫脲体系对不同类型金矿的适应性 [J]. 过程工程学报，2005，5 (3)：289-294.

[27] 屈时汉. 酸性水氯化法浸金的电位控制. 黄金，1991，12 (7)：33-36.

[28] 钟晋，胡显智，字富庭，余洪. 硫代硫酸盐浸金现状与发展. 矿冶，2014，23 (2)：65-69.

[29] 魏岱金，陈帅. 多硫化物体系中物质平衡的理论研究. 有色金属（冶炼部分），2012 (10)：13-15，26.

[30] R. B. E. Tfindadg, R. V. V. Araujo, J. P. Barosa. 用溴化物溶液从矿石中回收金. 国外金属矿选矿，1997

(24)：24-28.

[31] 傅平丰，孙春宝，康金星，龚道振．石硫合剂法浸金的原理、稳定性及应用研究进展．贵金属，2012，33（2）：67-70.

[32] 吕超飞，党晓娥，贠亚新，等．环保型"金蝉"浸出剂处理金精矿的试验研究 [J]．黄金，2014，35（5）：60-64.

[33] 夏文强．金蝉取代性试验研究 [J]．科技创新与应用，2013，(9)：27.

[34] 沈旭．化学选矿技术 [M]．北京：冶金工业出版社，2011：169-181.

[35] 方兆衍．浸出 [M]．北京：冶金工业出版社，2007：44-72.

[36] 魏莉，屈战龙，朴慧京．微波焙烧预处理难浸金矿物 [J]．过程工程学报，2009，9（增刊1）：56-60.

[37] 王帅，李超，李宏煦．难浸金矿预处理技术及其研究进展 [J]．黄金科学技术，2014，22（4）：129-134.

[38] 杨玮．复杂难处理金精矿提取及综合回收的基础研究与应用 [D]．长沙：中南大学，2011：5-28.

[39] 杨晓亮．湖南某地金精粉预处理及硫脲氧化浸出研究 [D]．西安：长安大学，2014：3-7.

[40] 陈家镛．湿法冶金手册 [M]．北京：冶金工业出版社，2005：1406-1413.

[41] 杨洪英，杨立．细菌冶金学 [M]．北京：化学工业出版社，2006：64-113.

[42] 周源，余新阳．金银选矿与提取技术 [M]．北京：化学工业出版社，2011.

[43] 鲍利军，吴国元．高砷硫金矿的预处理 [J]．贵金属，2003，24（3）：61-68.

[44] 张锦瑞，贾清梅，张浩 编著．提金技术 [M]，北京：冶金工业出版社，2013.

[45] 宋庆双，符岩 编著．金银提取冶金 [M]，北京：冶金工业出版社，2012.

[46] 张明朴 主编．氰化炭浆法提金技术 [M]，北京：冶金工业出版社，1994.

[47] 高起鹏．难浸金矿氰化预处理工艺的进展 [J]，有色矿冶，2004，20（4）：26-28.

[48] 王彦慧，侯金刚，赵健伟．夹皮沟金矿选矿厂技术改造与生产实践 [J]，黄金，2013，34（4）：59-61.

[49] 邱显扬，杨永斌，戴子林．氰化提金工艺的新进展 [J]，矿冶工程，1999，19（3）：7-9.

[50] 杨新华，李涛，王书春，等．树脂矿浆法提金工艺研究及应用 [J]，黄金科学技术，2011，19（1）：71-73.

[51] 黄礼煌．金银提取技术 [M]．北京：冶金工业出版社，2012.

[52] 徐敏时等．黄金生产知识 [M]．北京：冶金工业出版社，2006.

[53] 徐晓军等．黄金及二次资源分选与提取技术 [M]．北京：化学工业出版社，2009.

[54] 杨显万，邱定蕃．湿法冶金 [M]．北京：冶金工业出版社，2001.

[55] 李洪桂，郑清远，张启修．湿法冶金学 [M]．长沙：中南大学出版社，2002.

[56] 余建民．贵金属萃取化学 [M]．北京：化学工业出版社，2005.

[57] 吴松平，溶剂萃取法从二次资源中回收贵金属金、铂、钯的研究 [D]．华南理工大学，2002.

[58] 陆文娟．微乳液及离子液体萃取金和汞的研究 [D]．山东大学，2013.

[59] 吴德东．废旧电脑中金（Au）的萃取技术研究 [D]．东北林业大学，2008.

[60] 刘勇，阳振球，杨天足．金电解与溶剂萃取精炼工艺比较分析 [J]．黄金，2007，6（28）：42-45.

[61] Kathryn C. Solea, Angus M. Featherb, Peter M. Colec. Solvent extraction in southern Africa: An update of some recent hydrometallurgical developments. Hydrometallurgy 78 (2005) 52-78.

[62] 张钦发，龚竹青，郑雅杰．用 MIBK 萃取剂从含金铂钯的贵液中萃取金的研究 [J]．矿冶工程，2001，4（21）：58-60.

[63] 黎鼎鑫，王永录．贵金属提取与精炼 [M]．长沙：中南大学出版社，2003.

[64] 巩海娟．99.99%黄金提纯工艺的研究 [D]．吉林大学，2006.

[65] 余建民．贵金属分离与精炼工艺学 [M]．北京：化学工业出版社，2006.

[66] 南君芳，李林波，杨志祥．金精矿焙烧预处理冶炼技术 [M]．北京：冶金工业出版社，2010.

[67] 宾万达，卢宜源．贵金属冶金学 [M]．长沙：中南大学出版社，2011.

[68] 张钦发．从铜阳极泥分金钯后的铂精矿中提取分离铂钯金新工艺及萃取机理研究 [D]．中南大学，2007.

[69] 恭明玺．金选矿尾矿综合利用技术及应用研究 [J]．湖南有色金属，2008，24（2）：5-8.

[70] 陈平．中国黄金尾矿综合开发利用的现状和发展趋势 [J]．黄金，2012，33（10）：49-51.

[71] 袁玲，孟扬，左玉明．黄金矿山尾矿资源回收和综合利用 [J]．黄金，2010，30（2）：52-54.

[72] 胡月，丁凤，刘韬等．黄金矿山尾矿综合利用技术研究与应用新进展 [J]．黄金，2013，34（8）：75-78．

[73] 谢敏雄，王宝胜，杨荣华．金属矿山尾矿资源利用状况与建议 [J]．黄金，2009，30（6）：49-52．

[74] 索明武，任华杰．从库存金尾矿中回收金的试验研究 [J]．金属矿山，2009，9（8）：167-169．

[75] 王学娟，刘全军，王奉刚．金矿尾矿资源化的现状和进展 [J]．矿冶，2007，16（2）：64-67．

[76] 焦绪国，刘学杰．黄金矿山尾矿库覆土造田 [J]．黄金，2004，25（1）：46-47．

[77] 张锦瑞，王伟之．金属矿山尾矿综合利用与资源化 [M]．北京：冶金工业出版社，2002．

[78] 岳俊偶，付琳．尾矿干堆技术在黄金矿山的应用实践 [J]．黄金，2010，8（31）：51-54．

[79] 张金龙，王庆德，张顺堂．利用金尾矿烧制陶瓷墙地砖试验研究 [J]．中国矿业，2001，10（6）：67-71．

[80] 李礼，谢超，陈冬梅，等．金尾矿综合利用技术研究与应用进展 [J]．能源环境保护，2012，28（03）：51-55．

[81] 刘迪初，杨志洪．湘西金矿尾矿资源的综合回收 [J]．矿业研究与开发，2003，23（2）：19-23．

[82] 熊守福．黔西南州黄金矿山尾矿资源的再利用 [J]．黄金，2005，26（8）：46-47．

[83] 曹耀华，刘红召，高照国．用灵湖金尾矿制取微晶玻璃的试验研究 [J]．金属矿山，2008，（8）：137-141．

[84] 李佶椿，王龙山，王振林，等．尾矿库不覆土直接种植火炬树技术 [J]．中国水土保持，2002，（4）：30-31．

[85] 郑晔，胡春融，王海东，等．黄金矿山氰化尾矿综合回收研究与实践 [J]．黄金，2003，（5）：36-38．

[86] 国土资源部．关于贯彻落实全国矿产资源规划发展绿色矿业建设绿色矿山工作的指导意见．2010.8．